U0307064

英国费顿出版社 编著　傅圣迪 译

THE DESIGN BOOK

设计之书

后浪出版公司

CNS PUBLISHING & MEDIA | 湖南美术出版社

全国百佳图书出版单位

·长沙·

阅读说明

❶

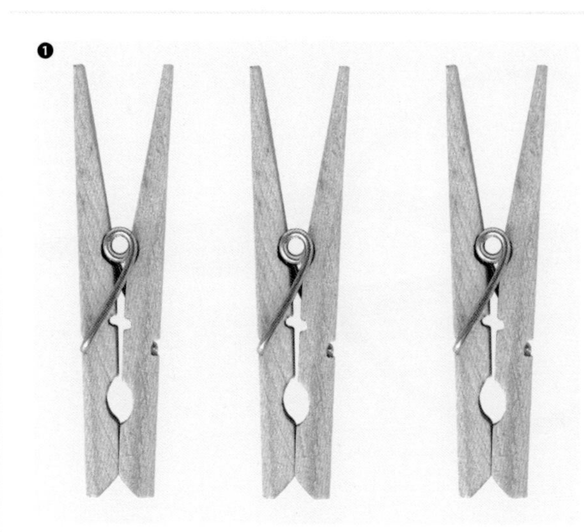

❷ **衣夹（19 世纪 50 年代）**
❸ 佚名设计师
❹ 多家公司
❺ 19 世纪 50 年代至今

❻ 人们倾向于将每个产品都归功于某个天才的创造，然而某些最实用的产品却是逐渐演化而成的。衣夹一般被认为是震教徒发明的，震教是由安·李（Ann Lee）于 1772 年在美国成立的教派。他们制造的家具和产品已经无迹可寻，他们的衣夹只是简单的一片木片，上面带有一个裂口，用来将衣服固定在晾衣绳上。然而没有人能真正宣称自己是衣夹的设计者。在 1852 年至 1887 年间，美国专利商标局的确批准了 146 份不同的衣夹专利，但是这些设计绝大多数都是基于震教徒制造的双尖头衣夹来改进的。图中所示的衣夹由位于佛蒙特州斯普林菲尔德的大卫·斯密斯公司（David M. Smith of Springfield，Vermont）于 1853 年制造。这个经典衣夹由两片木片和一个钢质弹簧组成，后者能让木片紧扣在一起。1944 年，马里奥·马卡费里（Mario Maccaferri）开始以塑料制成更耐用的版本。1976 年，艺术家克拉斯·欧登伯格（Claes Oldenburg）将一个巨大的衣夹安放在了费城的中央广场，并且直接命名为“衣夹”，在此之后，衣夹就被抽象成了一个象征性的符号。

013

❶ 产品图片
❷ 产品名称（设计时间）
❸ 设计者（生卒年份）
❹ 生产厂商
❺ 生产时段
❻ 设计故事

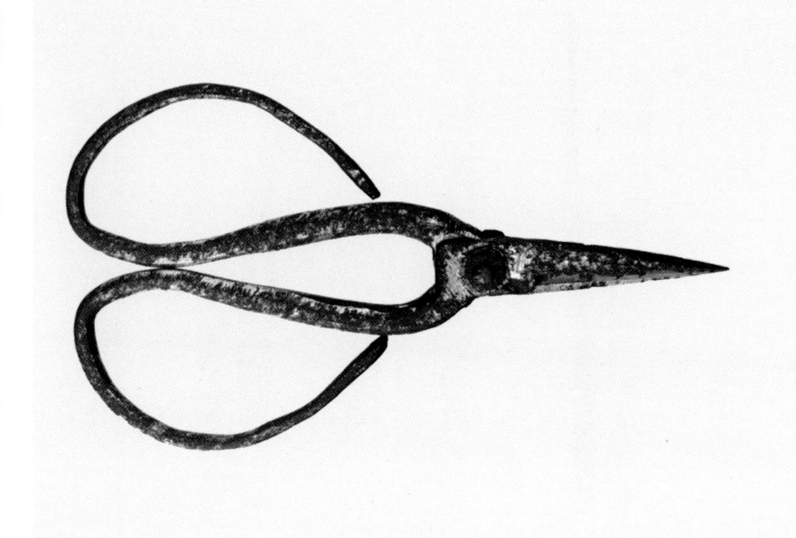

张小泉家用剪刀
（1663）

张小泉（约1643—1683）
杭州张小泉公司，
1663 年至今

在中国，张小泉这个名号不仅代表着剪刀，它还是中国文化的一部分。在过去的 300 多年中，位于杭州的张小泉剪刀厂一直生产着剪刀，如今，它仍在销售 120 种不同的剪刀，包含 360 种不同的规格。它的最初型号可以说是兼具简洁性和功能性设计的典范：轻便、手感极佳并且经久耐用。1663 年，位于浙江杭州的“张大隆”剪刀铺被创始者的儿子张小泉继承，后者创立了“张小泉”的招牌。自此，剪刀铺生意不断做大，甚至一度成为宫廷用剪。1956 年，毛主席在《加快手工业的社会主义改造》一文中，肯定了张小泉对国家的贡献，并建议要对它的发展给予支持。得到国家的支持后，新成立的企业建立了全新的工厂和商店，该公司自 1958 年至 2000 年间一直是国有企业，之后改制为有限公司。该公司连续多年获得国家质量评比一等奖，如今在中国剪刀市场，张小泉家用剪刀约占 40% 的市场份额。

霰纹茶壶（18 世纪初）

佚名设计师
多家公司，18 世纪初至今
岩铸公司，1914 年至今

即使没到过日本的人，也不会对霰纹茶壶感到陌生。它在日本无处不在，以至于这一经典的设计已经上升为了一个国际标准。这类茶壶一般由铸铁制成。顾名思义，霰纹即类似冰粒的纹路，来自壶身上半部和壶盖外沿口处的乳钉纹。霰纹茶壶能脱颖而出的原因来源于 18 世纪的日本，当时文人阶级推行煎茶道，以此从形式上反抗统治阶级崇尚的更繁复的茶道。煎茶法鼓励更多的人从茶道本身获得乐趣，于是一款不似先前那般奢侈的茶壶便应运而生。霰纹茶壶的造型取自 18 世纪的早期铁壶或茶壶设计，最终于 1914 年演变成当代形制。此茶壶最著名的生产商是位于盛冈的岩铸公司，该公司的历史已经超过 100 年，且是目前日本最大、最杰出的铸铁厨具制造商。如今岩铸公司的霰纹茶壶大量出口至世界各地。

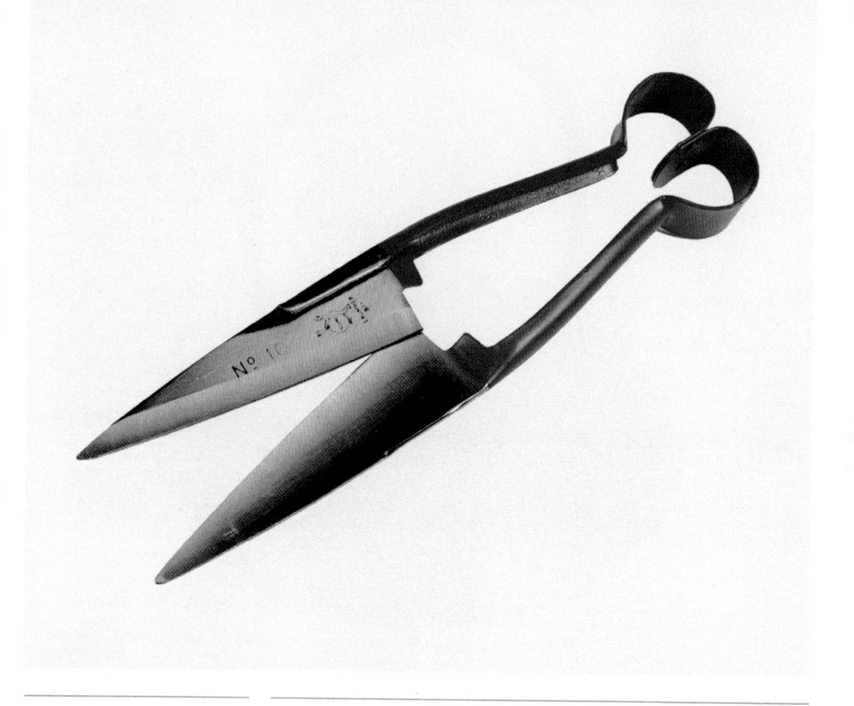

羊毛剪（1730）
佚名设计师
多家公司，18 世纪初至今
伯根和鲍尔公司，
1730 年至今

羊毛剪的这种基本形制已经保持了上千年，在大量被忽视的佚名制作者的杰作中，人们都能见到这种样式。公元前 300 年的埃及已经有它的身影，古罗马时期也有它存在的记录。手动羊毛剪具有众多尺寸和样式，用以适应不同种类的羊和羊毛。它的经久不衰得益于其完美的设计，以最简单的形状达到最佳的效果。羊毛剪的作用原理非常简单，它让使用者能将手直接置于刀背之上，把所有的力量用于剪切。伯根和鲍尔公司（Burgon & Ball）称其为“最省力的结构与最佳可操控性的结合”。这家位于谢菲尔德的公司成立于 1730 年，是全球最大的羊毛剪生产商。目前公司生产有超过 60 种羊毛剪，不过最受欢迎的还是这款“红色鼓手”（Red Drummer Boy），其最引人注目之处是尾部独特的双弓设计和红色的手柄。

袋背温莎椅

（约 18 世纪 60 年代）

佚名设计师

多家公司，

约 18 世纪 60 年代至今

早期的类温莎椅可以追溯至哥特时期，不过温莎椅真正的诞生和发展则始于 18 世纪初。温莎椅最早起源于英国乡村（据说由制造车轮的工人制作），在农场、酒馆和花园中都能见到。后来一些来自英国温莎镇的制造者开始用马拉大车把他们的座椅沿街叫卖，温莎椅的名字可能便由此而来。袋背温莎椅（Sack-Back Windsor Chair）是此形制的座椅的绝佳范例，舒适且轻巧的椅背结合椭圆形的宽大椅面，使它具备了优美的整体感。之所以称之为“袋背”，有人认为是由于它椅背的高度和形状正好可以套上一个用以阻挡冬日寒气的“袋子”。温莎椅的各个部分充分利用了不同木料的特性：椅面用松木或栗木，椅腿和椅档为枫木，弯曲的构件则使用胡桃木、白橡木或白蜡木。温莎椅为优秀的设计设立了典范：其形制和结构体现了数世纪的工艺积累和对材料的了解，简单但精妙的制造方法及美学品位，与此同时还满足了人们对舒适度和结构耐久性的复杂需求。

传统白瓷（约 1796）

韦奇伍德公司
韦奇伍德公司，
1796 年至 1830 年，
约 1930 年至 2004 年，
2005 年至今

乔赛亚 · 斯波德（Josiah Spode）将陶土、长石、燧石和动物骨灰混合，最先发明了骨瓷。在配方中混入骨灰可以增加瓷器的硬度和耐用性。得益于其材质的半透明感，骨瓷会呈现出象牙白的色泽。韦奇伍德公司（Wedgwood）成立于 1759 年。1812 年，公司第一次在其临近特伦特河畔斯托克的工厂中开始制造骨瓷。1828 年至 1875 年间，由于公司经济状况不佳，骨瓷的生产一度中断，然而之后它再次回到了生产线中，并成了公司的主打产品。在骨瓷和陶器中，“传统白”（Traditional White）专指没有装饰的器具。虽然其中许多器具的形制能追溯至约 1796 年，但“传统白”的界定在 1930 年之前并不清晰。在 19 世纪初，当时流行的是装饰繁复、色彩艳丽并且大量镀金的瓷器，经常装饰有东方图样，“传统白”则被用作这些器具的瓷胎。如今因其本身的简洁和精致，“传统白”也在市场中占有了一席之地。坚硬、耐用的特性和半透明的洁白感赋予了它极高的品质以及经久不衰的魅力。

乐巴菲玻璃罐

（约 1825）

佚名设计师

多家公司，约 1825 年至今

这种玻璃罐在潜移默化中成了家中必备之物。它从众多不知名的罐头瓶和密封瓶中脱颖而出，成了类似托内特 14 号椅一样的存在。如今它的形制已然是一个通用标准。这种带扣钮的密封玻璃罐早在 19 世纪初就开始生产，用以存放果酱、果脯、肉冻以及对法国人而言必不可少的鹅肝酱。如今，为了达到绝佳的密封性，法国的乐巴菲（Le Parfait）公司使用压制玻璃来制造此密封罐，该玻璃罐有各种尺寸，从 50mL 到 3L，而盖子则由玻璃制成，使用一个金属扣件扣合，显眼的橘色橡胶垫圈则起到密封作用。当罐子受热时，罐身内会形成一定的真空，从而达到密封性。罐盖被设计成平面，使罐子能轻易叠放，广口设计则让储物更为方便，其开口的大小为 7 ~ 10cm 不等。此罐一直被反复地注册、仿制和销售，然而没有一个能与拥有显眼橘色封口的原型相媲美。

镀锌金属垃圾桶

（约 1830）

佚名设计师

多家公司，

约 1830 年至今

镀锌金属垃圾桶的起源已经在人们的记忆中淡化了。其中最著名的制造商是位于伦敦东部的巴金的加罗德（Garrods of Barking）。该公司在过去 200 多年间一直制造垃圾桶，是全英国最古老的垃圾桶制造商。在 18 世纪之前的英国，垃圾是储存在室内的，而 18 世纪垃圾被移至室外容器中储存，此后这一容器需要经受常年的风吹日晒。在 1851 年伦敦的万国工业博览会中，加罗德公司的经理看到了第一个生产金属垃圾桶的工业机械样机。不久之后，他也开始了垃圾桶的工业化生产。如今，此公司一半的产品仍然使用维多利亚时期的机械。整个生产过程分别使用两种机器：压瓦机和卷边机。工序是这样的：首先，将薄钢板镀上锌以防止锈蚀，然后送入压瓦机；之后，再通过卷边机轧出垃圾桶所有的边缘细节。加罗德公司是为数不多的仍在规模化生产低成本产品的公司，并且没有将工厂迁往拥有廉价劳动力的国家。

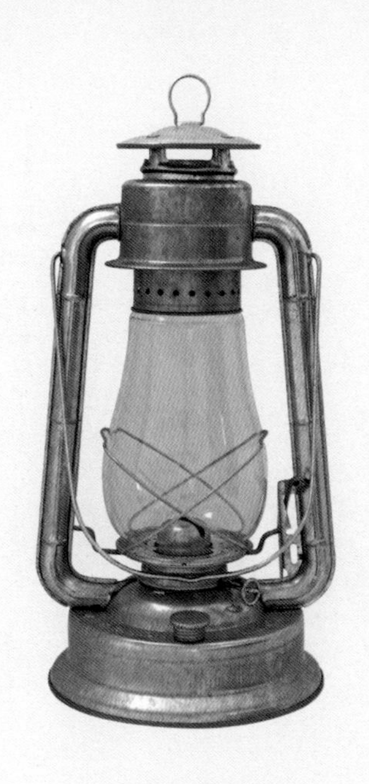

桅灯（1840）

佚名设计师
迪斯公司，1840 年至今
多家公司，
19 世纪 40 年代至今

桅灯，又名防风灯。因其在大风中仍能保持火焰不灭而得名。如果桅灯中有管构件，则被称为管风灯。火焰所需的空气由两侧的金属管供应，空气进入煤油和其他物质的燃烧混合物中，产生明亮的火焰。管风灯可以分为两种进气系统，分别是热鼓风和冷鼓风，分别由约翰·欧文（John Irwin）于 1868 年和 1874 年发明。热鼓风系统能将空气从底部的灯座引入风灯的主要结构，即“球形”玻璃内，之后未燃烧完全的气体和热空气上升至顶罩，其中大部分会顺着两侧的管道重新下沉，继续参与燃烧。冷鼓风系统则不会让燃烧副产物重新进入燃烧过程，相反地，它们会从顶端的烟囱状开口处排出，围绕“烟囱”的空气室则会吸入新鲜空气，并将它们送至燃烧室。美国灯具制造商迪斯集团有限公司（R.E. Dietz）于 1868 年生产了第一个热鼓风桅灯，并于 1880 年开始生产冷鼓风桅灯。图片中的即是一个迪斯冷鼓风桅灯，它最初的作用是划定路障或标示危险路段。

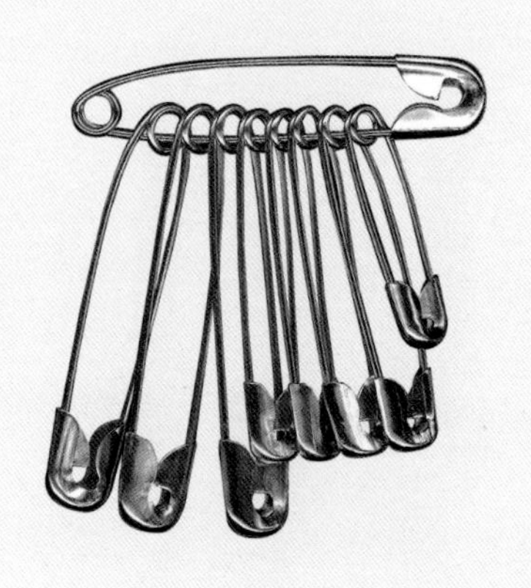

安全别针（1849）

沃尔特 · 亨特
（1785—1869）
多家公司，1849 年至今

有时候，一个设计看起来是如此普通，以至于人们会认为它自古有之。安全别针就是这样的设计，这个无处不在的家用小物件其实是纽约人沃尔特 · 亨特（Walter Hunt）设计的。貌似受够了直别针既容易受损又容易戳到人的特性，亨特想出了一个简单的改进方法，他将 20cm 长的黄铜丝在一端盘卷起来，产生弹力，在另一端加上简单的闩扣。1849 年，亨特提交的专利申请上画有许多不同种类的“服饰针”，包括圆形、椭圆形以及平面螺旋形的盘卷。亨特的服饰针“同样美观，与此同时，还比其他任何之前的扣针更安全、更耐用，它没有任何接点，因此不会断裂、松动或者旋转从而造成磨损”，他在专利申请中如此写道。亨特在发明了安全别针之后得到了无数的赞誉，但从未得到一分钱。他在 1849 年 4 月 10 日获得发明专利后，将这个想法以区区 400 美金的价格卖给了他的一位朋友。

衣夹（19 世纪 50 年代）

佚名设计师

多家公司

19 世纪 50 年代至今

人们倾向于将每个产品都归功于某个天才的创造，然而某些最实用的产品却是逐渐演化而成的。衣夹一般被认为是震教徒发明的，震教是由安·李（Ann Lee）于 1772 年在美国成立的教派。他们制造的家具和产品已经无迹可寻，他们的衣夹只是简单的一片木片，上面带有一个裂口，用来将衣服固定在晾衣绳上。然而没有人能真正宣称自己是衣夹的设计者。在 1852 年至 1887 年间，美国专利商标局的确批准了 146 份不同的衣夹专利，但是这些设计绝大多数都是基于震教徒制造的双尖头衣夹来改进的。图中所示的衣夹由位于佛蒙特州斯普林菲尔德的大卫·斯密斯公司（David M. Smith of Springfield , Vermont）于 1853 年制造。这个经典衣夹由两片木片和一个钢质弹簧组成，后者能让木片紧扣在一起。1944 年，马里奥·马卡费里（Mario Maccaferri）开始以塑料制成更耐用的版本。1976 年，艺术家克拉斯·欧登伯格（Claes Oldenburg）将一个巨大的衣夹安放在了费城的中央广场，并且直接命名为“衣夹”，在此之后，衣夹就被抽象成了一个象征性的符号。

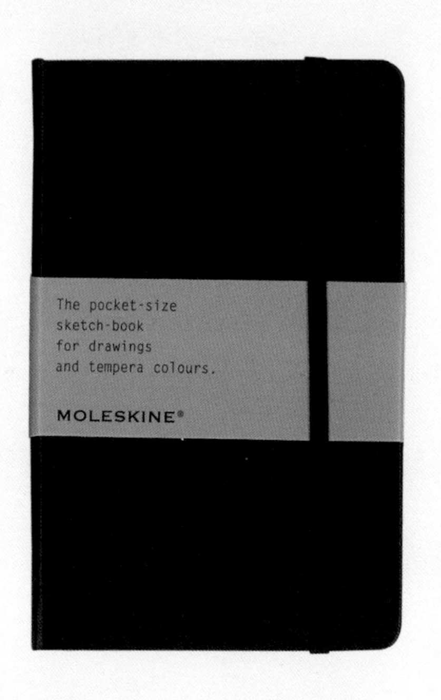

“鼹鼠皮”笔记本

（约 1850）

佚名设计师
佚名公司（图尔），
约 1850 年至 1985 年
莫多莫多公司，
1998 年至今

“鼹鼠皮”笔记本（Moleskine Notebook）拥有油亮的封面，它的前身是一个拥有 200 年历史的传奇产品。它的第一家生产商是一个位于法国图尔的家庭经营的小企业，此公司于 1985 年关张。1998 年，意大利的莫多莫多公司（Modo & Modo）开始重新生产该笔记本，得益于一系列富有文学和艺术特质以及神秘色彩的成功营销，此设计随即大卖。因莫多莫多声称该产品正是“海明威、毕加索和查特文使用过的传奇笔记本”，这个口袋大小的笔记本拥有了大量的追随者。“鼹鼠皮”笔记本的标准尺寸为 14cm × 9cm，内页为轻质无酸纸。该产品的名字来源于法语词汇“moleskine”（鼹鼠皮），因其油亮的封面而得名。在最初的法国产笔记本停止生产的那一刻，“鼹鼠皮”这一词或多或少便成了一个默默无闻的二线品牌名称。然而正是它的认知度让它之后成了真正的“大牌”。据意大利政府的说法，将品牌的首字母 M 大写，让莫多莫多公司合法地重新生产此产品，以继承该产品经久不衰的魅力。如今，每年销售出的超过 300 万件高端笔记本和其他文具上都有它的大名。

[注：莫多莫多公司已于 2007 年更名为魔力斯奇那（Moleskine）]

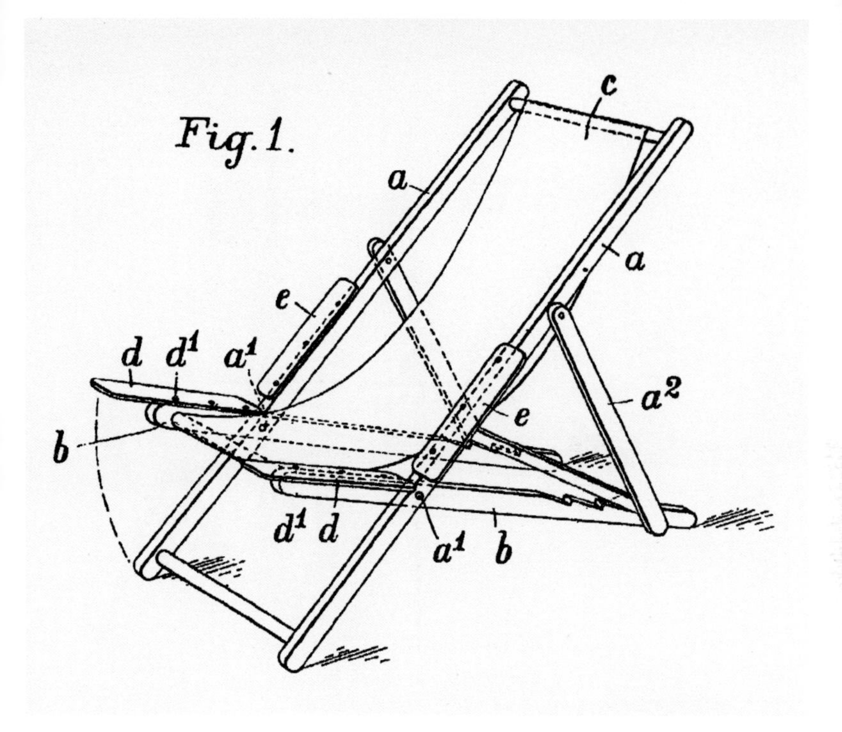

帆布折叠花园椅

（19 世纪 50 年代）

佚名设计师

多家公司，

19 世纪 50 年代至今

帆布折叠花园椅起源于航海用途，这点毋庸置疑。最开始它被用在游轮的甲板上，很显然它是从水手们的传统铺位——节约空间的吊床演变而来的，而且它的帆布椅面一般涂以鲜艳的条纹，一眼便能看出它的航海用途。想象一下一大堆打开的空甲板椅在海风吹拂下的样子吧，那一定像一支舰队在甲板上移动。此设计深受海上和海滨环境的影响，必须要考虑在航船上的实用性。作为一个户外用品，此座椅的使用具有季节性，它不适合在坏天气或气温低的月份中使用，这时它最好能折叠起来，不占多大空间就能存放，因为船只甲板下或者花园棚子里的空间都非常有限。另一个极佳的巧合是，该设计恰好“强制”使用者去放松：在帆布椅上人几乎不可能坐直，使用者只能向后倚靠。此设计解决了所有设计要求，并兼具实用性。帆布椅是省力的工具，是极力追求慵懒之人的终极法宝。

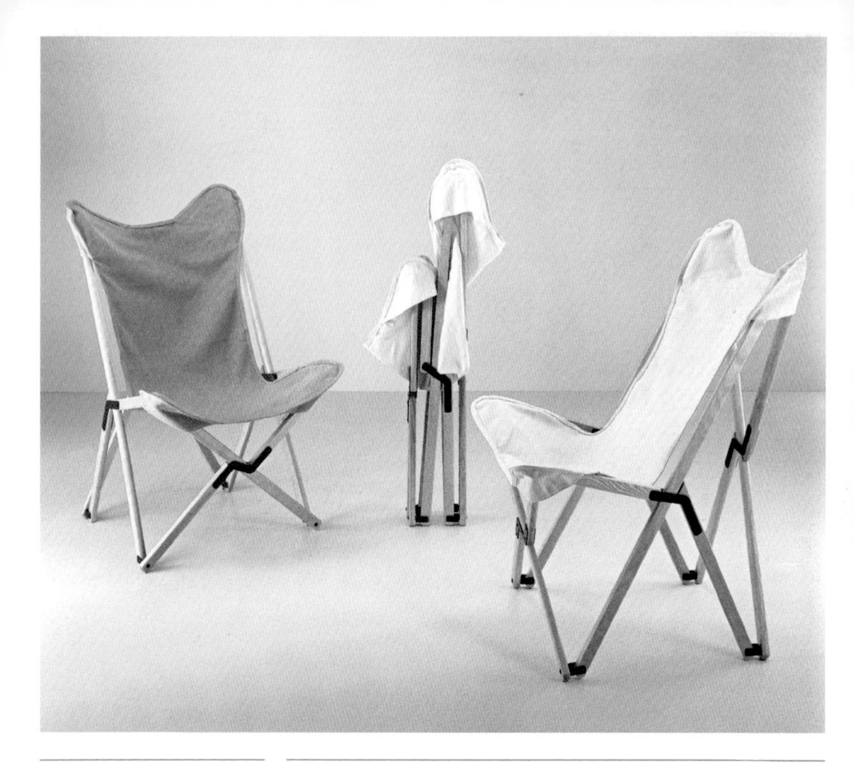

的黎波里折叠椅

(约 1855)

约瑟夫 · 贝弗利 · 芬比
(生卒年不详)
多家公司,
20 世纪 30 年代
加维纳公司,
1955 年至今
奇泰里公司,
20 世纪 60 年代至今

约瑟夫 · 贝弗利 · 芬比(Joseph Beverly Fenby)于 1855 年在英国设计了这一折叠椅中的标志性作品，其最初的设计目的是给英国军事行动中的军官使用。芬比于 1877 年注册了该座椅的专利。实用且毫无装饰的外观赋予了它一丝现代感，这和 19 世纪为上流人士打造的家具迥然不同。它的这种“现代精神”极可能源自人们对轻便和坚固的需求，用以满足战场上的各种情况，这也是约 60 年后人们开始大量生产它的原因。椅面不施帆布而采用皮革打造的改进版，特别为居家而打造，在整个 20 世纪 30 年代的意大利都有生产，此版本被称为的黎波里椅(Tripolina Chair)。和椅面无支点的著名 X 形框架躺椅相比，的黎波里椅采用了更加复杂的三维折叠结构，这是由于它的帆布或皮革椅面采用了 4 点固定法。然而它的椅面还是缺少足够的来自木框架的支持，这点在使用悬挂式椅面的座椅上一直是一个问题。虽然此椅会令人联想到另一个时代和另一种用途，然而它保留了最初的风格，并且在任何氛围中都能脱颖而出。

罗伯迈水晶玻璃酒具套装（1856）

路德维希 · 罗伯迈
（1829—1917）
罗伯迈公司，
1856 年至今

路德维希 · 罗伯迈（Ludwig Lobmeyr）是维也纳一家销售玻璃器皿的家族企业中的一员。他设计了一系列极富创意的高水平水晶玻璃器皿，为公司留下了丰厚的设计遗产。罗伯迈对玻璃器皿的设计有着独特的理解，这也是他的狂热爱好。1851 年，他在伦敦的万国工业博览会中看到了来自东方、希腊、罗马以及威尼斯的玻璃器皿后大受启发，开始尝试玻璃胎珐琅和彩绘技术。至 1856 年，他已经研制出了一种后来被称为“细平布”（Muslin）的玻璃，这是一种带花纹的水晶玻璃，仅有几毫米厚，制造难度非常大。它只能手工吹制，并且切割、雕刻和抛光都只能由手工完成，这些工艺总共需要超过 12 名一流工匠的参与，以确保最终产品的每个细节都丝毫不差。公司生产了一系列平细布玻璃器皿，从醒酒器、高脚杯到一整套罗伯迈水晶玻璃酒具。葡萄酒爱好者喜爱它们，是因为它们在酒和唇齿之间创造出了薄到极致的分界面。该玻璃器皿简约、脆弱，它拥有永恒的魅力，即使在一个世纪以后被设计出来，也绝不会显得格格不入。这些手工制造的玻璃器皿如今仍然受到收藏家和高级餐厅的青睐。

14 号椅（1859）

米夏埃尔·托内特
（1796—1871）
托内特兄弟公司，
1859 年至今

没有名字，只是数字。它是家具木匠米夏埃尔·托内特（Michael Thonet）和他的儿子们制造的众多家具中低调的一员。这种谦逊的匿名行为其实完全不符合 14 号椅在家具历史中的卓越地位。这把 1859 年由托内特设计的座椅并不是以它的外形而闻名，而是以它的制造技术。19 世纪 50 年代，托内特首次尝试用蒸汽弯曲木杆和木条。这种曲木技术极大地解放了技术工人的时间和劳动力，运用该技术，家具能以非常低的成本大量生产，并以零部件的形式分别运输至目的地，再组装起来。这为拼装式家具制造开创了先河。14 号椅和它的后续产品提前 50 多年便实现了现代主义的核心主旨和理念。虽然米夏埃尔·托内特于 1871 年辞世，然而托内特兄弟公司（Gebrüder Thonet）已经是当时全世界最大的家具生产商。14 号椅可能是有史以来在商业上最成功的座椅，没有什么能掩盖它超凡的魅力，无论是其外观还是其理念。这一 19 世纪的高科技产物在今天仍以各种新颖和优雅的方式被使用着。

耶鲁圆筒弹子锁

(1861)

莱纳斯 · 耶鲁二世

(1821—1868)

耶鲁公司，1862 年至今

莱纳斯 · 耶鲁二世（Linus Yale Jr）是一个锁匠的儿子，他发明的锁的基本原理至今仍被采用。1851 年耶鲁二世发明了他的第一把锁，并以一个马戏团领班的口吻将其命名为“无比可靠的耶鲁神奇银行锁”。此锁不使用任何弹簧和其他可能会失效的部件。耶鲁二世发明了一个结构，使当时任何的开锁工具都无法打开它，并且他宣称，连火枪也无法撼动它。他的第二把锁名叫“无比可靠的耶鲁安全锁”，是第一把锁的改进版。在 19 世纪 60 年代，他还研制出了监控银行锁（第一个表盘银行锁）以及双表盘银行锁。之后他开始改进古埃及人弹子锁的结构，以此作为他圆筒锁的基础，并在 1861 年和 1865 年获得了专利。耶鲁二世与亨利 · 汤（Henry Towne）一起，于 1868 年在费城创办了耶鲁锁具生产公司，虽然工厂开建 3 个月后他便逝世。1879 年工厂增加了挂锁的生产线，还引入了链式起重机和平板手推车，“耶鲁”从此成了国际市场上地位最为稳固的锁具制造商品牌。

标致胡椒磨（1874）

让－费雷德里克·标致
（1770—1822）
让－皮埃尔·标致
（1768—1852）
标致公司，1874 年至今

标致（Peugeot）公司于 1810 年在法国东部成立。17.5cm 高的普罗旺斯款可能只是现在能买到的 80 多款标致生产的胡椒磨之一，但它毋庸置疑是最具代表性的产品。此产品于 1874 年开始生产，在年销 200 万产品中是最受欢迎的款式。它看似传统，但其质朴的设计思路、技术上的创新以及研磨结构的制造工艺都超越了时代。它获得专利的可调控机械结构使用双排螺纹齿轮，可以同时控制胡椒粒的进料和输送，让它先经过粗碾再进行细碾。其研磨装置为钢质，并经过表面硬化处理，以保证可靠性和耐久度。1810 年，标致兄弟（Peugeots）将家族经营的磨坊改为炼钢厂，1818 年，他们获得了生产工具的专利许可证。1850 年，标致公司首次使用狮子的徽标，这是因为狮子拥有强大的咬合能力，正好能和当时公司选用的铸钢刀片相呼应。如今，工厂使用几乎不会磨损的重型加工钢材来制造研磨装置。自 1874 年以来，标致公司一直是胡椒磨生产商中的佼佼者。

吐司架（1878）

克里斯托弗·德雷瑟
（1834—1904）
休金和希思公司，
1881 年至 1883 年
阿莱西公司，
1991 年至今

虽然这款吐司架（Toast Rack）看似出自德国包豪斯，然而事实上，英国设计师克里斯托弗·德雷瑟（Christopher Dresser）在包豪斯开办 40 多年前便设计出了这款产品。虽然德雷瑟的设计经常缺乏美感，且只使用简单的几何造型，但是他的作品依然被 20 世纪早期的现代主义者们所推崇。德雷瑟本人并不主张某种风格或刻板的学说，在他设计的银器中，可以看出他致力于提高材料使用的经济性，并且其作品表面的大部分区域都不施装饰。在这款吐司架中，材料使用的经济性非常明显。十根圆柱形的钉柱立在长方形的底板上：四根被延长以作为支撑腿，另外六根被固定住，如同架子下方的铆钉一样，这有可能受到了日本金属制品上外露铆钉的启发。T 形的手提杆则是日本设计中另一种常见元素，这点德雷瑟在他的很多设计中都使用过。他在 1876 年去过日本，是第一个造访日本的欧洲设计师。最初英国的休金和希思公司（Hukin & Heath）使用银来制造该产品，这也是德雷瑟多年工作过的地方，之后阿莱西公司（Alessi）在 1991 年使用抛光不锈钢重新开始生产此产品。

侍者之友开瓶器

（1882）

卡尔 · 温克

（生卒年不详）

多家公司，1882 年至今

自 1882 年在德国的罗斯托克申请专利以来，卡尔 · 温克（Karl F. A. Wienke）设计的这款“侍者之友”（Waiter's Friend）就基本没有改变过。由于它的简单、实用和高性价比，这种单杠杆形制的开瓶器如今在世界各地仍被大量生产。它之所以被称为“侍者之友”或“管家之友”，是因为它折叠以后的长度为 11.5cm，能轻易地放入口袋中，这点深受服务生喜爱。在温克申请专利的图纸中，整个设计以钢质手握杠杆为基座，配有三个可折叠的部件：一把用于切开瓶封的小刀，一个带螺纹线的开塞钻以及一个可以架在瓶口处的起塞支点，用以支撑杠杆，拔出瓶塞。最初开始生产“侍者之友”的是一些德国的公司，例如索林根的爱德华 · 贝克尔公司（Eduard Becker of Solingen）。虽然此设计的竞争产品也非常成功，然而温克设计的开瓶器仍受到品酒师和服务生的青睐。此设计还存在大量的仿制品，有用廉价钢材制造的版本、用实心 ABS 塑料打造手柄的最先进的版本，还有拥有不锈钢材质的细齿刀和特氟龙涂层的 5 旋实心螺纹的版本。不过所有的设计都基于温克的专利，并且其使用方法完全没有改变。

三叉“经典”系列刀具
(1886)
三叉刀具设计团队
三叉刀具公司,
1886 年至今

三叉“经典”系列刀具(Wüsthof Classic Knives)的设计自1886 年问世以来就基本没有改变过。在德国索林根设计和生产的这款“经典”系列专为全世界的专业厨师和家庭厨师打造。此设计的美感和成功之处在于它简洁的外观和便捷的使用方式,同时结合高标准的选材和制造工艺。从工业革命早期便开始生产的“经典”系列刀具,使用单片不锈钢锻造而成,杜绝了刀身和刀柄连接处的脱落或断裂,而这在一般刀具上是常见现象。它的刀茎完全可见,构成了刀身和刀柄的核心。制造工艺中不涉及冲压、焊接和短切,故而杜绝了刀具在形态和结构上的任何薄弱点。刀柄上独特的三个铆钉以简单的方式提供了安全保障,三点结构体现了此刀具经过精心设计,以达到最佳的耐用度、安全性、平衡感和重量。三叉“经典”系列刀具如今仍在生产,并因其在外观和材料上的低调内敛而长期受到消费者的青睐。

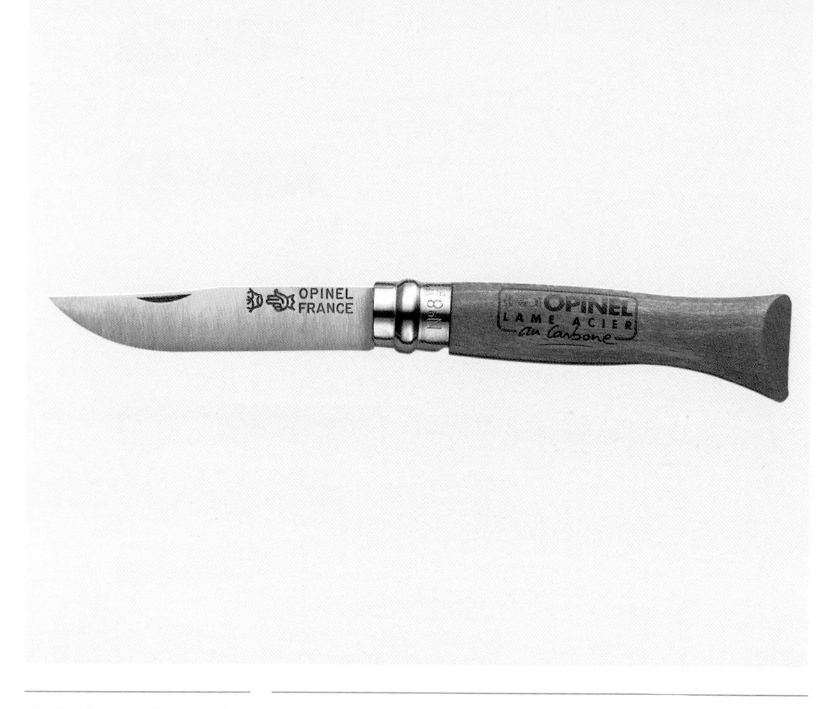

欧皮耐尔刀（1890）

约瑟夫 · 欧皮耐尔
（1872—1960）
欧皮耐尔公司，
1890 年至今

这把用梨木和高碳不锈钢制成的小刀可以说是一只“披着羊皮的狼”。它结构紧凑、外形优美、手感极佳并且其高品质的刀刃异常锋利，这是其无害的外表下隐藏的杀机。约瑟夫 · 欧皮耐尔（Joseph Opinel）设计此刀时年仅 19 岁，他是一位工具制造师的儿子，来自法国萨瓦省，该省以优质的斧头、镰刀和修枝剪出名。欧皮耐尔先为几个朋友制作了这把刀，在收到了不错的反响之后，他开始大规模生产。他发明了一个可以精确切割木材的机器，解决了如何在不削弱刀柄强度的前提下，在其上开口以固定刀身。最终生产出的产品，其自然的外形完美地配合了手形。此刀共有 11 个尺寸，刀身长度从 2 号刀的 3.5cm 到 12 号刀的 12cm 依次递增。像任何其他好工具一样，此刀也需要维护和保养，这在当今这个流行一次性消费的社会是一个非常有趣的要求。

印度食格（约 1890）

佚名设计师
多家公司，
约 1890 年至今

印度食格（Tiffin）原是印度英语中便捷午餐的意思。在微波炉和快餐店出现之前，在印度的工作者只有使用食格，才能在工作场所吃到从家里带来的新鲜热餐。传统的印度食格由三到四个不锈钢圆筒容器构成，每个筒的上下缘有一圈金属卷边，使它们能卡在一起，构成紧凑的整体，并且每格都能放入顶端有提手的边框中。金属的容器是热的良导体，能够让饭食相互加热保温。不过此设计最成功的地方在于，众多的食物在运输的时候不至于相互混合在一起。印度食格的递送服务开始于英属印度时期，已经存在了一个多世纪。在英国员工有午饭送至工作地点的需求出现后，达巴瓦拉们（送餐者）开始负责此项工作。印度食格之所以至今仍能存在且被大量使用，一方面是因其优秀的设计，另一方面是由于达巴瓦拉的递送。在孟买，每天几乎有 20 万份食物都通过他们递送。

瑞士军刀（1891）

卡尔 · 埃尔泽纳
（1860—1918）
维氏公司，1891 年至今

拥有极高辨识度的瑞士军刀一开始是为士兵设计的实用工具。如今，一眼就能认出的瑞士十字标志代表了性能优越的多功能工具。卡尔 · 埃尔泽纳（Karl Elsener）是一个刀匠，他于 1891 年为瑞士军队制造了第一批军刀。为了可以共享资源以方便生产，他成立了瑞士刀匠协会，共有 25 名刀匠加入其中。然而第一批军刀并不成功，还让埃尔泽纳欠下了巨额债务。不过他没有气馁，反而开始改进产品的重量和提升其有限的功能，并于 1897 年为改进的产品注册了专利。小号的军刀便于携带，功能和美感俱佳，很快被瑞士军队接受，并且迅速受到了民用市场的青睐。改进的刀具外观比之前的更优雅大方，而且六个工具仅使用了两个弹簧来固定。埃尔泽纳将这家蒸蒸日上的公司以他母亲的名字命名为“维多利亚”（Victoria），之后于 1921 年又在末尾加上了不锈钢的国际称号“inox”，公司名变为“Victorinox”（维氏）。如今，维氏生产的超过 100 种产品都秉承着“高品质的设计和功能”这一最初的理念。

胡特尔瓶盖（1893）

卡尔 · 胡特尔
（生卒年不详）
多家公司，
约 1893 年至今

夏尔 · 德 · 基耶菲尔特（Charles de Quillfeldt）于 1875 年最先发明了夹扣式瓶盖，此瓶盖一举改变了啤酒以及软饮料灌装产业之前使用软木塞的传统。最先开始尝试为这种瓶子设计瓶盖的人是亨利 · 威廉 · 帕特南（Henry William Putnam），他于 1859 年发明了一种瓶塞，使用粗金属丝作为固定器，在顶端和软木塞相连，瓶塞能从侧边拿下或盖上。在此基础上，夏尔 · 德 · 基耶菲尔特在瓶盖下方加上橡胶封皮，盖上时橡胶便会覆盖在瓶嘴周围，起到密封作用。对此设计最关键的改进发生在 1893 年，卡尔 · 胡特尔（Karl Hutter）引进了一个陶瓷做的倒锥形瓶盖，下方有一个橡胶封圈。虽然在重新灌装之时，胡特尔的设计与之前的设计一样便利，然而改进后的胡特尔瓶盖（又名夹扣式瓶盖）最大的优点在于，保护软木塞的像天鹅颈形的瓶颈不再是一个必需结构。虽然至 20 世纪 20 年代，胡特尔瓶盖已经被更简单的金属啤酒瓶盖取代，但是它的形象已经在大众心中印下了深深的烙印。时至今日，荷兰高仕（Grolsch）啤酒公司仍在使用胡特尔瓶盖，自 1897 年采用夹扣式瓶盖以来，他们已经将此瓶盖成功地打造成了一项品牌特色。

布罗蒙维尔夫椅

（1895）

亨利·范·德·威尔德

（1863—1957）

亨利·范·德·威尔德公司，

1895 年至 1900 年

范·德·威尔德公司，

1900 年至 1903 年

阿德尔塔公司，

2002 年至今

在亨利·范·德·威尔德坐落在布鲁塞尔郊区于克勒市的布罗蒙维尔夫别墅（Bloemenwerf House）竣工的那一刻，它受到了世人的嘲笑。然而此别墅作为一个艺术品，开创了全新的住宅理念，它预示了维也纳工坊的整体艺术（Gesamtkunstwerk）概念，也成为新艺术运动早期重要的作品。在受到财力雄厚的岳母的支持后，画家出身的范·德·威尔德在 19 世纪 90 年代初开始转而研究装饰艺术和应用艺术。他抨击了大规模生产制品低下的质量，以及基本外形上极尽繁复的装饰。他在设计其家具作品时，秉承自己的理性视角：餐桌桌面及其侧板都使用黄铜板包覆，让盛放热食的盘子不至于烫坏桌面。同时山毛榉木做的餐椅追求舒适感和整体风格的统一，和 18 世纪英国的“乡村”风格相呼应，然而也能从中看出现代主义的端倪。亨利·范·德·威尔德公司（Société Henry van de Velde）于 1895 年开始生产基于范·德·威尔德设计的家具。德国的阿德尔塔（Adelta）公司于 2002 年开始生产一系列共 11 种他设计的家具，布罗蒙维尔夫椅也由此重获新生。

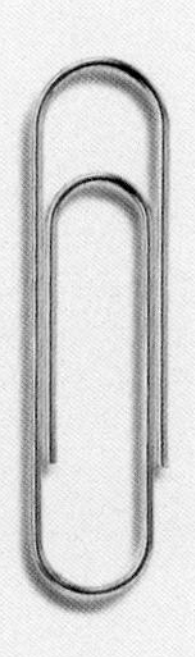

回形针（1899）

约翰·瓦莱
（1866—1910）
多家公司，1899 年至今

回形针是众多技术含量较低的发明之一，但它印证了一句老话："最简单的点子往往是最好的。"回形针在发展的过程中慢慢演变成了如今的最佳尺寸，总长 9.85cm、直径 0.08cm 的钢丝能在保证弹力和耐用性的同时，产生恰到好处的张力。它最初是由挪威发明家约翰·瓦莱（Johan Vaaler）于 1899 年研制而成的。1900 年，美国发明家科尔内留斯·J. 布罗斯南（Cornelius J. Brosnan）发明了"科纳回形针"（Konaclip），并申请了专利。而英国的宝石工厂（Gem Manufacturing）设计了如今我们熟悉的双椭圆形回形针。它比瓦莱最初设计的回形针多了一道弯角，可以降低金属划伤纸张的概率。回形针还有其他各式设计，比如钢丝不重叠的"猫头鹰"回形针，用于一摞纸的"理想"回形针，当然还有"防滑回形针"。挪威至今仍是回形针的精神家园，这点从下述反抗强权的故事中可见一斑：在二战时期，德国纳粹占领军禁止挪威人佩戴印有他们国王肖像的徽章，于是挪威人便开始佩戴回形针，尽管佩戴一枚象征在内心反抗禁令的回形针在街上逛，也会有被逮捕的危险。

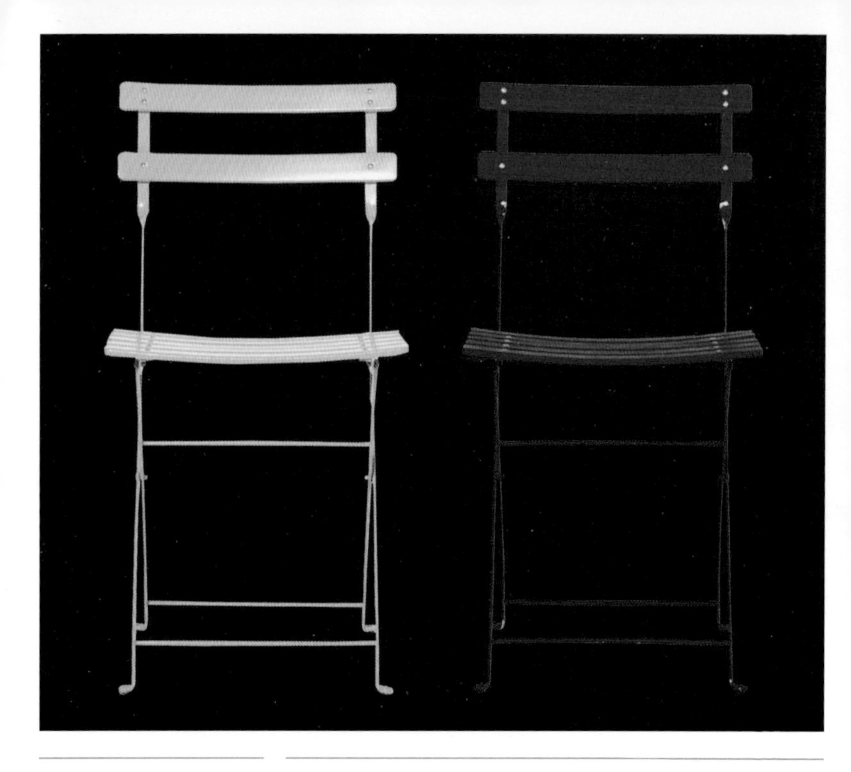

花园椅（20 世纪初）

佚名设计师
多家公司，20 世纪初
哈比塔特公司，
1998 年至今

这把如今无所不在的座椅于 20 世纪之初出现在巴黎街头。如今，人们仍然能在花园、公园和酒馆中见到它，不论从实用性还是风格出发，它的成功之处都在于其设计本身。折叠椅最早在文艺复兴之初就出现了，在它变得越来越普遍的同时，自然而然地，它的折叠方式愈加多样化，技术和工艺水平也随之提升。至 19 世纪，折叠椅已经是一个广泛存在的实用物件，在座椅需要频繁移动或改变布局的公共空间中都有它的身影。折叠椅的另一个特点便是在不使用时，它可以储存在狭小空间内。这把花园椅的折叠方式被设计为简单的侧轴 X 框架式，转轴位于座椅下方。和早先折叠椅的全木框架相比，它纤细的金属框架大大减轻了重量，此外，这样的金属结构还缩减了座椅的尺寸，使它在整体上有一种更优雅、更节省空间的气质。此座椅的设计无懈可击，从它的受欢迎程度来看，它以其低调的风格和极具实用性的设计奠定了户外用椅的原型。

卡尔韦特椅（1902）
安东尼·高迪
（1852—1926）
卡萨 & 巴尔德斯公司，
1902 年
BD 设计发行公司，
1974 年至今

著名的加泰罗尼亚籍建筑师安东尼·高迪（Antoni Gaudí）于 1878 年设计了一张自用的书桌，这是他首次尝试设计家具。之后，高迪设计的家具专为他设计的建筑而定制。建造于 1898 年至 1904 年间的卡尔韦特之家是高迪为巴塞罗那的纺织品商人唐·佩德罗·马蒂尔·卡尔韦特（Don Pedro Mártir Calvet）设计的。高迪于 1902 年专为此住宅的办公室设计了橡木材质的书桌和这把扶手椅，并由卡萨 & 巴尔德斯公司（Casa y Bardés）制造。受到例如维奥莱－勒－杜克（Viollet-le-Duc）等的影响，高迪先前设计的家具具有哥特复兴式风格，甚至包括一些具象化的装饰。然而这把座椅标志着高迪突破了他先前作品的风格，他将装饰性和座椅结构结合在一起。此设计最引人注目的是其有机且极具造型感的外形，各个部分好似相互催生。可以看出它借鉴了一些建筑母题，例如 C 型曲线和兽足脚，然而这些巴洛克元素被高迪完美地融入了这把座椅高度统一且如植物般的造型中，呈现出一种活泼感。高迪在设计与这把座椅相配的建筑时，也同样秉持着有机这一设计理念。

丘陵房屋梯背椅

(1902)

查尔斯·伦尼·麦金托什

(1868—1928)

卡希纳公司，

1973 年至今

查尔斯·伦尼·麦金托什（Charles Rennie Mackintosh）是20世纪英国设计史中最具影响力的人物之一。在他19世纪末20世纪初设计格拉斯哥艺术学院之时，出版商人沃尔特·布莱基（Walter Blackie）找到了麦金托什，请他为自己设计一座住宅，位于格拉斯哥远郊海伦斯堡的丘陵房屋（Hill House）。麦金托什在设计建筑的同时会设计所有的细节，从餐具到门把手无所不包，布莱基便是被这点所吸引。这把梯背椅（Ladder Back Chair）即是麦金托什为布莱基的卧室设计的。麦金托什抛弃了新艺术运动中的自然元素和有机曲线。受到日本设计中直线纹路的启发，他开始尝试使用抽象几何形态进行设计。他特别在意对比中的平衡感，特地选择了处理成乌木色效果的白蜡木作为椅子的框架，以此和背景的白墙相对比。而椅背看似无关紧要的高度实则增加了房间的空间感。对麦金托什而言，整体风格的视觉效果远比做工和展现材料的本真来得重要，而后两点都是他同时代的艺术家和工匠所追求的。

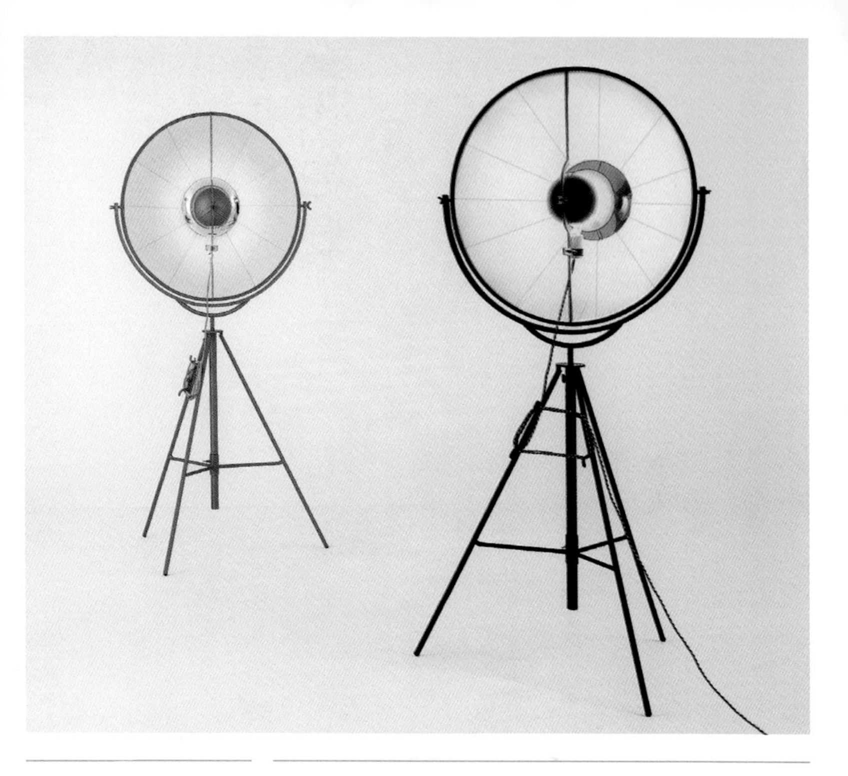

福图尼灯（1903）

马里亚诺 · 福图尼 – 马德拉索（1871—1949）

意大利帕卢科公司，1985 年至今

在实验当时新发明的电灯泡之时，马里亚诺 · 福图尼 – 马德拉索（Mariano Fortuny y Madrazo）创造了这款福图尼灯。有时，技术、科学、材料和设计师的兴趣融合在一起可以催生出一个巧妙的设计，这盏灯就是如此。福图尼 – 马德拉索发现，灯光可以起到改变舞台布景的效果，于是他开始着手研究室内间接照明的可能性。他将灯光用织物进行反射，从而可以创造出他想要的任何氛围。福图尼 – 马德拉索于 1901 年申请了间接照明系统的专利。对此系统的改进让他设计出了福图尼灯，并于 1903 年取得专利。这盏灯的外形凸显了设计师多方面的关注点：很可能受到了相机三脚架的影响，此灯的底座拥有可调节的中柱和可旋转的灯头；它的灯罩采用了同时代灯罩的形状，只是灯的位置倒转了一下，并且可调整倾角。福图尼 – 马德拉索的天才之处是将诸多元素结合在一起，创造出了一个永不落伍的外形。从概念上来看，福图尼 – 马德拉索的设计无疑超越了时代，就算是现在，不论在家中还是在工作室里，这盏灯都能脱颖而出。

普尔克尔斯多夫椅

（1903）

约瑟夫 · 霍夫曼
（1870—1956）
科洛曼 · 莫泽
（1896—1918）
弗朗茨 · 维特曼家具作坊，
1973 年至今

约瑟夫 · 霍夫曼（Josef Hoffmann）和科洛曼 · 莫泽（Koloman Moser）为普尔克尔斯多夫（Purkersdorf）疗养院的大厅设计了这款座椅。该疗养院坐落于维也纳郊区，外观优雅，类似一个温泉度假村，建筑本身由霍夫曼和维也纳工坊设计。普尔克尔斯多夫椅的外观接近一个立方体，和这个建筑棱角分明的外观形成了绝佳的呼应。黑白两色的几何图案增加了秩序感和宁静感，这些都是人们在疗养院逗留期间希望获得的感受。这把座椅稳重且明显的几何形状给人以理性感，具有促人冥想的魅力，而整体的白色调则反映了对当时新出现的洁净感的追求。自 1973 年以来，约瑟夫 · 霍夫曼基金会独家授予了弗朗茨 · 维特曼家具作坊（Franz Wittmann Möbel-werkstätten）制作霍夫曼设计的家具的权利。霍夫曼和莫泽都是维也纳分离派的成员，这是一个反对当时过度装饰风气的团体。具有装饰和细节的室内设计（如棋盘纹路的坐垫）和此疗养院朴素的建筑外观形成对比，此二者相结合标志着设计师已经抛弃了装饰繁复的新艺术风格和维多利亚风格。

桑托斯腕表（1904）

路易 · 卡地亚
（1875—1942）
卡地亚公司，
1904 年至今

钟表的起源可以追溯至 16 世纪，但是腕表直到 100 多年前才出现，卡地亚的桑托斯（Santos）腕表可以说是史上第一个真正商品化的腕表。它是一款真正意义上的腕表，其直到今天都没有改变的设计具有巨大的影响力，并且依然不断地被模仿。这款腕表的设计师为路易 · 卡地亚（Louis Cartier）——卡地亚公司创始人的孙子——他让卡地亚成为世界闻名的品牌，并且发展了众多贵族客户。爱德华七世称其为“皇帝的珠宝商，珠宝商的皇帝”，所言不虚。桑托斯腕表的第一位客户是巴西飞行员阿尔贝托 · 桑托斯 - 杜蒙特（Alberto Santos-Dumont，其姓名也是腕表名称的来源），他需要一款即使在最激烈的飞行中也可以轻易读时的钟表。1907 年，他首次戴上这块手表飞行了 220m。桑托斯初款展现出坚固、阳刚的气质，其外露的螺丝形铆钉突出了钢质表带和方形表盘，而这也意外地给它增添了中性的感觉。公司随后还陆续开发了多款女用款式。

邮政储蓄银行扶手椅

（1904—1906）
奥托 · 瓦格纳
（1841—1918）
托内特兄弟公司，
1906 年至 1915 年
托内特兄弟德国公司，
1987 年至今
托内特兄弟维也纳公司，
2003 年至今

奥地利建筑师奥托 · 瓦格纳（Otto Wagner）于 1893 年赢得了奥地利邮政储蓄银行（Postsparkasse）的竞标。整个邮政储蓄银行被作为一个整体而设计，它拥有入口处的玻璃天花板、可拆卸移动的办公室墙、外墙饰面、配套的室内设计以及铝制家具。瓦格纳在项目中秉持现代、理性的风格。1904 年，瓦格纳略微更改了他先前设计的时代周报椅（Zeit Chair，约 1902 年设计），将其用在邮政储蓄银行中。此产品由托内特公司生产，这是第一把用一根曲木来制作椅背、扶手和前椅腿的座椅，一个 U 形的支架被用来支持 D 形的椅面和后椅腿。它分为无扶手和带扶手两个型号，至今它仍以其材料的高利用率和极佳的舒适度而为人熟知。金属扣、椅脚套和金属板等细部金属件可以减少座椅在使用过程中的磨损，它们被加装在具有特殊需求的座椅上。加装了当时极为稀少的铝制构件的豪华版本被用在主管的办公室中。此座椅大受欢迎，至 1911 年，众多公司生产的大量不同版本都在市场上销售，如今仍然有公司在生产它。

坐的机器（1905）

约瑟夫·霍夫曼
（1870—1956）
J.&J. 科恩公司，
1905 年至 1916 年
弗朗茨·维特曼家具作坊，
1997 年至今

这款坐的机器（Sitzmaschine）由 20 世纪初维也纳的设计大师约瑟夫·霍夫曼设计。这把座椅的每一个部分都在告诉人们，它是由机器制造出来的，并且我们也要把它视为一台机器。这种机械的感受来源于它不带有任何历史性或传统意义上的装饰。几何形体和线条的运用，曲面和平面，实体和空档共同构成了座椅的外观。椅背和椅面是两块长方形（和侧板相呼应），被两侧的 D 形细边框固定。椅背的升降机制进一步巩固了机械感，它的倾斜角度由一个横杆控制，此杆可以卡在固定于边框上的球体上。这把座椅是逻辑和功能主义的典范之作。它的生产者 J.&J. 科恩公司（Jacob & Joseph Kohn）是大规模生产曲木家具的先驱者之一。此设计充分发挥了曲木技术所蕴藏的可以大量重复生产简单模块的潜能。或许受到了查尔斯·伦尼·麦金托什使用的几何图案的影响，霍夫曼设计了这款与前者风格相近的座椅，非常便于工厂进行批量生产。

“大陆”系列银质餐具（1906）

格奥尔·延森
（1866—1935）
格奥尔·延森公司，
1906 年至今

“大陆”（Continental）系列银质餐具是丹麦银匠格奥尔·延森（Georg Jensen）的工坊中出现的首个主打款式。延森精心雕琢的银器如今已经是全球知名的奢侈品，然而当他 1904 年在哥本哈根开设银匠作坊之时，他的生意却充满了冒险色彩，市场也非常小众。“大陆”系列是公司最受欢迎并且存在时间最长的银质餐具款式之一。它最大的特色是其异常低调的优雅外观，整个系列的产品施以简单装饰，并在表面略微锤打，这两者相结合创造出了强烈的雕塑感和感官体验，这种做工还致敬了传统的丹麦木质餐具。延森是定义 20 世纪北欧设计的关键人物，他关注本地的传统，并将它们和不断进步的设计理念相结合。他也是新艺术风格向装饰艺术风格转变时期的关键人物，早在 1915 年就将碎裂的几何体形态融入了他既有的灵动有机形态设计中。在 1915 年的旧金山巴拿马太平洋博览会中，延森的产品被企业大亨威廉·伦道夫·赫斯特（William Randolph Hearst）看中，他异常喜爱这些银器并买下了所有展品。

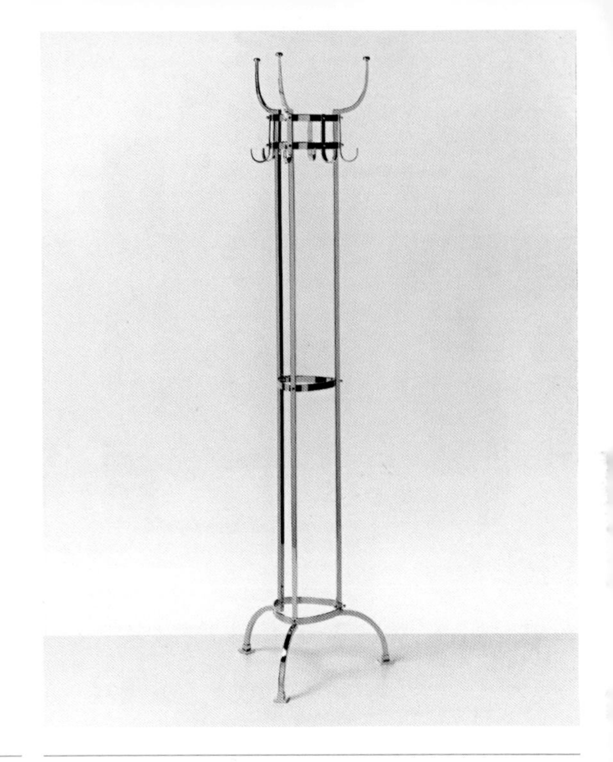

宁芬堡衣帽架（1908）

奥托·布吕梅尔
（1881—1973）
联合作坊，
1984 年至 1990 年
经典当代设计公司，
1990 年至今

这款宁芬堡衣帽架（Nymphenburg Coat Stand）由当时在慕尼黑工作的奥托·布吕梅尔（Otto Blümel）设计，它的风格是典型的青年风，即德国的新艺术风格。整个衣帽架规避了某些新艺术风格的过度装饰，外观趋于内敛，使用了装饰艺术风格中的纤细直线条元素，并且采用了现代主义运动中的极简风格。此衣帽架总高 180cm，它优雅、简洁的线条和镀镍黄铜的材料，使得大规模生产成为可能，也正是由于这些“现代”设计的元素，它长期受到消费者的青睐。布吕梅尔既接受过建筑学教育也学习过绘画，1907 年，他成了位于慕尼黑的艺术和手工联合作坊中设计部门的领头人。宁芬堡衣帽架以最具风格、最理性化的形式，揭示了他对手工艺的探索。一战后他帮助韦登费尔斯博物馆联盟建立起了一座旨在宣传和推广德国本土艺术和手工艺设计的地方博物馆，这标志着他在手工艺的探索之路上开启了全新的篇章。

库布斯扶手椅（1910）

约瑟夫·霍夫曼
（1870—1956）
弗朗茨·维特曼家具作坊，
1973 年至今

库布斯扶手椅（Kubus Armchair）于 1910 年在布宜诺斯艾利斯展出，然而从外表来看，如有人认为它是 1910 年以后的设计，这也绝对无可厚非。它的设计者约瑟夫·霍夫曼是塑造维也纳现代主义风格的关键人物，他是维也纳工坊的共同创立者之一。该工坊创立于 1903 年，其初衷是挽救在批量生产的浪潮中被贬低的装饰艺术的美学价值。霍夫曼受到了奥托·瓦格纳整体艺术概念的影响，后者提出建筑师应该从所有方面进行设计。此扶手椅使用木质框架外裹聚氨酯泡沫，再用黑色皮革装饰。块状的靠垫加上简朴、直线条的外观，体现了霍夫曼偏爱使用纯粹立方体的风格。维也纳工坊的首要目标是将优秀的设计带入人们生活的方方面面，同时还追求独一无二、手工制作的高品质产品，重视艺术性的实验，这二者事实上相互矛盾。基于上述理念，它的大部分作品都是单独定制的，并且必然十分昂贵，然而这些作品却成了现代主义风格的先驱。霍夫曼基金会于 1969 年独家批准弗朗茨·维特曼家具作坊重新生产库布斯扶手椅。

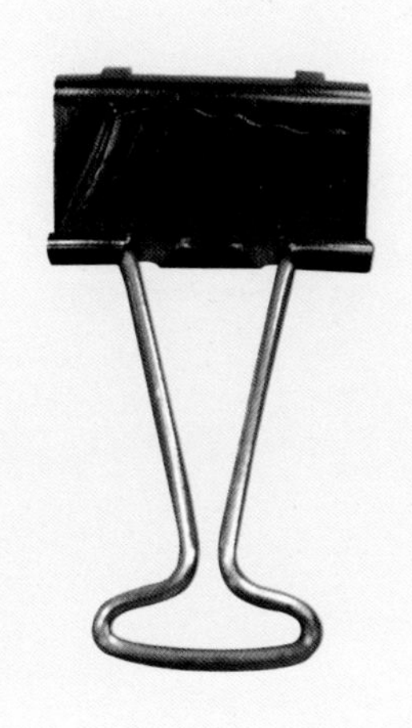

凤尾夹（1911）

路易斯 · E. 巴尔茨雷
（1895—1946）
LEB 制造厂，1911 年
多家公司，1911 年至今

凤尾夹由路易斯 · E. 巴尔茨雷（Louis E. Baltzley）于 1911 年发明，初衷是将松散的纸张固定在一起，这是一个非常简单却卓越的设计。这个外形优雅的夹子的设计灵感来自巴尔茨雷的父亲埃德温（Edwin），他是一位多产的作家。当时传统的手稿装订方式是在纸张上打孔，然后用针线将其固定在一起。这也意味着如果想新增或删减一页纸需要耗费大量的时间重新装订。于是路易斯发明了凤尾夹完美地解决了这个问题。夹子尾部中空的三角柱形结构采用了坚硬且有弹性的金属，在顶端则设有两个可拆卸的金属柄，以类似铰接的方式连接，它们可以完全向后折叠，从而形成一个有力的杠杆，打开夹子的尾部，同时夹紧纸张。巴尔茨雷立即开始在他自己的 LEB 制造厂生产该凤尾夹，随后他将该设计授权给了其他公司。1915 年至 1932 年之间，他甚至将 1911 年的设计重新改进了 5 次。巴尔茨雷或许没有料到，他的凤尾夹能流传至今，并且在办公场所被广泛地使用。

切斯特扶手椅和沙发

（1912）

佚名设计师

柏秋纳·弗洛公司，

1912 年至 1960 年，

1962 年至今

多家公司，1912 年至今

切斯特（Chester）扶手椅和沙发的灵感源自爱德华时代的英国俱乐部和乡村住宅，然而它抛弃了所有不必要的材料和装饰，转而专注于座椅本身的饰面、结构和制造工艺。扶手部位的皮饰面被制成一系列的褶皱，形成了球茎状的外观，造就了此系列的标志性造型。手工缝制的靠背和扶手内侧采用的是切斯特菲尔德独有的经典钻石纹。此沙发的制造工艺和饰面同样考究，马鬃制成的坐垫内部采用了钢弹簧结构，弹簧表面再手工包裹上黄麻带，弹簧撑起了坐垫的外形并且在就座时赋予良好的缓冲。整个坐垫都采用人工安装，以确保坐垫固定不会移动。最终造就了一款完美契合人体轮廓的沙发。这些对细节的考究是切斯特沙发经久不衰的原因：从它充分干燥后坚实的山毛榉木框架、鹅毛填充的坐垫到人工挑选并使用鞋匠刀割出的皮革，所有部件都精心打造。切斯特系列一直以来都是柏秋纳·弗洛（Poltrona Frau）公司最为知名的产品。

“B”系列酒具（1912）
约瑟夫·霍夫曼
（1870—1956）
罗伯迈公司，1914 年至今

约瑟夫·霍夫曼和维也纳玻璃制造商罗伯迈公司有着长久的往来，特别是和公司当时的拥有者斯特凡·拉特（Stefan Rath）。“B”系列酒具就是这份始于 1910 年的合作的早期产物。罗伯迈公司是霍夫曼的严谨外形设计风格最热切的拥护者之一，此公司如今仍然在生产“B”系列酒具。它富有现代感的简洁外形和黑白相间的纹路极富霍夫曼的个人特色，也具有维也纳工坊的产品特征，此工坊是他和科洛曼·莫泽于 1903 年创建的应用艺术机构。“B”系列酒具和其他霍夫曼与罗伯迈合作的设计一样，以吹制水晶制成，并以磨砂玻璃和古铜辉石装饰。而这种装饰所运用的技术当时仅于两年前才在波西米亚出现，其方法是首先在玻璃表面覆盖古铜辉石，之后在需要保留的部位涂上清漆，再用酸洗，所有未涂漆部分的古铜辉石都会被洗去，留下具有金属光泽的装饰图案。罗伯迈公司长期以来享有极高的声望，早在 20 世纪 20 年代，纽约现代艺术博物馆以及伦敦的维多利亚和阿尔伯特博物馆便将罗伯迈的产品纳入收藏。

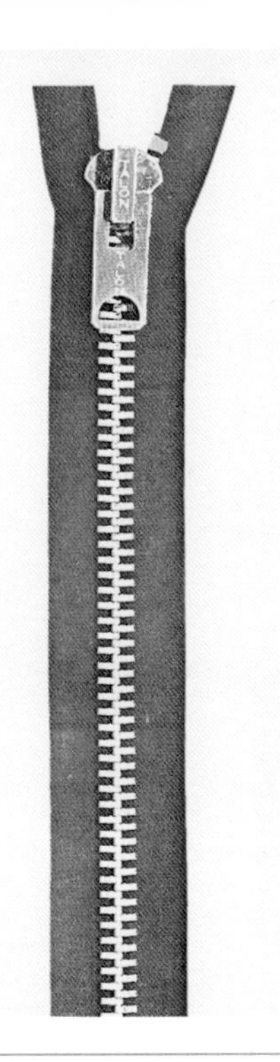

拉链（1913）

伊德翁·松德贝克
（1880—1954）
无扣拉链（塔隆）公司，
1913 年至今
多家公司，1930 年至今

拉链始于惠特科姆·贾德森（Whitcomb Judson）在 1893 年发明并注册的“带扣拉链”，这是一种造型吓人、用于鞋面的双排金属扣拉链。而芝加哥通用拉链公司的员工，瑞典移民伊德翁·松德贝克（Gideon Sundbäck）则完美地改进了拉链。他用了 5 年的时间把贾德森的拉链变得小型化和精致化，将每 2.5cm 长度内的拉链齿数增加到 10 个，并且研发出了量产工艺。自从 1923 年 BF·古德里奇公司在它们的橡胶靴上使用此拉链之后，松德贝克发明的“无扣拉链”从新奇的小玩意儿变成了一个广为使用的产品。古德里奇公司销售部的一位员工建议将拉链的原英文名“Fastener”改称为“Zipper”，以凸显其拉上时的速度之快，还暗合发出的声音。20 世纪 30 年代，拉链被使用在了儿童服装和男性长裤上，之后逐渐成了如今这样一个无处不在的物品。它的意义已经远远超过了一个用来“系扣”的小零件，它彻底改变了时尚的潮流以及社会意识本身。如果拉链没有诞生，那么一些时尚界经典作品中的大量装饰性拉链也不可能出现，如骑手风格和 20 世纪 70 年代马尔科姆·麦克拉伦和维维安·韦斯特伍德的朋克风设计。

狄克逊·泰康德欧加铅笔（1913）

狄克逊·泰康德欧加设计团队

狄克逊·泰康德欧加公司，1913 年至今

1860 年，大部分西方人还在使用羽毛笔书写，而到了 1872 年，约瑟夫·狄克逊熔炼公司（Joseph Dixon Crucible Company）每日生产 86000 支铅笔，至 1892 年，该公司已生产铅笔的总数超过了 3000 万支。狄克逊公司并没有发明铅笔，也没有设计铅笔上任何标志性的部分。在历史上，尼古拉－雅克·孔泰（Nicolas-Jacques Conté，1755—1805）是首位构思出用石墨粉制造铅笔芯的人，但是当人们使用这种清爽干净、便于携带的书写工具时都会想到狄克逊公司，因为它研发了更好的大规模生产技术，提升了产品质量。约瑟夫·狄克逊（1799—1869）于 1829 年制造了他的第一支铅笔，到 19 世纪末，他的公司已是行业中的领军者。他还发明了诸多巧妙的生产工具，其一是一台用于切削铅笔所需木料的刨木机，每分钟能制造 132 支铅笔。其高品质的产品使得狄克逊成了经久不衰的品牌。公司于 1913 年在铅笔的两条黄色条带和黄铜（如今是绿色塑料）组成的尾端金属包边上增加了“泰康德欧加”（Ticonderoga）的名字作为其商标，形成了如今我们熟知的黄色铅笔原型。

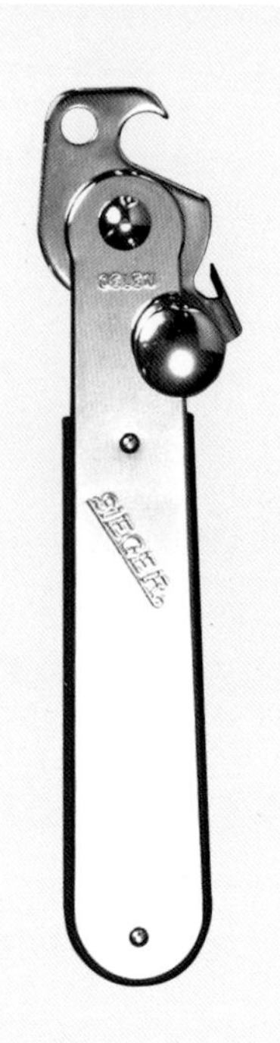

初款“胜利者”开罐器

(1913)

古斯塔夫·克拉赫特
(生卒年不详)
西格尔公司(前身为
奥古斯特·雷乌特斯泰
翰),1913年至今

“胜利者”(Sieger)开罐器的实用主义造型在它长久的历史中一直不曾改变。“Sieger”为德语“胜利者”的意思。它发明于1913年,最初的设计几乎没有变化。在一战前,开罐头需要使用一种像钩子一样的铁棍。“胜利者”开罐器一举改变了开罐的行为,于是立即风行起来。在如今的产品中,它的镀镍棘齿转轮中间夹有以铆钉固定的塑料片,中转齿轮、开罐钩和使用经回火处理过的钢材打造的刀刃一起构成了一个异常复杂的造型。整个开罐器结构紧密,总长15cm,宽5cm,其窄长的把手宽2.2cm,整体重量仅为86g。此开罐器是1864年于索林根成立的奥古斯特·雷乌特斯泰翰公司(August Reutershan)的主打产品。此公司还在初款的基础上开发了众多后续产品,有1949年的“杰出”,1952年的“巨人”,1961年的“虎钳胜利者”以及1964年推出的壁挂式“大胜利者”。虽然改进款式众多,然而在国际上最畅销的还是最初的型号。奥古斯特·雷乌特斯泰翰公司甚至还改名为西格尔(Sieger)公司,目的就是将此著名品牌和它的生产商相关联。

美国隧道式信箱（1915）

罗伊 · J. 约罗勒曼
（生卒年不详）
美国邮政部，1915 年至今

罗伊 · J. 约罗勒曼（Roy J. Joroleman）设计的隧道式信箱最初是专为始于 1896 年的美国邮政乡村投递标准化项目而制作的一个样品。当时，大部分信箱都是各家自制的，一般就是在一根杆子上插上家中用不着的容器。1901 年，美国邮政署创立了标准化信箱委员会。最终，委员会找到了邮局的工程师约罗勒曼，后者建议使用隧道式的信箱作为标准信箱。邮政署长于 1915 年批准了该方案，而且该设计并未申请专利，旨在鼓励生产商之间的竞争。1928 年，大号款式也获得批准，即 2 号尺码信箱，该信箱可以容纳邮政包裹。这两款信箱自诞生起从未间断生产。它异常简洁的设计其实和以前大家使用的罐头等容器没多大差别，只不过它的深度大大增加了，既可以容纳信件也能存放报纸，不过总体上而言它还是一个“罐头”，这个罐头的两侧是平的，一端有一个铰链门，并且配置了一面旗子用以标示有收到或需要邮递的新信件。其简易且高效的结构使得生产简易，故而竞争激烈，价格也不贵。在当今这个信息时代，隧道式邮箱已经被当成了电子邮件的标志，这足以证明其标志性地位。

“经典”系列水壶

(1916)

格雷戈里奥·蒙特西诺斯

(1880—1943)

拉肯公司，1916 年至今

拉肯(Laken)水壶是同类型户外用品中的佼佼者。拉肯公司于 1916 年开创性地设计了铝制饮水壶“经典”(Clásica)系列，如今它在西班牙依然销量领先。格雷戈里奥·蒙特西诺斯(Gregorio Montesinos)在法国工作时注意到了铝制品工业的出现，他于 1912 年返回西班牙，并在穆尔西亚成立了拉肯公司，致力于设计陶瓷和玻璃水壶的替代品。铝材坚固、轻盈且具有很强的抗氧化能力，这些都是蒙特西诺斯急切想要应用到设计中的特性。在为军方设计产品时，他构思出了“经典”系列，并决定使用纯度 99.7% 的同位素铝制造。此水壶外层包裹有毡或棉制的套袋，确保水质新鲜，同时保护瓶子不至破裂，如果将其浸湿，还能利用蒸发吸热来冷却瓶内的水。“经典”系列水壶通高 18.5cm，有直径 13.5cm 和 8.3cm 两种款式。此水壶能在极端环境下使用，曾被带去过北极、南极洲、撒哈拉沙漠和亚马逊雨林。至今，它仍深受世界各地军队的青睐。

“坦克”腕表（1917）

路易 · 卡地亚
（1875—1942）
卡地亚公司，1919 年至今

卡地亚于 1888 年推出了第一款腕表，而事实上，其面向的人群仅为女性消费者。腕表后来被男士接受，是因为他们意识到在战事、驾驶或飞行时能读时是一件多么重要的事情，因为此时他们根本没有机会掏出怀表来看时间。那时大多数怀表都具有几何外形，有些型号是圆角正方形，还有圆形、长方形、六边形或八边形造型。由此看来，“坦克”（Tank）腕表的设计极具开创性。它长方形的表身正是取自一战中装甲坦克的外形，两条侧边则象征着坦克两侧直线形的履带。这两条侧边在两端凸出表身，为表带的连接提供了附着点。虽然此腕表的设计于 1917 年完成，然而直到 1919 年“坦克”腕表才正式发售，并迅速获得成功。直到今天，卡地亚仍在生产此系列腕表，只是摆轮游丝被石英振子所替代。从某种程度上看，“坦克”腕表也是它本身巨大名气的受害者，它是历史上被仿制的最多的一款手表。

红蓝椅（约 1918）

赫里特 · 里特费尔德
（1888—1964）
赫拉德 · 范 · 德赫洛内康
1924 年至 1973 年
卡希纳公司，
1973 年至今

红蓝椅（Red and Blue Armchair）是少数在世界范围内都广为人知的座椅设计作品。它没有任何先例可借鉴，它是赫里特 · 里特费尔德（Gerrit Rietveld）职业生涯中的代表作，也很好地体现了他提出的理论。其制造过程非常简单明了，只是木头标准组件的相互咬合和交叠。此椅的最初版本并没有上漆，只有裸露的橡木，整个座椅作为一个雕塑，代表着一个被拆散的传统扶手椅。然而在不到一年的时间内，里特费尔德又略微更改了自己的设计，并且给座椅涂上了颜色。座椅的形态和结构被颜色界定：框架为黑色，所有的切口是黄色，红色和蓝色分别是椅背和椅面。里特费尔德在创作这件伟大作品之时只有 29 岁，他自此开始探索如何将新塑造主义的二维绘画形式运用在家具设计中。这把椅子一直是家具设计和应用艺术中的关键参照对象，在教学中亦然。1973 年之前，红蓝椅一直间歇性地被生产着，而 1973 年卡希纳公司（Cassina）获得了再生产的授权，直到现在仍在生产。这也说明了它在现代主义历史中的重要地位和巨大影响力。

褐贝蒂茶壶（1919）

佚名设计师

多家公司，1919 年至今

褐贝蒂（Brown Betty）茶壶有着一个典型茶壶的外观。它起源于 17 世纪，当时英国的制陶工仿制了从中国传入的圆肚茶壶。而具有深褐色罗金汉釉彩的褐贝蒂茶壶则是由红土烧就的粗陶茶壶发展而来，荷兰人埃勒斯兄弟在斯塔福德郡的布拉德韦尔森林发现了这些独特的红土。虽然已经有更“精美”的茶壶可供选择，然而英国人还是更喜爱把圆胖敦实的褐贝蒂放在茶桌上。位于特伦特河畔斯托克的一家小工厂阿尔科克－林德利－布卢尔公司在 1919 年至 1979 年间一直生产着褐贝蒂茶壶，罗亚尔·道尔顿（Royal Doulton）于 1974 年接手该公司并且继续生产类似的款式。其他一些公司也开始生产各自的褐贝蒂茶壶，但并不是所有公司都忠于最初的设计。一把高品质的褐贝蒂茶壶在壶身内侧刺有筛网状的小洞，它们位于壶身与壶嘴的连接处，用以筛去茶叶。此外，在倒茶时壶盖必须不会脱出，壶嘴前端被削尖，防止茶水滴落。褐贝蒂茶壶的容量从 2 ~ 8 杯［译注：杯为英联邦容积单位，等于 250mL。］皆有，它完美结合了优雅感与实用性，从而受到了众多消费者的喜爱。

432 号银壶（1920）

约翰 · 罗泽
（1856—1935）
格奥尔 · 延森工作室，
1925 年至今

约翰 · 罗泽（Johan Rohde）是一位建筑师、画家和作家，他为哥本哈根的格奥尔 · 延森工坊设计了一系列银器。1906 年，罗泽找到了延森，希望后者按照他的设计制造一批银器给自己使用，之后罗泽被该工坊聘为终生设计师。432 号银壶（Pitcher No.432）于 1920 年设计，是罗泽最优秀的设计作品之一。罗泽在茶具、碗盏和烛台设计中经常使用曲线以及小团紧簇的花朵、水果和动物纹饰。相反地，这把银壶异常简洁的外观和秉持功能主义的设计仿佛预言了 20 世纪 30 年代才渐渐发展起来的流线型风格。然而它的生产直到 1925 年才得以开展，这是因为它的设计被认为太过超前，当时的消费者可能无法欣赏。在最初的版本中，其壶柄也采用银制成，而在之后为了追求奢侈的手感，壶柄被象牙代替。在装饰艺术风格时期，丹麦只有为数不多的几家银器作坊如同格奥尔 · 延森工坊那样秉承传统的手工制作技艺。如今格奥尔 · 延森工作室仍旧生产着罗泽的许多设计，而此工作室在 1985 年已经被皇家哥本哈根瓷器厂纳入旗下。

威士忌酒壶
（20 世纪 20 年代）

佚名设计师
多家公司，
20 世纪 20 年代至今

自 18 世纪以来，使用酒壶这个小物件来携带威士忌或其他烈酒已变得流行起来。在 20 世纪 20 年代的美国，尽管有社会环境的改变和禁酒令的颁布，酒壶的使用和购买却日益普遍。在此之前，酒壶一般都为银质，被设计成能用一只手拿起，并且可放在口袋中。多数采用铰接卡口盖，也有带锁链的螺纹瓶盖或拉起式瓶盖，且盖子自身是一个小杯子。这些酒壶有些小到 0.03L，也有大至 1.14L，外形皆为适合手握的形状。大部分酒壶都不饰纹饰，但根据时代的风格，有一些会采用动物或物件的雕刻或造型，这种精巧的酒壶在收藏家眼中价值不菲。而到了 20 世纪 20 年代，更为小巧的酒壶款式变得流行起来，人们可以将它藏在后兜、手提包中，或用吊袜带将它夹住。由于制作的简易性，带分体式螺纹盖的小酒壶便成了当时最普遍和优雅的酒壶金工样式。

球形磨砂吊灯（1920）

佚名设计师
包豪斯金工作坊，
1920 年
特克诺流明公司，
1980 年至今

球形磨砂吊灯在学界被认为是一件佚名设计师作品，设计者曾于 1919 至 1933 年间的某几年在包豪斯学习。虽然设计者不明，但简易的悬挂式磨砂玻璃球最早可以追溯至 20 世纪的前十年。随着民用电力的普及，人们自然而然地需要一个可以容纳或装饰光源的新式装置。球形磨砂吊灯可以说已然是一件极简主义风格的设计，它不带任何装饰，并且造型采用了纯粹的几何形体——球体。它可以均匀地散射光线，而且其尺寸可以根据所悬挂的空间轻易地变化。这件作品既可以单独悬挂，也可以多件成排或网状排列。此设计的制造成本较低，大规模生产也没有难度，二战前的许多学校、工厂都有采用。像其他许多设计师不明且没有特定生产限制的经典设计作品一样，它被众多厂家生产，质量各异。球形磨砂吊灯简洁的外形具有极大的影响力，它成了其他与之类似的灯具的原型，从玛丽安娜 · 勃兰特（Marianne Brandt）设计的台灯和吊灯到更现代的由贾斯珀 · 莫里森（Jasper Morrison）设计的光球（Glo-Ball）系列中都可见到它的身影。

保温茶壶
（20 世纪 20 年代）
佚名设计师
多家公司，20 世纪 20 年代至今

在如今接受复古风和模仿风的家装中，此茶壶都是不可或缺的物品，这款保温茶壶在设计之初就结合了美观和实用性。当它在 20 世纪 20 年代发售之初，粗陶保温茶具成为全欧洲的餐馆和酒店的标准配置，为顾客提供高品质的茶水服务。茶壶的整体风格以追求现代感为目标，自带的壶套能保温一小时。如同其他成功的经典设计一样，此茶壶设计的中心思想和制造工艺都非常简单。茶壶的制造分为两部分：一个粗陶制茶壶和一个经亚光处理的不锈钢“套子”，套子再内衬保温布料，后者或位于茶壶顶端，或环绕壶身一周。此设计采纳了当时迅速兴起且广为流行的装饰主义风格，并带有机械般的美感。在此之前，茶壶的材质一般都是粗陶或陶瓷，而且保温套多为绗缝面料或针织织物，总体的感觉偏向手工制品，缺少设计感。此保温茶壶以它的镀铬金属外观挑战了前述传统，彰显了现代设计的美感。

亚加炉灶（1922）

古斯塔夫 · 达伦
（1869—1937）
亚加热能公司，
1922 年至今

这是一件惹人喜爱甚至有时让人迷恋的物品，自 1922 年问世以来，外涂瓷釉的亚加（Aga）铸铁炉灶就是身居北方的人们世代以来的家中必备品，它既是灶台又是暖炉，这种两用的设计演化成了一种标志性的生活方式。亚加炉灶的发明者是古斯塔夫 · 达伦（Gustaf Dalén），一位瑞典物理学家，同时也是瑞典工业气体集聚有限公司的经理。他在一次爆炸中丧失了视力，从此囿于居室，却心有不甘，于是将注意力转移到了炉灶制造上。他的目的是使燃料燃烧更为稳定，不用经常添加。这款亚加炉灶整体采用铸铁打造，外附三层瓷釉，燃烧室被设置在上下两层的烤炉旁边，下层用于慢火烹饪，上层则用于烧烤和烘焙。炉灶的顶端有两个热板，自带盖子，盖上时也可散发热量。炉灶的热能可以从热源均匀传递至烤炉，进而至瓷釉表面，这使得该炉灶无须设置调控温度的旋钮或转盘，故而内部不需安装任何温控装置。所有这些设计确保了厨师烹饪的条理性，也使得厨师可以随时使用该炉灶。即使是在最寒冷、最忙碌的家庭，这款炉灶也是母亲般温暖的存在。

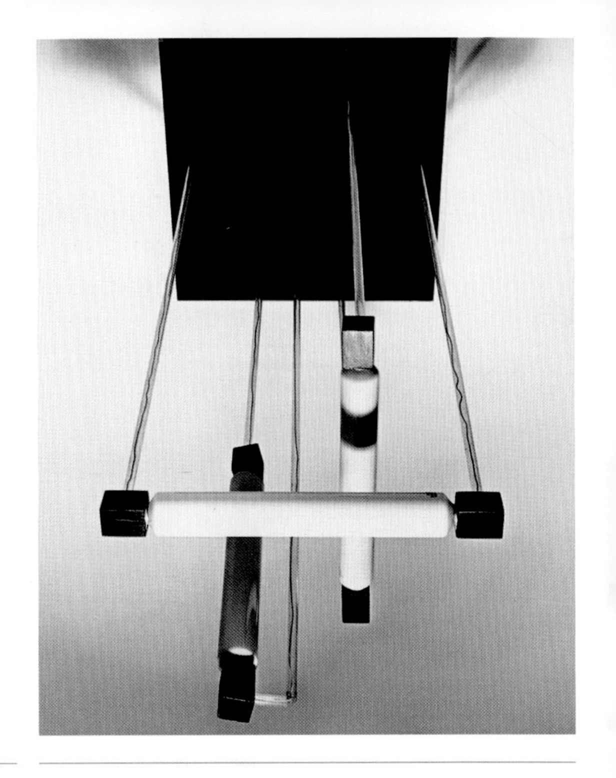

吊灯（1922）

赫里特·里特费尔德
（1888—1964）
范奥门电工公司，
1922 年至 1923 年
特克塔公司（由卡希纳授权），1986 年至今

赫里特·里特费尔德（Gerrit Rietveld）早期最重要的项目之一便是为乌得勒支省马尔森镇的全科医生 A. M. 哈尔托赫（A. M. Hartog）所做的室内设计，这款吊灯便是专门配合该项目而设计的。整个吊灯由四个飞利浦公司制造的标准白炽灯管组成。与里特费尔德用板材堆叠家具的方法相似，这些灯管也在空间中以某种形式排列。灯管的两端被固定在一小块木头上，其上接有一根杆子，与天花板上的平板相连。整个吊灯被安置在哈尔托赫的办公桌上方。后来这款吊灯被重新设计，灯管减为三根，随后被用在了里特费尔德于 1924 年设计的施罗德住宅中。此后另一个只有两根灯管的版本还出现在埃林住宅之中。里特费尔德对这些改动的解释非常实际：灯管数目的差异是因为荷兰不同地区使用不同电压。线条的相互交叠和独立元素之间清晰的连接展现出了荷兰风格派的特点，里特费尔德正是风格派的代表人物之一。此吊灯外形的影响力非常巨大：它可能就是沃尔特·格罗皮乌斯（Walter Gropius）在包豪斯的办公室中悬挂的那盏灯的设计参照。

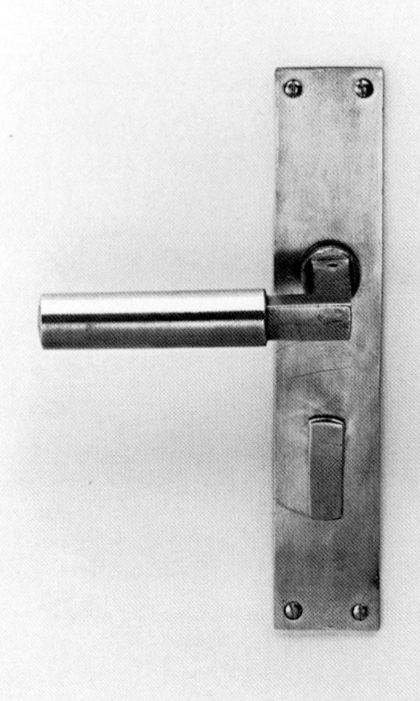

GRO D23 E NI 门把手（1923）

沃尔特·格罗皮乌斯（1883—1969）
阿道夫·迈尔（1881—1929）
包豪斯金工作坊，1923年至1933年
S. A. 勒维公司，1923年至1933年
特克诺莱公司，1984年至今

这款GRO D23 E NI门把手由沃尔特·格罗皮乌斯和阿道夫·迈尔（Adolf Meyer）共同设计，在所有投入量产的门把手中，它可谓是首款简洁且设计独特的产品，它也是现代主义中举足轻重的一个装置。格罗皮乌斯是德国德绍包豪斯学校的创始人，他的现代主义理念在该门把手上有直接体现。1923年该门把手诞生，为他们设计的位于德国阿尔费尔德的法古斯工厂首先采用，后来也被用在包豪斯学校的建筑物内。它抽象的几何外观由三部分构成：圆柱体把手，后接一个直角构件，还有一块固定在门上的方形面板。德国历史学家西格弗里德·格罗纳特（Siegfreid Gronert）称之为“首个有意设计成由纯几何体构成的量产门把手”。把手使用的材料为抛光镀镍钢材，位于柏林的S. A. 勒维公司（S. A. Loevy）于1923年开始生产该产品，后续还推出了加长了面板的带锁版本。此产品一经推出便名声大噪，如今特克诺莱公司（Tecnoline）拥有它的生产许可，仍在生产。它在现今世界各地重要的设计收藏中都占有一席之地，比如伦敦维多利亚和阿尔伯特博物馆的永久藏品之中。

MT8 台灯（1923—1924）

威廉 · 华根费尔德

（1900—1990）

包豪斯金工作坊（1924 年魏玛，1925 年至 1927 年德绍）

施温策 & 格雷夫公司，

1928 年至 1930 年

威廉华根费尔德建筑公司，

1930 年至 1933 年

特克诺流明公司，

1980 年至今

在拉斯洛 · 莫霍里 – 纳吉（László Moholy-Nagy）的指导下，包豪斯魏玛时期的金工作坊制作了这款 MT8 台灯，而人们更多地称之为包豪斯台灯。当时的台灯主体由金属打造，顶端灯罩为磨砂玻璃，底座为圆形，透过玻璃制成的灯柱可见内部的电线。这个独特的设计造型成了卡尔 · 雅各布 · 尤克尔（Carl Jacob Jucker）于 1923 年设计的众多灯具的原型，而威廉 · 华根费尔德（Wilhelm Wagenfeld）则进一步改进了该设计，在磨砂玻璃灯罩的底边处加上了镀镍黄铜。这两个设计最终融为一体，在某些后续款式中，华根费尔德还将尤克尔设计的玻璃灯柱改换为镀镍金属灯柱，与金属底座相连。此台灯的最初几个版本都为手工制作，使用了诸如手工抛光等传统手工技术。直到 20 世纪 20 年代末，德绍时期的包豪斯都在持续生产该台灯的改进版本。之后该台灯的版权归属极为复杂。原版的 MT8 台灯一直都没有大规模生产过，它们长期存在于博物馆和收藏家的藏品中。特克诺流明公司如今取得了生产该台灯镀镍版本的独家授权。

万宝龙“大班 149”系列（1924）
万宝龙设计团队
万宝龙公司，
1924 年至今

在德国，“大班”（Meisterstück）是年轻手工艺者的毕业项目，若顺利通过，他们将从学徒升格为师傅。万宝龙“大班 149”系列完美契合了产品的命名，成为全球知名的奢侈品品牌，代表着传统、文化和力量。该系列每支笔都单独制作，各种粗细的笔尖都可量身定制，甚至笔尖的软硬程度也可定制。整支笔长 148mm，直径 16mm，笔帽顶端嵌有一白色六角星，代表着勃朗峰［译注：勃朗峰（Mont Blanc）即万宝龙品牌意译。］的雪冠与六条冰川。而 4810 这一数字则被刻在该笔手工磨制的 18K 金笔尖上，代表了勃朗峰的高度（米）。在笔帽三道标志性的金条带中最粗的那道上面，也蚀刻笔的名称。万宝龙的品牌名早在 1911 年就被注册了，但是直到 1924 年该公司才开始生产书写工具，包括“大班 149”系列的生产。该笔多年以来鲜有改变，一项变化是原本的赛璐珞材料被另一种特殊研制的合成树脂所替代。但是最初的设计在功能和美感上都完整地保留了下来。

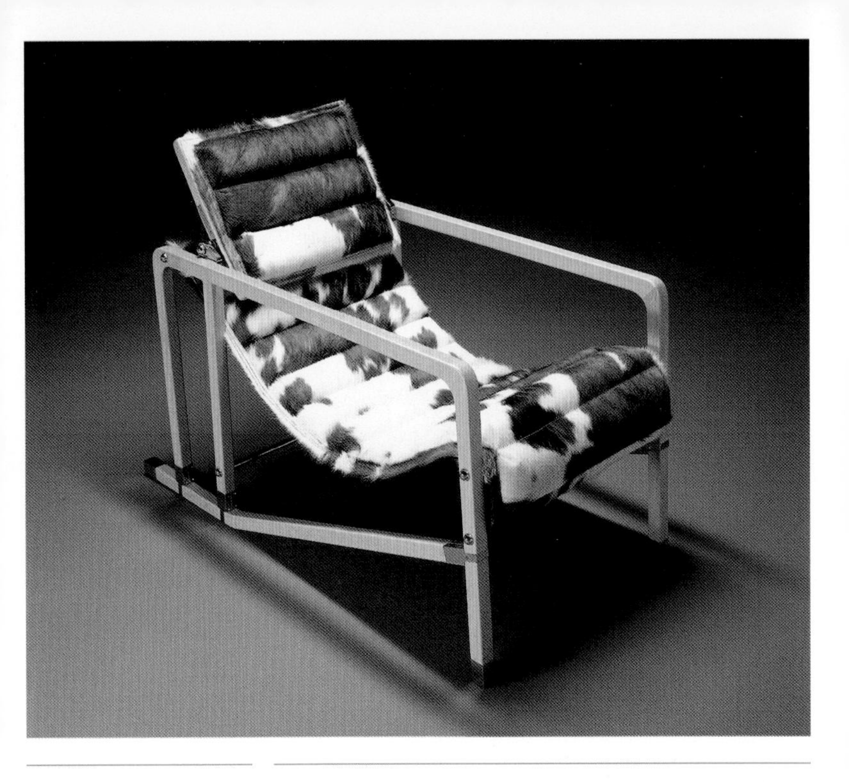

甲板躺椅（约 1924）

艾琳 · 格雷
（1879—1976）
让 · 德塞尔公司，
1924 年至 1930 年
埃卡尔国际公司，
1986 年至今

活跃于巴黎的爱尔兰设计师艾琳 · 格雷对荷兰风格派的纯粹几何外形曾非常感兴趣。她为自己位于地中海沿岸小镇罗屈埃布兰的现代主义住宅“E.1027”构思了大量的家具，甲板躺椅（Transat Armchair）便是其中之一。这款甲板躺椅借鉴了一般甲板椅的外形，而它的名字也是来自甲板椅的法语名“Transatlantique”。设计师融合了当时盛行的装饰艺术风格以及功能主义，后者则是包豪斯与荷兰风格派所推崇的。其功能主义体现在棱角分明的框架上，涂漆的木头制造出了多层次的错觉，而整个框架可以拆卸，木杆之间由镀铬金属构件相连。头部的靠垫亦可调节。整个坐垫则使用韧性极佳的材料制作，两端连接木质框架，中间悬挂在较低的位置。格雷为“E.1027”住宅设计的款式以油漆和黑色皮革作为装饰，而其他颜色的版本在她于巴黎开设的让 · 德塞尔（Jean Désert）商店均有销售。格雷于 1930 年申请了该椅的专利，然而直到 1986 年，当它被埃卡尔国际公司（Écart International）重新生产时，才受到了广泛的关注，掀起了一阵重新关注格雷作品的风潮。

烟灰缸（1924）

玛丽安娜 · 勃兰特
（1893—1983）
包豪斯金工作坊，1924 年
阿莱西公司，1995 年至今

玛丽安娜 · 勃兰特以她在拉斯洛 · 莫霍里 – 纳吉指导下的包豪斯金工作坊制作的众多作品而出名。她受到了作坊内极具创造性的工作氛围的激励，在包豪斯的魏玛和德绍时期创作了将近 70 件作品。在立体主义、荷兰风格派和构成主义的启发之下，她开始尝试以几何外形作为餐具和灯具设计的出发点。在当时人们还没有完全理解工业制造过程的大背景下，只有诸如球体、圆柱体、圆形和半球体等这类基本几何形体被视为可以轻易量产。此烟灰缸的底座、主体、顶盖和架烟处都是圆形和球体的一部分，各自定义清晰分明，制造过程可以如同数学般精确。勃兰特非常热爱金属，特别是钢、铝和银。她丰富的实验经验使得她可以在一件作品中大胆使用不同的金属，此烟灰缸使用的局部镀镍黄铜就是最好的例子。多年后，意大利生产商阿莱西公司重新获得了生产包括此烟灰缸在内的部分作品的许可，自此之后，她的名字和作品才真正为人所知。

泡茶器和支架（1924）

奥拓 · 里特韦格
（1904—1965）
约瑟夫 · 克瑙
（1897—1945）
包豪斯金工作坊，1924 年
阿莱西公司，1995 年至今

在二十世纪早期德国的制造业中存在着一种紧张的关系，一方面是充满艺术家个性的手工制作产品，另一方面是遵循大规模制造的合理蓝图而生产的商品。这种对立关系不断受到讨论，并影响了包豪斯的各个作坊。匈牙利人拉斯洛 · 莫霍里 - 纳吉于 1923 年接管了金工作坊，释出了改变风气的信号，作为这一改变的结果之一，奥拓 · 里特韦格（Otto Rittweger）和约瑟夫 · 克瑙（Josef Knau）的这款作品便是极佳的范例。莫霍里 - 纳吉摒弃了前任约翰内斯 · 伊滕（Johannes Itten）专注灵性和哲学的理念，及其对诸如银、木材和黏土等手工材料的坚持，引入了强调功能性和实用性的理念，并以钢管、钢板、压合板和工业玻璃等材料来阐释这一理念。莫霍里 - 纳吉视机器为一种大众化的力量，而不像大多数包豪斯的艺术家那样将其看作对人性的威胁。里特韦格和克瑙设计的这一泡茶器和镀镍支架，以清晰的线条和简洁的造型，表现出了全新的庄重感。不似制作昂贵的单件手工制品，这种理念可以通过委托项目或是出售设计和专利的方式，为学校创造迫切所需的收入。

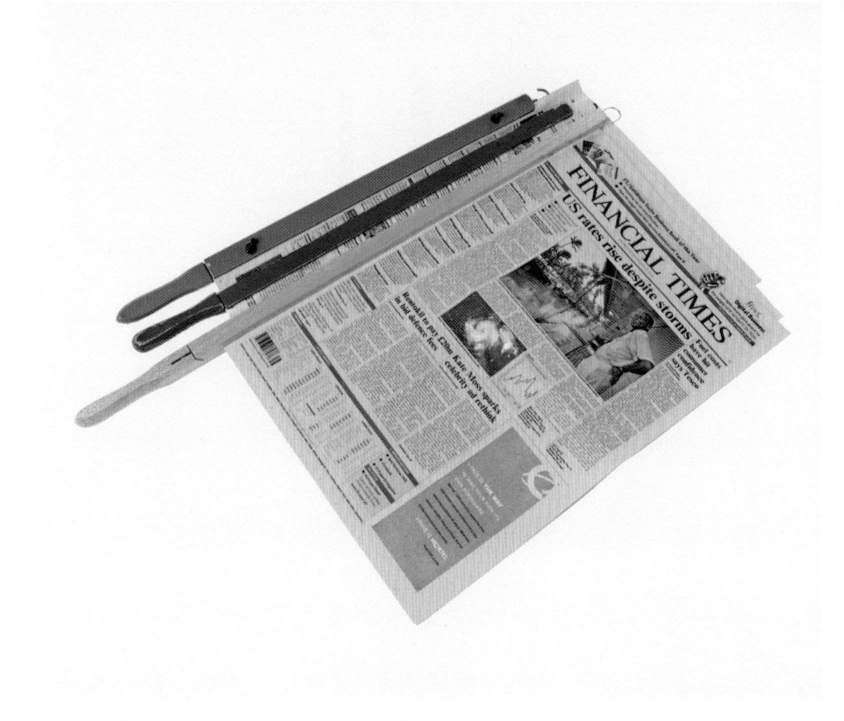

报纸夹（1924）

弗里茨·哈内（1897—1986）

弗里茨·哈内公司，1924 年至今

阿莱西公司，1996 年至今

报纸夹早在两个多世纪前就出现在了德国和瑞士的咖啡馆中，不过直到 19 世纪末 20 世纪初，它才真正成了奥地利维也纳咖啡馆文化中的一个永久元素。在 20 世纪初它已无处不在，故而它的设计专利在当时已数量众多。在参考了众多报纸夹后，弗里茨·哈内（Fritz Hahne）公司设计并制造了图中这款报纸夹，此公司是最早的报纸夹生产商之一，也是其中唯一一家至今仍在生产报纸夹的公司。报纸夹的设计随着时间的推移存在着微小的差别：有一些在两端各设有一个蝶形螺帽，旋开时便产生一道小槽，另一些则在一端设有合页，另一端可打开。弗里茨·哈内开设的公司是一家家族企业，如今依然用松木制作报纸夹。此公司几乎垄断了所有德国、瑞士、奥地利和荷兰报纸发行商中的报纸夹市场。最近，库诺·普雷（Kuno Prey）重新设计了该款报纸夹，新的设计拥有三根圆杆，既可以夹报纸又可以夹杂志。阿莱西公司从 1996 年开始生产这种改进过的报纸夹。

瓦西里椅（1925）

马塞尔 · 布罗伊尔
（1902—1981）
标准家具公司，
1926 年至 1928 年
托内特兄弟公司，
1928 年至 1932 年
加维纳 / 克诺尔公司，
1962 年至今

瓦西里椅是马塞尔 · 布罗伊尔最重要、最具代表性的设计。就座者会有全方位的支撑感，而事实上所有支撑面都悬挂在管状框架上。此框架本身是一种对俱乐部椅的现代主义阐述。钢管框架被设计成相对复杂的结构，以期在不使用诸如木材、弹簧和马鬃等当时盛行的传统制椅材料的前提下，为使用者提供良好的舒适感。钢管以及蜡光棉纱“条带”的使用呼应了当时的革命性运动，此运动主张为现代生活打造可量产的“设备”：所设计的产品需满足价优、轻质、坚固以及易于清洁等特性。或许受到了他新购买的自行车的纤细车架的启发，马塞尔 · 布罗伊尔于 1925 年设计了瓦西里椅。在为画家瓦西里 · 康定斯基设计家具的项目中，他部分运用了当初在包豪斯研究木制家具的经验。瓦西里椅的制造许可在 1962 年被重新授权给了加维纳公司，而此公司在 1968 年又被克诺尔公司收购，后者继续生产此椅，将其收入了克诺尔国际经典典藏系列，如今此椅仍在克诺尔公司的该系列中。瓦西里椅的开创性设计使得它常常被误认为是 20 世纪 70 年代末期高科技运动的产物。

斯塔尔X开瓶器（1925）

托马斯 · C. 汉密尔顿
（生卒年不详）
布朗制造厂，1926 年至今

对一个以灌装和分销可口可乐发家的人而言，雷蒙德 · 布朗（Raymond Brown）对玻璃瓶的主要缺点可谓非常熟悉，玻璃瓶会崩口、破裂，特别是在开瓶的时候。当他尝试生产录音设备而失败之后，他将就此空闲的一些工厂出让给了托马斯 · C. 汉密尔顿（Thomas C. Hamilton），后者研制出了一款壁挂式开瓶器，使用它开瓶时绝不会崩断瓶颈。汉密尔顿设计的这款斯塔尔 X（Starr ‘X’）开瓶器的主体是一块小小的铭牌，上面开有洞眼，可用螺丝固定在墙上。铭牌的上方有一个眼睑状的金属罩突起，可以卡住瓶盖的外沿。开瓶时将瓶盖塞入金属罩中，垂直向下并同时向前推瓶子，金属罩卡着瓶盖外沿的同时，开口处的中间突起作为支点，瓶盖就如同杠杆一样被撬开了。它的设计再简洁不过，制造过程只需一次浇铸，不存在任何活动部件。金属罩还是一块在人眼高度的完美广告板，多年以来刻在其上的品牌、图案和语句包括各种啤酒和软饮料品牌、爱国图片、大学运动队徽标、谚语、妙语，以及一句简单的“在此开瓶”。

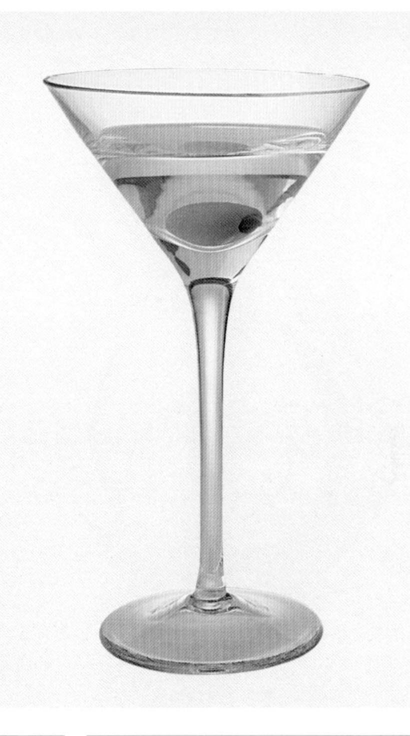

马提尼酒杯（约 1925）

佚名设计师
多家公司，
20 世纪 20 年代至今

马提尼酒杯使用透明无色玻璃为材料，作为一款酒具，其几何形态的造型极富标志性，就如同它所盛装的用于庆祝活动的马提尼酒那样独特。它喇叭状的 V 形杯身下接修长的杯脚，再配以匀称的杯座，一同构成了极具辨识度的轮廓。它如今几乎已经成为鸡尾酒的代表图案。要找到这款酒杯的起源比较困难，但可以肯定的是它诞生于 20 世纪 20 年代中期，当时瞬息万变的社会风气既影响了上流社会的娱乐方式也改变了与之配套的玻璃器皿，这种风气催生了马提尼酒杯。当时，人们对鸡尾酒的品位已经从 20 世纪 20 年代早期的奢侈酒类转变为更为朴素的酒，例如马提尼和曼哈顿。这些酒反映了人们口味的转变，同时充满装饰的玻璃杯也被现代的流线型酒杯取代。这些新式酒杯毫无疑问非常前卫，尤其是此杯，它其实以几何体的形式对碟形香槟杯进行了改进，而后者则在 20 世纪初取代了笛形香槟杯。马提尼酒杯如今仍然代表着 20 世纪 20 年代的玻璃器皿：它平价且辨识度高，其造型不断地出现在诸如插图画家、艺术家和电影导演等艺术工作者的作品中。

包豪斯鸡尾酒调酒器

（1925）

西尔维亚 · 斯塔夫

（1908—1994）

C. G. 哈尔贝里公司，

1925 年至 1930 年

阿莱西公司，

1989 年至今

包豪斯鸡尾酒调酒器由一个完美的球体和一个环形圆弧把手组成，其设计者曾一度被公认为玛丽安娜 · 勃兰特，然而得益于包豪斯档案馆馆长彼得 · 哈恩（Peter Hahn）的长期研究，现在这一设计被归于西尔维亚 · 斯塔夫（Sylvia Stave）名下。它的外形迥异于传统的鸡尾酒调酒器，可以说这种差异已经到达了极限。其外形并非垂直展开而是水平延伸，虽然具有简洁的几何形态，但这件异想天开的设计挑战了金工技术的极限。1989 年，包豪斯档案馆授权阿莱西公司生产该调酒器。如今阿莱西公司使用 18/10 不锈钢制造它的无缝金属球体，取代了原本的镀镍金属，然而即使如此，它的制作依旧困难，两个半球需要分别压制，再焊接在一起，最后手工抛光。为了方便倾倒酒品，它的盖子下暗藏了一个可拆卸滤网，正鉴于此，它也体现了包豪斯作品中常见的瑕疵，即将几何外形和功能性混为一谈。诸如此类的作品让包豪斯受到了指责，有人称包豪斯“只是另一种新风格”。然而随着时间的推进，此风格的调酒器也逐渐被大众接受。

酷彩铸铁炊具（1925）

酷彩设计团队

酷彩公司，1925 年至今

酷彩（Le Creuset）的所有炊具都使用珐琅铸铁制成，参照了源自中世纪的传统烹调用具。位于法国北部大弗雷努瓦镇的酷彩工厂从 1925 年起便开始生产铸铁，其最早采用的生产方式是手工向砂模中浇铸铁水。如今，即使工厂采用了类似的工艺，也依然需要先将模具打碎，然后再进行手工抛光和打磨。此铸铁锅外包有双层瓷釉，再经 800℃高温烧制，使得锅具坚固耐用，事实上它几乎不会损坏。铸铁导热均匀，有良好保温性且表面的瓷釉不会和酸性食物发生反应，所有这些再结合严丝合缝的盖子，形成一层热层以便温和地加热食物。锅具的材料让它能在所有种类的热源上使用。铸铁锅非常节能，而且因大部分表面处理工序都使用手工，每一个锅都独一无二。酷彩的炊具颜色丰富，它已成为家庭生活的中心，是家庭烹饪、厨房文化和高品质产品的象征。

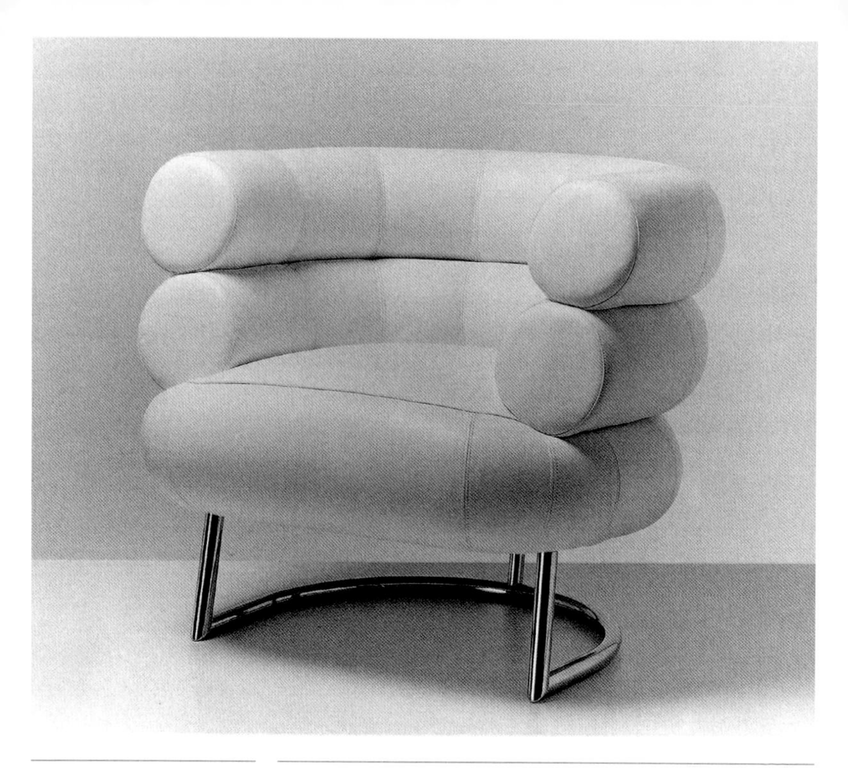

必比登椅

（1925—1926）

艾琳 · 格雷

（1879—1976）

阿拉姆设计公司，

1975 年至今

艺术和手工联合作坊，

1984 年至 1990 年

经典当代设计公司，

1990 年至今

艾琳 · 格雷专为有远见的富有客户设计定制家具、手工编织地毯和灯具，来打造高档的室内环境。她的那些经典设计在选材和结构上都具有如同炼金术般的魔力。她于 1925 年至 1926 年间设计的必比登椅（Bibendum Chair），起初为马蒂厄 – 莱维女士（Mathieu-Lévy）在巴黎的公寓而设计，直到伦敦的家具公司阿拉姆设计（Aram Designs）于 20 世纪 70 年代重新开始生产部分格雷设计的家具后，该椅才最终得到了它应得的赞誉。椅的名字源自 1898 年米其林轮胎公司创造的吉祥物，从这把座椅上人们可以看出这个吉祥物圆鼓鼓且高大快活的形象。它皮质的靠垫有着独特的管状外形，下接镀铬钢管框架，是一款外形奢华的家具，彰显了现代主义者的审美。与同时代的其他设计师不同，格雷并不古板地持有机器时代功能主义的审美。相反地，她将功能主义与用材更为奢华的装饰艺术风格相融合。在格雷长久的职业生涯中，她的作品长期受到了不应有的忽视，但是如今她却被视为 20 世纪最有影响力和少数的成功女性设计师和建筑师之一。

茶具和咖啡具

（1925—1926）

玛丽安娜 · 勃兰特

（1893—1983）

包豪斯金工作坊，

1926 年

阿莱西公司，

1995 年至今

能体现包豪斯先进教育理念的绝佳范例便是玛丽安娜 · 勃兰特设计的这款茶具和咖啡具。大学教师和博物馆馆长们时不时便向它致敬，而收藏家们则沮丧万分，因为如今仅有一套完整的原版存世。该茶具和咖啡具全套由水壶、茶壶、咖啡壶、糖罐、奶罐和托盘组成，全部选用 925 银打造，细部则饰以乌木。全套器具的轮廓皆为清晰明确的圆弧和直线，其基本几何形态的外观赋予它以力量感。茶壶的底座由两个十字交叉的组件构成，碗状壶身经抛光后显得格外优雅，壶盖为圆形，长长的银制壶柄镶嵌乌木以增加抓力，整个茶壶给人的第一印象充满了内敛和严肃的气质，几乎在不经意间传达出意外的美感。玛丽安娜 · 勃兰特是在包豪斯金工作坊中工作的唯一一名女性，她是一位多才多艺的设计师，以她的画作、可调节台灯和诙谐的拼贴照片而出名。她的这套茶具和咖啡具完美地阐释了包豪斯哲学，即强调手工制作的实践，并且认同功能决定作品的外形。

拉齐奥边桌（1925）

马塞尔 · 布罗伊尔
（1902—1981）
托内特兄弟公司，
1929 年至 1945 年，
1978 年至今
加维纳公司，
1962 年至 1968 年
克诺尔公司，
1968 年至今

这款由马塞尔 · 布罗伊尔（Marcel Breuer）设计的拉齐奥边桌（Laccio Table）/ 咖啡桌的桌面采用缎面积层塑料，框架和椅腿则选用抛光镀铬钢管。当匈牙利人布罗伊尔在 20 世纪 20 年代主管包豪斯家具作坊时，他开始了一系列使用钢管制造桌、椅和凳的实验，创造出了一些该校史上最具影响力的家具。他构想出了低矮的拉齐奥边桌，用以搭配瓦西里椅。布罗伊尔设计的这款边桌线条分明，功能多样，反映出他理性的审美和娴熟的技艺。桌子的制造过程几乎不可能出错，使用的材料品质上乘，外形也如雕塑一般。管状金属工艺在拉齐奥边桌上的使用，体现了包豪斯在 20 世纪现代主义设计和建筑发展过程中发挥的深刻影响力。对布罗伊尔而言，金属是他可以用来改变未来面貌的材料。正如他所说的：“在我对规模生产和标准化的研究过程中，我非常迅速地找到了抛光金属、闪亮的线条和空间的纯粹感来作为我们制作家具的新元素。在这些闪亮的曲线中，我不仅看到了现代技术的象征，也看到了技术本身。”

E.1027 沙发床（1925）

艾琳 · 格雷
（1879—1976）
阿拉姆设计公司，
1984 年至今
艺术和手工联合作坊，
1984 年至 1990 年
经典当代设计公司，
1990 年至今

艾琳 · 格雷和罗马尼亚建筑师让 · 伯多维奇（Jean Badovici）合作了多年，他们的首个也是最重要的项目之一便是“E.1027”住宅，它位于法国南部靠近马丁角的小镇罗屈埃布兰。格雷为它的多功能客厅设计了大量的家具，“E.1027”沙发床便是其一。此沙发床选用了略微鼓起的双层方形皮制软垫，下方由镀铬金属框架支撑。格雷在此使用金属管并不单单出于结构原因，也同时作为装饰线条，而背部突起的部分则可以用来放置靠垫、披毯或毛皮。它非对称的外形暗藏着对旧时代的呼应，使人回想起毕德麦雅时期经典的长躺椅。不似其他现代主义设计师，格雷喜爱将对立事物组合在一起，比如结合软与硬的材料，结合机器制造和手工制作的部件。20 世纪 80 年代，阿拉姆设计公司获得了该沙发床的原型并将它加入其经典系列中开始售卖，他们还于 1984 年将该沙发床的生产许可授权给慕尼黑的艺术和手工联合作坊，该作坊关张之后，经典当代设计公司又获得了该沙发床的生产授权。

黑费利 1-790 椅（1926）

马克斯 · 恩斯特 · 黑费利
（1901—1976）
豪尔根格拉鲁斯公司，
1926 年至今

马克斯 · 恩斯特 · 黑费利（Max Ernst Haefeli）与杰出的建筑师卡尔 · 莫泽、维尔纳 · M. 莫泽、鲁道夫 · 施泰格尔和埃米尔 · 罗特一起建立了瑞士建筑师联盟。他发展出了一套设计语汇，将艺术传统与技术革新相结合。因此，他能够与瑞士家具制造商豪尔根格拉鲁斯公司（horgenglarus）建立伙伴关系也就不足为奇了。此公司建立于 1882 年，遵循着最高标准的传统手工工艺，且仅使用手工方式制作家具。黑费利 1-790 椅便是这一伙伴关系的成果，它彰显了设计师和生产商共同秉持的创作理念。该椅的制造采用了传统手工工艺的最高标准，其框架和略微弯曲的椅腿都使用实木打造，平坦宽阔的椅背和椅面使用机械压制成的板材，因此，整个座椅从同时代使用曲木板材和钢管的椅子中脱颖而出。它简洁的外形，完美的比例和清晰的线条反映了黑费利所受的建筑教育。符合人体工程学的椅面和椅背共同组成了一把结合了传统造型与手工情感的座椅，显示出实用性、舒适性和超时代性。

“金字塔”系列餐具

（1926）

哈拉尔·尼尔森

（1892—1977）

格奥尔·延森公司，

1906年至今

“金字塔”（Pyramid）系列餐具由哈拉尔·尼尔森（Harald Nielsen）为银匠格奥尔·延森设计，完美体现了装饰艺术风格的外貌和精髓，同时也是现代主义餐具的早期典范。它设计于1926年，同年便首次投入生产，自此一直是延森最受欢迎的银器之一。延森具有在设计中融合当代和历史的能力，并且为作品的造型和设计本身设立标准。他吸纳了许多伙伴和家庭成员作为其公司的设计师，其中就包括他的妹夫哈拉尔·尼尔森。在战争之间，尼尔森的作品对延森定义其风格起到了关键作用。他设计的这款金字塔系列餐具，因其内敛的装饰艺术美学在20世纪30年代风靡一时。尼尔森如此评价他的设计：“餐具的装饰是为了加强整个作品的和谐感，但同时必须完全立足于自身，绝不能喧宾夺主。”此餐具的简洁性与现代主义相呼应，是功能主义时代的先驱者。它结合了有机形态与几何造型，简化了该公司原本更具自然主义的造型，成了该公司的标志性设计。

茶叶罐（1926）

汉斯·普日伦贝尔
（1900—1945）
包豪斯金工作坊，1926 年
阿莱西公司，1995 年至今

此圆柱形茶叶罐造型简洁，能带领使用者加入饮茶的仪式之中。它看起来只是一个高 20.5cm，直径 6cm 的细长圆柱体，表面光滑、反光且没有装饰，然而打开盖子之后，罐子的沿口处便可见一道圆弧造型。这道圆弧凸起的作用类似于茶匙，可以计算茶叶的用量。合上盖子时它完全不可见，打开盖子后，它便成了一个实用的小结构。包豪斯金工作坊在拉斯洛·莫霍里－纳吉的领导下，研制了一系列旨在用于工业生产的原型器具。威廉·华根费尔德当时是作坊的助理教员，设计这件作品的灵感来源很大一部分要归功于他，正如他说的，“一件物件无论使用何种外形，都必须以它的使用功能为出发点来考量。”汉斯·普日伦贝尔（Hans Przyrembel）便是依此设计了该茶叶罐。如同包豪斯其他众多设计一样，它也从未真正投入过生产，直到 1995 年，阿莱西公司得到了包括此茶叶罐在内的 9 件包豪斯设计的生产授权。普日伦贝尔设计的原型选用银为主要材料，而阿莱西的版本则使用了不锈钢。

蚝式腕表（1926）

劳力士设计团队

劳力士，1926 年至今

劳力士这一商标注册于 1908 年，而自 1905 年以来，一位年轻的巴伐利亚企业家就将此名字刻在了他销售的手表表盘上。劳力士于 1926 年推出的蚝式（Oyster）腕表，是世界上第一款真正的防水防尘腕表。梅塞德丝 · 格莱策（Mercedes Gleitze）在 1927 年游泳横渡英吉利海峡时，戴的便是这款腕表，其精准无误的走时为此腕表的迅速成功奠定了基础。蚝式腕表还因此被冠以了“击败四元素［译注：西方古典哲学认为世界上的物质由风、火、水、土四种基本元素构成。］之神奇腕表”的称号。它的完美防水性来自旋入式防水底盖和上弦表冠。其表壳采用一整块不锈钢、18K 黄金或铂金精心打造。表面材料采用人造蓝宝石切割而成的水晶玻璃，具有极强的抗碎裂和抗刮划能力。1931 年劳力士还推出了自动上弦装置，其防水防尘性能得到了进一步加强。此腕表在世界各地一直以来都是最受推崇的腕表之一。它代表着品牌世界闻名的价值观。蚝式腕表是首款，也是最重要的一款经典原型，它是一种生活方式的象征，为一种风格设立了标准。

俱乐部椅（约 1926）

让 - 米歇尔 · 弗朗克
（1895—1941）
沙诺公司，
1926 年至 1936 年
埃卡尔国际公司，
1986 年至今

这款方方正正的俱乐部椅（Club Chair）是最为人熟知的装饰艺术风格作品之一，它充满棱角的外形让它免于被时尚淘汰。巴黎设计师让 - 米歇尔 · 弗朗克（Jean-Michel Frank）设计了包括这款超越时间的作品在内的一系列带软垫的方形座椅，它的简洁性凸显了这位设计师颇具影响力的审美。在其任意一项极具设计感的室内设计中，这把座椅都可以融入其中。弗朗克喜爱在他的设计中使用不常用的材料，漂白皮革和鲨鱼皮是他的最爱。他自称其风格受到了新古典主义、原始艺术和现代主义的影响，在其作品中可见简约的直线细部特征和优雅精简的外形，这些风格都有明确的作品可供参考。如今我们熟知的装饰艺术风格，很大一部分都要归功于弗朗克和他在 20 世纪 30 年代所做的独创性设计。这些大受欢迎的作品让他结识了一些极具创造力的欧洲上流社会人士，他为后者设计了奢华的室内装修和其他精致的产品。他日后的设计也保留了这种精致，这也可能正是这把俱乐部椅长期受欢迎的原因，它是弗朗克所有设计中最基础，也是最不可或缺的作品之一。

“E.1027”可调式边桌（1927）

艾琳·格雷
（1879—1976）
阿拉姆设计公司，
1975 年至今
艺术和手工联合作坊，
1984 年至 1990 年
经典当代设计公司，
1990 年至今

“E.1027”可调式边桌由不锈钢和玻璃制成，其底座和圆盘形玻璃面板的包边都采用了圆弧形钢管。它的桌腿可以伸缩，在背后配有一个用以调节桌面高度的插销。它很可能是在我们这个时代中被抄袭次数最多的家具之一。一方面它在外形和材料上都是严格的现代主义风格，但同时它以其优雅感和灵活性，规避了现代主义中冷酷的理性主义因素。著名建筑师勒·柯布西耶曾用“迷人且优雅”来形容它。艾琳·格雷为她位于法国海滨度假胜地罗屈埃布兰的住宅“E.1027”设计了一系列革命性的家具，这张桌子便是其一。此住宅名称中的“E”代表艾琳，后面的数字则代表字母表中的顺序，“10”和“2”代表“JB”，即罗马尼亚建筑师让·伯多维奇（1892—1956），他是格雷的良师诤友，而“7”则代表“G”，即格雷。在男性占多数的现代主义运动中，格雷是屈指可数的几位青史留名的女性。她早年的作品多是奢侈的装饰物件，随着年龄的增长，她设计了一系列更为简洁的现代主义家具。

MR10 椅和 MR20 椅
（1927）

路德维希 · 密斯 · 凡德罗
（1886—1969）
约瑟夫 · 米勒柏林金工作坊，1927 年至 1931 年
班贝格金工作坊，1931 年
托内特兄弟公司，
1932 年至今
克诺尔公司，1967 年至今

路德维希 · 密斯 · 凡德罗（Ludwig Mies van der Rohe）设计的 MR10 椅所展现出的直白的简洁感使它看起来如同一根连续的钢管。在 1927 年于斯图加特举办的“住宅”（Die Wohnung）展览中，其仅仅由前腿支撑的“悬浮”椅面一经亮相，便让所有人都眼界大开。一同出现在此展览中的还有荷兰建筑师马尔特 · 斯塔姆（Mart Stam）设计的 S33 椅。斯塔姆在此前一年曾给密斯画了一幅他设想的悬臂椅的草图，密斯立即看到了其中的潜力，并且在展览前已经设计出了他自己的版本。斯塔姆的座椅外形方正呆板，结构沉重，而密斯的座椅则更轻盈，椅腿优雅的曲线为座椅增添了回弹力。密斯还用一个简单的 U 形钢管为座椅加上了扶手，即 MR20 椅。这两款座椅很快就有了巨大销量。它们还有各种变体，如椅背和椅面用两块光硬棉纱或皮革制作的款式，还有密斯的工作伙伴莉莉 · 赖希（Lily Reich）设计的一体式藤编椅面。起初，此椅的钢管样式有红漆、黑漆，还有如今仍十分流行的镀镍版本。

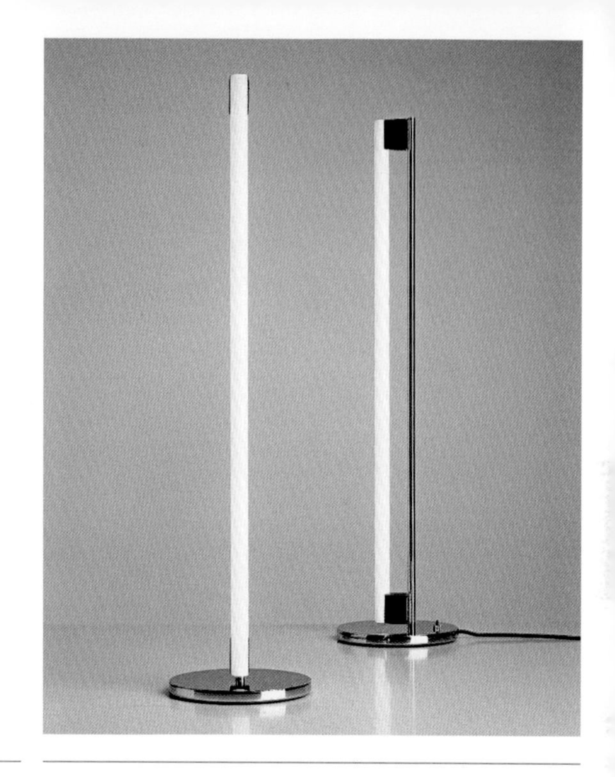

管灯（1927）

艾琳·格雷
（1879—1976）
阿拉姆设计公司，
1984 年至今
艺术和手工联合作坊，
1984 年至 1990 年
经典当代设计公司，
1990 年至今

这款管灯（Tube Light）由早期现代主义设计师艾琳·格雷于 1927 年设计。她曾在伦敦的斯莱德美术学院学习美术，不过在学业开始不久后，她便转而去学习室内设计。在她为“E.1027”住宅设计的大量标志性物件中，这款灯可以说是最为激进的一项设计。这座影响力巨大的现代主义住宅位于法国海滨度假胜地，是她于 1925 年为密友——建筑师让·伯多维奇建造的。她没有使用灯罩覆盖住当时才发明的荧光灯管，而采用了一套前所未闻的方案，得意扬扬地展示着裸露的光线，仿佛在庆祝着灯管那种从工业制造中继承而来的美感。它垂直方向的造型感被优雅的镀铬钢柱进一步加强，创造出了一种落地灯全新的极简主义风格。如今的设计师们应该感谢艾琳·格雷这件开创性的作品，她打破常规地使用了暴露的光线，为诸如英戈·毛雷尔（Ingo Maurer）和卡斯蒂廖尼兄弟等后来的设计师提供了灵感。家具制造商中的领导者阿拉姆设计在 1984 年重新开始发售这款灯具，并且把生产许可再授权给了其他制造商。

门把手（1927—1928）

路德维希 · 维特根斯坦
（1889—1951）
特克诺莱公司，
2001 年至今

坐落于维也纳，如今被称为维特根斯坦住宅（1926—1928）的房子是神秘的哲学家路德维希 · 维特根斯坦（Ludwig Wittgenstein）精彩的一生中独特的篇章。维特根斯坦的姐姐玛格丽特 · 施通勃洛（Margarethe Stonborough）一开始把该住宅的设计交给了另一位建筑师，然而之后她对她弟弟一致性空间的想法产生了更大的兴趣。房间的空间本身和高大纤细的门都影响了住宅门把手的设计，它们的外形必须不破坏建筑的整体和谐感。这把维特根斯坦为金属和玻璃门设计的门把手展现出了他对机械结构的绝佳理解（来自他最初所受的工程师教育训练）和对比例和尺度的敏锐把握。此门把手不需要面板，安装时直接穿过门，两个主要构件使用螺丝和垫圈固定，它遵循了维也纳标准，整体采用黄铜铸造，这点将门把手的组件减至 4 个，使门和把手之间做到了无缝衔接。每个门把手都独一无二，不过在 1972 年至 1975 年房屋废弃期间，所有门把手都丢失了。如今特克诺莱公司基于原版开始生产改进后的门把手，使用的材料为抛光镀镍金属。

LC4 躺椅（1928）

勒 · 柯布西耶
（1887—1965）
皮埃尔 · 让纳雷
（1896—1967）
夏洛特 · 佩里安
（1903—1999）
托内特兄弟公司，
1930 年至 1932 年
海迪 · 韦伯公司，
1959 年至 1964 年
卡希纳公司，1965 年至今

勒 · 柯布西耶（Le Corbusier）设计的 LC4 躺椅（Chaise Longue）的造型如今已广为人知，它问世于 1928 年，当时的型号为 B306。其 H 形底座以及与之分离且拥有隐藏软垫和头部靠枕的座部，自然地让人联想到高端的室内设计。这把椅子出自柯布西耶的下述概念，即将功能性家具视为住宅中的一个装置，而住宅则是一个“居住的机器”。其基座的外形借鉴了飞机的机翼，同时它可摇动且可调节的座部可以完美契合人体运动。从它可调节的靠枕和在框架上可自由移动的座部可以看出这把椅子非常关注人体功效学。它为使用者提供了舒适、灵活的体验，且蕴含着极其进步的美学概念，这些都让它立刻在国际高端设计市场中备受青睐。柯布西耶和他的堂弟皮埃尔 · 让纳雷还有年轻的设计师夏洛特 · 佩里安合作，设计了诸如 LC4、LC1 巴斯库兰椅（Basculant Chair）和 LC2 豪华舒适椅等钢管椅。卡希纳公司获得了该椅的生产许可，并邀请佩里安为顾问改进了原设计。这把椅子可能是 20 世纪家具设计中最知名的典范之作之一，以至于设计界人士将这把椅子亲切地称为“柯布椅”。

图根哈特咖啡桌

（1928）

路德维希·密斯·凡德罗

（1886—1969）

约瑟夫·米勒柏林金工作坊，1927 年至 1931 年

班贝格金工作坊，1931 年

克诺尔公司，1952 年至今

1928 年至 1930 年间，密斯·凡德罗在捷克斯洛伐克的布尔诺城为格蕾特·魏斯·勒夫－贝尔（Grete Weiss Löw-Beer）和弗里茨·图根哈特（Fritz Tugendhat）设计了一座现代主义别墅。这款图根哈特咖啡桌专为这座别墅的门厅而设计，它经常被误称为巴塞罗那桌。这张矮桌和著名的巴塞罗那桌一样，都采用了 X 形框架。此框架既是一个装饰元素，也解决了结构问题，它相互垂直的手工抛光钢架为桌子提供了稳定性。此桌的桌面使用厚 18mm，边长 100cm 的玻璃制成，边缘切成斜角，和 X 形框架一起组成了一个稳固且对称的结构。1931 年，约瑟夫·米勒柏林金工作坊首次开始生产，并且取名为“德绍桌”（Dessau Table）。另一个加高版本使用了镀镍钢材，由柏林的班贝格金工作坊制造。克诺尔公司于 1952 年接管了生产，并且从 1964 年开始生产使用不锈钢和玻璃桌面制成的桌子，且称之为“巴塞罗那桌”。在初次投入生产的多年之后，它于 1977 年获得了纽约现代艺术博物馆设立的奖项，以及 1978 年由斯图加特设计中心颁发的奖项。

托内特 8751 号椅（1928）/ 特里克椅（1965）

托内特兄弟设计团队
阿基莱 · 卡斯蒂廖尼（1918—2002）
皮耶尔 · 贾科莫 · 卡斯蒂廖尼（1913—1968）
托内特兄弟公司，1928 年
贝尔尼尼公司，1965 年至 1975 年
BBB 博纳奇纳公司，1975 年至今

阿基莱 · 卡斯蒂廖尼（Achille Castiglioni）一生设计了近 150 件独创作品，并且拥护“预制”家具这一概念，同时他也致力于“再设计”，即改进已存在的设计，使其满足现代生活的需求。1965 年问世的特里克椅（Tric Chair）便是这样一个再设计。它的原版是托内特兄弟公司于 1928 年设计的山毛榉木折叠椅，即 8751 号椅。卡斯蒂廖尼做了两项改动：他抬高了椅背，给予更好的支撑感，还在靠背和坐垫处加上了红毛毡，增加舒适度。椅子折叠之后的厚度仅为 4cm。虽然它是一个再设计的产物，然而特里克椅的设计者一般都被认为是卡斯蒂廖尼兄弟。在一则 1988 年发布的采访中他说道：“制造商有时候会要求设计师改变一个旧有产品的款式。设计师可以从头重新设计该产品，或者对旧有产品进行有限度的改造。后者也是我在重新设计托内特椅时所做的。”特里克椅最先于 1965 年由贝尔尼尼公司（Bernini）生产，自 1975 年起都由 BBB 博纳奇纳公司（BBB Bonacina）生产。然而我们必须承认，托内特 8751 号椅为后来者设立了标准，它是首款，也是最简约的折叠椅设计之一。

双臂式杠杆型开瓶器

（1928）

多米尼克·罗萨蒂

（生卒年不详）

多家公司，1930 年至今

这种如今很常见的两旁有杠杆、中心是钻头的开瓶器看似并不太受大众喜爱，但自从它 1928 年注册专利以来，多米尼克·罗萨蒂（Dominick Rosati）的这款设计就基本没有被改变过。任何开过红酒瓶的人都肯定用过这种双臂式杠杆型开瓶器，毫不夸张地说，它的各种变体可以在任何地方买到。在罗萨蒂 1928 年 10 月 29 日提交的专利书中可以看到他画的结构图，两个臂杆的一端切割成齿轮状，用以抬起中心的“阿基米德螺纹钻”，钻头顶端还配有一个旋钮。这个旋钮可以让钻头毫不费力地旋入瓶塞，并且只会非常轻微地伤及瓶塞的内部结构。当升起的臂杆被按下时，瓶塞会被平稳地拉入开瓶器中央的空腔中。对最初版本的改进多种多样，有异想天开的，有装饰性的，还有功能性的改动。最常见的改动是将顶部旋钮改为啤酒开瓶器。将红酒储存在软木塞式酒瓶中是相对而言比较晚出现的现象，然而到 19 世纪 80 年代，国际上已经普遍使用平边软木塞。在此之后直到罗萨蒂申请专利之前，共有超过 300 款开瓶器递交了专利申请，然而只有他的设计至今仍被人们广泛地复制着。

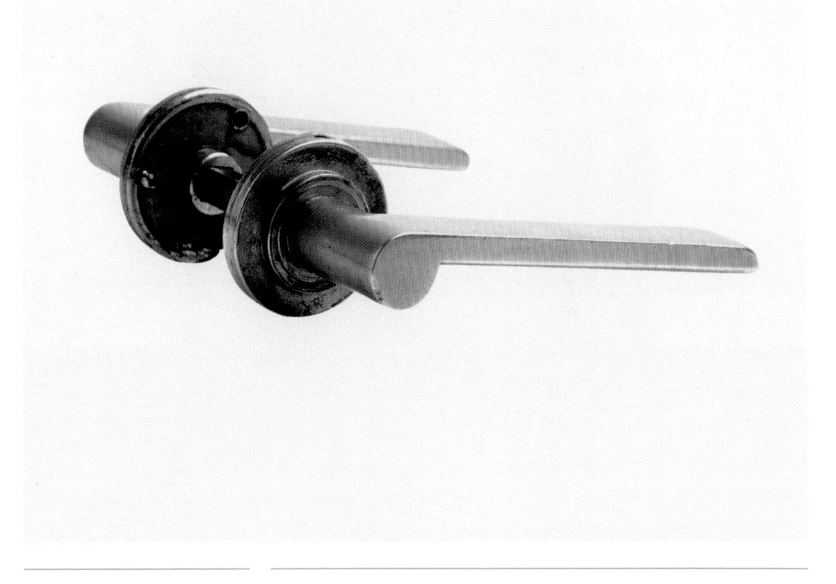

WD 门把手（1928）

威廉 · 华根费尔德
（1900—1990）
S. A. 勒维公司，
1928 年至 1933 年
特克诺流明公司，
1984 年至今

威廉 · 华根费尔德于 1928 年设计了这款 WD 门把手，同年柏林的 S. A. 勒维公司便开始制造它。它被建筑师埃里克 · 门德尔松（Erich Mendelsohn）选中，用在了建于 1930 至 1932 年间的位于柏林的哥伦布楼（Columbushaus）之中，从此名声大噪。据信，此建筑共装配有超过 1000 把 WD 门把手，门德尔松在他接受的许多私人住宅项目中也使用过它。德国的特克诺流明公司（2002 年后更名为特克诺莱）于 1984 年重新获得该产品的生产许可，如今该门把手采用传统的模具铸造法制造，此法非常耗费人工，需要手工打磨和抛光。但它至今仍在销售是因为其高标准的生产工艺和昂贵的材料，比如黄铜。虽然也有一些平庸的复制品，然而华根费尔德这款半工业化的标志性设计总算是存留到了今日。华根费尔德是德国工业设计的开创者之一，他是一位早期的极简主义者，洞察到了工业和优秀设计之间的联系。他不仅创造出了成功的作品，还向制造商发起各种讨论。他设计的这款 WD 门把手便是一个经久不衰的优美典范。

LC2 豪华舒适椅（1928）

勒 · 柯布西耶
（1887—1965）
皮埃尔 · 让纳雷
（1896—1967）
夏洛特 · 佩里安
（1903—1999）
托内特兄弟公司，1928 年至 1929 年
海迪 · 韦伯公司，1959 年至 1964 年
卡希纳公司，1965 年至今

LC2 豪华舒适椅（Grand Confort Armchair）是勒 · 柯布西耶、皮埃尔 · 让纳雷和夏洛特 · 佩里安短暂而成果丰硕的合作中的一个作品。他们还设计了 LC1 巴斯库兰椅和 LC4 躺椅。椅的框架由焊接镀铬钢材制成，斜接管材构成了框架顶端和椅腿，较细的实心约束钢管和 L 型薄钢板构成了底部框架，5 块皮革包裹的靠垫由松紧带互相连接，嵌入这些框架。完全嵌入后，这些靠垫就组成了一个紧凑的立方体。这款新颖的设计首次亮相于 1929 年的巴黎秋季沙龙，托内特家具公司洞察到了大众对此椅的喜爱，开始接手它的生产。此豪华舒适椅拥有多种变体版本，如带圆形脚垫或不带脚垫的，还有宛若沙发的、更宽的“女性”版本（LC3），它对原版的立方体外形做了一些让步，让使用者在就座时可以跷起二郎腿。自 1965 年起，意大利的卡希纳公司开始生产该椅，此公司还制造了同一风格的两座和三座沙发款。这一设计成了体面和庄严的代名词，正是因为如此，它如今依然大受欢迎。

LC7 转椅（1928）

勒·柯布西耶
（1887—1965）
皮埃尔·让纳雷
（1896—1967）
夏洛特·佩里安
（1903—1999）
托内特兄弟公司，
1930 年至约 1932 年
卡希纳公司，
1978 年至今

虽然勒·柯布西耶以建筑师和规划师的身份为人所知，然而他在理论研究、绘画和家具设计上皆有所建树。这位瑞士籍设计师和皮埃尔·让纳雷、夏洛特·佩里安合作设计的 LC7 转椅（Revolving Armchair）和 LC8 椅凳（Stool）作为名为“住宅装置”的展览的一部分，首次亮相于 1929 年的巴黎秋季沙龙。其设计基于传统打字员的座椅，和桌子配合使用。四根管状镀铬椅腿使用抛光或亚光工艺，弯曲成合适角度后，接合在椅面下方的中心处。如同勒·柯布西耶其他大部分作品一样，LC7 转椅的优雅和美感来自其结构生成的线条。由于金属管的弯曲工艺和制作自行车的工艺类似，勒·柯布西耶曾试图说服标致公司生产他的家具，但是后者拒绝了他，而托内特兄弟公司接受了该提议。1964 年意大利制造商卡希纳公司获得了生产勒·柯布西耶家具设计的独家授权，此后便一直在生产它们。这些家具上都印有柯布西耶的官方徽标和编号，以表明其正品的身份。

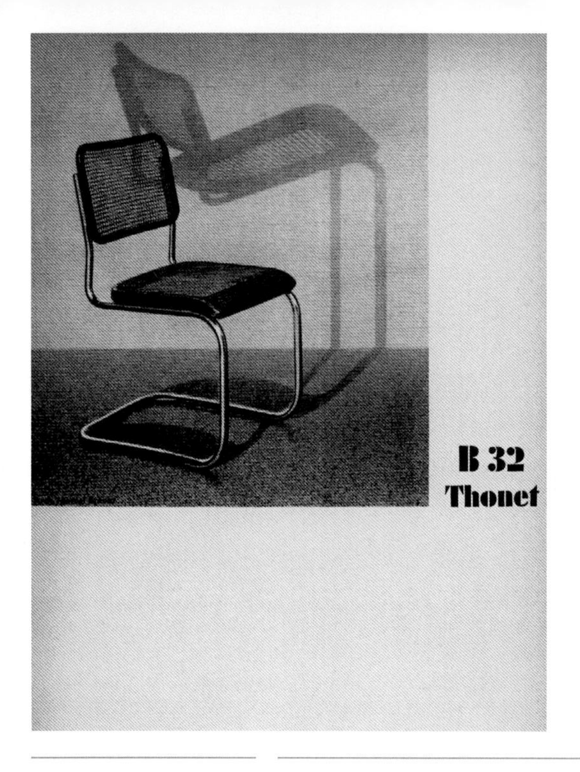

B32 塞斯卡椅（1928）

马塞尔 · 布罗伊尔
（1902—1981）
托内特兄弟公司，
1929 年至今
加维纳 / 克诺尔公司，
1962 年至今

B32 塞斯卡椅（Cesca Chair）的外形让人觉得太熟悉，甚至微不足道。然而它却是悬臂椅历史中的一个重要角色。它不似先前的木椅或钢管椅那样，需要在前后都设有椅腿，塞斯卡椅能让使用者“悬空而憩”。虽然不清楚它的发明者是谁，不过荷兰建筑师马尔特 · 斯塔姆于 1926 年设计的方案被认为是首创。之后不久，大量的设计师开始设计只有两条腿的座椅。不过正是 B32 椅中悬臂之外的元素才造就了它的优雅感，这都归功于设计师对舒适度、弹性和材料选择的敏锐把握。此设计展现出了独特、精妙且老道的材料搭配，现代主义中闪亮的钢材和木头与藤条一起赋予了 B32 椅充满人情味的温和感，这是许多棱角分明且冷漠的现代主义设计都不曾拥有的气质。扶手版本的 B64 椅也和它一样成功。当加维纳 / 克诺尔公司于 20 世纪 60 年代初重新推出这两款座椅时，公司以布罗伊尔女儿的名字重新命名它们为“塞斯卡”。这家明显在模仿这款优雅的悬臂椅的公司以这种方式致敬布罗伊尔在外形和材料平衡上的敏锐洞察力。

宿舍扶手椅
（1929—1930）

让 · 普鲁韦
（1901—1984）
让 · 普鲁韦工作室，
1930 年
特克塔公司，
1990 年至 2000 年
维特拉公司，
2002 年至今

宿舍扶手椅（Cité Armchair）是一款非凡的座椅设计，它蕴含了让 · 普鲁韦（Jean Prouvé）提出的诸多理论和制造技艺。其坐垫由钢管框架外部套有一个“帆布袋”制成，钢制的雪橇形底座展现出机械制造的痕迹，扶手部分则使用撑紧的皮带，两端用搭扣固定。所有这些材料组合在一起，形成了一个具有整体功能性的作品。它的设计、工程学和规模化生产理念是许多重要座椅设计的参考对象。这款宿舍扶手椅最初属于法国南锡大学城学生宿舍的一个竞标项目，它是普鲁韦的早期作品，为他之后的作品创立了一种设计语汇。普鲁韦以金属加工艺术家的身份于 1923 年在南锡开始了其辉煌的职业生涯。他设计了大量极富创造力的作品，包括门配件、照明设备、桌椅和储物家具，还有建筑立面和预制装配建筑。普鲁韦的家具作品一直受到爱好者和收藏家的追捧。维特拉（Vitra）洞察到了大众对普鲁韦家具作品的日益增长的兴趣和其背后的市场，于 2002 年重新推出了宿舍扶手椅以及其他一系列他的作品。

ST14 椅（1929）

汉斯 · 卢克哈特
（1890—1954）
瓦西里 · 卢克哈特
（1889—1972）
德斯塔公司，
1930 年至 1932 年
托内特兄弟公司，
1932 年至 1940 年
托内特兄弟德国公司，
2003 年至今

ST14 椅（ST14 Chair）婀娜的外形会让人误以为它的设计年代要晚于 1929 年。模造胶合板制成的椅面和椅背为使用者提供了支撑，与其大弧度的弧形悬臂框架形成了呼应和平衡感。其椅面看似悬浮在空中，几乎没有支撑它的部件。它的结构十分简洁，且不使用软垫来撑起人体：舒适度来自胶合板和身体的完美契合，不需要使用柔软且相对容易磨损的布料或软垫。汉斯（Hans）与瓦西里 · 卢克哈特（Wassili Luckhardt）兄弟是成功的建筑师，同时他们作为十一月学社（Novembergruppe）的成员也是活跃的理论家。他们自 1921 年起在柏林共同工作，是表现主义建筑大师中的佼佼者，也因此声名显赫。他们的设计充满了独特的魅力，比如德累斯顿的医学博物馆（Hygiene Museum）。然而这种风格在一战后资源紧缺、物质匮乏和不断恶化的通货膨胀的大环境下难以为继，故而他们在设计中采用了更细腻且更平民化的方案。这种理念上的变化在 ST14 椅中展现得淋漓尽致，卢克哈特兄弟正是专为满足大规模生产的需求而设计了这款座椅。

洛斯酒具套装（1929）

阿道夫 · 洛斯
（1870—1933）
罗伯迈公司，
1929 年至今

自从约瑟夫 · 罗伯迈于 1823 年创立公司以来，维也纳的罗伯迈公司成功塑造了它在玻璃制造方面的国际声誉。如今这家公司自豪地拥有近 300 种酒具套装，包括这款由奥地利建筑师阿道夫 · 洛斯（Adolf Loos）于 1929 年设计的吧台酒具。自 1897 年以来，洛斯在维也纳以独立建筑师的身份开始工作，他开始在维也纳推行一种风格，比当时维也纳分离派的艺术家和建筑师们秉持的风格更为理性且多为几何形态。他在 1908 年发表的文章《装饰与罪恶》中挑战了装饰的价值，称装饰为一种精力的浪费，代表着文化的堕落。这套为罗伯迈设计的酒具确实具有优雅敦实的精妙外形，它完全抛弃了受时代局限的图案或装饰。如今这款酒具在德国遵照奥地利规格使用手工吹制的无铅水晶玻璃打造，每个玻璃器皿再用铜制刀轮切割，并雕刻出简单的几何栅格纹。这套酒具包括一个零食碗、一只啤酒杯、一个水壶、一只白葡萄酒杯和一只利口酒杯。作为专业玻璃器皿生产商，罗伯迈为该酒具找到了成功的市场定位，并受到消费者持续的青睐。

巴塞罗那椅（1929）

路德维希 · 密斯 · 凡德罗
（1886—1969）
约瑟夫 · 米勒柏林金工作坊，1929 年至 1931 年
班贝格金工作坊，1931 年
克诺尔公司，1948 年至今

这个优雅的座椅是 1929 年巴塞罗那世界博览会德国馆项目的一部分。路德维希 · 密斯 · 凡德罗使用大理石与缟玛瑙墙面、有色玻璃和镀铬金属柱设计了一座由水平和垂直的平面构成的建筑。之后他便设计了外观不那么密实的巴塞罗那椅（Barcelona™ Chair），以达到不影响空间流动性的目的。密斯决定制造一把“重要的、优雅的、伟大的”座椅。它的剪刀状框架由两根无瑕的镀铬弯曲扁钢管构成，如同中国书法里的笔画一样。框架两端使用以螺栓固定的横档相连，最后整个框架被焊接在一起，然后手工锉平焊点。延伸至框架上的皮带则机智地将螺栓掩盖住。而克诺尔公司生产的版本则使用一体焊接的框架，以此减少必要的打磨和抛光工序。在 1964 年，抛光不锈扁钢代替了纤细的镀铬扁钢管。巴塞罗那椅一开始便不是为大规模生产而设计的，不过它的设计者之后开始在其颇具影响力的建筑的接待区域中使用该椅，这也是为何人们如今经常能在办公楼的大厅中见到这把座椅的原因。

布尔诺椅（1929—1930）

路德维希·密斯·凡德罗
（1886—1969）
约瑟夫·米勒柏林金工作坊，1929年至1931年
班贝格金工作坊，1931年
克诺尔公司，1960年至今

1928年，路德维希·密斯·凡德罗为格蕾特·魏斯·勒夫－贝尔和弗里茨·图根哈特设计了图根哈特别墅，坐落于捷克斯洛伐克的布尔诺城。而他为别墅设计的家具的名气如今已远远超过了这座建筑本身，这款布尔诺椅（Brno Chair）就是其中之一。密斯原本想给餐厅搭配他1927年设计的带扶手的MR20椅，然而它并不适合那个空间，那里需要一把更不占空间的座椅。布尔诺椅便是密斯设计的改进版本，这是他所设计的座椅中外形最优雅的作品之一。其框架本身紧致的优美曲线和椅面椅背之间的直角形成了强烈的对比。位于柏林的约瑟夫·米勒公司于1929年使用镀镍钢管生产出了第一把布尔诺椅。1931年同样位于柏林的班贝格金工作坊推出了一款变更后的版本，名为MR50。美国的克诺尔公司于1960年重新推出了使用镀铬钢管制造的布尔诺椅，1977年还推出了使用扁钢带制造的版本。使用这两种钢材的座椅如今都陈设在图根哈特别墅中，皮面的颜色红、黑皆有。

堆叠椅（1930）

罗伯特·马莱－史蒂文斯
（1886—1945）
图博公司，
20 世纪 30 年代
德喀斯公司，
约 1935 年至 1939 年
埃卡尔国际公司，
1980 年至今

罗伯特·马莱－史蒂文斯（Robert Mallet-Stevens）设计的这款堆叠椅（Stacking Chair）标志着他在理念上对装饰艺术风格的远离。罗伯特·马莱－史蒂文斯站在了他所称的普遍的、"任意的"装饰本质的对立面，转而开始更细致地遵照功能主义和简洁性的原则来从事设计。在他的帮助下成立的现代艺术家联盟（Union des Artistes Modernes）聚集了一群现代主义设计师，他们强调使用几何外形和均衡的比例，偏向于生产过程的经济性以及不使用装饰。此叠椅使用钢管和钢板制造，最初有镀镍和上漆两种版本，它彰显了马莱－史蒂文斯的设计理念，并且在许多他的室内设计方案中都可以见到。它为大规模生产量身打造，椅面既可以选用金属材质，也可以使用软垫包覆。它最显眼的一个平面由椅背和后椅腿构成，前椅腿和椅面就从这个平面伸出来，隐约地为这把小巧的椅子增添了视觉上的力量感。对于它的原创者学界有一些质疑，不过大部分历史学家都把它的作者归于马莱－史蒂文斯。堆叠椅由埃卡尔国际公司重新发售，有白色、蓝色、捶击纹灰色和铝制版本可供选择。

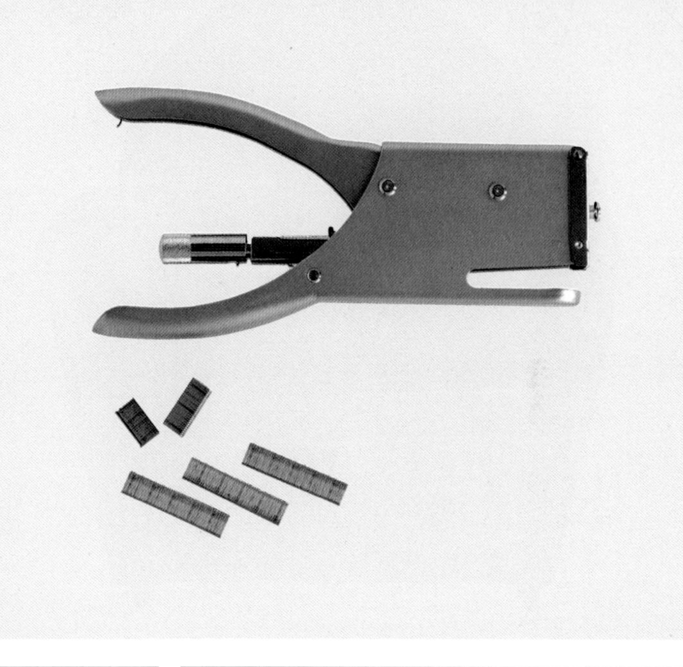

易握订书机
（20 世纪 30 年代）

埃拉斯蒂克设计团队
埃拉斯蒂克公司，20 世纪 30 年代至 1986 年
古滕贝格公司，1986 年至 2002 年
伊萨贝里拉皮德公司，2002 年至今

在 21 世纪的办公室中，这款易握（Juwel Grip）订书机难免有种格格不入的严肃感。它不具备任何被如今习惯自动化办公的人们盛赞的技术优势，然而它仍旧独具吸引力。它几乎没有任何品牌推广的策略，本身的设计也没有任何多余的细节，然而这个低调的设计和它位于美茵茨的生产商埃拉斯蒂克（Elastic）公司都是行业中的标杆。这款外形扁平、表面镀镍的易握订书机设计于 20 世纪 30 年代，它得名于那对如同虎钳一样的手柄，其符合人体功效学的造型契合手形，还安装有弹簧复位器。订书机头部有一固定开口，而订书针则从尾端的订针仓填入。此款订书机被认为是市场上最可靠的订书机之一，它几乎不会卡壳，订书针最终会精确且牢固地扣住纸张。它的设计和耐用性决定了它不会轻易地被轻质材料制成的更为现代的新式工具所替代。

904 型（“名利场”）座椅（1930）

柏秋纳 · 弗洛设计团队

柏秋纳 · 弗洛公司，

1930 年至 1940 年，

1982 年至今

世界上多数经典座椅都是由建筑师设计的，然而伦佐 · 弗劳（Renzo Frau）则是以手工业者的身份从家具软装开始学习如何制造座椅。他在都灵开设了家具制造公司柏秋纳 · 弗洛，雇员都为汽车皮革工人。弗劳使用传统工具，遵循传统工艺，以极佳的做工制造了一批出众的现代主义长沙发和扶手椅。他早在 1910 年便构思出了这款“名利场”座椅（Vanity Fair Chair），直到 20 世纪 30 年代才公布于世。它推出的时间非常及时，被用在了当时刚完工不久、万众瞩目的意大利海军跨大西洋邮轮“国王”（Rex）号中。其圆鼓丰满的外形归功于马鬃制作的软垫，内部以鹅绒填充，表面再覆以皮革，长条形椅腿使用风干山毛榉木，饰以皮革滚边和一排以皮革包覆的钉子，整体外形富有均衡感。它能给予使用者舒适、慵懒和优雅的就座体验，是那个年代的完美象征。它的生产于 1940 年中断，后于 1982 年再度发售，推出了亮红色皮革款，这也是如今它的特征之一。之后它还在电影中闯出了一片天地，在《末代皇帝》《家庭》和《保镖》中均有出镜。

贝斯特灯（1930）

罗伯特·达德利·贝斯特
（1892—1984）
贝斯特 & 劳埃德公司，
1930 年至 2004 年
古比公司，2004 年至今

1930 年，灯具制造商贝斯特 & 劳埃德在他们最新的产品上赌了一把，它就是罗伯特·达德利·贝斯特（Robert Dudley Best）设计的这款黑色且朴素的贝斯特灯（BestLite）。然而这款设计没有被消费者接受，因为它站在了当时盛行的繁复装饰风格的对立面上。此灯看上去确实非常具有工业风格，在二战中人们能在任何汽车修理店和飞机机库中见到它。在许多建筑师将它用在自己的工作室中之后，它才以一盏出现在前卫建筑中的灯具的身份，吸引了设计界的注意力。这款贝斯特灯也是温斯顿·丘吉尔的最爱，他将它放在白厅中自己的办公桌上，以示喜爱之情。二战后，此灯被人们暂时遗忘了，直到丹麦设计师古比·奥尔森在哥本哈根的一家鞋店中重新发现了它，并成功地获得了销售许可。自 1989 年来，它的销量稳步增长，2004 年古比公司接手了贝斯特系列，此系列包含了落地灯、吊灯和壁挂灯。没有几盏灯能连续生产超过 75 年的时间，然而贝斯特灯以它的简洁和优雅证明了它是一款超越时代的伟大灯具，在任何环境中都能成为关注的焦点。

韦勒克斯皇后厨房天平
（20 世纪 30 年代）

西里尔 · 费里迪
（1904—1972）
戴维 · 费里迪（1938— ）
费里迪父子公司，
20 世纪 30 年代至今

当费里迪父子公司（H. Fereday & Sons）于 20 世纪 30 年代推出他们研发的家用天平之前，铸铁厨房天平已以它的耐用性、简洁的设计和对重量精准的测量，成了一个极富声望的产品。然而这种天平当时也有它的问题：铸铁的粗糙表面降低了装置运转的平滑度和测量精度，并且让它看起来既笨重又难以操控。在戴维 · 费里迪（David Fereday）的祖父亨利于 1862 年创建此公司的 70 年后，戴维研发出了这款韦勒克斯皇后（Weylux Queen）厨房天平，一举解决了这些问题。铁质的支架和横梁被现代合金替代，故而在测量轻质物体时，机械运转更为流畅，测量精度更高。托盘改换了更大的黄铜或不锈钢盘，铸铁底座的颜色也可以选择。改造后的天平取得了极其罕见的成功：一个可以适应任何现代空间的老式机械装置。它低矮的流线型平板和托盘具有现代的外形，以其明显的前机器时代美学风格脱颖而出。费里迪公司对这款韦勒克斯皇后天平的耐用性非常自信，甚至为消费者提供了终身质保。

1382 型餐具（1931）

赫尔曼·格雷奇博士
（1895—1950）
阿兹贝格公司，
1931 年至今

1382 型并不是第一套现代瓷制餐具，但是它却是最具影响力的一套餐具。阿兹贝格公司（Arzberg）想要制造一套既现代又让消费者买得起的餐具，于是他们找到了赫尔曼·格雷奇博士（Dr. Hermann Gretsch），他是一位建筑师和设计师，曾管理过德意志制造联盟（Deutscher Werkbund）。格雷奇于 1931 年设计了这款简洁、优雅且极具功能性的餐具。他决定"创造一个能满足真正的日常需求的形制"。比如说他设计的茶壶就足够一个家庭使用。此款餐具的总体造型为几何形，看起来又不至于太朴素，它们的把柄都非常宽，可以轻易抓握。全套共 16 件瓷器均为素色，然而却给人以热情洋溢的感觉。1382 型餐具是第一款每件可单独售卖的餐具，这也意味着家境一般的家庭可以逐件购买，慢慢凑齐一整套。最初可供选择的颜色有白色、铂金色及蓝色把柄和镶边，如今它的颜色则更为丰富。阿兹贝格公司于 1954 年升级了这套餐具，并命名为 2000 型，这款餐具没有镶边，且在设计中借鉴了生物形态，如今德国总理府在接待要员时仍使用这套餐具。

“翻转”系列腕表

（1931）

塞萨尔·德特雷

（1876—1934）

雅克－达维德·勒考特

（1875—1948）

勒内·阿尔弗雷德·肖沃

（生卒年不详）

积家公司，1931 年至今

在两次世界大战间隔期间，人们开始在运动和开车外出之时佩戴腕表。然而当时几乎没有一款正装腕表可以真正经受住诸如马球、滑雪和赛车之类激烈运动的考验。于是积家表厂（Jaeger-LeCoultre）在接到了一位马球爱好者、英属印度陆军军官的要求之后，于 1931 年推出了这款“翻转”（Reverso）系列腕表。它由塞萨尔·德特雷、雅克－达维德·勒考特和勒内·阿尔弗雷德·肖沃共同设计，腕表采用了方形机芯和表盘，安装在独立的表壳内，表壳再安装在一个坚固的长方形滑动架上，如此一来表壳便可以翻转过来，保护表蒙和表盘。其表壳能灵活地滑动和翻转，再加上它拥有优美的线条和经久耐用的品质，这些使得该腕表迅速流行起来，且从未被真正仿制成功。它最初的设计构思非常完美，故而直到 1985 年原设计都丝毫没有被更改过，之后科技的进步促成了改良款的问世。虽然拥有众多的变体和改进版，但是这款朴素的装饰艺术风格产品仍然是该系列腕表中的主打产品，以及世界上最经久不衰的腕表之一。

帕伊米奥 41 扶手椅

（1931—1932）
阿尔瓦尔 · 阿尔托
（1898—1976）
阿尔特克公司，
1932 年至今

在阿尔瓦尔 · 阿尔托（Alvar Aalto）设计的所有家具中，帕伊米奥 41 扶手椅（Armchair 41 Paimio）或许是其中最著名的一款，它之所以著名，是因为其结构精妙，且在选材的组合上达到了一种完美的简约感。这款椅子专为芬兰西部的帕伊米奥结核病疗养院而设计，此建筑将阿尔托的建筑设计带向了国际舞台，同时也向世界推广了其中的一些胶合板家具。帕伊米奥椅发挥了它硬质座椅的优势，使用者在就座时会随之产生警戒感，这意味着它是一把绝佳的阅读椅。20 世纪 20 年代，阿尔托和家具制造公司奥托 · 科尔霍宁（Otto Korhonen）合作，开始实验木板胶合工艺。阿尔托使用胶合木材的原因是其价格便宜，并且他还觉得与钢管相比，木材有着大量的优点：它的导热性较弱，不会反射刺眼的光线，吸声能力也很好。1933 年阿尔托在伦敦发布了一系列家具后，立即在海外声名鹊起。帕伊米奥椅揭示了看似简单的胶合板被显著低估的潜能，它能被弯曲成各种具有弹性和强度且外形优美的造型。

六边形玻璃器皿

（1932）

卡洛·斯卡帕
（1906—1978）
保罗·韦尼尼
（1895—1959）
韦尼尼公司，
1932 年至今

保罗·韦尼尼（Paolo Venini）在 1921 年之前是一位米兰的律师，随后他的人生迎来了剧变。他与贾科莫·卡佩林（Giacomo Cappellin）合作，在威尼斯的穆拉诺岛购得了一处玻璃厂。虽然韦尼尼根本没有任何玻璃制作的背景，然而他却为重振威尼斯玻璃工业做出了巨大的贡献。韦尼尼引领他的公司向艺术方向迈进，开始和一些建筑及设计领域的关键人物合作，包括威尼斯建筑师卡洛·斯卡帕（Carlo Scarpa），正是这项合作催生了这款六边形（Esagonali）玻璃器皿。此作品的风格和传统的威尼斯风格形成了鲜明的对比。它使用轻薄且半透明的吹制玻璃制成，让使用者能更先注意到它精妙的现代造型，包括它被压平成六边形的杯壁以及杯底的拉伸部分。其造型凸显了生产者精湛的技艺。韦尼尼和卡佩林的合伙公司虽然只运营了 5 年，但它复兴了玻璃制造业。在保罗·韦尼尼于 1959 年去世之后，该公司仍继续生产着玻璃器皿。如今它更名为韦尼尼公司，是皇家斯堪的纳维亚（Royal Scandinavia）集团旗下的一员。

4644 压制玻璃器皿（1932）

艾诺 · 阿尔托（1894—1949）

卡尔胡拉，1932 年至 1982 年

里希梅基公司，1988 年至 1993 年

伊塔拉公司，1994 年至今

制造商卡尔胡拉（Karhula）公司——后来与伊塔拉（iittala）公司合并——于 1932 年发起了一项经济型实用玻璃器皿的竞赛。获得二等奖的便是艾诺 · 阿尔托（Aino Aalto）设计的这款 4644 压制玻璃器皿（Pressed Glass 4644），它如今被陈列在世界各地的博物馆中，并且在芬兰国内市场受到长期青睐。这款设计成功的原因在于阿尔托提出了一套整合方案，兼顾了复杂实用和美学考量。每件器皿的正面是光滑的，背面则是简单的棱纹，这样它们就能使用模具进行机械制造，从而降低成本，进而达到卡尔胡拉公司提出的核心需求，同时契合阿尔托的社会关注。此器皿的基本外形及其环形棱纹暗合了现代主义者对直线条和简洁几何形态的喜好。棱纹既是装饰又有加强结构的功能，给予了每件器皿稳重、平衡的外观，且统一了整套器皿的风格，赋予它们力量感和坚韧度，其坚固程度完全可满足日常家庭使用。如果只用一个词来总结这款设计，那就是经济性。

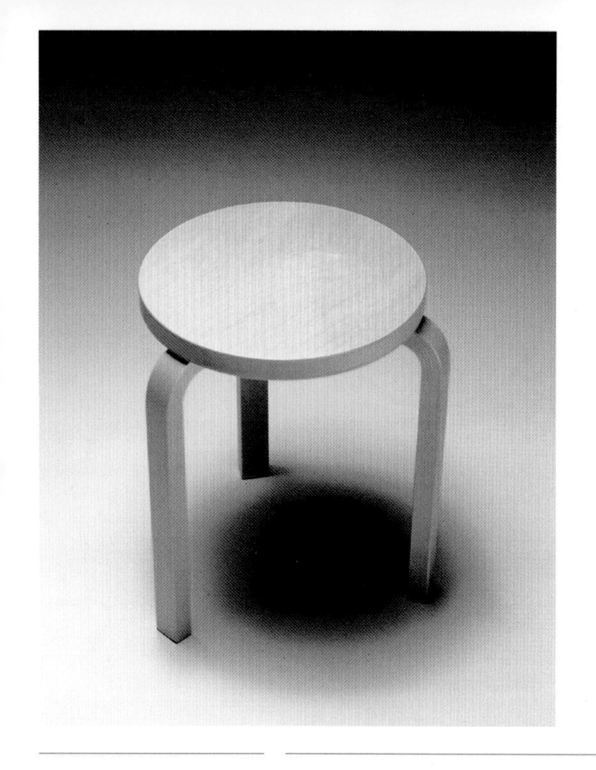

60 凳（1932—1933）

阿尔瓦尔 · 阿尔托
（1898—1976）
阿尔特克公司，
1933 年至今

阿尔托设计的这把简单的三脚凳由一个圆形凳面和三条弯曲的 L 形椅腿构成，这是他所有的设计中最为简单直接的家具之一。自这款 60 凳（Stool 60）于 1933 年发售以来，它一直是阿尔托的作品中最为畅销的款式之一：据它位于赫尔辛基的生产商阿尔特克公司所称，这张座凳的销量已经突破了 100 万件。在 20 世纪 30 年代，大多数欧洲买家都会被它节省空间的实用性和极低的价格吸引。或许还有人会着迷于它们堆叠在一起之后极具视觉冲击力的螺旋状椅腿造型。阿尔托将 L 形的椅腿设计视为他对家具设计行业最重大的贡献。为了解决水平和垂直构件之间所需的足够连接力，首先在白桦木截面的一端开出交错的槽，再向槽中插入涂有胶水的薄木片，随后压弯涂有胶水的部分，待胶水干透后便形成了一个固定的弯角，阿尔托称之为“曲膝”。这项革命性的技术非常成功且十分低调。如今该款凳子仍使用白桦木生产，公司还推出了配有油毡、胶合板和软垫凳面的款式。

丰塔纳桌（1932）

彼得罗 · 基耶萨
（1892—1948）
丰塔纳艺术公司，
1932 年至今

对意大利家具和灯具制造商丰塔纳艺术（FontanaArte）公司而言，玻璃一直都发挥着十分重要的作用。这点在这款 1932 年由彼得罗 · 基耶萨（Pietro Chiesa）设计的丰塔纳桌（Fontana Table）上展露无疑。作为该公司的艺术总监，基耶萨对这种具有流动性和多用性的材料深感兴趣。他运用一系列诸如切割、铸造和打磨等工艺，设计了众多玻璃制成的家具、灯具和物品。使用黏土成型方法制成的丰塔纳桌是这些作品中最早问世的一批。这张弯曲的浮法玻璃制成的桌子精妙且素雅，其造型和发光的线条展现出了完美的比例，然而最令人难以置信的是，制造它只需使用一张完整的 15mm 厚水晶玻璃板。无论在当时还是现在，弯曲这样的玻璃板都是一项工程和制造上的壮举，特别是鉴于此系列桌子的最大尺寸有 1.4m 长 70cm 宽。它亮相于 1934 年的巴里展会（Bari Fair），作为一个优雅的极简主义玻璃家具，它的设计从未被更改过，并将一直超越时代。

欧米伽图钉（1932）

A. 席尔德 · S. A. 设计团队
吕迪瑞士有限公司，
约 1947 年至今

人们可以轻易确定这枚朴素的小图钉的来源：它拇指大小的图钉钉头上印有“瑞士制造”的钢印。钉头下方设有三根锋利的钉针，针的一边垂直，另一边削出斜角，这样针尖便尖锐无比。建筑师们自 20 世纪 40 年代末期开始便使用这款欧米伽（Omega）图钉，自位于瑞士格伦兴的 A. 席尔德 · S. A.（A.Schild S. A.）公司于 1932 年申请专利以来，此图钉的设计就没有改动过，在专利中它被称为 ASSA 图钉。于 20 世纪 30 年代创建的吕迪瑞士有限公司（Lüdi Swiss AG）是一家回形针供应商，20 世纪 40 年代，他们将业务扩展到了办公用品市场，并且在 1947 年成了“欧米伽”牌图钉的首家生产商。欧米伽图钉的市场定位，是为有固定草图需求的专业制图员提供一款定位工具。该图钉钉入之后非常牢固，只有使用盒中附赠的经特殊设计过的起撬工具才能拔除它。虽然如今电脑辅助设计非常盛行，然而欧米伽图钉的市场依然存在，故而这家已历经三代的家族企业有望在后世的手中继续繁荣下去。

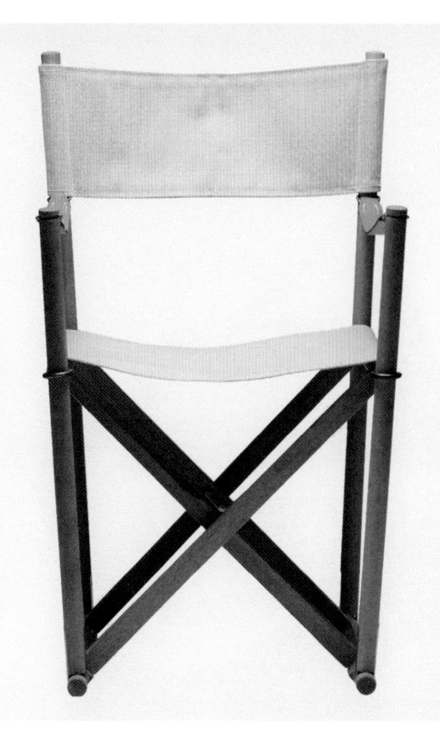

MK 折叠椅（1932）

莫恩斯·科克
（1898—1992）
英特那公司，
1960 年至 1971 年
卡多维乌斯公司，
1971 年至 1981 年
鲁德·拉斯穆森公司，
1981 年至今

丹麦建筑师莫恩斯·科克（Mogens Koch）深受丹麦家具设计师卡雷·克林特（Kaare Klint）的影响，如同克林特一样，科克时刻提醒自己避免卖弄粗浅的技巧，他使用朴素稳重的风格，经常改进已存在的家具样式，且偏向使用传统材料。这把科克设计的 MK 折叠椅（MK Folding Chair）和克林特设计的螺旋桨折叠椅（Propeller Folding Stool，1930）一样，都是从军旅家具改进而来。椅的核心部分是一张帆布面折叠凳，由四根木杆包围，其中两根略长，上部设有一块帆布，构成了椅背。在椅面下方，四根木杆上各固定有一个金属环，它们是折叠时木架的活动处，同时又保证了座椅在使用者就座的重压下不至于散架。科克于 1932 年设计了该椅，用以参与一个教堂家具的竞标，但从未投入生产，直至 1960 年，英特那公司（Interna）才推出了此椅，共同推出的还有配套的桌子，并且将户外使用作为其营销策略。桌子和椅子在折叠时可以组合在一起储存，大大减少了占用的空间。

“卡拉特拉瓦”系列腕表（1932）

百达翡丽设计团队
百达翡丽公司，
1932 年至今

在 20 世纪 20 年代，百达翡丽（Patek Philippe）已经是全球怀表和腕表制造领域中最顶尖的制表商。这款“卡拉特拉瓦”（Calatrava）系列腕表经受住的不仅仅是时间的考验。此腕表的名字取自西班牙的要塞卡拉特拉瓦，1138 年一个修会在此击退了摩尔人，此修会的纹章为四个百合花饰组成的十字纹，百达翡丽在 19 世纪末就将该纹章作为自己的商标，这个要塞的名字还因为这款腕表而闻名，后者个性鲜明的平滑表圈使人印象深刻。“卡拉特拉瓦”系列腕表很显然受到了装饰艺术风格的影响，不过它的圆形表盘在当时的腕表中与众不同，那时的腕表多为长方形或正方形。它平滑的表圈与固定表蒙的封圈并未完全紧贴，这是典型的装饰艺术风格。它的男士款式以其时尚而阳刚的曲线立即获得了成功，成了百达翡丽最经久不衰的一款腕表，而图中的腕表则为 1946 年推出的 96 型。此系列之后还推出了平头钉图案或镶钻饰面的白金、黄金以及玫瑰金款式，还有极少数款式使用不锈钢打造。

Z 形椅（1932—1933）

赫里特 · 里特费尔德
（1888—1964）
范 · 德 · 赫洛内康公司，
1934 年至 1973 年
梅尔茨公司，
1935 年至约 1955 年
卡希纳公司，
1973 年至今

赫里特 · 里特费尔德用 Z 形椅 (Zig-Zag Chair) 中一道斜边的支撑成功地突破了家具设计中的常规几何形态。Z 形椅棱角分明且质感坚硬，它只使用了 4 块相同宽度和厚度的长方形木板，分别作为椅背、椅面、支撑部和底座。里特费尔德从 20 世纪 20 年代末期就开始尝试设计一款座椅，可以只用一整块材料切割后制成，或者用他的话说“就那样从机器中跳出来”。他在早期的草图中描绘了一把可用一块钢板弯曲制成的座椅。1938 年设计的一款椅子使用单块 5 层合板以模具压制而成。然而实践证明，使用 4 块单独的 2.5cm 厚的实木制作该椅更为可行。它的制造方法如下：椅背和椅面使用燕尾榫连接，45 度的接角处都内衬三角楔加固。首个制造 Z 形椅的生产商是荷兰的范 · 德 · 赫洛内康公司，梅尔茨公司于 1935 年也开始生产该椅。这把座椅从此成了设计史中至关重要的一件作品。

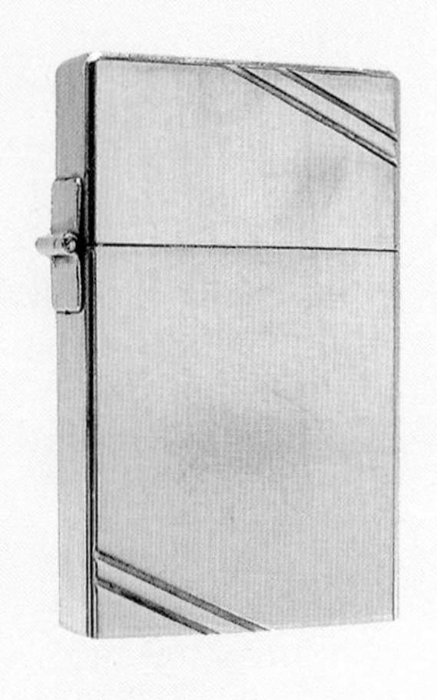

芝宝打火机（1933）

乔治 · G. 布莱斯德尔
（1895—1978）
芝宝公司，1933 年至今

芝宝打火机是一个传奇，自 1933 年诞生以来，它一直保持信誉，并忠于最初的设计。芝宝打火机的名声始于第二次世界大战，美国政府当时曾征用其生产线，专为陆军和海军生产打火机。据当时的报道，它为士兵抵挡过本将杀死他们的子弹，在营救行动中被当作信号标志，甚至还有人用它来加热盛在头盔中的汤。它的设计者乔治 · G. 布莱斯德尔曾是一名石油企业的高管。在买下了一款奥地利打火机在美国的销售权后，他发现它不仅外观一般，而且还非常难以使用，于是他开始着手重新设计这款打火机。首先他将打火机的镀铬黄铜外壳改为流线型，制成一个圆滑的长方体，以期为使用者提供良好的手感。之后他制作了一个以弹簧片顶住的铰链，使火机盖可以快速翻开。最后他在火机棉芯周围加上了一圈带孔的防风护罩，用以抵抗阵风，而其上的孔洞也能让空气流通，使火机可以打着。点火时，转动的打火轮和一小块燧石摩擦，产生的火花便可以点燃火机棉芯。在市场营销上布莱斯德尔也下了心思，他为消费者提供终身质保，且免费修理火机产生的任何缺陷，这项大胆的策略至今有效。

摩卡咖啡壶（1933）

阿方索·比亚莱蒂
（1888—1970）
比亚莱蒂工业公司，
1933 年至今

据比亚莱蒂摩卡咖啡壶的生产商称，自这款咖啡壶 1933 年首次发售以来，它是所有工业制品中唯一一款没有任何改变的产品。从这款炉顶咖啡壶的外形中，人们可以看到传统高大咖啡壶的身影，外形则明显具有装饰艺术风格。其八角形的壶身在腰部收紧，上下皆外展，闪亮的金属表面如同切割过的钻石一般。整个壶由 3 个金属部分构成，底部用以煮水，中部是过滤装置，用以盛放咖啡粉，而顶部则是蒸馏咖啡收集区，且自带一个壶嘴。其设计者阿方索·比亚莱蒂（Alfonso Bialetti）正是意大利制造业者阿尔贝托·阿莱西（Alberto Alessi）的外祖父。他曾在巴黎学习金工，之后于 1918 年开设了一家金工小作坊。据说此摩卡壶受到了早期洗衣机的启发，后者由底部加热室上接一个洗衣盆组成。壶的主体由铝打造，这是因为铝的导热性和储热性都很好，而铝作为一种多孔材料还能吸收咖啡的味道。壶盖的旋钮和壶柄都采用了隔热的酚醛树脂制成，使它们不至于烫手。自 1933 年以来，这款摩卡咖啡壶的累计销量达到了惊人的 2 亿个。

弯曲胶合板扶手椅

（1933）

杰拉尔德·萨默斯

（1899—1967）

简约家具制造者公司，

1934 年至 1939 年

阿莱瓦公司，

1984 年至今

杰拉尔德·萨默斯（Gerald Summers）设计的这把弯曲胶合板扶手椅（Bent Plywood Armchair）是家具设计史上的一个重要作品。整把座椅仅使用了一块胶合板，经弯曲和固定后成形，没有任何螺丝、螺栓或接合点，它改变了之前存在的所有制造技艺。它是最早使用单一模块制造技术的产品，而此技术在几十年之后才会被应用在金属或塑料产品中。它独特的有机形态很容易被理解。其起伏有致的曲线，圆滑的造型，靠近地面的大弧度曲面和倾斜近乎后仰的就座方式（这也是早期在寝具上对人体工学的测试范例），都迥异于典型的直线形家具的样式。萨默斯在自己创立的简约家具制造者（Makers of Simple Furniture）公司中生产该椅，虽然它在 20 世纪 30 年代的家具市场中获得了不错的反响，然而随着英国政府单方面限制了胶合板的进口行为，它在商业上的成功并没有持续多久。萨默斯的公司因此于 1939 年被迫歇业，该款座椅总计生产了 120 把。不过正因如此，该座椅的原版具有极高的收藏价值。

4699 甲板椅（1933）
卡雷 · 克林特
（1888—1954）
鲁德 · 拉斯穆森公司，
1933 年至今

4699 甲板椅（Deck Chair）凸显了卡雷 · 克林特具有深远影响的现代主义风格。他设计的这款座椅是对 19 世纪家具的再阐释，他在该座椅中实践了他对人体比例的研究成果，并将后者与精妙的细部结构和高品质的制造工艺相结合。其充满动感的柚木框架展现出了它的结构形式，而黄铜配件经过精心设计并暴露在外，使人联想到其制作过程。它具备优美曲线的椅面和椅背采用了藤编工艺，一体式的帆布材质软垫配有头枕，以支撑头部，且整体皆可拆卸。克林特长期致力于更新改造旧有的设计，以适应当代需求，这对未来的设计师产生了极大的影响。他设计的家具在全球皆有展出，最早亮相于 1929 年的巴塞罗那，之后还出现在 1937 年于巴黎举办的展会中。它们为之后的丹麦设计师主导世界市场的时代奠定了基础，其中的大师包括汉斯 · 韦格纳（Hans Wegner）、奥勒 · 万谢尔（Ole Wanscher）和伯厄 · 莫恩森（Børge Mogensen）。克林特提出的结合传统家具和 20 世纪日常生活需求的理论在设计史中具有重要且深远的意义。

“流明者”落地灯（1933）

彼得罗·基耶萨
（1892—1948）
丰塔纳艺术公司，
1932 年至今

提到“流明者”（Luminator）这个名字，人们一般会想到阿基莱和皮耶尔·贾科莫·卡斯蒂廖尼，他们于 1954 年共同设计了一款同名的上射灯。不过他们致敬的这款落地灯则是由彼得罗·基耶萨于 20 年前设计的。卢恰诺·巴尔代萨里（Luciano Baldessari）甚至于 1929 年还设计过一款更早的版本。不过事后证明，基耶萨的这款上射灯是其中最具独创性的设计。基耶萨于 1933 年将他的工作室和吉奥·蓬蒂与路易吉·丰塔纳（Luigi Fontana）共同建立的新公司丰塔纳艺术合并，在此之前他主要制作玻璃制品和二十世纪（Novecento）风格家具。之后他作为艺术总监，负责设计了总计约 1500 件涉及各个设计领域的样品。他设计的这款“流明者”落地灯是第一款家用上射灯，它的简洁性造就了其极富表现力的造型。基耶萨从摄影师工作室的器材中体悟到了间接照明的概念，并且意识到以此可以创造出柔和的散射光线。他将灯泡装在一根带底座且优雅简洁的黄铜管中，当顶部的灯光散射开来时，就如同笛形香槟酒杯一样。它强调功能主义的造型掩饰了其设计年代。

标准椅（1934）

让·普鲁韦
（1901—1984）
让·普鲁韦工作室，
1934 年至 1956 年
斯特凡·西蒙画廊，
1956 年至 1965 年
维特拉公司，
2002 年至今

让·普鲁韦设计的这款标准椅（Standard Chair）拥有坚实的结构和简洁的美感，它是一款被忽视的设计。这把座椅来自普鲁韦为法国南锡大学项目竞标而设计的一件家具，它将木板和带橡胶脚垫的钢管结合在了一起。普鲁韦在设计该椅时，便意在大规模生产，二战期间，他还推出了一款可拆卸的改进版本。标准椅一开始的市场定位是针对各色机构或以合同的形式订制。但如今，鉴于其合理的造型和强大的功能，它已成为一款万用椅，不仅可以在家中使用，也可以摆放在诸如饭店、咖啡店和办公室等公共空间中。它反映了普鲁韦的信念，即设计应该是现代功能主义的一种大众化形式。2002 年，维特拉公司在标准椅诞生近 70 年后重新开始发售这款产品，在此前，维特拉公司设计博物馆的藏品中已经拥有了普鲁韦设计的众多家具的原版，其中包括这款标准椅。因此由该公司生产这款标志性设计作品也在情理之中。维特拉公司对该椅的推广将它带出了收藏圈，使它可比肩于伊姆斯夫妇和乔治·纳尔逊（George Nelson）的作品。

“洛拉”刷（1934）

赫伯特 · 施密特
（1904—1980）
A. 施密特公司，
1934 年至 1980 年
施密特 - 洛拉公司，
1981 年至今

“洛拉”（LOLA）刷是德国厨房中的常见物品，也是深受人们喜爱的物件中被忽视的一员。人们喜爱它既因其深入人心的造型，又由于它洗菜或洗碗碟时都非常便利。使用天然纤维制成的刷毛牢牢固定在圆形的木质刷头上，刷头和细长的刷柄之间则使用金属卡环连接。这不仅赋予了刷头一定的活动自由，还意味着刷头可以轻松地拆卸下来，灵活、耐用且效率极高。该设计没有经过任何改动：如今用以生产“洛拉”刷的图纸和 1934 年时所用的图纸完全一致。产品上所印商标也原封未动，商标本身也是德国平面设计的典范之一。施密特公司（Schmidt）从创建之初便一直生产刷子，自 1929 年以来，该公司一直由施密特家族经营。“洛拉”这个不寻常的名字来源于“洛克斯特仓库”（Lockstedter Lager），当时该刷子都先储藏在此仓库中，随后再发往德国各地。这件简洁、实用的日常物品是最著名且最受欢迎的德国设计之一。

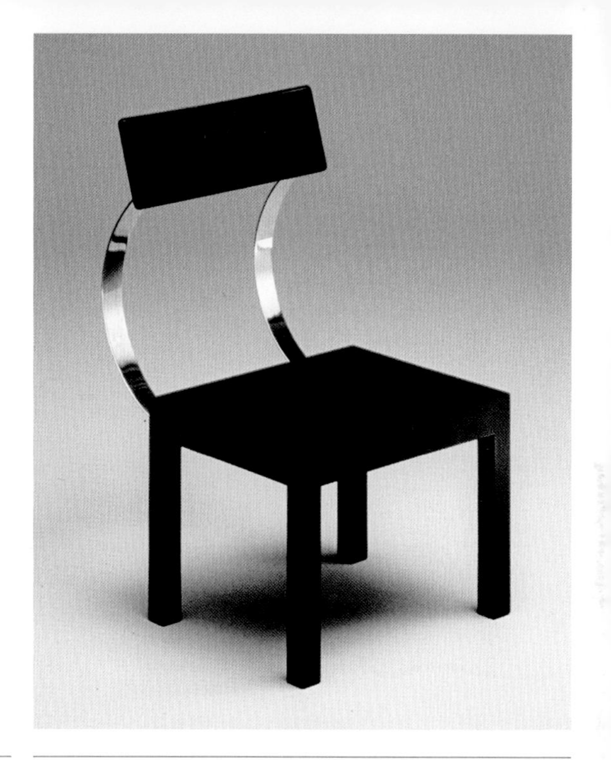

斯卡尼奥椅
（1934—1936）

朱塞佩·泰拉尼
（1904—1943）
扎诺塔公司，
1971 年至今

这款斯卡尼奥椅由朱塞佩·泰拉尼为他著名的建筑作品，坐落于科莫的法西欧之家而设计。在设计真正成为一门产业之前，泰拉尼如大部分建筑师那样，并没有将这把座椅的设计从住宅项目整体中单独列出，整个项目在设计时就被视为一个不可分割的整体。不幸的是，在泰拉尼的一生中，斯卡尼奥椅都只是一系列的草图。直到 40 年后，扎诺塔公司才于 1971 年开始首次限量生产，继而于 1983 年推出了如今市场上在售的款式，并且给它起了一个糟糕的名字“福利亚”（Follia），意大利语意为“疯狂”。不像为法西欧之家设计的其他座椅那般使用钢管框架和软垫椅面，斯卡尼奥椅规避了柔和的曲线，而采纳了雕塑和建筑的特点。它涂以黑漆的山毛榉木椅面下配以四根外形一致且显眼的椅腿，形成了一个立方体造型。两根悬臂半圆形金属片则连接了椅面和略微弯曲的靠背，在最初的设计中，此金属片使用的材料为镀铬金属，如今为镀铬 18/8 不锈钢。此设计体现了泰拉尼的完美主义和他对正统理论的成功反击，它玩转对称、旋转和简化，是意大利现代主义中的一个独特范例。

安格泡 1227 型万向灯（1935）

乔治·卡沃丁（1887—1947）
安格泡公司，1935 年至今

安格泡（Anglepoise®）1227 型万向灯专为功能而生，它是一件充满理性主义的设计杰作，如今它仍由当初推出它的同一家英国公司生产。最初该台灯使用涂漆金属和实心酚醛树脂底座制成，它体现了 20 世纪 30 年代这个大步向前的机械时代中闪亮的工业美学。它细长且棱角分明的灯杆以及软帽般的灯罩造型优雅，表现出一种奇妙且动人的人体姿态。它的设计者乔治·卡沃丁（George Carwardine）曾经是一个汽车悬挂系统专家，他开始研发一种无摩擦机制，可以任意调节且固定光线方向。他想制造一款如同人类手臂一样万能的台灯，可随时灵活地调节，更进一步的要求是可以随时停在任何位置。卡沃丁参照人体肌肉的收缩原理，弃用了传统的平衡锤装置，改用弹簧来控制灯杆的位置，并且用复杂的数学公式计算出了弹簧的最佳张力。最初此台灯专为商务用途设计，不过很快它在家用和办公市场中就占有一席之地。

冰激凌勺（1935）

舍曼 · L. 凯利
（1869—1952）
泽罗尔，1935 年至今

这款泽罗尔（Zeroll）冰激凌勺是一件美丽的物件：优雅、闪亮且独具雕塑感。它的设计与功能完美契合，因此自 1935 年面市以来它的设计便原封未动。当时得益于冷冻技术的进步，冰激凌开始从一件奢侈品逐渐变为一种受众广泛的食品。然而刚从冷柜中取出的冰激凌往往十分坚硬，故而用勺子从盒中挖出冰激凌是一件非常困难的事情。舍曼 · L. 凯利（Sherman L.Kelly）这款设计的创新之处便在于将勺子制成中空，再灌满防冻剂。防冻剂从勺柄处吸收使用者的体温，再传至勺铲，这样一来使用者便可以轻松地挖取冰激凌。为了盛放防冻剂，勺柄有意被设计得十分粗壮，不过因此使用者也更容易把握。这把长 18.5cm 的冰激凌勺的优点不止这些，它在挖取冰激凌时取量更固定，更容易清洗且不容易损坏。它外形圆润、令人赞叹，人们永远都需要它。这把冰激凌勺超越时代的造型不禁使人产生一丝怀旧的情感。

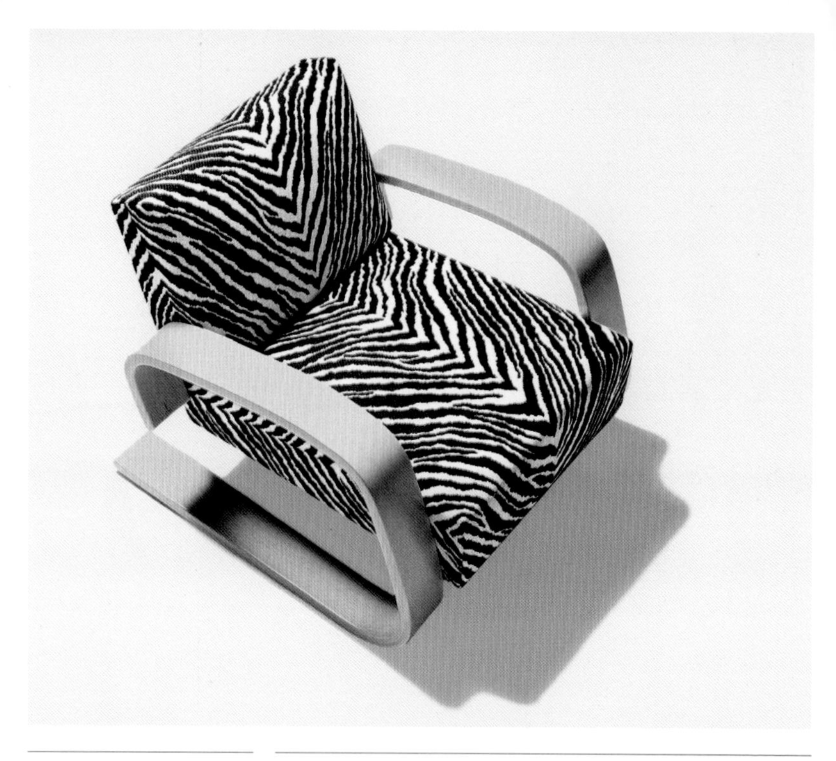

400 扶手椅（坦克椅）

（1935—1936）

阿尔瓦尔 · 阿尔托

（1898—1976）

阿尔特克公司，

1936 年至今

芬兰建筑师阿尔瓦尔 · 阿尔托设计的座椅以轻质和造型简约著名，其中的 400 扶手椅，又名“坦克椅”，却异乎寻常。这款座椅更注重坚实感，强调体量和稳固感，和他设计的其他胶合板材家具相比，展现出了全新的可能性。它宽阔、弯曲的悬臂条板由薄桦木片黏合再绕模具一圈定型而制成，两侧的条板共同组成了开放式框架，用以支撑类似床垫的椅面和椅背。此胶合板比其他椅子中使用的都要宽，不仅突出该扶手椅厚重的美感，另外也增加了自身的强度。在扶手和椅背的连接处，向下弯曲的层压条板还为设计增添了统一的坚实感。400 椅与另一款与之极其类似的 406 扶手椅相比有一处不同的细节，在 406 扶手椅上，扶手的尽端是向上卷曲的。虽然这只是一处很小的差异，然而这正显露了此元素中所蕴藏的美学功能，在 400 扶手椅中它的出现完善了整体的力量感，表现出了座椅的承重能力。

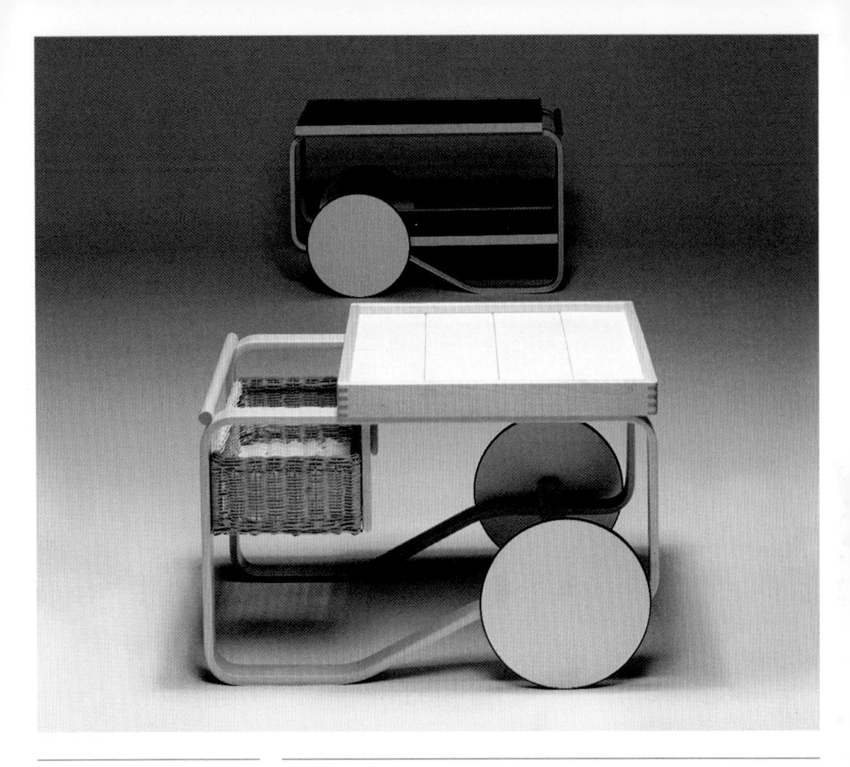

901 茶具推车

（1935—1936）

阿尔瓦尔 · 阿尔托

（1898—1976）

阿尔特克公司，

1936 年至今

阿尔瓦尔 · 阿尔托于 1929 年设计了一系列作品，参加由柏林托内特公司所发起的一项竞标。其中便包括一款低矮的送餐桌，桌子包括 3 层桌面空间和曲线形的板条，使人联想到一架雪橇。在随后的 7 年间，此设计经不断修改，最终演化为这款 901 茶具推车。它由阿尔特克公司生产，这家致力于推广工业艺术的公司由阿尔托与他的现代主义者同事们于 1935 年创建。阿尔托将先前设计中的雪橇形滑板替换为曲线形框架底盘，并添加了简洁的轮子。这款由桦木、陶瓷和藤条制成的推车展现出了这位芬兰设计师的独创性，同时它使用瓷砖铺设的网格状桌面配以一个可调节的储物篮，凸显了设计的人性化审美。这款推车中桦木制成的曲木构架是典型的阿尔托风格。尽管 1936 年首次出现在阿尔特克公司展厅中的是油毡饰面的无篮款式，然而 901 茶具推车还是在那一年的米兰三年展中赢得了国际声誉。第二个版本，即 900 茶具推车随后参加了 1937 年的巴黎世博会。得益于它极富个性的设计、阿尔特克的长期经营还有与赫尔曼 · 米勒公司签订的协议，900 和 901 茶具推车如今依然在生产。

“庆典”系列餐具

(1936)

弗雷德里克·胡尔顿·里德(1880—1942)

霍默·劳克林瓷器公司,1936年至1973年,1986年至今

当霍默·劳克林瓷器公司于1936年发售这套“庆典”系列陶瓷餐具时,美国正处在大萧条的余波中。设计师将“庆典”系列餐具打造成了一款符合中产阶级家庭礼仪观念的产品。虽然它在俄亥俄州生产,然而却由英国人弗雷德里克·胡尔顿·里德设计。当时大部分的餐具设计仍然在借鉴维多利亚风格和新艺术运动风格。里德采用了大胆的色彩和简洁的装饰艺术风格,只使用5道同心圆突起作为唯一的装饰。色彩是他关注的重点。最初发售的餐具颜色有红、中绿、钴蓝、黄和象牙白。“庆典”系列餐具丰富的色彩能将餐桌变成一个庆典,从而改变家居的室内氛围。红色款餐具曾声名狼藉,被称为市场上放射性最强的产品,因为它的釉彩中使用了贫化二氧化铀。“庆典”系列餐具于1973年曾一度中断生产,不过在1986年,为了庆祝该餐具诞生50周年,公司重新开始发售这套餐具,还添加了全新的色彩。此设计在70年间鲜有更改,唯有多次顺应当时的流行色彩而改变颜色。甚至在今天,对收藏家和爱好者而言,每当一款全新色彩的餐具推出之时,都多少是一场重大事件。

清风“飞剪船”（1936）

华莱士 · 默尔 · 拜厄姆（1896—1962）

清风房车公司，1936 年至 1939 年，1945 年至今

根据清风房车公司的宣传册记载，“华莱士 · 默尔 · 拜厄姆（Wallace Merle Byam）几乎是一位天生的旅行者。”他在少时便在俄勒冈州跟随毛驴商队旅行，之后他当过牧羊人和商船船员。他最终在洛杉矶落脚，在那里拥有了自己的广告与出版公司。当时在拜厄姆发行的一份杂志上刊登有一篇制造一款旅用拖车的设计图，他的一位读者向他抱怨这份图纸，于是作为回应，他设计的第一款拖车便诞生了。拜厄姆首先决定改进图纸中的设计，对此他做出了两项基本改动，一是降低房车地板的距地高度，二是提升车顶高度。他以此将拖车改造成了一座可移动住宅。在完成首个设计后，他开始转而研究航空器的生产技术。最终他于 1936 年制造出了这款“飞剪船”房车，整车开创性地采用了铝制单体壳车身，整体外形则选择符合空气动力学的水滴形。它的重量非常轻，甚至骑着自行车就能拉动它。不过二战时期对铝材的使用限制让清风房车公司一度停产，战后该公司重新开业，恢复了“飞剪船”房车的生产。时至今日，在清风房车公司所制造的所有房车中，有 60% 依然被人使用着。

36 躺椅（1936）

布鲁诺 · 马特松
（1907—1988）
布鲁诺 · 马特松国际公司，1936 年至 20 世纪 50 年代，20 世纪 90 年代至今

在 20 世纪 30 年代，设计师布鲁诺 · 马特松（Bruno Mathsson）开始研究他所称的“坐之要事”。这款 36 躺椅（Lounge Chair 36）便是这项研究的成果，也成了他职业生涯中的不朽传奇。自 1933 年起，他便开始设计一种椅面和椅背为一个整体的座椅，座部拥有大弧度的曲线，框架选用胶合板打造，外面再套上编成辫状的马鞍束带。而这款 36 躺椅便源自于一件早期设计作品，即 1933 年的蚱蜢椅（Grasshopper）。此躺椅令人印象深刻，它简洁的结构给人以轻盈感。马特松依照就座的生理学原理来设计该椅，即使用者需要支撑、活动还有休憩。他写道：“舒适地就座是一种‘艺术’——但它不应当是。相反，制造一把椅子需要遵循这项‘艺术’，即就座不需要‘艺术’。”他从瑞典传统手工艺中得到启发，尝试在他广受欢迎的木制家具上使用有机造型，甚至拟人造型。他的父亲卡尔（Karl）力图将马特松培养成家具工匠，而多年后卡尔位于范纳默的家具作坊将会开始生产众多马特松设计的家具。他设计的家具将美感注入造型之中，不论在当时还是今天，它们都令人耳目一新。

扁平餐具（1936）

吉奥·蓬蒂
（1891—1979）
克虏伯银器，
1936 年至 1969 年
桑博内特公司，
1969 年至 1990 年，
2003 年至今

无论在吉奥·蓬蒂的建筑设计还是室内设计中，他都没有将自己局限于单一的材料、技术或创作准则，他对细节的关注无处不在，即使在诸如餐具这样极小的物件上也可察觉到。他于 1936 年设计了这套扁平餐具，完全抛弃了把柄上带有装饰且清晰勾线的传统做法。蓬蒂采用了起伏柔和的曲线，将把柄和功能区域近乎完美地融合在了一起，并且创造出了自然的手感。最初，位于扎马的克虏伯银器公司（Argenteria Krupp）没有使用当时二战中短缺的黄铜来制造这款扁平餐具，而采用了一种锌合金。1942 年后材料则改换为不锈钢，这也是最早采用不锈钢制造的餐具之一。在 20 世纪 60 年代，桑博内特（Sambonet）公司收购了克虏伯银器，并且继续制造着蓬蒂设计的扁平餐具，直至 20 世纪 90 年代，之后又于 2003 年再次恢复了生产。如今这款线条简洁的餐具依然没有落伍，它的材质既有 18/10 不锈钢，也有镀银不锈钢，还有缎面和镜面可以选择。之后，蓬蒂自始至终一直都在设计餐具。不过相较于这款早期的经典扁平餐具，其大部分作品都略显刻意且更为“现代”。

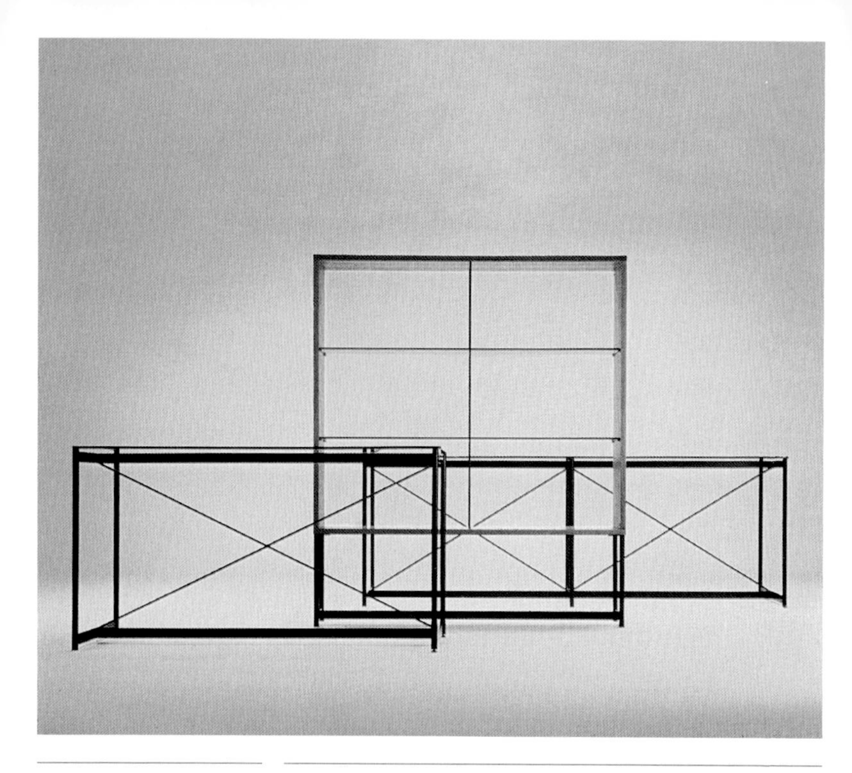

阿斯纳戈－文代尔桌

(1936)

马里奥·阿斯纳戈
(1896—1981)
克劳迪奥·文代尔
(1904—1986)
意大利帕卢科公司,
1982 年至今

这张使用钢和玻璃制成的桌子由马里奥·阿斯纳戈和克劳迪奥·文代尔设计，用以改造一家位于米兰的名叫“摩卡吧”的咖啡馆。此咖啡馆于 1939 年开张，然而这张桌子于 1936 年就参加了第六届米兰三年展。这张桌子很可能是最纯粹、最长盛不衰的意大利理性主义（在 20 世纪 30 年代，这个短期存在的、由现代主义发展而来的流派曾在意大利一度掀起热潮）代表作之一。当时其他设计师为了迎合法西斯当局，提高自身地位，都在追求将理性主义应用在纪念性与国家主义作品上，然而阿斯纳戈和文代尔则保持了独立性，忠于自己的想法。这张桌子完美地体现了这点。此桌的桌面选用一整片 10mm 厚长方形回火水晶玻璃，框架由钢条拉制而成，两根斜拉钢筋横贯其中。这两根结构性的十字形钢筋是唯一的装饰，虽然看似有些乏味。阿斯纳戈和文代尔在他们的众多建筑项目中都遵循着规矩且优雅的理性主义准则，他们设计的这款独特的桌子也完美地继承了这种精神。在如今所有还在生产的理性主义风格产品中，这毋庸置疑是最理性的一款设计。

圣埃利娅椅（1936）

朱塞佩 · 泰拉尼
（1904—1943）
扎诺塔公司，
1970 年至今

朱塞佩 · 泰拉尼为他最受推崇的建筑作品——位于意大利科莫的法西欧之家设计了这把贝妮塔椅。之后它被重新命名为圣埃利娅（Sant' Elia）椅，这是因为，它的原名很不幸地可能会令人联想到贝尼托 · 墨索里尼（Benito Mussolini）这位意大利独裁者。泰拉尼设计了法西欧之家中的所有物件，包括门、窗、椅、餐桌、办公桌、灯具以及书架。在设计它们时，泰拉尼一直秉持着与设计这座建筑时相同的实验性态度。其中就包括了名为拉里亚娜（Lariana）的悬臂椅，它采用钢管制成一个曲折的单一框架，再配以皮制软垫或模压木椅面和椅背。而为了给主管会议室设计家具，泰拉尼将拉里亚娜椅改动为后来的贝妮塔椅，将它的框架略微延伸，创造出一个优雅的扶手。两把椅子上的各种曲线赋予了椅面、椅背和扶手灵活度，增加了舒适感，同时结合了美观与功能。这两把椅子最初计划交付位于米兰的哥伦布公司生产，此公司当时正开始生产金属管材家具。然而直到 20 世纪 70 年代，扎诺塔公司更改了两者的设计并将它们纳入其经典系列中之后，它们才真正投入了量产。

萨沃伊花瓶（1936）

阿尔瓦尔 · 阿尔托

（1898—1976）

伊塔拉公司，

1937 年至今

这款萨沃伊花瓶（Savoy Vase）由阿尔瓦尔 · 阿尔托设计，它也是阿尔托最著名的玻璃设计作品，对于它与众不同且极富变化的外形的灵感来源，人们众说纷纭。其中包括树木偏心的年轮、水流动的样子以及芬兰众多湖泊中的某一座。而阿尔托对此则三缄其口。就连从花瓶最初的名字“爱斯基摩皮制女性七分裤”（Eskimoerindern Skinnbuxa）中也只能更多地看到设计师的幽默感，而非其灵感来源。在阿尔托的设计中，这件花瓶是少有的带有装饰性质的作品。若将插花取出，此花瓶则自成一件雕塑。而此花瓶的形状符合阿尔托在胶合板家具中使用的曲线。卡尔胡拉公司（即之后的伊塔拉公司）曾发起过一项竞赛，以选出作品参加 1937 年巴黎世博会，这件花瓶便是参赛作品，并夺得一等奖。同时，阿尔托为位于赫尔辛基的萨沃伊餐厅订购了一批花瓶，这也是它名字的由来。最初制造该花瓶的工艺是将玻璃吹入木模具，而如今取而代之的是使用更为耐用的铁质模具。该花瓶自推出以来从未间断过生产，各种颜色和尺寸应有尽有，广受消费者青睐。

克里斯摩斯椅（1937）
特伦斯 · 罗布斯约翰 – 吉宾斯（1905—1976）
萨里蒂斯公司，
1961 年至今

这款椅面为编织皮条，椅身由核桃木制成的克里斯摩斯椅（Klismos Chair）忠实地还原了古希腊时代的风貌，它呈现出美丽与完美的独特理念，这种理念在过去的 2000 多年中一直启发着艺术家和设计师。这件手工家具散发着优雅的力量感，再加之它精致的渐变曲线和对人体坐姿的细致考量，三者相结合使它成了早期家用椅中的典范之作，那时人体工程这一术语并不为人知。不似其他古典座椅，克里斯摩斯椅展现出了前所未有的精致感。有些讽刺的是，英国室内和家具设计师特伦斯 · 罗布斯约翰 – 吉宾斯因这把座椅而出名，正是由于他或多或少是一位狂热的现代主义者。在他 1944 年所著的《再见，奇彭代尔先生》（*Goodbye, Mr. Chippendale*）一书中，他曾指出“古典家具这种癌症是一个根深蒂固的恶魔”，以此为现代主义发声。在历经一段受人追捧的现代主义风格的多产时期之后，他再次将目光投向了古希腊，以寻找灵感。1961 年，他和位于雅典的萨里蒂斯（Saridis）公司合作，设计并再现了一批古希腊时期的家具，形成“克里斯摩斯”系列家具。

“奇迹”搅拌器（韦林搅拌器）（1937）

弗雷德里克 · 奥斯乌斯
（生卒年不详）
韦林产品公司，
1937 年至今

这款韦林搅拌器革命性地改变了我们制作饮品的方式。弗雷德 · 韦林曾学习建筑学和工程学，是大获成功的著名品牌宾夕法尼亚人的创办者，他大力倡导这款搅拌器，且给予资金支持，最终该搅拌器也冠以他的大名。这款搅拌器并不是同类型中的先驱者，斯蒂芬 · 波普拉夫斯基早在 1922 年便开发出一款相似的产品。但是该搅拌器的发明者弗雷德里克 · 奥斯乌斯做了多项重大改进并于 1933 年申请了专利。该搅拌器在 1937 年采纳了四叶草造型，并以“奇迹”搅拌器的名字参加了在芝加哥举办的国家餐饮与酒店用品展览会。至 1954 年，该搅拌器已售出 100 万台。如今韦林公司仍然在生产它，其设计自推出以来从未改动过。这台机器的圆锥渐变形底座使用抛光不锈钢制成，展现出装饰艺术风格对其的影响，机器上部还配有容积为 1.18L 的四叶草形玻璃搅拌室，此设计是美国二战前设计的典范之作。由于定量配给制度，此搅拌器在二战时期几乎没有生产，少数几个都被用以科研。韦林搅拌器高效且耐用，成了科学家的首选搅拌器，乔纳斯 · 索尔克博士在研制脊髓灰质炎疫苗时便使用过它。

卢克索 L-1 台灯
(1937—1938)
雅各布 · 雅各布森
(1901—1996)
卢克索公司,
1938 年至今

这款卢克索 (Luxo) L-1 台灯获得过多项大奖，它持续生产超过 60 年，销售总量达 2500 多万件，被公认为自平衡台灯的先驱者。尽管如此，L-1 台灯的成功很大一部分还要归功于乔治 · 卡沃丁于 1934 年设计的安格泡台灯。雅各布 · 雅各布森 (Jacob Jacobsen) 发现了安格泡台灯的弹簧平衡结构的潜力，并于 1937 年得到了此台灯的生产许可。随后，雅各布森设计了一款台灯，使用相似的弹簧系统，也参考了人体四肢的张力恒定准则，不可否认的是，L-1 台灯和安格泡台灯在外观上都极其类似于安装了灯泡的假肢。不过 L-1 台灯调整了弹簧的位置，成了一款更优秀的设计和最受认可的样式。特别是雅各布森在设计中使用了更为优雅的铝制灯罩，并使得灯罩、灯柱和各连接部件整体更和谐。如今，雅各布森创立的卢克索公司依然在生产 L-1 台灯，并有多种款式可选，包括不同的底座和灯罩。尽管有许多家公司试图改进设计，L-1 台灯至今仍是世界范围内业界领先的工作照明器具。

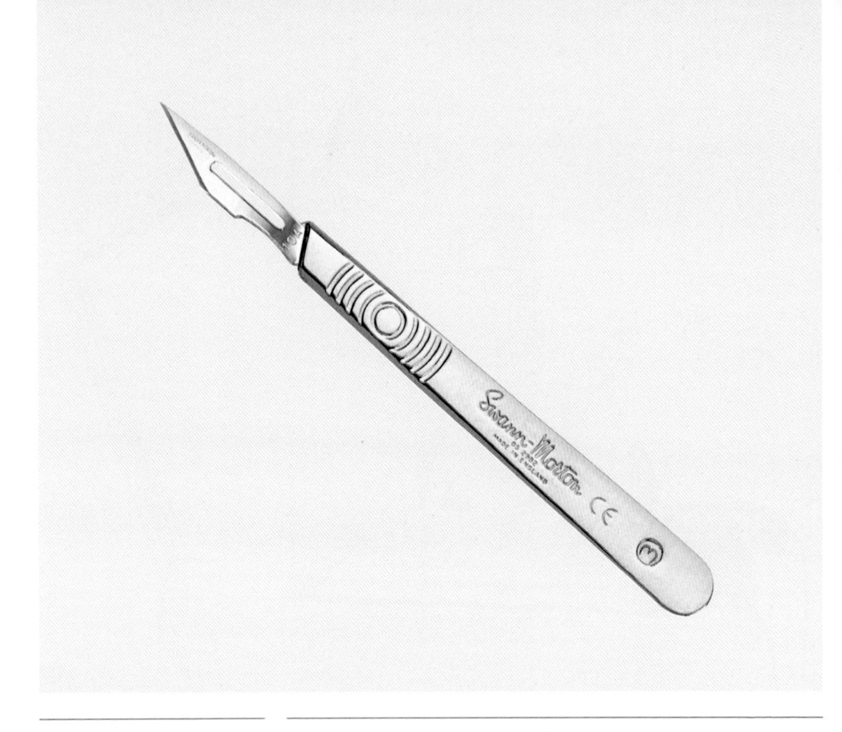

斯旺－莫顿手术刀

（1937）

斯旺－莫顿设计团队
斯旺－莫顿公司，
1937 年至今

斯旺－莫顿（Swann-Morton）公司位于英国著名的不锈钢生产重镇谢菲尔德，它于 20 世纪 30 年代晚期生产出了第一把无菌手术刀。W. R. 斯旺先生、J. A. 莫顿先生和 D. 费尔韦瑟（D. Fairweather）女士于 1932 年 8 月创建了该公司，主要生产剃须刀片。1937 年美国的巴德·帕克（Bard Parker）公司最初申请的手术刀专利过期，于是莫顿公司业务开始向急速增长的无菌手术刀市场倾斜。此设计革命性地使用了类似刺刀的可装拆刀片，可将刀片直接插入不锈钢刀柄前端的沟槽，取出也非常便利。斯旺－莫顿手术刀的高品质使它成了一款引领业界发展的产品。如今此手术刀的刀刃种类已经拓展至 60 多种，拥有不同形状和尺寸，还有 27 种不同的刀柄。它们之中有为外科医生、牙医、手足科医师和兽医外科医生打造的刀具，也有专为艺术、设计和手工制造工作室打造的特种刀具。斯旺－莫顿公司如今依然主宰着全球手术刀和美工刀市场，日产刀具 150 万把，产品销往 100 多个国家。

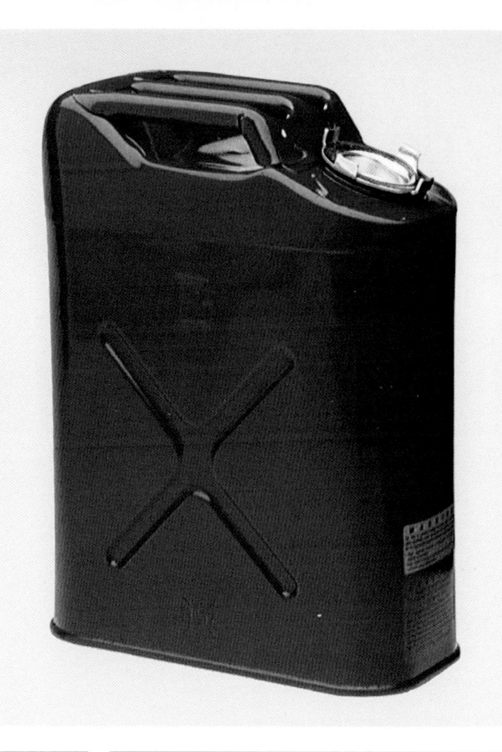

杰里罐（约 1937）

佚名设计师

多家公司，1937 年至今

杰里罐（Jerry Can）是因战争激发创新的绝佳实例。虽然有人认为它首次亮相于北非的意大利军队中，然而二战中的德军才是首次大规模使用它的部队。正因如此，英军士兵戏称它为“杰里罐”[译注：“杰里” 是二战中盟军对德军的绰号，多见于英军之中]。从此这名字就这样叫开了，虽然德军不出意外地将它称为“国防军方罐”（Wehrmachtskanister）。在此罐发明之前，使用交通工具运输油料是一件异常危险的事。容积为 20L 的杰里罐为德军闪电战的实施提供了诸多便利：它的三道提手使抓握更便捷，侧面的凹槽则考虑到了盛装油料的热胀冷缩，它还自带气囊，故而即使装满油料也可浮在水面上，它的凸轮状起盖装置比之前的螺纹盖更好用。此罐的设计在当时被认为是机密，德军部队一旦认为有被俘的危险，便会优先摧毁它。然而在 1942 年，英国第八集团军从德意志非洲军手中缴获了杰里罐，自此英国拥有了复制并生产该产品的能力。此罐的设计至今没有被更改过，而如今人们使用塑料和冲压钢来制造它。

“卡恰”系列餐具

(1938)

路易吉·卡恰·多米尼奥尼(1913—2016)

利维奥·卡斯蒂廖尼(1911—1979)

皮耶尔·贾科莫·卡斯蒂廖尼(1913—1968)

R. 米拉科利 – 菲廖公司,1938 年

阿莱西公司,1990 年至今

这款“卡恰”系列餐具得名于它的设计者之一,它是一个合作项目,由 3 位具有极大影响力的意大利设计师于 1938 年共同完成,他们是路易吉·卡恰·多米尼奥尼(Luigi Caccia Dominioni)、利维奥(Livio)和皮耶尔·贾科莫·卡斯蒂廖尼。他们都在意大利学习建筑学,之后共同合作从事室内、布展、家具和其他用品的设计。“卡恰”系列餐具亮相于 1940 年的米兰三年展,同时代的意大利设计师吉奥·蓬蒂形容它为“世界上最美丽的餐具”,此观点获得了广泛认同。在当时这套餐具以其精湛的做工,为家用厨房器具如何结合手工技艺和工业制造指明了出路。整套餐具拥有优美的曲线,优雅且纤细的造型,每件餐具各部位的厚度也拿捏得恰到好处。它继承了古典风格的精髓,然而同时还保有现代性。最初此餐具由纯银打造,然而在 1990 年,阿莱西公司重新生产它时使用的材料为不锈钢。路易吉·卡恰·多米尼奥尼还根据 20 世纪 30 年代的设计草图补全了整套餐具,增加了一把四齿叉,因为之前的三齿叉设计实在是太罕见了。

406 扶手椅
（1938—1939）
阿尔瓦尔 · 阿尔托
（1898—1976）
阿尔特克公司，
1939 年至今

这把 406 扶手椅两侧的框架和座部相交且拥有开放的曲线，它是阿尔瓦尔 · 阿尔托最美的设计作品之一。406 扶手椅在很多方面都和 400 扶手椅非常类似，不同之处在于 400 椅以其低矮敦实的造型诠释了力量感，而 406 扶手椅则更注重纤细轻柔的感官体验。406 椅是胶合板制成的帕伊米奥椅的改进版，保留了原本使用革新技术制成的悬臂框架，而椅身则采用编织带制成。椅的定稿版本最初专为玛丽亚别墅（Villa Mairea）设计，这是阿尔托的赞助者和生意伙伴迈雷 · 古利克森（Maire Gullichsen）的住宅，不过她是否指定椅面的材料，这点已不为人知。椅身材料使用织带这一想法可能来自阿尔托的妻子艾诺（Aino），她曾在 1937 年设计的后倾悬臂椅上使用过该材料，而这把座椅在售卖时冠以的是她丈夫的名字。对 20 世纪 30 年代的瑞典设计师而言，织带是一种便宜且称心的材料。而阿尔托也认为织带本身足够薄，此优点可以保持作品纤细的外形，不会喧宾夺主，可以最大限度清晰地呈现作品的结构。

有机椅（1940）

查尔斯·伊姆斯
（1907—1978）
埃罗·沙里宁
（1910—1961）
哈斯克利特公司、海伍德-韦克菲尔德公司、马利·埃尔曼公司，1940年
维特拉公司，2005年至今

芬兰裔美国现代主义者埃罗·沙里宁（Eero Saarinen）是一位极其著名的建筑师，不过同样闻名的还有他的家具作品。他同查尔斯·伊姆斯合作设计了这把有机椅，这两位设计师都对模压胶合板的潜力非常感兴趣。沙里宁和伊姆斯的一些革命性理念受到了许多事物的启发，如有机形态、塑料或胶合板层压材料的潜力以及“合成胶粘剂焊接法”技术的先进性。此焊接技术由克莱斯勒公司研发，可用于木材与橡胶、玻璃或金属的连接。有机椅的样椅椅面和椅背经过多次弯折和调整，直到椅身的形状最终契合人体就座时的曲线。座椅中用以涂抹胶水和支撑木材贴皮的结构骨架必须由手工打造。因而最终他们只制作了10至12把样椅。虽然有机椅是伊姆斯夫妇设计的胶合板家具的关键性起源，然而在本质上其实和沙里宁有更紧密的联系。沙里宁为克诺尔公司设计的一系列成功的家具作品都由它发展而来，如大名鼎鼎的70号子宫椅（Womb Chair，1947—48）、“沙里宁”系列中的办公椅（1951）以及“郁金香”（Tulip）系列中的单腿椅和单腿桌（1955—56）。

牛奶瓶（20世纪40年代）

佚名设计师

多家公司，

20 世纪 40 年代至今

牛奶瓶并不因其自身的设计而出名，而是因为它所代表的内涵，特别是一种英式的生活方式。位于英国的乳品快送公司（Express Dairy Company）于 1880 年生产出了史上首款牛奶瓶，之后，全英国的乳品公司逐渐开始使用这种牛奶瓶以及各种变体款式。在历史上，牛奶瓶的容积大小不一，而 20 世纪 40 年代家用冰箱的普及，使 0.5L 容积的牛奶瓶逐渐成为主流。至 20 世纪 80 年代，乳品业在推销其产品时使用了“牛奶须有许多瓶”（Milk Has Gotta Lotta Bottle）的广告词，将产品包装和产品本身合二为一。乳品业将喝牛奶与有益健康相关联，而同时牛奶瓶则展示了产品的洁净性。不似木桶或金属瓶，通透的玻璃瓶可以让消费者看到牛奶洁白无瑕的色泽，而瓶盖的材料则逐渐从瓷、纸板再演变到铝，进一步提升了卫生安全性。如今，英国的乳品公司广泛使用玻璃牛奶瓶和更为实用的塑料瓶与纸制包装盒，新鲜的牛奶每天都由电动送奶车送往千家万户。

乔德松削笔器（约 1940）

乔治斯 · 德松纳茨
（生卒年不详）
赫尔曼 · 库恩公司，
1944 年至今

乔治斯 · 德松纳茨（Georges Dessonnaz）于 1941 年为他发明的铅笔削笔器注册了专利，革命性地一举改变了绘图师的工具箱。它取代了用以削去铅笔木质外壳的手持削笔刀和用以磨尖笔芯的砂纸。有些绘图师使用的手动卷笔刀和带摇杆的机械削笔器在削硬度较低的铅笔时，容易折断笔芯，而硬度较高的笔芯则可能会不易削尖。德松纳茨设计的削笔器则解决了这些问题，它让铅笔始终处于圆心位置，减少了施加于脆弱的笔芯之上的压力，并以此保证切削的力度均匀不变，大大减少了笔芯崩断的概率。位于巴瑟斯多夫的办公用品生产商库恩（Kuhn）公司在二战后买下了此专利，开始大规模生产它。最终制造出的这款乔德松（Gedess）削笔器采用了可替换的部件，新颖的可旋转钢质机芯经表面硬化处理，外部套有一个引人注目的酚醛树脂外壳。在二战后全欧洲的绘图室中，经常能见到乔德松削笔器和瑞士卡达（Swiss Caran d'Ache）绘图铅笔配合使用的场景。

圆形温控器（1941）

亨利 · 德赖弗斯

（1904—1972）

霍尼韦尔调节器公司，

1953 年至今

在 20 世纪后半叶的美国，此款圆形温控器可能是最常见的家用产品。它以低廉的价格和几乎百搭的外形成了亨利 · 德赖弗斯（Henry Dreyfuss）最成功的设计作品之一。它发展自 20 世纪 40 年代早期霍尼韦尔调节器公司的总裁 H. W. 斯韦特所画的一幅草图，当时的图上只画有一个简单的圆形。随后德赖弗斯和工程设计师卡尔 · 克朗米勒共同开始拓展和研发这一设计。它最终于 1953 年面世，虽然二战极大地延缓了此项目的研发，但是它也获益于二战中的一些发明。双金属螺旋的温度计和带刻度的水银开关可以防止灰尘。之后公司还推出了多种版本，包括带空调温控开关和电子屏幕的款式。不似它的竞争产品那样外形方正，这款圆形温控器散发出一种更适合于家庭环境且不那么工业化的美感，它的外形充满着内在的逻辑感，在安装时绝不会装歪。它可拆卸的外壳能根据不同的室内装修风格涂上不同颜色。自该温控器问世以来已历 70 余载，如今它依然在生产，销售总量达 8500 万件。它成功地经受住了时间的考验，代表着德赖弗斯超越时代的设计理念。

舍米克斯手冲咖啡壶
（1941）

彼得 · J. 施伦博姆
（1896—1962）
舍米克斯公司，
1941 年至今

这款舍米克斯手冲咖啡壶的造型让它看似更应被放在实验室中，而不是厨房里。不论从它的名字还是设计本身来看，这款产品的设计都是为了呈现咖啡萃取的科学性。它的发明者是化学家彼得 · J. 施伦博姆博士，他最初使用了一套非常简单的化学器具来进行此实验：一个锥形瓶和一个玻璃漏斗。这两件器具相组合，最终便形成了舍米克斯咖啡壶那引人注目的沙漏造型。它仅采用一块实验室级的抗热硼硅玻璃制成，在制造它时，施伦博姆还做了一些实用性的改进，比如加入了排气沟槽和倾倒用的杯嘴，还在壶身一侧添加了一个小小的“肚脐眼”，用以标示半满水位，同时为它配备了一个用木材和皮革打造的握套，令使用者在盛有热水时也能抓握。他选用这些经济性材料的原因，一方面是因为它们不是二战时的紧缺物资，另一方面也反映出了他从德国带来的包豪斯理念，强调简洁性、功能性和经济性。从本质上而言，施伦博姆设计的这款咖啡壶完美地结合了科学和艺术：它真正的功能和它被认为应有的功能高度统一，同时还拥有优美的造型。

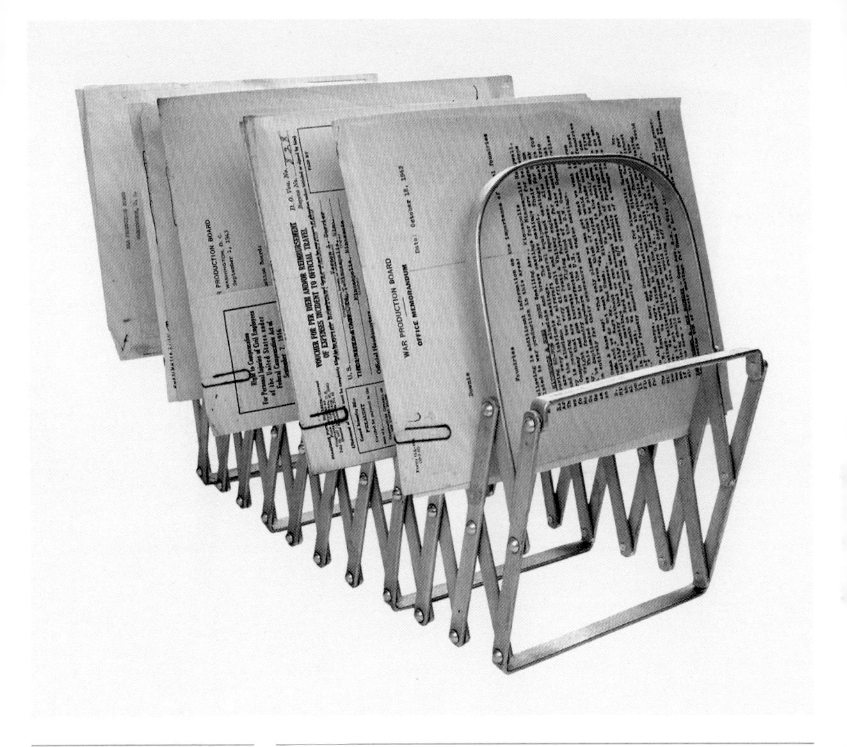

伸缩文件架（1941）

卢瑟 · W. 埃文斯
（生卒年不详）
埃文斯特种产品公司，
1943 年至 2001 年
李氏产品公司，
1995 年至今

伸缩文件架（FlexiFile）是一款便携式的存档、分类和整理工具，它可以巧妙地伸缩，无疑是一件超越时代的设计。它最初以“可调节支架”的名称于 1941 年获得专利，自此，其外形便鲜有改变。此文件架如同“伸缩钳”般的结构由一组细杆构成，使用铆钉简单相连，相互接合恰似一组剪刀。当展开时，支架的长度会大幅度增加，而不使用它时则可以收拢，成为一个异常紧凑的整体。如今该伸缩文件架有 3 种款式，分别拥有 12、18 和 24 道插槽，每道插槽最多可放 500 张纸。它的设计者，来自弗吉尼亚州里士满的卢瑟 · W. 埃文斯（Luther W. Evans）在“可调节支架”的专利申请书中称，此支架可作为一款或独立或内置的小装置，放置在办公桌、书架或抽屉中。专利书中还提及了制作细杆的材料的多种可能性，包括木材、塑料或金属。如今基于对 21 世纪环境问题的考量，李氏产品（Lee Products）公司选用的材料为回收再造铝材。伸缩文件夹之所以是一件成功的设计，是由于它使用了一套非常简明的机械原理，造就了一款多功能合一的产品。

666 WSP 椅（1941）

延斯 · 里森
（1916—2016）
克诺尔公司，
1942 年至 1958 年，
1995 年至今

666 WSP 椅之所以采用简洁的木质框架和条带编织的椅面，可归因于以下两点：一是二战中战时物资的紧缺状态，二是设计者延斯 · 里森（Jens Risom）的丹麦人身份。在丹麦出生和成长的里森师从现代主义的重要人物卡雷 · 克林特，后者倡导简洁明了的外形和符合人体比例为首要设计方略。里森于 1939 年移民美国，1941 年他受汉斯 · 克诺尔运营的公司所托，设计出了自己的第一款家具。这款 666 WSP 椅开始生产之时恰逢二战爆发，因此它使用的材料都为当时可获得的非限制材料。里森随即在此设计的基础上发展出了一系列改良版，使用的都是军队中多余的同一种织带。他将这种材料形容为“非常基本、简单且便宜的材料”。它便于清洁、替换方便且较为舒适，对这把日常用椅而言是一种完美的材料。此外，它所展现出的轻质感和通透感使椅子看起来不至于笨重，而且具有亲和力，所有这些都和采光充足且活泼的新兴现代住宅相得益彰。这款椅子以其优雅和实用而长期受到消费者的青睐。

回旋镖椅（1942）

理查德·诺伊特拉
（1892—1970）
视界公司，
1990 年至 1992 年
家居用品公司和奥拓设计集团，2002 年至今

1942 年，加利福尼亚州洛杉矶政府赞助了一项位于圣佩德罗区的峡谷岭住房项目，理查德·诺伊特拉（Richard Neutra）和他的儿子戴恩（Dion）专为该项目合作设计了这款回旋镖椅（Boomerang Chair）。这座建在公园之中的社区旨在为战时生产而招募的码头工人提供住房。此椅选用廉价的材料，结构也十分简单，工人可以轻易地装配，放在自己紧凑的住房中。坚固且略微倾斜的线条使人印象深刻，同时赋予了它高效的结构，通过榫楔结构和织带组合成一个整体。胶合板制成的侧板经济性的设计方案省略了后椅腿的设计，且提供了暗榫的附着点，为前椅腿的连接提供了可能。故而整个结构由两片大胆的侧板、两个暗榫、两条简洁的横档以及条带编织而成的椅面和椅背构成。虽然它被称为回旋镖椅，但其实并没有受到澳洲回旋镖的启发。戴恩于 1990 年略微更改了设计，并授权视界公司生产该椅。2002 年，他和奥拓设计集团再次重新设计了该椅，并授权家居用品公司生产该限量款式。这款椅子在 60 余年的时间内都深受消费者喜爱，印证了其经久不衰的魅力。

水果吊灯（1943）

卡雷·克林特
（1888—1954）
勒克林特公司，
1943 年至今

卡雷·克林特设计的这款水果吊灯（Fruit Lantern）展示出了最优秀的丹麦设计的优雅和精巧。此吊灯使用纸制成，异常脆弱，但却很便宜。实际上，自它 1943 年首次面市以来至今，其销售量已达数百万件。显然，人们可以从该吊灯所使用的复杂折纸工艺中窥见日本传统折纸技艺的身影。虽然克林特的日式折纸知识储备足够他构思出这一不凡的设计，但是首位向他提出将折纸和灯具相结合的人却是他的父亲，PV·延森－克林特（PV Jensen-Klint）。而克林特家族似乎有些着迷于纸质灯具，据信，此水果吊灯的设计便是卡雷·克林特在他儿子的帮助下共同完成的。延森－克林特最初制造的折纸灯都由手工制成且产量非常小，而卡雷·克林特却坚持认为，这盏灯应该让大众都买得起。故而家族企业勒克林特（Le Klint）公司从一家最初制造手工制品的公司转变为机械化的生产商。这款水果吊灯从诞生起至今，一直都使用机械裁剪而成的纸张制造，最后再由手工装配在一起。

流明诺基地腕表（1943）
沛纳海设计团队
沛纳海公司，
1943 年至今

流明诺基地（Luminor Base）腕表是沛纳海（Panerai）推出的所有腕表中最简约的一款。乔瓦尼·沛纳海（Giovanni Panerai）于 1860 年在佛罗伦萨创立了沛纳海公司，最初公司致力于制造专业钟表，而非怀表。基于这段制表经验，公司积攒起资本，开始进军零售市场，并以其走时精确、工艺上乘的产品而闻名。20 世纪 30 年代早期，沛纳海公司开始为意大利皇家海军提供精密怀表和鱼雷发射瞄准器。首款流明诺腕表问世于 1943 年，从其现代主义风格的外形中完全看不出军用仪器的身影。表盘上超大尺寸的无衬线数字，吸收了当时的设计美学。此腕表带有一个保护手动上弦表冠的装置，使其可以下潜至 200m 深的水底。1949 年，流明诺材料的专利获得批准，这是一种可发光的氚基化合物，可以替代镭。使用流明诺之后，使用者在漆黑中也能读时。在此腕表专供海军使用的 50 余年后，沛纳海向零售市场再次推出流明诺基地腕表的限量版本，大众得以重见这款完美结合了意大利风格和瑞士技术的腕表。

IN50 咖啡桌（1944）

野口勇（1904—1988）
赫尔曼 · 米勒公司，
1947 年至 1973 年，
1984 年至今
维特拉设计博物馆，
2001 年至今

这款 IN50 咖啡桌（Coffee Table IN50）的底座由两片完全相同的非对称构件组成，其中一片倒转后胶合在另一片之上，组成了一个稳定的三点支撑结构。在此之上则直接放置一块圆角三角形状的玻璃作为桌面，最终造就出对称结构，充满动感、包含了非对称造型。此咖啡桌最完美地代表了 20 世纪 40 年代早期在美国兴起的有机形态设计。不过其造型上的非对称性却来自野口勇的文化传承，许多传统日式绘画、园艺和陶瓷艺术都强调在非对称中寻找平衡感，细致地师法自然。1949 年，此桌共生产了 631 张。而 1962 年至 1970 年间，使用平板玻璃作为桌面，核桃实木或杨树木包乌木皮的底座变得十分流行。最初玻璃桌面的厚度为 2.2cm，1965 年之后，玻璃厚度被减至 1.9cm。由于设计出众、价格合理，这款桌子深受消费者喜爱，很快便成了当时的标志性设计。2003 年，由于越来越多的复制品出现在市场上，赫尔曼 · 米勒公司在此咖啡桌上增添了野口勇的签名。

1006 海军椅（1944）

美国海军工程团队
艾米科设计团队
美国铝业公司设计团队
艾米科公司，
1944 年至今

这款 1006 海军椅（Navy Chair）引人注目的造型源自于此椅在研发过程中所经历的战争氛围。艾米科（Emeco），即电子机械与设备公司由威尔顿 · C. 丁格斯（Wilton C. Dinges）创立于 1944 年，是一家优秀且拥有工程制造背景的工具模具生产商。他与制铝行业以及海军工程师合作，为美国海军设计了这把座椅。之所以选用铝，是因为它轻质、坚固、不易燃、抗腐蚀、运输方便且经久耐用，这些优点对于在舰艇上使用而言非常重要。单一材料的使用预言了 20 多年后发展起来的塑料注模技术。一把同样的塑料椅的生产只须进行单次注模，而制造这把 1006 海军椅却需要多达 77 道焊接、塑形和抛光工序。诚然有些人评价它的外形为“平淡无奇”，但是正因为如此，该椅才成了 20 世纪的一把经典座椅。艾米科公司在此椅的基础上，发展出了一系列座椅，包括高脚椅、座凳、转椅甚至带饰面的款式。艾米科公司于 2000 年开始生产由菲利普 · 斯塔克（Philippe Starck）这位当代优秀的设计师设计的赫德森椅（Hudson Chair），向 1006 海军椅致敬。

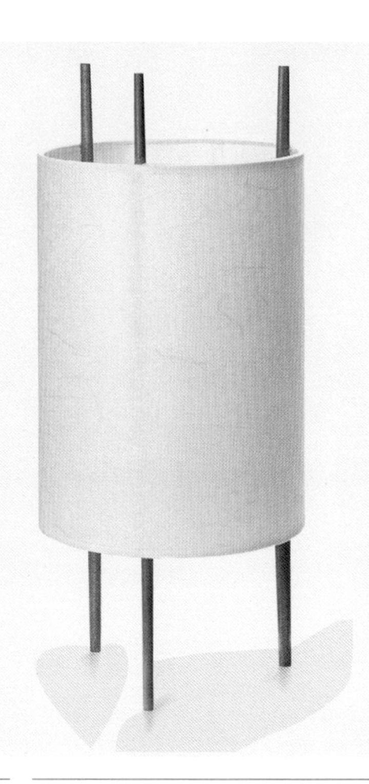

三脚圆柱灯（1944）

野口勇（1904—1988）
克诺尔公司，
1944 年至 1954 年
维特拉设计博物馆，
2001 年至今

野口勇的艺术理念结合了日本传统文化和强烈的西方现代主义风格。他轻松自如地游弋在美术与产品设计领域，作品在纽约顶级艺术馆和国际博物馆中展出同时，他还为诸如克诺尔和赫尔曼·米勒等卓越的公司设计产品。野口勇于 20 世纪 40 年代为克诺尔公司设计的这款三脚圆柱灯（Three-Legged Cylinder Lamp）是他称为“月”的灯光雕塑系列中的早期作品。他在 1933 年制作的雕塑“音乐风向标”（Musical Weathervane）中首次体悟到了发光的雕塑这一理念。起初他选择将菱镁矿石制作成有机形态，内部再加上电灯光源。这项实验最终演变成了灯具。他制作的第一盏圆柱灯是赠予他妹妹的礼物。此灯使用不透明的铝材和纸质灯罩为材料。克诺尔公司于 1944 年将此设计投入生产，并用樱桃木替代了铝制支架，纸质灯罩则改换半透明塑料材质。对三脚支架与有机造型的使用在野口勇的许多设计中均有体现，如 IN50 咖啡桌（1944）和棱镜桌（Prismatic Table，1957）。虽然克诺尔公司停止了此三脚圆柱灯的生产，然而维特拉设计博物馆于 2001 年再次推出了这款设计。

LCW 椅（1945）

查尔斯 · 伊姆斯
（1907—1978）
埃文斯产品公司，
1945 年至 1946 年
赫尔曼 · 米勒公司，
1946 年至 1958 年
维特拉公司，
1958 年至今

1941 年，纽约现代艺术博物馆发起了一项名为“家庭陈设中的有机设计”的竞赛。查尔斯 · 伊姆斯与埃罗 · 沙里宁共同设计的有机椅夺得大奖，有机椅使用胶合板制作，由椅背、椅面和椅腿组合而成硬壳造型。虽然其造型超前，但是在技术上，它的制造非常困难且异常昂贵。而伊姆斯则继续在三维模压胶合板领域追求材料的经济性和轮廓的舒适度。他将此难题拆分，从更为简单的部件开始考虑，最终于 1945 年设计出了这款 LCW 椅（Lounge Chair Wood，即休闲木制椅）。它的椅背、椅面和椅腿皆为独立部件，由另一共用部件连接在一起。每个部件之间采用弹性橡胶减震架固定，以此提供弹力。将座椅拆解开后，伊姆斯以此获得了灵感，催生了 LCM 椅（Lounge Chair Metal，即金属休闲椅），它使用和 LCW 椅同样的椅面和椅背，不过它们被安置在焊接而成的钢架上。LCW 椅是上世纪中叶家具设计的巅峰之作，它在保有轻盈感和实现材料经济性的同时，还符合人体工程学并具有有机造型带来的舒适感。

特百惠保鲜盒（1945）

厄尔 · 赛拉斯 · 塔珀
（1907—1983）
特百惠公司，
1945 年至今

特百惠（Tupperware）保鲜盒拥有淡雅的色调，这种软塑料制成的食品盒几乎遍布全世界的厨房，它革命性地改变了午餐盒文化和食品储藏方式。美国新罕布什尔州人厄尔 · 赛拉斯 · 塔珀作为一名化学家曾于 20 世纪 30 年代在杜邦公司工作。20 世纪 40 年代早期，他得知了一种新型的热塑塑料——聚乙烯在室温中也能保持柔软和弹性。他和杜邦公司合作研发出了一种更优异的塑料，并且赋予了后者一个宏大的名字——“聚合物 T，未来的材料”。他还研发出了一种全新的注塑技术，用以进行塑料产品的生产。1945 年，塔珀塑料公司开始发售一系列食品盒。它注册专利的盒盖边框被巧妙地设计为空气密封结构，当盒盖被按下时，盒内便处于负压状态，因此盒外的大气压便将密封边牢牢扣紧。塔珀不只是一个伟大的发明家，还是一个伟大的推销者。他在 1951 年停止了所有特百惠产品在商店的销售，转而开始只在顾客家中举办的聚会中销售，这就是特百惠直销会。塔珀在 1958 年将他的公司出售给了雷氏药品集团公司，从此隐退至哥斯达黎加，坐拥数百万资产。

BA 椅（1945）

欧内斯特 · 雷斯
（1913—1964）
雷斯家具公司，
1945 年至今

BA 椅在 20 世纪 40 年代的英国设计中享有独特的地位。它的风格和独创性彰显了家具设计中一股全新的精神。二战后的英国存在着传统家具制作材料短缺的问题，此现象驱使欧内斯特 · 雷斯（Ernest Race）以回收铸铝为材料设计了 BA 椅，它不须依靠传统的熟练工也可以进行大规模生产。BA 椅由 5 个铸铝部件组成，此外还有组成椅背和椅面的两块铝板。椅背和椅面软垫内部采用橡胶垫料，外包棉帆布。椅腿选用锥形的 T 型铝材，以最少的用料达到预期强度。最初各部件使用砂模铸造，而 1946 年后压力铸造法的引入减少了铝材的使用和消耗。该款椅子在推出之初即有带扶手和不带扶手两个版本，1947 年之后随着木材的供应丰富，公司还推出了贴有桃花心木、桦木和核桃木皮的版本。在 1954 年的米兰三年展中，雷斯因 BA 椅而获得了金奖。此椅于 20 世纪 50 年代被广泛使用在公共建筑中，如今它仍旧在生产之中，迄今为止的生产总量超过 25 万把。

悬臂灯（约 1945）

让 · 普鲁韦
（1901—1984）
让 · 普鲁韦工作室，
约 1945 年至 1956 年
维特拉公司，2002 年至今

这款悬臂灯（Potence Lamp）纯粹、简约且优雅的造型使它成了让 · 普鲁韦最具代表性的作品之一。这位法国建筑师最初专为他的“热带小屋”（Maison Tropicale）项目设计了这款灯具，这是一个实验性的预制建造住宅项目，而此灯则具备了此项目所需的所有特质。它仅由一根长约 2.25m 的金属杆、一个灯泡和一个壁挂架构成，灯杆可以旋转，覆盖所有 180 度内的区域。此灯不仅简洁实用，还不侵占宝贵的地面空间，也不需要在天花板布线。普鲁韦最初是一名铁匠，他因此发展而来的敏感性在此灯优雅的用材方式上可见一斑。它的壁挂架和引线固定方式都十分完美，使它看似一件令人惊叹的雕塑。普鲁韦的声望曾一度被勒 · 柯布西耶和他所在的小圈子所掩埋，不过在 2002 年维特拉公司推出普鲁韦包括此悬臂灯在内的一系列设计之后，他受到了更为广泛的关注，终于在国际上被公正地视为 20 世纪最伟大的设计师之一。

“弧面”系列茶具和咖啡具（1945）

卡洛 · 阿莱西
（1916—2009）
阿莱西公司，1945 年至今

在很大程度上，这套“弧面”（Bombé）系列茶具和咖啡具是阿莱西公司产品历史的象征。在诺瓦拉市完成了工业设计的学业后，卡洛 · 阿莱西（Carlo Alessi）进入了阿莱西公司，这套茶具和咖啡具就是他的作品。他在 20 世纪 30 年代成了公司的总经理，负责设计了绝大多数自 1935 年至 1945 年期间生产的产品。他于 1945 年推出了他的收官之作：“弧面”系列茶具和咖啡具，使公司以其具有独创性和现代感的产品而闻名。这款经久不衰的产品共有四种尺寸，是一件实至名归的工业产品。它所散发出的形式上的纯粹感是向现代设计史的致敬。先前设计师所采用的简单几何外形以及对装饰的摒弃无疑是它的灵感来源。这套茶具和咖啡具最初采用镀银或镀铬黄铜打造，自 1965 年起，公司开始改用不锈钢材料。在生产之初，此产品毋庸置疑极具现代感，而如今亦可安然地与新近设计的产品摆放在一起。它至今仍是阿莱西公司推出的最成功的茶具和咖啡具之一。

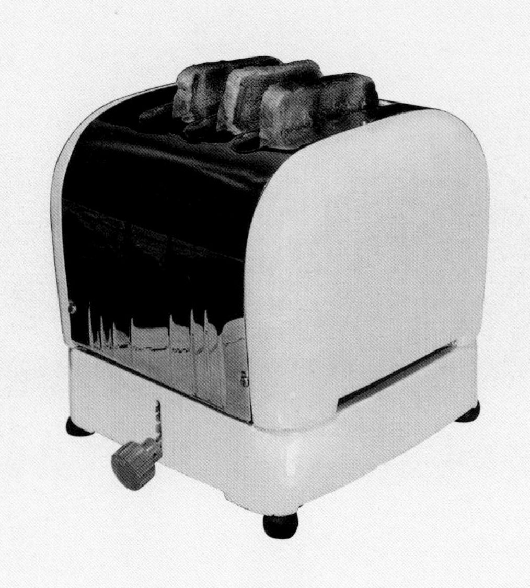

“多变”烤面包机（1946）

马克斯·戈特－巴滕（1914—2003）
得力公司，1946 年至今

这款“多变”烤面包机（Vario Toaster）以其优秀的功能和现代的风格在 20 世纪 80 年代成了厨房必备品。它最初设计于 1946 年，极大地受到了极简主义大众化和复古家装风格的影响。它的设计者马克斯·戈特－巴滕（Max Gort-Barten）曾是一名工程师，这正是此机器兼备创新的功能设计和机器美学的原因。他发明的第一个产品是“双火”（Dual-Light Fire），那是一台可调节的电热器，其上配有的两个完全相同的部件正是得力（Dualit）公司名字的由来。而该烤面包机成功的关键在于设计者预设的“保温”机制，面包片烤制的时段事先由使用者用定时器设定，之后面包片经由手动弹出，而不是自动“跳出”。这使得面包片在机器内可以保温，此概念被人们广泛接受。之后面对迅猛增长的市场需求，得力公司保留了该产品经典款式的简洁风格，同时在外壳上使用了镀铬工艺，还在原部件上增加了用于航天飞机的隔热材料等坚固的材质。每台“多变”烤面包机都由人工组装，且底座下都印有组装者的个人标识。

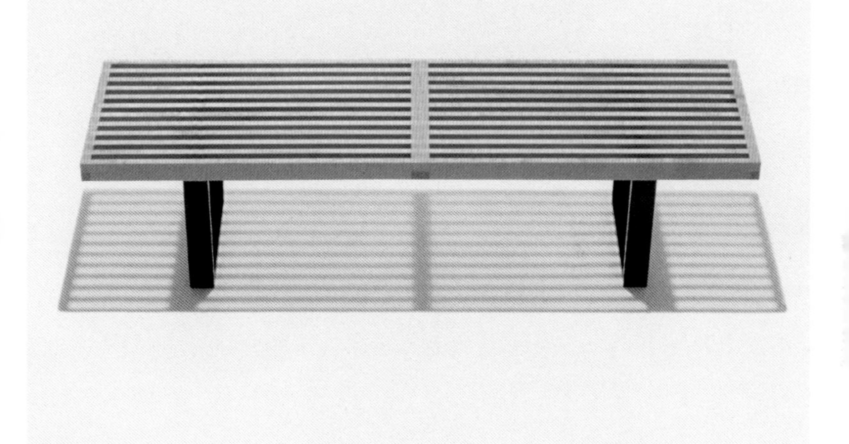

平台长凳（1946）

乔治·纳尔逊
（1908—1986）
赫尔曼·米勒公司，
1946 年至 1967 年，
1994 年至今
维特拉公司，
2002 年至今

乔治·纳尔逊设计的这款平台长凳（Platform Bench）具有强烈的建筑形式，这是当时美国设计界极力推崇的战后风格的直接反映。20 世纪 40 年代，美国设计师开始热情地接纳欧洲现代主义的哲学与美学理念，并将其设立为日常生活的标杆。纳尔逊于 1946 年以设计总监的身份加入赫尔曼·米勒公司，同年便推出了这款平台长凳。这是一件灵活且实用的家具，既可以供人休憩，也可放置物品。其设计目的十分清晰，遵循着现代主义设计的准则，即外形必须服从于功能。它采用指榫结合的碳化木作为椅腿，再下接金属水平脚座，增强了凳面的强度，而枫木制成的长方形凳面采用了板条的形式，刻意的留空使得光线和空气得以穿过，给人以透明、优雅的感觉。这款长凳是纳尔逊为赫尔曼·米勒公司设计的众多作品中的第一件，至 1955 年，它已经是公司所有产品中最灵活最实用的家具。1994 年，该公司重新发售了这款家具。作为一件二战后经久不衰的重要作品，它展示出了设计者超前的眼光。

伊姆斯屏风（1946）

查尔斯·伊姆斯
（1907—1978）
雷·伊姆斯
（1912—1988）
赫尔曼·米勒公司，
1946 年至 1955 年，
1994 年至今
维特拉公司，1990 年至今

1946 年，查尔斯和雷·伊姆斯共同为赫尔曼·米勒公司设计了这款折叠屏风，它改版自阿尔瓦尔·阿尔托于 20 世纪 30 年代末期在芬兰设计的一款类似的屏风，后者选用了由帆布“铰链”连接在一起的松木扁条构成。伊姆斯夫妇将阿尔托的构思转化为了更实用、更灵活且更优雅的形态。他们将每块木条加宽至 22.5cm，将胶合木板模造成U形，之后使用贯穿上下的帆布铰链将胶合木板相连。这些创新赋予了屏风更良好的稳定性。各个 U 形板在折叠时可以轻易相互交叠，易于运输、搬运和储藏。其生产过程涉及众多手工工艺，大大降低了它的量产潜力。此屏风于 1955 年停产，但是之后又再次开始发售，在不改变 1946 年设计的完整性的前提下，材料被改换为聚丙烯网。此屏风落落大方，是实用设计的典范，能为使用者创造出私密的空间。它契合了查尔斯和雷·伊姆斯的理念，即所有人都可成为，也本应是建筑师或设计师。

鹅卵石沙发（1946）

野口勇（1904—1988）
赫尔曼·米勒公司，
1949 年至 1951 年
维特拉设计博物馆，
2002 年至今

日裔美国雕塑家与设计师野口勇对有机形态语汇的偏爱在这款 1946 年设计的鹅卵石沙发（Freeform Sofa）中展露无遗。他的雕塑家背景造就了此沙发流畅优美的造型，作品好似由两块巨大扁平的石头制成，同时亦具有轻盈的动态美感。它极薄的靠垫和脚凳确保了舒适性。鹅卵石沙发的垫子外裹羊毛织物，内部采用山毛榉木框架支撑，下配枫木沙发腿。在他所有的设计作品中，野口勇都将他对当代雕塑造型的理解与高超的工艺技巧相结合。野口勇曾于 1927 年作过康斯坦丁·布朗库西（Constantin Brâncuşi）的助手，是亚历山大·考尔德（Alexander Calder）的仰慕者，这些都影响着他的作品。作为雕塑家，野口勇对材料、造型以及它们和空间的相互作用非常感兴趣。他认为日常物品应该被视为拥有功能的雕塑，或者“能愉悦众生的物件”。鹅卵石沙发的设计和他同时代的其他设计迥异，而赫尔曼·米勒公司只在很短的几年时间内少量生产过该沙发。故而其初版具有极高的收藏价值。维特拉设计博物馆于 2002 年和野口勇基金会合作，再次推出了这款鹅卵石沙发。

福勒“经典”订书机

（1946）

福尔默 · 克里斯滕森

（1911—1970）

福勒公司，1946 年至今

这款福勒“经典”（Folle Classic）订书机的设计超越了它原有的功能，以至于人们在它刚推出时不只在文具店能见到，连家具专营店也有销售。这款由福尔默 · 克里斯滕森（Folmer Christensen）设计的订书机由福勒公司于 1946 年开始生产，此公司是克里斯滕森在万洛瑟镇创办的。这款福勒“经典”订书机并没有采用一般订书机那种类似鳄鱼咬合般的钉合机制，而是引入了一个由抛光钢材制成的大按钮，钉合时只须简单地向下按动。虽然它仅由钢板加工制成，但其复杂的设计却基于 4 组弹簧装置。最显而易见的是盘曲在按钮下方的弹簧；另外几组弹簧用以控制开盖和一个拨片，后者可以调节订书针针脚的闭合方式，或向内或向外。如今，福勒“经典”订书机和它的一些改进版仍使用最初的机器和工具生产，这些版本包括长臂款以及用以装订杂志的侧订书机。它们都非常坚固，重量约为 290g，许多零售商甚至夸口说，此订书机底座的槽口可以拿来当开瓶器使用。

圆球钟（1947）

欧文·哈珀
（1916—2015）
乔治·纳尔逊联合公司，
霍华德·米勒钟表公司，
1948 年至 1952 年
维特拉设计博物馆，
1999 年至今

这款圆球钟别名原子钟，它设计于 1947 年，并于同年由霍华德·米勒钟表公司生产，随即便成了 20 世纪 50 年代的标志。最初版本的中心盘面由黄铜制成并漆成红色，12 根黄铜辐条从中心放射出去，辐条最外端则安装上漆成红色的木球。它的黑色指针上装饰有几何形状：三角形代表时针，椭圆形则是分针。它的外形设计看似原子结构，好似在炫耀它已然驯服了原子能。抛弃了数字之后，此钟展现出了时间的悄然而逝，颇具哲学意味。这些究竟是不是设计师在当时抱有的理念，以及欧文·哈珀是否设计了这款挂钟，都不为人知。乔治·纳尔逊在他所著的《现代设计中的设计》（*The Design of Modern Design*）一书中提到，不论是自己还是哈珀都不是此钟的设计者。他回忆道，那是一个觥筹交错的夜晚，这个设计出现在一卷纸上，上面满是哈珀、巴克敏斯特·富勒、野口勇和他所画的草图。纳尔逊认为此钟的草图有着野口勇的特点，而哈珀则是最关键的设计者。在重新发售此钟时，维特拉设计博物馆推出了 3 个版本，分别是白色、山毛榉木原色和彩色。

鸡油菇花瓶（1947）
塔皮奥 · 维尔卡拉
（1915—1985）
伊塔拉公司，
1947 年至今

这款由塔皮奥 · 维尔卡拉（Tapio Wirkkala）设计的鸡油菇花瓶（Kantarelli Vase）看似一把小号，不过它的名字和基本外形却来自一种林地真菌。它是维尔卡拉为一项由芬兰玻璃制造商伊塔拉公司发起的竞赛而专门设计的。此花瓶最初的版本由透明玻璃制成，瓶口线条起伏轻柔且略微卷曲，表面细致地刻有放射向外的竖直条纹。此版本仅短暂地生产了两个系列，每系列约 50 件样品。随后他改动了设计以期大规模生产，瓶口被修改得更为规则，故而可施以轮刻工艺。不过直到此花瓶的两种版本于 20 世纪 50 年代初被纳入一系列芬兰设计巡回展览后，它才受到了国际关注。此后，这件花瓶成了所有芬兰设计中提及频率最高的作品之一。评论家们经常赞誉它雕塑一般的特质，特别是维尔卡拉通过瓶口起伏的水平线条和雕刻的竖直条纹而营造出的流动的协调感。这些竖直条纹的灵感来自菌褶，突出了瓶身的收束感。另一些人则将其玻璃的通透感和芬兰冬季冻结的湖泊进行了比较。

子宫椅（1947）

埃罗·沙里宁
（1910—1961）
克诺尔公司，
1948年至今

埃罗·沙里宁曾结合有机形态进行了家具设计的各种实验，这款子宫椅就是在商业上最成功也最广为人知的作品之一，它于1948年在美国开始发售，此后几乎都连续不断地被生产着。20世纪40年代下半叶，沙里宁渐渐将注意力从胶合板的应用转移至玻璃纤维增强合成塑料，这款座椅亦使用了这种材料。为了使产品尽可能轻，壳体座椅被固定在了一个框架上，框架连接极细的金属杆制成的椅腿。座椅上则配有足以提供舒适感的薄软垫。沙里宁在设计时将大部分注意力都放在了可以满足各种就座姿态的舒适度上。他强调说，人就座的方式往往五花八门，他研发出了一种座椅形状，让使用者可以将脚架高，方便休憩或放松。子宫椅由此成了一把为现代生活方式而打造的现代座椅。不过它也是一把给人以拥抱感和舒适感且如披风般的座椅，为使用者开辟出了一方得以暂避现代社会的小天地。

博物馆腕表（1947）

内森 · 乔治 · 霍威特
（1889—1990）
摩凡陀集团，
1961 年至今

内森 · 乔治 · 霍威特（Nathan George Horwitt）是一位俄裔移民，于 20 世纪 30 年代在纽约定居。他设计了一系列产品，包括收音机、灯具、家具、冰箱和电子钟表。他于 1939 年设计的独眼钟（Cyclox）是此腕表表盘的灵感来源，此腕表圆形的表盘上除去顶端指示 12 点的金色圆点外没有任何标示，纤细笔直的时针和分针以几何方式时时刻刻地分割着这个圆盘。从本质上而言，霍威特将这件设计视为一座日晷。他共制作了 3 款原型，其一被纽约现代艺术博物馆纳入永久收藏。然而腕表制造商都没有兴趣生产这款腕表，直到 1961 年，摩凡陀（Movado）决定限量生产这款腕表。在现代艺术博物馆的展览中大放异彩后，此腕表得到了“博物馆腕表”（Museum Watch）的称号。最初这款腕表采用了摩凡陀标准程序制造，不过最终它选用了一款手动上弦的扁平机芯，即 245/246 号机芯，以此来满足霍威特预想中的表壳效果。讽刺的是，正是这款历经了 20 年才得以上市的腕表奠定了摩凡陀的市场声誉。

孔雀椅（1947）

汉斯 · 韦格纳
（1914—2007）
约翰内斯 · 汉森公司，
1947 年至 1991 年
PP 家具公司，
1991 年至今

此孔雀椅（Peacock Chair）最早亮相于“年轻家庭起居室”的展览单元中，此单元属于当年于哥本哈根举行的名为“1947 年家具匠人展”的一部分。它的造型源自英国的温莎椅，后者也是木制家具史中的标准形制。受温莎椅的启发，汉斯 · 韦格纳推出了一系列椅背使用纺锤状木档的座椅，每件作品大都具有各自的特点，例如这款孔雀椅背部极具特色的板条，它也因此而得名。韦格纳善于借鉴历史的能力在此椅上一目了然，这点也体现了丹麦现代主义者惯用的技巧，即将历史悠久的手工艺技术和天然材料相融合。韦格纳提出了如下理念：“应剥除座椅的外在风格，而让它们只呈现出纯粹的构造，即四条椅腿、椅面，同时搭配上部的围栏和扶手。”1943 年，他开办了自己的设计工作室，共设计了超过 500 件家具。孔雀椅最初由约翰内斯 · 汉森（Johannes Hansen）公司生产，1991 年后则由 PP 家具公司（PP Møbler）生产，在如今生产韦格纳家具的制造商中，此公司是最大的一家。如今该款椅子使用梣木实木制造，椅背的外框涂漆，扶手用料可在柚木和梣木间选择。

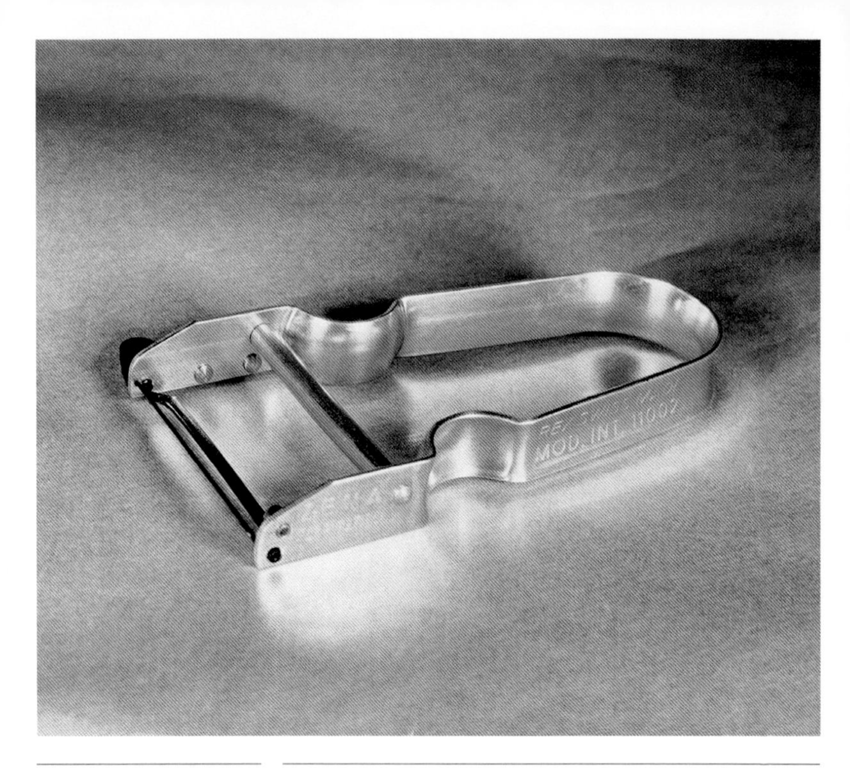

“国王”蔬菜削皮器

(1947)

阿尔弗雷德 · 内韦切尔察

(1899—1958)

泽纳公司，1947 年至今

作为一件简单且低调的器具，这款“国王”蔬菜削皮器是一件集高品质、创造性和简约感为一体的杰作。此削皮器仅由 6 部分组成：一条 13mm 宽 1mm 厚的铝带，弯曲成马蹄铁形，两侧有足够食指和拇指抓握的凹口；一把富有开创性的可旋转刀刃，由钢板冲压而成；中间有一条横档固定住器具的两端；以及一个土豆芽去除器铆接在器具的一侧；剩下两部分则为固定件。设计师阿尔弗雷德 · 内韦切尔察（Alfred Neweczerzal）和商人恩格罗斯 · 茨魏费尔（Engros Zweifel）于 1931 年开始合作，使用一台机械模具切割机生产削皮器。1947 年，他们申请了“国王”削皮器的专利，翌年公司改名为泽纳产品（ZENA-produkte，这也是该削皮器的两位发明者姓名的首字母缩写）。如今“国王”蔬菜削皮器依旧由该公司生产，而该公司的名字则改为泽纳。此产品的年销量高达 300 万件。自 1984 年以来，此削皮器既使用塑料也使用不锈钢制造。据信，在一些家庭中此削皮器被连续使用超过 30 年，不过也有很多的产品过早地结束了它们的使命，比如被不小心扔掉，最终落入堆肥之中。

阿尔内玻璃器皿（1948）

约兰 · 洪格尔
（1902—1973）
伊塔拉公司，
1948 年至今

这款线条纯粹而简约的阿尔内（Aarne）玻璃器皿由约兰 · 洪格尔（Göran Hongell）设计。他先前是一位装饰玻璃艺术家，受训于卡尔胡拉玻璃作坊，二战后开始和芬兰玻璃器皿制造商伊塔拉公司合作。如今，他被公认为芬兰玻璃制造的先驱人物之一。此玻璃器皿套装包含 10 件器具，包括 8 件各式玻璃杯（如一口皮尔森啤酒杯、两盏古典杯、鸡尾酒杯、甜酒杯、古典通用杯和香槟酒杯）、提手壶和冰桶，从 5cl 的子弹杯到 150cl 的壶各种尺寸皆有。所有器皿都采用同一种基本样式：圆形厚玻璃底座以及从下至上逐渐外展且边缘为直线的容器。这款玻璃器皿曾出现在阿尔弗雷德 · 希区柯克的电影《群鸟》中，在其中的一个镜头里，蒂比 · 海德伦使用它优雅地喝着鸡尾酒。这套手工制造且使用模具吹制而成的玻璃器皿在 20 世纪 50 年代掀起了极简设计的潮流，并于 1954 年赢得了米兰三年展金奖，这对洪格尔和伊塔拉而言都是一场迅速到来的成功。1981 年，阿尔内玻璃器皿被选为该公司成立百年的标志，不论是过去还是现在，这套器皿都是该公司销量最佳的玻璃器皿。

圆规桌（1948）

让·普鲁韦
（1901—1984）
让·普鲁韦工作室，
1948 年至 1956 年
斯特凡·西蒙画廊，
1956 年至 1965 年
维特拉公司，
2003 年至今

让·普鲁韦从不将设计与生产分开，也不将家具与建筑分开。不论其作品的造型和尺寸为何，在它们身上，装配的方式、自身的结构与用材的经济性都一目了然。普鲁韦使用的材料都来自汽车和航空工业，故而他设计的产品价格合理且易于投入大规模生产。这款外观优雅、桌腿形似圆规的圆规桌（Compas Desk）正是他的典范之作。它由普鲁韦开办的位于马克塞维尔的工厂生产，其结构外露、一目了然且展现出一种永恒的张力。涂漆桌面由焊接金属部件支撑，部件使用钣金弯折机加工而成，最初施以车漆工艺。圆规桌在多年间推出过众多改版，其中少数还配有夏洛特·佩里安设计的塑料抽屉。此桌的生产，特别是其优雅的金属弯折件的生产工艺都植根于重工业。而普鲁韦在其他作品中也使用过圆规的视觉元素：如社保大楼的长廊、维勒瑞夫校舍的室内设计以及位于埃维昂（Evian）的小餐厅。圆规桌设计方案易于实现且可灵活运用，只须备料、拼接和装配即可完成，而创造出的美感亦不受尺寸的制约。

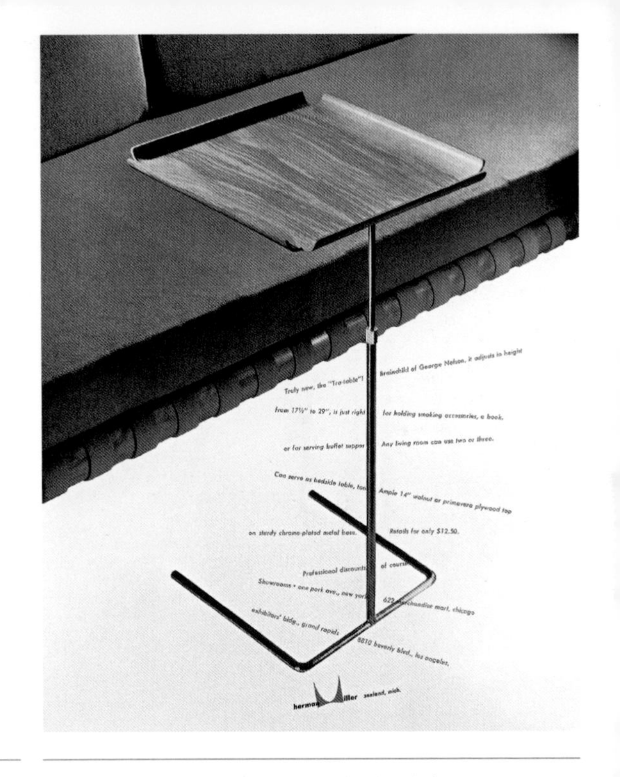

4950 型托盘边桌

（1948）

乔治 · 纳尔逊

（1908—1986）

赫尔曼 · 米勒公司，

1949 年至 1956 年，

2000 年至今

维特拉设计博物馆，

2002 年至今

乔治 · 纳尔逊设计的这款 4950 型托盘边桌（Tray Table Model 4950）从外观看来更像一件包豪斯的产品，而不似来自 20 世纪 40 年代的美国。20 世纪 30 年代早期，由于鄙视诸如雷蒙 · 洛伊（Raymond Loewy）等美国设计师的肤浅与虚伪，纳尔逊开始在欧洲穿梭，投身现代主义运动的浪潮。这款边桌无疑可追溯至类似马塞尔 · 布罗伊尔和艾琳 · 格雷所设计的钢管家具。虽然它名为托盘边桌，但它的正方形模压胶合板桌面却是不可拆卸的，不过其高度可由一个金属卡箍调节，后者也负责将上下两部分金属框架固定在一起。这种可调性赋予了它极高的灵活度，作为边桌既可放在床边又可放在沙发边，托盘皆可调节至略高于使用者大腿的高度。它从 1949 年起由赫尔曼 · 米勒公司负责生产，不过生产仅持续了 7 年。而维特拉设计博物馆于 2002 年重新推出了这款边桌，使用了位于纽约的纳尔逊档案馆所提供的模型和图纸。赫尔曼 · 米勒公司也于 2000 年恢复了此桌的生产，如今仍在生产。

DAR 椅（1948）

查尔斯 · 伊姆斯
（1907—1978）
雷 · 伊姆斯
（1912—1988）
赫尔曼 · 米勒公司，
1950 年至今
维特拉公司，
1958 年至今

这款由查尔斯和雷 · 伊姆斯设计的颇具预见性的 DAR 椅（即餐厅扶手椅）是一款革命性的设计作品，它一举改变了人们对家具造型和制造的概念。它完全使用工业材料且遵循工业制造工序制成，椅身采用模塑增强聚酯纤维材料，底座由金属支架制成。正因为查尔斯之前对新材料的研究，伊姆斯夫妇能为此椅设计出成功的制造工艺，故而能全面地进行大规模生产。1948 年，他设计的玻璃纤维椅在由现代艺术博物馆发起的“国际低成本家具设计竞赛”中被提名为二等奖候选作品，当时玻璃纤维是一种应用前景广泛的新型合成材料，在家具制造业中用以替代模压胶合板。赫尔曼 · 米勒公司生产了众多他所设计的参赛作品，而这款 DAR 椅则是其中的第一款设计，开创了伊姆斯夫妇与该公司注定将会拥有的、长达 20 年且富有创新精神的伙伴关系。DAR 椅实现了现代主义所追求的规模化生产的愿景：它百搭的椅身外壳能与多种可互换的底座相搭配，于是产生了多种样式。它明确地实现了这对夫妇的设计目的，即“尽最大的可能，为最多的人以最低的价格提供最好的产品”。

细管台灯（1948）

阿基莱·卡斯蒂廖尼
（1918—2002）
皮耶尔·贾科莫·卡斯蒂
廖尼（1913—1968）
家用灯具公司，
1949 年至 1974 年
弗洛斯公司，
1974 年至 1999 年
哈比塔特公司，
1999 年至今

这款由阿基莱和皮耶尔·贾科莫·卡斯蒂廖尼设计的细管台灯，也被戏称为“小管”，是一件非常独特的设计作品：它给人以优美的感官体验且在技术上有所突破，同时精确地把握住了一个时代的精神。在当时的美国，通用电气公司刚刚开发出了一种小巧的 6 瓦特荧光管。该技术传至意大利后，卡斯蒂廖尼兄弟便开始尝试如何将这一经济实用的新产品和灯具设计相结合。最终他们设计出一款极简风格的作品，抛弃了所有多余的装饰和材料，从而凸显出了这款灯具大胆且灵活的造型。此台灯使用诸如铝、金属管以及搪瓷金属等工业材料制成，这对来自米兰的兄弟仅仅在这种新式灯泡旁加装了开关和配有启辉器的镇流器。灯管后部安装有一块铝板，避免灯光直射入眼，且可以反射光线。正如卡斯蒂廖尼兄弟说的那样，这种直接暴露线条的设计“使得设备本身让位于它所制造出的发光效果”。此台灯先后由家用灯具公司、弗洛斯公司生产，如今则由哈比塔特公司制造。至今这款细管台灯仍能很好地体现卡斯蒂廖尼兄弟的信念：设计必须重构设计对象的造型和它的生产工序。

PP 512 折叠椅（1949）

汉斯·韦格纳
（1914—2007）
约翰内斯·汉森公司，
1949 年至 1991 年
PP 家具公司，
1991 年至今

汉斯·韦格纳以其细腻优雅的家具设计，在 20 世纪的丹麦设计史上起到了关键性的作用，其中这款 PP 512 折叠椅就是绝佳的例子。韦格纳是一位优秀鞋匠的儿子，也是一位家具木匠，设计理念都深深植根于他熟知的丹麦本土传统手工艺之中。有鉴于此，他的家具均做工一流且对所选材料（主要为木材）都具有出于本能的敏锐把握。这把 PP 512 折叠椅选用橡木制成，拥有藤编而成的椅背和椅面，相较于大部分折叠椅，它更低矮而且更宽。虽然低矮且没有扶手，然而它却以舒适著称，并且就座和起身都十分容易。PP 512 折叠椅的椅面前端配有两个小把手，每把座椅还附带有一个定制的木制墙壁挂钩，据此椅如今的生产商 PP 家具公司所称，此挂钩是一个独特的配件。韦格纳于 1949 年为约翰内斯·汉森家具工作室设计了这把造型简约、形似摇椅的座椅。它长盛不衰的人气使得该椅的生产（不论是最初使用橡木的版本还是之后的梣木版本）自 1949 年起便从未中断。

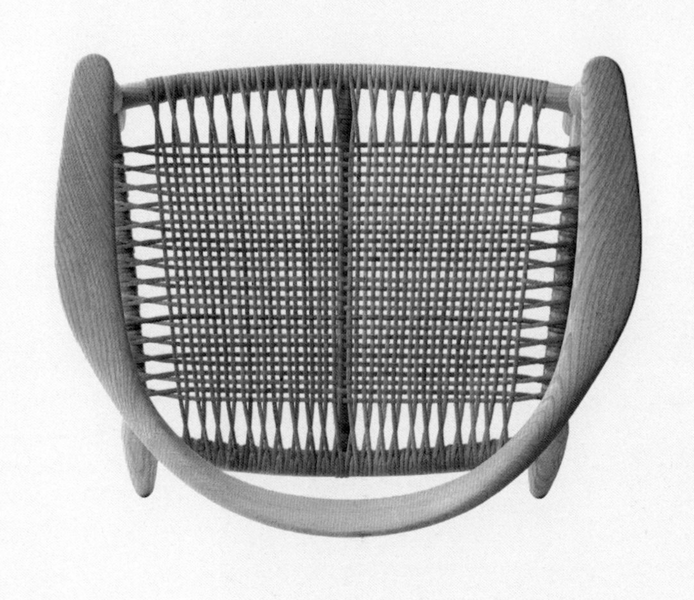

PP 501“座椅”（1949）

汉斯·韦格纳
（1914—2007）
约翰内斯·汉森公司，
1949 年至 1991 年
PP 家具公司，
1991 年至今

汉斯·韦格纳曾说过，设计是“一项不断纯粹化与简化的过程”。他设计的这款“座椅”（The Chair）便是不断改进的成果，而非一种创新的过程。此椅是根据他于 1949 年设计的“Y 背椅 CH 24”(Y Chair CH 24) 提炼简化的版本，后者则受到了中国明式家具的启发。在早期的版本中，椅靠背上围还缠有藤条。这种处理不仅仅与藤编椅面相呼应，还用于遮盖扶手和靠背的接合点。之后韦格纳使用了 W 形指接榫，这需要高超的木工工艺才能制造。因此他决定特意展现接合点，故而缠绕的藤条便被除去了。这种展示榫卯接合处的概念对韦格纳而言是一个转折点，随后他基于此概念设计了大量座椅，优美的接合点成了这些座椅的标志性特点。之后有众多版本问世，包括藤编椅面款式和皮革软垫款式。如今它由 PP 家具公司生产，且一直深受当代设计师和建筑师的喜爱。

手帕花瓶（1949）
富尔维奥·比安科尼
（1915—1996）
保罗·韦尼尼
（1895—1959）
韦尼尼公司，
1949 年至今

这款由富尔维奥·比安科尼（Fulvio Bianconi）设计的手帕花瓶（Fazzoletto Vase）发展自彼得罗·基耶萨于 1935 年设计的涡卷花瓶（Cartoccio Vase）。比安科尼的这款花瓶的不同之处在于其非对称的边缘，它的制作方式如下：工匠首先旋转融化的玻璃，再让玻璃因重力而自然形成不规则的褶皱。这样最初的球体便在空间中形成一个轻盈的自由形态，犹如一片蕾丝边手帕被风吹起。此花瓶共生产过 3 种款式。其中最常见的“拉蒂莫”（Lattimo）款使用奶白色玻璃，其不透明的质感来自可反射光线的微结晶体。而“阿坎内”（A Canne）款得名于细长的高温金属杆，它能将融化的玻璃拉伸为极长的管状体，之后再将有色玻璃粘连在不透明的底胎上。而“赞菲里科”（Zanfirico）款的制作过程则需要两位玻璃工人，他们同时用金属杆将融化的玻璃浆拉出，相互缠绕旋转，形成螺旋状的造型。手帕花瓶一经推出便立刻成了韦尼尼公司最受欢迎的产品，公司共推出 35cm 和 27.5cm 两种尺寸，买家遍布全球。它持续生产超过数十载，已成为 20 世纪 50 年代意大利玻璃制品的标志。

Y 背椅 CH 24（1949）

汉斯 · 韦格纳
（1914—2007）
卡尔 · 汉森父子公司，
1950 年至今

在看到一幅绘有一位商人端坐于中式座椅之上的肖像画后，丹麦家具设计师汉斯 · 韦格纳受到启发，设计了一系列座椅，为东西方文化的交流做出了一系列明确的贡献。1943 年，韦格纳设计了中国椅（Chinese Chair），它开启了欧洲人的中国明式座椅设计之路，这正是现代主义者所追寻的结构简约性，亦是北欧设计师所推崇的材料完整性。这款椅成了之后多款座椅的基础，其中至少有 9 款座椅是韦格纳专为弗里茨 · 汉森（Fritz Hansen）公司设计的。这把 Y 背椅，设计于 1949 年，它的外形迥异于先前拥有四方形挡板和座椅结构的作品。圆润的前后横档和方正的侧档使椅子不至于摇晃，它们位于圆形椅腿之间，同时也组成了椅面的边框，用以固定由纸绳编织而成的椅面。橡木制成的后椅腿微微向内收缩，随后优雅地弯曲两次，上部拥有独特形状的弓形椅圈。此座椅最显著的特征，同时也是其名字的来源是它造型独特的 Y 型椅背纵板。所有这些结合在一起，造就了这件轻盈、优雅、耐用且精致的家具，它植根于东西方传统，却专为现代制造工艺而设计。

伊姆斯组合储物家具

（1950）
查尔斯·伊姆斯
（1907—1978）
雷·伊姆斯
（1912—1988）
赫尔曼·米勒公司，
1950 年至 1955 年，
1998 年至今
维特拉公司，
2004 年至今

这套伊姆斯组合储物家具可视为一系列相互配套的部件。首先，其垂直方向的支撑结构使用漆成黑色的 L 型钢条制成，共有 5 种不同长度。其次，水平方向搁板的材质为上漆胶合板。最后，垂直方向的嵌板可组成背板和侧板，有多种材料可供选择，如压花胶合板、带孔金属板及拥有多种颜色和表面纹路的梅森奈特纤维板。同时可选配的还有移门、抽屉和 X 型金属支架。这一系列元件可以产生不计其数的组合方式。伊姆斯夫妇将这些散装部件设计成可互换的形制，再通过量产这些部件，挖掘了定制储物柜的潜力。此组合储物家具的灵活性基于"第 8 号案例住宅"（伊姆斯夫妇于 1949 年建造的自宅）所遵循的准则，只不过以一种更亲近人的尺度。1950 年，赫尔曼·米勒公司开始生产该家具，然而生产终止于 1955 年，随后于 1998 年恢复。此家具灵活的功能和结构中蕴藏的前景似乎对当时的设计师和生产商更具吸引力，而非消费者。不过此产品依然在家具模块化的探索中起到了关键性的作用，它催生了众多随后问世的面向办公和家用市场的储物家具，然而它们都不如这一系列家具那么独具特色。

2 型固定铅笔（1950）

卡达设计团队

卡达公司，1950 年至今

1924 年，卡达（Caran d’Ache）还是一家位于瑞士日内瓦的毫不起眼的铅笔工厂。如今这个公司的名字是优质绘图和艺术创作工具的代名词。它的名声建立在其革命性的产品之上，而固定铅笔（Fixpencil）便是其中公认的最具影响力的产品。这款 2 型固定铅笔设计于 1950 年，是 1929 年初款的改良升级版。其中有一些微小改进包括盛放铅芯的全金属六角形细长黑色笔杆，设置在笔杆末端的按钮，以及安装在按钮下方笔杆上的夹子，这些改进都取得了巨大成功。卡达公司于 1929 年买下了活跃于日内瓦的设计师卡洛·施密德（Carlo Schmid）设计的弹簧机械卡口铅笔的专利，从这一刻起，它便建立起了一个其他厂商都将遵从的基准。升级过的 2 型固定铅笔在书写时更易于控制，这得益于它的新型轻质笔杆。卡达公司还进一步改良了该铅笔，使其可以装载直径从 0.5 到 3mm 的各式笔芯，同时还推出了平价的塑料款式。这款 2 型固定铅笔出口至世界各地，如今依旧能在某些办公室和家中见到它的身影。

玛格丽塔椅（1950）

佛朗哥 · 阿尔比尼
（1905—1977）
维托里奥 · 博纳奇纳公司，
1951 年至今

佛朗哥 · 阿尔比尼（Franco Albini）在 20 世纪 50 年代初设计的一系列家具，结合了传统技艺与现代美感，这把玛格丽塔椅（Margherita Chair）便是其中之一。它的外形彰显了它所处的时代，并且和埃罗 · 沙里宁、查尔斯与雷 · 伊姆斯还有其他设计师进行的家具实验都有关联。然而当他的同行们在研究如何使用塑料、玻璃纤维和先进的模压胶合板来制造带基座的壳形座椅时，阿尔比尼则选择了藤和竹这些便于加工且易于取得的材料。在二战刚结束的那几年间，与诸如注塑等工业制造方式相比，意大利设计师更容易接触到的反而是诸如编筐等传统手工艺。这正是阿尔比尼在他的设计中选择藤条的原因之一。如同哈里 · 贝尔托亚（Harry Bertoia）的金属网家具那样，这款玛格丽塔椅的藤编结构也是去实体化的，它的体量因其透明性而显得有所缩减。这就好似阿尔比尼仅仅设计了框架而几乎忘记设计了软垫一般。阿尔比尼的建筑和家具设计被视为理性主义的典范，这是上世纪中叶意大利现代主义中独特的分支。理性主义一般展现出对选材的敏感性和对制造方式的缜密考量。

阿拉伯式矮桌（1950）

卡洛·莫利诺
（1905—1973）
阿佩利 & 瓦雷西奥公司，
约 20 世纪 50 年代至
1960 年
扎诺塔公司，
1998 年至今

生于都灵的建筑师和设计师卡洛·莫利诺钟爱愉悦感官的造型，这点在这件阿拉伯式矮桌上也有所体现。此矮桌拥有着摇曳的外形，包括上下两层玻璃桌面和起到支撑作用且形如起伏的波浪般的模压胶合板支架，后者弯折之后还自然形成了一个杂志架。莫利诺专为奥伦戈别墅室内设计项目中的起居室设计了此桌，同时也将它用在了辛格商店中，这两个建筑均位于都灵。该阿拉伯式矮桌被形容为是“栖息在四条昆虫腿上的爱巢”。据信，上层玻璃的形状取自于超现实主义画家莱昂诺尔·菲尼（Leonor Fini）的一幅描绘女子背部的画作。而木制支架则参考了让·阿尔普（Jean Arp）的雕塑。莫利诺拥戴装饰和感官刺激，而且深受新艺术运动和安东尼·高迪的作品以及自然和人体形态的启发。他设计的作品更注重雕塑感而不是功能性。实际上，他设计的作品只有极少数真正投入过生产，相反地，大部分都是一次性的设计或作为室内设计和委托项目的一部分。在莫利诺的设计中，该阿拉伯式矮桌是极少数如今仍由扎诺塔公司生产的作品之一。

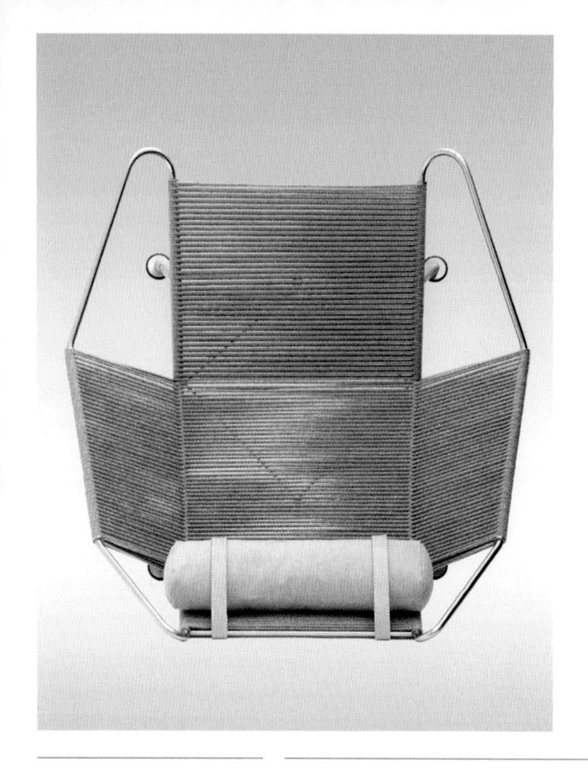

旗绳椅（1950）

汉斯 · 韦格纳
（1914—2007）
盖塔马公司，
1949 年至 1991 年
PP 家具公司，
1991 年至今

汉斯 · 韦格纳设计的这款旗绳椅（Flag Halyard Chair）在家具制造业中可谓是史无前例，它选择了绳索、镀铬上漆钢材、羊皮和亚麻布这一出乎意料的组合。韦格纳之所以选择这些迥异的材料，并不是为了展示材质相互映衬的感觉，而只是简单地为了说明自己有能力使用任何材料设计出新颖、实用和舒适的座椅。在设计这件作品时，韦格纳正在尝试使用胶合板材质制造带有金属支架的壳形座椅。而将胶合板替换为辅有绳索的金属框架这一想法是因何而起，已不为人知。不过有一个真伪莫辨的故事称，韦格纳是在奥胡斯的沙滩附近想到了该设计：他可能用一些手边的旧绳索做了一个立在沙丘中的网格状座椅的模型。由于该椅经常被用作韦格纳作品的广告形象，人们可能会认为它一直都被大量生产，然而盖塔马（Getama）公司最初只是限量生产了一批该座椅，且根本没有在商业上取得多大成功。最近，该椅又由 PP 家具公司开始重新生产。

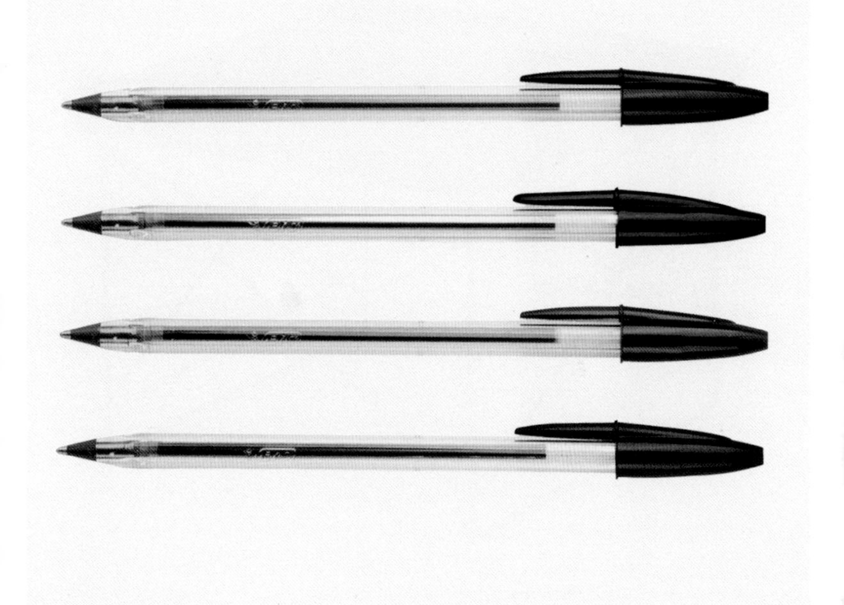

比克水晶笔（1950）

拉兹洛·比罗
（1899—1985）
塑料加工设计团队
比克公司，1950 年至今

这款比克水晶笔（Bic® Cristal Pen）因其天才的圆珠笔头装置而成为一项标志性的发明，正是因为比克公司在该笔商品化的过程中保持平价，才使得这个不起眼的书写工具成了所有制成品中最不可或缺同时也是最长盛不衰的产品之一。拉兹洛·比罗（László Bíró）于 1943 年注册了该笔的专利。作为一位年轻的记者，他时常会因钢笔使用的不便而烦恼。他意识到，印刷时使用的滚筒能均匀地释放油墨，这点也可以为书写工具所用。而此笔的设计取决于滚珠精确的滚动和特殊的墨水，后者的黏滞度须保证自身不会干透，同时还能平滑地书写。比罗将此专利出售给一些意欲制造军用飞机加压仓用笔的制造商和政府部门。而法国制造商人马塞尔·比克（Marcel Bich）则为该笔研制出了一套制造工序，大幅降低了单品成本。1950 年，比克在欧洲推出了名为“比克”的书写工具，此产品名即为他姓氏的缩写。最近，此笔的笔盖经过了重新设计，使得空气可以通过，这是一种安全措施，以防因意外误吞时造成窒息。

LTR 桌（1950）

查尔斯 · 伊姆斯
（1907—1978）
雷 · 伊姆斯
（1912—1988）
赫尔曼 · 米勒公司，
1950 年至今
维特拉公司，
2002 年至今

在查尔斯和雷 · 伊姆斯于 20 世纪 40 年代设计的所有作品中，存在大量使用金属支架底座的家具，而且它们逐渐演变成了这对夫妇标志性的风格。20 世纪 40 年代末，伊姆斯夫妇研发出了大规模制造焊接金属支架的工艺。这款 LTR 轻便桌是使用上述制造工艺的一款低成本设计。其用以支撑塑料层压板桌面的支架具有强烈而真实的视觉冲击力。两侧的 U 形金属架以螺栓固定在桌面的下方，以提供支撑，同时更细的电阻焊接金属斜撑支架提供了额外的稳定性。桌面的边缘被做成 20 度的倒斜面，让胶合板的上层暴露在外，此细节暗合了伊姆斯夫妇追求材料本真的偏好。查尔斯曾说："细节并不是细枝末节，他们造就了产品。" 设计师还实验了多种桌面样式，如金箔、银箔和绘有图案的封装纸。然而这些方案都被放弃了，因为它们都不适用于大规模生产。如今这款轻质却耐用的桌子的桌面有桦木贴皮和高温层压胶合板可选，颜色则为白色或黑色。

玛格丽特碗（1950）

西格瓦德·贝纳多特
（1907—2002）
阿克通·比约恩
（1910—1992）
罗斯蒂家居用品公司，
1950 年至今

西格瓦德·贝纳多特（Sigvard Bernadotte）曾是瑞典王位第二顺位继承人，他与建筑师阿克通·比约恩（Acton Bjørn）于 1950 年共同创建了北欧第一家工业设计咨询公司——贝纳多特和比约恩公司。这款玛格丽特碗（Margrethe Bowl）便是该公司首个取得重大成功的项目之一。该碗的名字“玛格丽特”暗指丹麦当时新近继承王位的女王。此碗至少有部分设计是由雅各布·延森（Jacob Jensen）应塑料制品公司罗斯蒂（Rosti）的要求而完成的。从该碗一边较薄的碗口和另一边饱满的抓柄可以看出，此产品在设计时充分考虑了使用功能。它引以为傲的轻量感来自其使用的抗热固性三聚氰胺塑料，这是一种能抗高温的材料。玛格丽特碗首次面世于 1954 年，共推出 3 种尺寸，拥有白、淡绿、黄和蓝等四色。1968 年，公司推出了“趣伏里”[注：Tivoli，意大利城市名]色彩（橄榄绿、橙黄、红与淡紫）版本，底座设有橡胶圈，有 5 种尺寸。所有试图改进原设计的尝试都以惨败收场。半个多世纪过去了，这款玛格丽特碗依旧在生产之中，世界各地的厨房中都有它的身影。

乌尔姆凳（1950）

马克斯·比尔
（1908—1994）
汉斯·古格洛特
（1920—1965）
扎诺塔公司，1975 年至今
苏黎世家具供求公司，
1993 年至 2003 年
维特拉公司，
2003 年至今

马克斯·比尔（Max Bill）于 1950 年设计的这把乌尔姆凳（Ulmer Hocker Stool）遵照的是二战前的功能主义原则，它与同时代的其他先锋派家具截然不同，后者更多地借鉴了有机形态。这款凳子使用仿乌木木材制成，仅由三块简洁的木板和一根圆柱形脚踏杆组成，展现出了建筑与几何形态的精确美感。在比尔设计这把座凳时，德国战后设计的大环境中充斥着紧张的气氛。而瑞士人马克斯·比尔于 1951 年参与建立的乌尔姆造型学院是当时这场设计辩论中极其重要的中心。比尔和他的同事们最初推行的课程旨在建立新式包豪斯风格。然而仅过了 10 年，比尔的哲学思想与更年轻的学生和教师所秉持的思想日益相左，后者致力于推行更加强调理论的思想。在比尔任职于该校期间，他的作品都具有严格的几何形态；而实际上，他的作品所展现出的简朴反而遭受了批评，称其缺少人性。米兰家具制造商扎诺塔公司一直生产着此座凳，如今该座凳的材质有清漆层压桦木板和黑漆中密度纤维板可选，销售名称为“斯加比洛”（Sgabillo）。

冰块盒（1950）
阿瑟·J. 弗赖
（1900—1971）
国内制造（通用汽车）
公司，1950 年至 20 世纪 60 年代
多家公司，
20 世纪 60 年代至今

二战期间，通用汽车的国内制造（Inland Manufacturing）部门负责生产了一款著名的卡宾枪，以此为美国的战备做出了贡献。战争结束后，国内制造部门恢复了最初的家电配件生产线，而阿瑟·J. 弗赖（Arthur J. Frei）这位自 1931 年就在国内制造部门任职的工程师也重返了岗位。1950 年，弗赖注册了一款制冰盒的专利，此盒注定会成为现代家庭中不可或缺的用品。这款冰块盒由一个浅盘形容器、一个分格栏和一个用以令冰块脱离的机械扳手组成。此设计的简洁性让它经受住了数次技术和材料革新，如今它仍在生产中。虽然弗赖的设计声名大噪，不过冰块盒早在 1950 年之前就已经被发明，1914 年发明的首款家用冰箱就内置了一个冰块盒。弗赖在国内制造部门一直兢兢业业工作到 20 世纪 60 年代，他是一位了不起的发明家，共发明了 23 款不同类型的冰块盒。国内制造部门所在的美国艾奥瓦州代顿市为了永久纪念这款冰块盒，在它的发明者经常光顾的沿河公园建立了纪念碑，紧邻它的还有莱特飞行器、易拉罐和收银机。

搅拌器（20世纪50年代）
佚名设计师
多家公司，
20 世纪 50 年代至今

这款搅拌器是家用工业设计的典范，它结合了纯粹的造型与经济效益。一系列硬质细环和细长的把柄相连，材质一般为竹、铜或不锈钢。这些细环在顶端相互交叉，形成一个罩子，从而在搅拌液体时可以最大程度地与空气接触，同时还使得搅拌器可灵活地改变形状，与碗边相抵，故而搅拌物便可轻松地被过滤和分离。细环的截面为圆柱形，拥有最小的表面积，使得液体可以自由地穿过搅拌器。细环均匀分布的重量进一步提升了搅拌的效率。此搅拌器一般由手工制成，使用抗拉不锈钢丝为材料。每一根钢丝都需要与把柄焊接在一起，之后包裹把柄再封死开口，如此一来搅拌器便非常耐用，且搅拌物不会进入把柄。如今市场上还有专为不粘锅特制的塑料版本。此搅拌器结合了优异的性能、超越时间的设计和成本经济性，这些使其成为一款至今没有改变且广泛存在的家用工业制成品。

路易莎椅（1950）

佛朗哥 · 阿尔比尼
（1905—1977）
波吉公司，1950 年至今

这款由佛朗哥 · 阿尔比尼（Franco Albini）设计的路易莎椅（Luisa Chair）棱角分明，不禁令人猜想这位设计者是一位极简主义者，并且将现代主义严肃且内敛的风格注入了他的设计。这种猜想离事实并不遥远。事实上，在新式现代主义风格的家具样式的发展过程中，阿尔比尼的设计确实起到了推动作用，不过他设计理念的美妙之处在于其多样性和灵活性。阿尔比尼在设计中会使用多种材料，包括钢架、帆布、玻璃和藤条，而这把路易莎椅则使用了硬木。所有这些设计都基于对材料的敏感性和对结构的理解。然而阿尔比尼设计的核心之处在于他饱含热情地结合了现代主义和手工传统。这点在路易莎椅中展现得淋漓尽致，从它身上可以看到理性主义的简朴和明快，以及对语境的精准把握。这是一件优雅的作品，线条整洁且富有表现力，不受装饰的束缚。路易莎椅生动的轮廓和对人体功效学的严谨态度体现了阿尔比尼对建筑学理念的坚持与他对结构和造型的非正统探索。这款由波吉（Poggi）公司制造的路易莎椅于 1955 年赢得了世人梦寐以求的黄金罗盘（Compasso d' Oro）奖。

梯形桌（1950）

让·普鲁韦
（1901—1984）
让·普鲁韦工作室，
1950 年
特克塔公司，
1990 年至 2000 年
维特拉公司，
2002 年至今

具有雕塑般的简洁性和重视批量生产的工艺是让·普鲁韦作品的特点。这两点在这款梯形桌（Trapèze Table）上展露无遗，和安东尼椅（Antony Chair）一样，此桌最初也是专为位于法国安东尼市的大学校园设计的。此桌的名字源自其桌腿特别的形状，它的桌腿采用黑漆钢板制成，使人联想到飞机的机翼。桌腿与边缘切削为斜角的黑色厚桌面相结合，突出了整体结构的厚重感。人们很难在20 世纪的家具设计中再找到另一张与该梯形桌一般精妙地提炼了工业风格的桌子。普鲁韦是平价现代家具和住房的捍卫者，也是预制建造的先驱人物。他的家具作品反映了他的建筑风格，即在使用清晰明确的线条的同时关注诸如电气焊接和金属板弯折等工艺。虽然普鲁韦的很多作品都专为法国的大学而设计，但随着时间的流逝它们逐渐进入了公众的视野，这使它们成为超越时代的标志性设计。维特拉公司最近重新推出了梯形桌等一系列家具，这标志着普鲁韦的家具走出了收藏家的王国，再次被投入大规模生产之中。

“叙尔库夫号”卡拉夫瓶（20 世纪 50 年代）

拉罗谢尔设计团队
拉罗谢尔玻璃厂，
20 世纪 50 年代至今

葡萄酒的醒酒过程早在几世纪前就为人所知。而拥有优雅瓶颈和低矮瓶身并由手工吹制的“叙尔库夫号”卡拉夫瓶（Carafe Surcouf）以其球茎一般的造型，确保了葡萄酒能以最大的表面积接触最多的空气。此瓶细长的瓶颈和圆鼓的瓶身两者之间惊人的对比使得它有别于任何一款醒酒器，而它还是一款纯粹只为功能而打造的产品。这款晶莹剔透的作品结合了经济性与现代性，不论在专业还是业余侍酒师之中，都是最受欢迎的醒酒器。拉罗谢尔（La Rochère）玻璃厂中技术精湛的玻璃技师们选择不为该瓶配上软木塞，并笑称卡拉夫瓶本来就注定要被倒空。此醒酒器拥有高达 150cl 的惊人容积，它奇异的名称借用自法国最著名的舰艇之一。在二战爆发前后，叙尔库夫号是当时世界上最大的潜艇，拥有巨量的储物舱。因此，法国海军潜艇的载货量和醒酒器的容量之间便形成了有趣的对比。拉罗谢尔玻璃厂至今依然使用手工吹制玻璃制造技艺，此技艺可追溯至 1475 年。

比斯利多层抽屉柜

(1951)
弗雷迪 · 布朗
(1902—1977)
比斯利公司，
1951 年至今

这款比斯利多层抽屉柜（Bisley Multidrawer Cabinet）大获成功的原因之一便是它简洁的设计。它无声无息，如同一块巨大的方块，能融入任何环境中，不论是在家里还是在办公室。事实上，它貌不惊人的外观正是它受人喜爱的秘密之处。弗雷迪 · 布朗（Freddy Brown）是一位钣金工人。1931 年，他独自一人开启了汽车维修的生意。在二战期间，他将自己的公司搬至英国萨里郡的比斯利镇，并接手了一系列战时防卫合同，还将该镇的名字作为自己公司的名称。在战后的数年间，比斯利公司利用它扩充后的制造能力开始生产办公室用品。它生产的军用产品拥有坚实耐用的结构，这款多层抽屉柜以及其他许多产品都是如此，这些优点至今依然是该公司产品的主要特色。这款抽屉柜使用焊接钢板制成，可独自站立或作为桌腿摆放。它有多种配置可供选择，抽屉都配有滚轮滑槽，滑动时抽屉运转顺滑且高效。1963 年，比斯利公司终止了汽车维修业务，专攻钢质办公用具的制造。如今，该公司是全英国最大的办公室家具生产商。

金属网椅（1951）

查尔斯·伊姆斯
（1907—1978）
雷·伊姆斯
（1912—1988）
赫尔曼·米勒公司，
1951 年至 1967 年
维特拉公司，
1958 年至今

查尔斯和雷·伊姆斯偏爱工业制造工序和思想体系，艺术的影响力在他们看来是次要的存在。然而在这把金属网椅（Wire Chair）中，它的制造工序和雕塑般的特质并存，使它具有了划时代的意义。雷·伊姆斯的艺术细胞在此与查尔斯·伊姆斯对设计制造的敏感相结合，使作品完美地平衡了这两个领域所秉持的价值。虽然在此椅上加装坐垫和靠垫都十分容易，然而它的有机形态提高了舒适度，无须再配以软垫。此设计拥有一系列可互换的底座，设计师能以此改变座椅样式，以适应各种各样的需求。其中最具标志性的是“埃菲尔铁塔”底座，它能呈现出黑色或镀铬钢架细密地交织在一起的感觉。此外它还使用了电阻焊接法这种新技术。究竟是查尔斯和雷·伊姆斯的座椅还是哈里·贝尔托亚为克诺尔公司设计的金属网座椅先行问世，关于这个问题至今争论不休，然而第一个美国机械专利却颁发给了伊姆斯夫妇的设计。此金属网椅一经推出便迅速获得成功，如今这件超越时代的座椅仍然保有巨大的国际市场。

淑女扶手椅（1951）

马尔科·扎努索
（1916—2001）
阿弗莱克斯公司，1951年至今

这款由马尔科·扎努索（Marco Zanuso）设计的淑女扶手椅（Lady Armchair）1951年问世，立即大获成功。它的肾形扶手和活泼风格共同确立了其有机的造型，使它成了20世纪50年代的象征。该椅由金属框架构成，软垫材料为注模聚氨酯泡沫，外覆聚酯纤维混纺热熔棉绒。它使用了突破性的工艺将覆有织物的坐垫和框架固定，并且极富创造性地使用松紧带加固。1948年，皮雷利公司开设了一家名为阿弗莱克斯的分公司，以设计配有泡沫橡胶软垫的座椅，并且委托扎努索制造首件产品。他于1949年设计了安特罗普斯椅，之后设计了这款淑女扶手椅，后者赢得了1951年米兰三年展的一等奖。扎努索使用泡沫乳胶塑造造型，创造出充满趣味感的轮廓。他赞美这种新材料："它不仅能革命性地改变软垫工艺，还能改变结构的制造方式，挖掘造型的潜力。"扎努索和阿弗莱克斯公司建立的关系反映了他对材料和工艺的毕生研究，即探索如何在保证量产的同时确保产品的高品质。这款淑女扶手椅便蕴含着这些理念，这也是阿弗莱克斯公司如今依旧在生产该座椅的原因。

“明”系列柱灯与光之雕塑（1951）

野口勇（1904—1988）
尾关公司，1952 年至今
维特拉设计博物馆，
2001 年至今

野口勇将日式纸灯重新阐释为现代主义灯具，这在西方引起了极大的震动。野口勇设计的灯具拥有纤细的结构且选用以桑树皮为原材料手工制成的纸为材料，它们继承了传统灯具的制造准则，不过摒弃了惯有的彩绘装饰。此灯具名称为“明”（Akari），在日语中意为“日”“月”或“光芒”。自 1951 年开始生产该系列首个灯具以来，野口勇一直在创作一系列有机或几何形态的灯具。他在 20 世纪 50 年代至 80 年代期间设计了超过 100 种吊灯、立灯和落地灯。野口勇曾造访过日本传统纸制品制造中心——岐阜市。当地市长邀请他设计一款用于出口的灯具，旨在复兴纸制品工业。野口勇当天便绘制出了此灯具的首张草图，在其中他将雕塑融入设计之中。“明”系列灯具是设计师与岐阜市纸灯生产商尾关公司（Ozeki & Co.）的合作成果，售价仅为几美元（首款售价约 7.50 美元）。此灯是现代设计中兼具平价和适用性的实例，它也催生了大量的效仿者。

羚羊椅（1951）

欧内斯特·雷斯
（1913—1964）
雷斯家具，1951 年至今

除去上漆的胶合板椅面，这款羚羊椅（Antelope Chair）完全由闭合金属细丝经弯曲成型再焊接后制成。得益于其各部分的相对统一感，该椅的造型看似在空间中绘出的线条。欧内斯特·雷斯的设计多使用纤细的实心钢丝绘制出造型丰富的有机外形，并且通过此类使用线条的手法，他的座椅展现出轻盈且坚实的质感。此座椅上如同犄角般的弯折正是它的名字“羚羊”的由来。该椅最初专为伦敦皇家节日大厅的室外露台设计，也是 1951 年举办的英国盛典（Festival of Britain）展览的一部分。在这次展览中，它受到了广泛的关注，并象征着对英国设计和制造业的前瞻思考与乐观精神。它造型活泼的椅腿末端套有球形脚垫，反映了时兴的分子化学与该物理学中的“原子”意象，这两门学科在当时亦被视为先进科学。椅子的生产商是雷斯家具，该公司由雷斯于 1946 年与工程师诺埃尔·乔丹（Noel Jordan）共同建立。正是羚羊椅华丽的造型一举抓住了当时时代精神的核心。

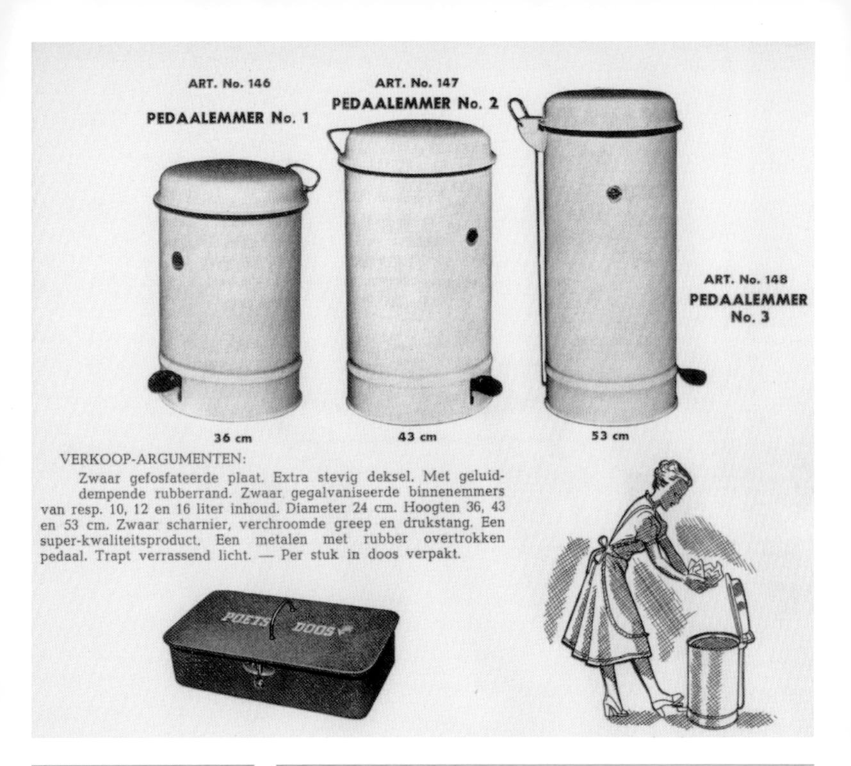

ART. No. 146
PEDAALEMMER No. 1
ART. No. 147
PEDAALEMMER No. 2
ART. No. 148
PEDAALEMMER
No. 3
36 cm
43 cm
53 cm
VERKOOP-ARGUMENTEN:
Zwaar gefosfateerde plaat. Extra stevig deksel. Met geluiddempende rubberrand. Zwaar gegalvaniseerde binnenemmers van resp. 10, 12 en 16 liter inhoud. Diameter 24 cm. Hoogten 36, 43 en 53 cm. Zwaar scharnier, verchroomde greep en drukstang. Een super-kwaliteitsproduct. Een metalen met rubber overtrokken pedaal. Trapt verrassend licht. — Per stuk in doos verpakt.
POETS DOOS

布拉班蒂亚脚踏式垃圾桶（1952）

布拉班蒂亚设计团队

布拉班蒂亚公司，

1952 年至今

如今这款布拉班蒂亚脚踏式垃圾桶（Brabantia Pedal Bin）或许无处不在，然而它的翻盖和脚踏板都曾经是非常新颖的概念。布拉班蒂亚公司于 1919 年在荷兰的阿尔斯特市成立，最初它生产的是牛奶过滤筛和洒水壶。公司于 1930 年转而开始生产雨伞架，并于 1947 年开始生产它的首款废纸篓。而用以防止臭气逃逸的顶盖和防止使用者背部拉伤的踏板这两项概念一经提出，便迅速成为布拉班蒂亚公司生意的基石。因为此垃圾桶同时使用了金属板和金属丝，并且必须防锈，故而它的制造工序绝不简单。事实上，自 1952 年以来，布拉班蒂亚脚踏式垃圾桶的制造工序一直被不断修改和完善，这一事实也证明了其制造难度。对此设计最大的改动是自 1957 年起加装在桶底、用以保护地板的垫圈，还有一年后加装的塑料内桶。虽然如今的版本和原版看似异常相似，但此垃圾桶已不再由阿尔斯特市的工匠制作，而是诞生自世界各地的工厂之中。

钻石椅（1952）

哈里·贝尔托亚
（1915—1978）
克诺尔公司，
1952 年至今

哈里·贝尔托亚想要创造一款能让使用者犹如坐在空气之中的座椅。用他的话说便是："如果你看看这把座椅，会发现它基本由空气制成，如同雕塑一般，空间从中穿过。"这款钻石椅（Diamond Chair）通过在细杆制成的椅腿上架设钢丝来达到上述效果。1943 年，贝尔托亚接受了伊姆斯工作室的职位，并参与了伊姆斯的家具作品设计，特别是金属网椅的设计。1950 年，贝尔托亚离开伊姆斯工作室后，便全身心投入他的雕塑创作中，不过他的朋友弗洛伦丝·克诺尔（Florence Knoll）和她丈夫汉斯（Hans）建议他应随心所欲地进行创作。此建议最终成就了 1952 年问世的这款钻石椅，它也是贝尔托亚为克诺尔公司设计的一系列座椅作品之一。此椅拥有一把座椅最不可能拥有的造型，甚至一眼看去不那么招人喜欢。然而一旦就座，使用者立即就能体味到贝尔托亚梦寐以求的坐在空气中的感觉。贝尔托亚采用电阻焊接技术，先将钢丝手工弯曲，再用夹具固定并进行焊接。他设计的这款钻石椅是上世纪中叶美国设计的典范之一。

航空计时腕表（1952）

百年灵设计团队

百年灵，1952 年至今

20 世纪 50 年代是一段令人激动的时期，那时技术进步，航空工业蒸蒸日上。位于瑞士的百年灵（Breitling）公司充分利用了它在钟表行业少数关键而知名的企业地位，于 1952 年推出了这款航空计时腕表（Navitimer）。作为一款专业器械，此腕表显而易见地采用了一套基于清晰性和准确性的美学准则；它的造型散发出无与伦比的可靠性。然而，这款腕表之所以能真正成为一款飞行员必备的计时器，是由于它内置的"导航计算器"。此腕表配备了飞行算尺，这是一种计算工具，能让佩戴者算出所有基本导航读数，如速率、爬升率、燃料消耗、平均速度和距离转换。在具备上述功能的同时，它还是一款精确走时的计时器，这让它在前计算机时代成了一款功能强大的仪器。此腕表意义最为重大的配置是 24 小时制表盘，这能让宇航员分辨正午和午夜，故而宇航员在外太空中进行观测时，不至于对时间的流逝产生混乱感。此腕表从未更改的核心造型拥有着一个狂热时代的烙印，它和航空历史中那些光荣的岁月永远相连。

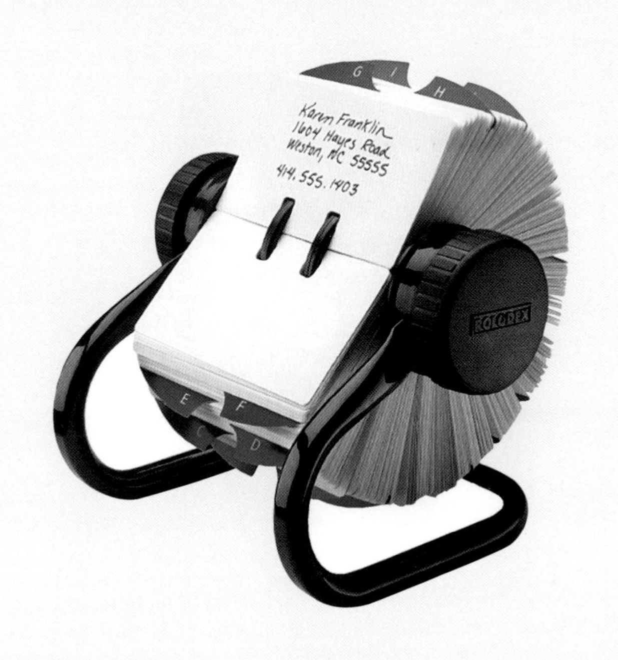

罗洛德克斯旋转式卡片夹（1952）

阿诺德 · 诺伊施塔特
（1910—1996）
罗洛德克斯公司，
1952 年至今

从各方面看来，阿诺德 · 诺伊施塔特都是一位一丝不苟且极有条理的人。从 20 世纪 30 年代起，他的一系列有关信息记录和整理的发明都拥有“德克斯”（dex）这一后缀。其中的第一款发明是一个名为斯威沃德克斯（Swivodex）的防外溅墨水瓶，之后还有克利波德克斯（Clipodex）、庞科德克斯（Punchodex）以及奥托德克斯（Autodex）。诺伊施塔特最知名的发明是这款罗洛德克斯（Rolodex），这是一个以旋转圆筒为轴心的插入式卡片存档系统。它的研制开始于 20 世纪 40 年代，然而直到 1958 年它才真正进入主流市场，随后一夜成名。整个系统使用起来异常简便。其镀铬钢管制成的框架风格简约，和两侧简洁的旋钮相呼应。虽然自 20 世纪 50 年代起，它的设计基于办公环境进行过大量的改动，不过这款罗洛德克斯卡片夹依然是现代全世界数百万办公桌上的标配，并且一直保持着几百万件的年销量。数码时代到来后，不出意料地，它的互动界面被移植到了电脑中，并且公司一直在推出新的主题。诺伊施塔特若健在，一定会对公司如今开发出的“电子德克斯”称赞有加。

基利塔（1952），泰马（1981）

卡伊 · 弗兰克
（1911—1989）
阿拉比亚公司，1952 年至 1975 年，
1981 年至 2002 年
伊塔拉公司，
2002 年至今

1945 年，卡伊 · 弗兰克（Kaj Franck）开始为芬兰陶瓷制造商阿拉比亚（Arabia）公司重新设计它的日用器皿。弗兰克认为，传统精致餐具的概念，即一套盛大的拥有大量不同器具的餐具早就失去了存在的意义。而发售于 1952 年，由他设计的这套名为基利塔（Kilta）的陶瓷餐具成功地契合了现代家庭的需求。基利塔餐具中的大部分器皿都使用平价的陶器制成，其设计意图兼备多用途和实用性。它的基础造型取自三种基本几何形状，圆、正方形和长方形。所有器皿都使用单色——棕色、黑色、白色、黄色和绿色，并且只烧制一次，以此保证制造的低成本。每件器具均可单独购买，而人们可以在一段时间内购齐一整套色彩斑斓的餐具。1975 年，基利塔餐具暂停了生产，这让弗兰克可以对它进行一系列改进。修改过的餐具系列于 1981 年重新发售并改名为“泰马”（Teema），意为“主题”（Theme），器皿的实用性进一步得到了提高。泰马系列自 2002 年起便归于伊塔拉公司的典藏系列之中。

桑拿凳（1952）

安帝 · 努尔梅斯涅米
（1927—2003）
利亚曼木工，1952 年
多家公司，1952 年至今

安帝 · 努尔梅斯涅米（Antti Nurmesniemi）设计这款桑拿凳（Sauna Stool）是为了满足一项特殊的需求：为即将进入或已经走出桑拿室的顾客提供休息之处。此座凳使用多层胶合板黏合再切割而成，其造型在保证快速排水的同时还能保持座凳的稳固。四条微微叉开的柚木凳腿使得座凳平稳且具有良好的平衡性。桑拿凳是努尔梅斯涅米职业生涯早期设计的，专为赫尔辛基的皇宫酒店而设计。该酒店是为 1952 年奥运会而建造，这届奥运会也成了复兴芬兰设计的催化剂，它开启了一段芬兰年轻设计师意欲创造一种全新的国际化设计语汇的时期。凳子最初由 G. 瑟德斯特罗姆（G. Soderstrom）公司生产，如今，它的生产规模比当初要小很多。为了简化其生产过程并提高成本效益，努尔梅斯涅米多年来一直在改进它的造型。改进后座凳的凳面更圆，而非早期的椭圆形凳面。它的设计实用、粗犷且质朴，不张扬的外观吸引着人们就座。它令人惊叹的舒适度使它超越了一把桑拿凳，除去最初的功能，如今它还以各种方式被使用着。

蚂蚁椅（1952）

阿尔内·雅各布森
（1902—1971）
弗里茨·汉森，
1952 年至今

这款蚂蚁椅（Ant Chair）的座位使用一块胶合板切割弯曲而成，不论从正面还是背面看，它中部收束的造型都极具辨识度。此蚂蚁椅可能是阿尔内·雅各布森（Arne Jacobsen）最知名的座椅作品，也正是它让雅各布森受到了国际关注。虽然在此椅之前，雅各布森也设计过一些家具，然而此椅的造型和用料都与他的早期作品有着明显的区别，并且此造型还为他之后作品的发展设立了良好的基础。雅各布森于 1952 年为制药公司诺沃（Novo）的食堂设计了该椅。他的主要目标是设计一款轻量且可叠放的座椅。他参照了查尔斯·伊姆斯于 1945 年设计的 LCW 椅，使用细钢管制成椅腿，模压胶合板制成座部。不过雅各布森还采纳了此椅的制造商弗里茨·汉森公司于 1950 年制造彼得·维特（Peter Hvidt）与奥尔拉·莫尔戈德－尼尔森（Orla Mølgård-Nielsen）设计的 AX 椅的经验。不论他的灵感来源为何，雅各布森已经成功地将他的前辈们抛在了身后。

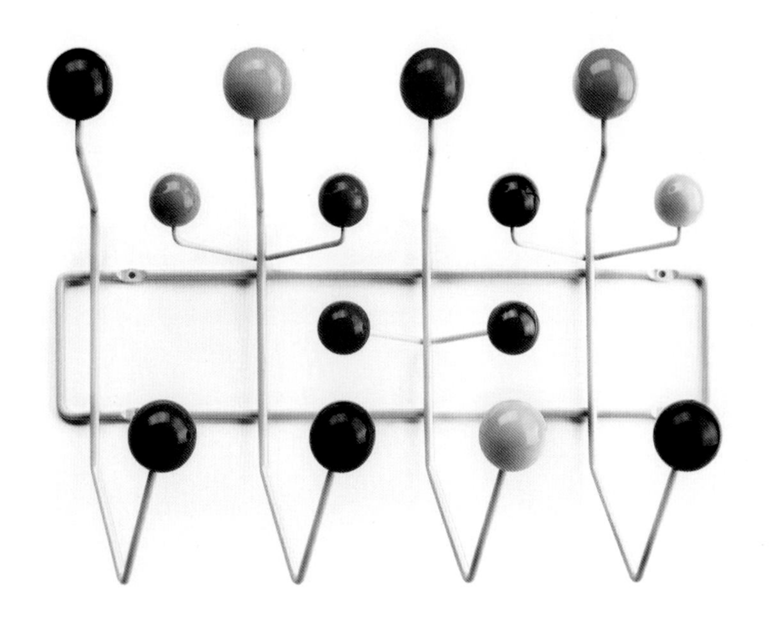

多功能挂钩（1953）

查尔斯·伊姆斯
（1907—1978）
雷·伊姆斯
（1912—1988）
泰格雷特公司儿童之家部门，1953 年至 1961 年
赫尔曼·米勒，1953 年至 1961 年，1994 年至今
维特拉设计博物馆，1997 年至今

这款挂钩由木球和上漆金属丝制成，其设计目的是为儿童提供一个收纳物品的装置，他们可将大衣、围巾、手套，甚至玩具和旱冰鞋挂在上面。这些令人愉悦的彩色小球的色彩有红色、粉色、蓝色、洋红、赭石、黄色、绿色和紫色，它们看似自由地飘浮在空中，增添了其活泼有趣的气质，非常适合儿童所处的环境。这款多功能挂钩（Hang-It-All）的设计直到儿童选择并排列好所挂的物体之后才算完整。如同一件为悬挂饰物设计的空白框架或骨架结构一样，这件作品显然激励着使用者的参与以及创造力。在查尔斯和雷·伊姆斯极为多产的职业生涯中，他们一直以满足消费者的需求与兴趣为目标，不断地探索新材料和新的制造方式。此产品便满足了儿童房的设计需求，同时它的实验性质也在其结构上得以体现，它使用了一种相对平价的量产方式，即同时将金属丝焊接在一起，而不是单独依次焊接。此挂钩的首发款由泰格雷特公司儿童之家部门和赫尔曼·米勒公司两者同时制造，直至 1961 年生产终止。随后赫尔曼·米勒公司和维特拉设计博物馆再次推出了该产品。

标准灯具（1953）

塞尔日·穆耶
（1922—1988）
塞尔日·穆耶工作室，
1953 年至 1962 年
塞尔日·穆耶出品公司，
2000 年至今

这款标准灯具（Standard Lamp）使用金属制成，外部涂以黑漆，内部则为白漆，反光罩使用铝材制成。乳房形的灯罩是塞尔日·穆耶（Serge Mouille）作品的标志，此灯罩同时还可以容纳灯具配件，并具备散射灯光的功能。此灯具的造型带有生命与情色的含义，从它的风格中可以窥见超现实主义的身影。在创建自己的工作室之前，穆耶曾在巴黎学习过银器制造。他熟识众多前卫的建筑师与设计师，包括让·普鲁韦和路易·索诺（Louis Sognot）。1953 年，叙埃 – 马蕾法国艺术公司（Süe et Mare's Compagnie des Arts Français）的装饰艺术总监雅克·阿德内（Jacques Adnet）委托穆耶设计这款标准灯具。穆耶选用了简洁的金属结构与受自然形态启发的斜角灯罩，使该灯具十分契合有机现代主义的语汇。虽然此灯具从未投入大规模生产，然而它为穆耶在二战后的法国设计史中赢得了重要的地位。穆耶的早期灯具作品，包括这款 1953 年设计的标准灯具，由设计师的遗孀重新发售，她于 2000 年创办了塞尔日·穆耶出品（Éditions Serge Mouille）公司。

高压锅（1953）

弗雷德里克·莱斯屈尔
（生卒年不详）
SEB 集团，1953 年至今

据这款高压锅（Cocotte Minute）的法国生产商称，此锅直接继承自 17 世纪晚期的一款炊具，即发明家丹尼斯·帕潘（Denis Papin）为软化骨头和皮革而设计的那款加压蒸煮器。帕潘的这款新式物件可以将蒸汽收集在密封容器中以产生压力，使水的沸点上升，从而大大减少烹饪时间。而 300 年后，家用压力锅高效地使用了同一套工程学原理，虽然更为安全和便捷，但是在早期产品中仍存在着爆炸现象。在欧洲，有一款高压锅迅速取代了其他产品：即这款由弗雷德里克·莱斯屈尔（Frédéric Lescure）设计，SEB 集团公司于 1953 年生产的高压锅。它使整个国家的厨师们得以在短时间内完成传统菜肴的烹饪，不用再像以前那样需要在灶台上蒸煮数小时而大量损失食材的风味。此高压锅在过去的 50 年间共生产了惊人的 5000 万件。期间还历经了多次造型的优化与性能的提升。然而，一些核心元素一直没有改变，诸如不同的烹饪模式、一本附赠的菜谱、一个散热器、多种可供选择的尺寸、机制以及其基础设计等。

SE18 折叠椅（1953）

埃贡 · 艾尔曼
（1904—1970）
维尔德 & 施皮特公司，
1953 年至今

德国是较晚进入二战后平价折叠椅市场的国家，不过这款折叠椅却在国际范围内取得了成功。埃贡 · 艾尔曼（Egon Eiermann）这位德国最重要的建筑师之一，仅用了 3 个月便为维尔德 & 施皮特（Wilde & Spieth）公司设计出了这款 SE18 折叠椅。此椅富有魅力且实用的折叠方式是它得以成功的关键因素。它的前椅腿与后椅腿通过一个转轴相互连接。同时，椅面下方的一根横档则卡在后椅腿向下的滑槽内，当折叠时，此横档会将后椅腿向前推。而座椅展开时，横档和滑槽的顶端相配合，便组成限位装置。此椅使用光滑的山毛榉木和模压胶合板制成，1953 年一经推出便引起了轰动，特别是在德国国内市场。其结构坚固、价格不高且占用极少的储藏空间，故而被广泛应用在食堂、学校礼堂和议会厅内。尽管竞争激烈，此椅仍然打入了国际市场。直到艾尔曼去世的 1970 年，他与维尔德 & 施皮特公司一直进行合作，共推出了多达 30 款此椅的改版。如今市场上仍可购买到其中的 9 款座椅。

红环绘图笔（1953）

红环设计团队
红环公司，1953 年至今

在如今这个电脑辅助绘图、逼真的可视化和虚拟漫游大行其道的年代，很难想象一款毫不起眼的专业钢笔对 20 世纪 50 年代早期的设计界造成的冲击。这款红环绘图笔（Rotring Rapidograph）是上天送给建筑师、设计师、插画家和工程师的礼物，它将这些人从传统的钢笔中解放出来，后者经常会堵塞或者在纸上留下难看的墨渍。这款笔采用了一个简单的全新机制，它将原本的活塞式吸墨装置改换为一次性的墨水匣，保持了压力的恒定，让墨水得以持续流出。此笔之所以大受欢迎，不仅仅是因为它在使用时既便捷又省时省力，还由于其美观的造型。它逐渐收窄的深棕色笔杆以及尖端那闪亮的不锈钢针管笔尖显然比同一时期推出的量产型一次性圆珠笔高上一个档次。环绕在笔杆末端的色带既标示出笔尖的粗细，又增添了一抹色彩。此笔如今仍然在生产，虽然每块绘图板边几乎都摆着一整套被频繁使用的红环绘图笔的年代已在很久前便成了往事。

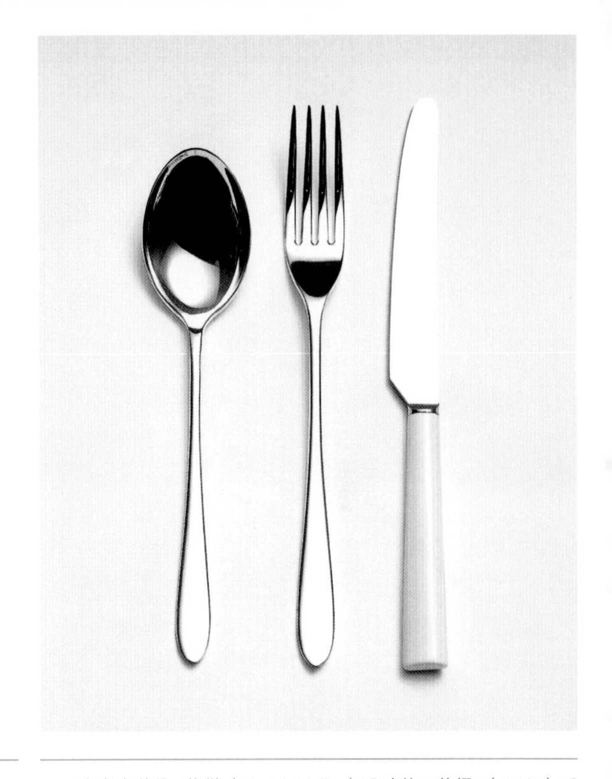

“荣耀”系列餐具
（1953）

戴维 · 梅勒
（1930—2009）
沃克 & 霍尔公司，
1954 年至约 1980 年
戴维 · 梅勒公司，
约 1980 年至今

这套由戴维 · 梅勒（David Mellor）设计的“荣耀”（Pride）系列餐具拥有美妙的纤细曲线与极具平衡感的造型，它为二战后的英国餐具设计确立了标杆。在这套餐具中，梅勒使用了一种新式且简约的语汇，结合了传统银器制造中对细节的一丝不苟与新式工业制造技术中的制造方法。故而，这套“荣耀”系列餐具挑战了当时仍占据着高端餐具市场的维多利亚时期与摄政时期的餐具。此餐具由一系列银制刀、叉和勺组成。最初刀柄采用骨头制成，之后改换为赛璐珞，不过如今为了确保能放入洗碗机中，其刀柄材质改换为硬尼龙树脂。梅勒承认，此套餐具的造型受到了乔治王朝时期餐具的影响，不过由于其实用性，它仍然具有明显的现代主义风格。有一点是明确的，这套餐具在设计中就明确地考虑了工业生产的过程。甚至在梅勒从皇家艺术学院毕业之前，沃克 & 霍尔（Walker and Hall）公司就提出了生产此套餐具的意愿。这套餐具如今由位于英格兰北部皮克山区的戴维 · 梅勒工厂生产，并且依然是该公司最受欢迎的产品之一。

安东尼椅（1954）

让 · 普鲁韦
（1901—1984）
让 · 普鲁韦工作室，
1954 年至 1956 年
斯特凡 · 西蒙画廊，
1954 年至约 1965 年
维特拉公司，
2002 年至今

让 · 普鲁韦极其享受家具设计，并且享受与制造工序相关的细部设计。他的设计并不致力于尝试达到某种特殊的造型，而是脱胎自他一直关注的质量与特性。在这款安东尼椅中，胶合板和钢材的使用乍看之下在外观和材料特性上都不协调。它们需要履行不同的职责：胶合板需要具备恰到好处的弹性，以制成轻质且舒适的座部，而钢材则必须尽可能坚固，以提供支撑。普鲁韦以别出心裁且坦率的方式将这些材料组合在一起，最终造就了独特的外观。安东尼椅和当时盛行的光滑且镀铬的座椅截然不同，其钢质部分涂以黑漆，焊接和工业制造的痕迹清晰可见。它又扁又宽且逐渐收窄的钢质支架赋予了椅子雕塑般的质感，使人联想到亚历山大 · 考尔德设计的悬挂饰物流动的造型，后者也是普鲁韦的好友与崇拜对象。安东尼椅是普鲁韦于 1954 年为巴黎附近的安东尼大学城设计的，它亦是普鲁韦设计的最后几件家具之一。

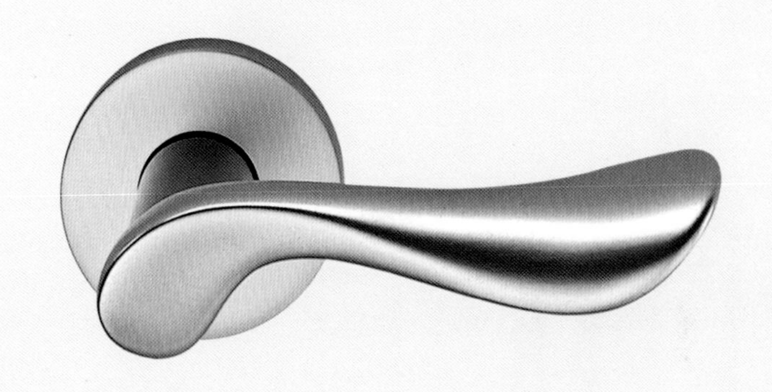

1020 号门把手（1953）

约翰内斯 · 波滕特
（1908—1987）
弗朗茨 · 施奈德 · 布拉克尔公司，1953 年至今

究竟是什么塑造了一把美丽的门把手？约翰内斯 · 波滕特（Johannes Potente）为弗朗茨 · 施奈德 · 布拉克尔（Franz Schneider Brakel，FSB）公司设计的这款经典的 1020 号门把手抓握在手中恰到好处。1922 年至 1972 年，波滕特整个职业生涯期间都一直为 FSB 公司工作，退休以后他依旧继续为该公司设计产品，直到 1987 年去世。波滕特最初学习工具制造与雕刻，他将这两项职业要求的精确性带入了门的五金件设计之中。他是一名“匿名”设计师，独自坐在他的工作间中细致地制作着门把手，他关注把手的实质，而不是其样式。1020 号门把手是最先使用铝材铸造的门把手之一，而铝在 1950 年才刚刚成为一种可广泛获得的材料。波滕特利用了铝材独特的光泽和轻质的特性，将其融入了他设计的造型之中。虽然使用诸如黄铜、青铜和钢等其他材料制成的款式亦有销售，然而铝质版本最为淋漓尽致地表达了 1020 号门把手的造型。正是设计师对产品的全情投入才创造出了那些拥有经久不衰的美感的门把手，它如同一位谦卑的仆人般称职，尽善尽美地履行着它的职责。

X601 凳（1954）

阿尔瓦尔 · 阿尔托
（1898—1976）
阿尔特克公司，
1954 年至今

阿尔瓦尔 · 阿尔托将他设计的 L 形曲木椅腿视为他对家具设计行业最重要的贡献之一。如同他众多的概念一样，此椅腿也经历了多年的研发和改进，而阿尔特克公司的员工，例如迈娅 · 海金黑莫（Maija Heikinheimo）对此亦有贡献。最初，阿尔托为 1954 年在斯德哥尔摩的 NK 百货公司举办的阿尔托家具展设计了这款拥有扇形凳腿的 X601 凳。它的每个凳腿都由 5 片 L 形构件组成，它们相互胶合在一起，在顶端分叉成扇形。之后这些扇形再通过暗榫与凳面相连。和简单的 L 形椅腿相比，这种扇形凳腿最大的优点是美观，它能以更柔和且更精致的方式表达出椅腿和椅面之间的有机过渡。阿尔托将 L 形椅腿称为"柱式的妹妹"，因为它使很多家具都宛若使用多立克柱式的建筑。阿尔托设计了许多不同类型的椅腿，包括 1946 年的 Y 形椅腿以及扇形椅腿，故而他的家具采用了多种不同的柱式，每一种都对应一个椅腿的类型。

GA 椅（1954）

汉斯 · 贝尔曼
（1911—1990）
豪尔根格拉鲁斯公司，
1954 年至今

GA 椅一分为二的座位设计体现了汉斯 · 贝尔曼（Hans Bellmann）致力于使用最少的材料制造家具的追求。贝尔曼是将精密制造这项瑞士传统继承得最好的设计师。并且在他的整个职业生涯中，他自始至终地尝试使用最为节省材料的方式设计家具。设计时间早于 GA 椅的单点椅（One-Point Chair）同样采用了轻质的胶合板制成，椅的座位只使用一颗螺丝与支架相连，它也因此得名。然而这款天才的设计却受到了瑞士设计师同行马克斯 · 比尔的指责，后者声称此椅抄袭了他的一项设计。这点或许可以解释 GA 椅为何独特的分裂式座椅造型至今为止从未出现过模仿者。虽然贝尔曼的作品不像他同时代的某些设计师的作品那样被热切追捧（这可能是由于他在职业生涯后期转而设计卫浴设施），然而在 20 世纪 50 年代他的作品在市场中还是很受欢迎的。如今汉斯 · 贝尔曼最为人知的作品就是这款 GA 椅，不仅因其与众不同的分裂式座椅造型，还由于它在制造上无与伦比的高品质。

咖啡桌（1954）
弗洛伦丝 · 克诺尔
（1917— ）
克诺尔公司，
1952 年至今

弗洛伦丝 · 克诺尔设计的这款优雅的咖啡桌（Coffee Table）由玻璃和钢组成，它低调的造型能够与多种风格的室内空间相融合。它的结构简洁，制造工艺上乘，由经过打磨的 1.6cm 厚平板玻璃结合镀铬钢支架制成，为消费者在当时流行的重木材质的家具之外提供了另一种选择。克诺尔设计家具，是为了搭配由玻璃和钢材建造的新式且阔气的摩天大楼，这例证了她强调统一的设计哲学理念。此桌以它透明的桌面和简约的下层结构阐释了现代建筑的空间特征以及它们对光影的把握（此桌的桌面材质亦有页岩、大理石和各式木质镶板可供选择）。克诺尔曾受教于埃列尔 · 沙里宁（Eliel Saarinen），随后在克兰布鲁克学院与伦敦建筑联盟学院学习。随着二战的爆发，她返回了美国，跟随密斯 · 凡德罗、沃尔特 · 格罗皮乌斯和马塞尔 · 布罗伊尔学习和工作。这款咖啡桌彰显了她天才的设计中蕴藏的重要原则：足够低调、灵活并能适应大部分环境。如今，它不仅依然大受欢迎，而且全然不显落伍，并且有各种尺寸与样式可供选择。

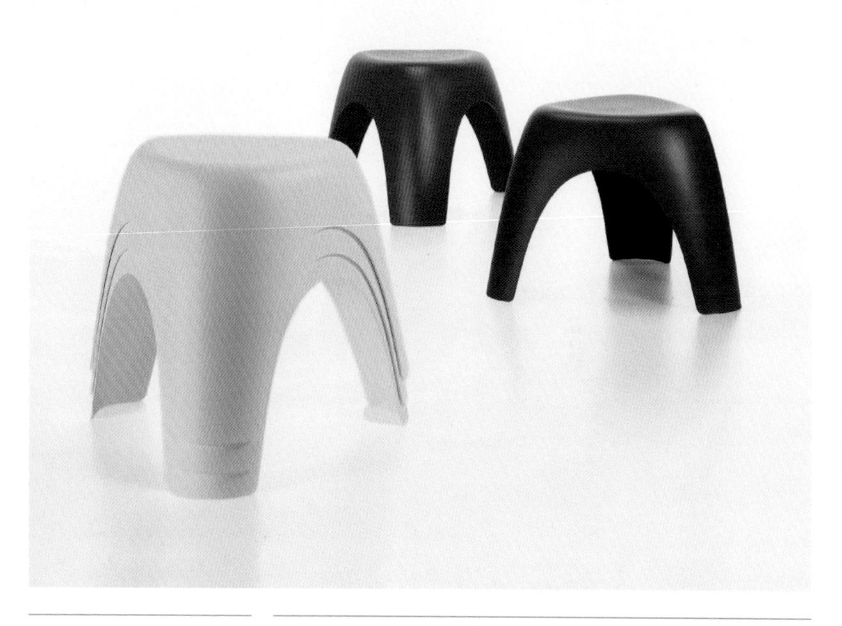

大象凳（1954）

柳宗理（1915—2011）
寿座椅公司，
1954 年至 1977 年
哈比塔特公司，
2000 年至 2003 年
维特拉公司，
2004 年至今

二战后玻璃纤维在日本成为商品，于是柳宗理使用它设计了第一把完全由塑料制成的座凳。此凳最初的设计目的是为模型制作师在工作室中提供座椅，故而它必须足够轻，并且可叠放。最终，一款三腿的座凳应运而生，凳腿的形状象征着大象腿的结实感，它也因此得名。柳宗理曾说过："我偏爱温柔圆润的造型，它们散发着人的温暖。"这款大象凳（Elephant Stool）最初由寿（Kotobuki）座椅公司于 1954 年生产，它代表着当时的家庭正在逐渐接受诸如玻璃纤维强化聚酯树脂这类新材料。柳宗理着迷于玻璃纤维的延展性，而这款大象凳所展现出的柔和的造型只有使用这种材料才能达到。最近此材料被公认为一款破坏环境的材料，故而柳宗理和维特拉公司共同合作，于 2004 年设计出了一款新版本，使用注塑聚丙烯制成。和柳宗理的其他众多作品（从餐具到工程结构皆有）一样，这款座凳并不是在制图台上设计的，在此之前，它就已经被详尽地手绘出来并完成设计。

D70 沙发（1954）

奥斯瓦尔多 · 博尔萨尼
（1911—1985）
泰克诺公司，
1954 年至今

双胞胎兄弟奥斯瓦尔多（Osvaldo）与富尔真齐奥 · 博尔萨尼（Fulgenzio Borsani）于 1954 年的米兰三年展时创立了泰克诺（Tecno）公司。20 世纪 50 年代早期，工业产品是一剂灵丹妙药，能治疗许多意大利人的痼疾，而泰克诺推出的第一款极具设计感的软垫家具恰恰抓住了这种心态。这款 D70 沙发既是一款工业产品，也清晰地展现出了理性设计的思想。它如同舌头般的流线型靠背和坐垫具备一目了然的实用性，且象征着一个基于机械化的未来世界。这款沙发的靠背可以调低，从而变为一张沙发床，或者也可折叠在一起节省空间。由战争带来的住房短缺问题激发了可活动家具的设计潮流，比如这款沙发。泰克诺公司的首席设计师与工程师奥斯瓦尔多 · 博尔萨尼于 1957 年推出了一款变体版本，即 L77 型沙发床。所有此系列的沙发和座椅都将坐垫与靠背分列在中央梁的两侧，此结构明显地展示出了靠垫的调节机制。1966 年，奥斯瓦尔多参与创建了极具影响力的设计类杂志《八角形》（Ottagano），并且以此树立了泰克诺公司在定制家具和办公家具制造商中的领导地位，一直持续至今。

1206 沙发（1954）

弗洛伦丝 · 克诺尔
（1917— ）
克诺尔公司，
1954 年至今

弗洛伦丝 · 克诺尔将她设计的这款优雅的沙发形容为“一件其他人都不愿涉及的用以填充空缺的家具”。作为克诺尔公司规划部的设计总监，在她的委托下诞生了许多一流的现代家具，而她在其中的贡献是设计了一些背景家具，或用她的话说是“肉与土豆”。这款 1206 沙发就是为了满足以上这些需求而诞生的。克诺尔公司定义了 20 世纪 50 年代美国公司室内设计的风格，即采用自然光、开放的空间与随意组合且覆以优雅织物的家具。钢质椅腿框架将这套沙发的方形体抬起，使它看似漂浮在地毯之上，并且此系列的座椅、沙发与长沙发中展现出的模块化风格使人联想到密斯 · 凡德罗的巴塞罗那椅。轻薄且低矮的扶手的作用更像是此家具视觉上的终止点，而非一个真正的扶手。这套沙发只是供人歇息，并不似当时其他的沙发那样拥有极其柔软的软垫，它更像是一座桥梁，连接着笔挺的现代主义与更古老更传统的沙发样式。1206 沙发成功地保持着它的作为背景的姿态，为其他光鲜亮丽的设计提供了展示它们立场的机会。

花园椅（1954）

维利 · 古尔
（1915—2000）
埃特尼特公司，
1954 年至今

花园椅（Garden Chair）由一条连续的无石棉纤维水泥条带制成，没有任何螺栓或支持结构，它曲折且优雅的环形造型采用模具弯曲而成。只使用单块水泥板，彰显了设计师对工业材料大胆且富有创造力的运用。它既轻质又坚固，极富触感的表面光滑且温暖，然而却惊人地耐磨。它的宽度直接由现有水泥板的宽度决定，并且在水泥板尚为湿润时即模压成型。这个简单的工艺确保了该椅可以高效且低成本量产。它最初被称为沙滩椅（Beach Chair），设计初衷为一款户外摇椅。同时，维利 · 古尔（Willy Guhl）还设计了一款茶几，上面开有两孔，用以摆放水瓶与水杯，此茶几可以完美地嵌入此花园椅中予以储存。古尔曾明确地指出，花园椅就是作为一款户外用椅而设计的，他曾说过："有人给我发过他们的椅子的照片，他们在上面画着花朵，他们给它加上软垫——这是他们的椅子，就让他们做自己想做的事情吧，不过我绝不会把它放在我的起居室中。"

摇摆凳（1954）
野口勇（1904—1988）
克诺尔公司，
1955 年至 1960 年
维特拉设计博物馆，
2001 年至今

雕塑家野口勇为克诺尔公司设计了一些他最优秀的作品。他将自己的雕塑语言与家具的功能性相融合，使作品成了美国二战后设计中独特的存在。1954 年，当野口勇设计这款摇摆凳（Rocking Stool），并且试图将龙卷风与餐桌设计相结合时，他参照了传统的非洲凳的样式。不过他并没有像传统座凳那样使用一整块木料制造，而是选用 5 根 V 形金属支架将凳面与底座相连，并且将金属支架排列成非常稳固的“龙卷风式”结构。摇摆凳一般使用核桃木制成，偶尔使用桦木制成。这种材料的组合赋予了摇摆凳非常现代的外观，不过也许过于现代，它的生产只持续了短短 5 年的时间。野口勇的许多极富创造力的设计都不被美国大众所接受。不过他采用同样结构设计的餐桌却获得了更大的成功，如今依旧在生产之中。摇摆凳的生产始于 1955 年，终于 1960 年，如今维特拉设计博物馆再次推出了这款设计。

马克斯 & 莫里茨盐瓶与胡椒瓶（1954—1956）

威廉 · 华根费尔德
（1900—1990）
WMF 公司，1956 年至今

这款马克斯 & 莫里茨（Max and Moritz）盐瓶与胡椒瓶外表朴素、缄默且比例完美。它们的瓶身为玻璃，瓶盖则由冲压不锈钢制成，这款佐料瓶还配有一个船形不锈钢托盘，整体外形优雅。这款窄收腰容器握在手中异常舒适，并使得内容物看似珍宝。威廉 · 华根费尔德显然是受到了由威廉 · 布施（Wilhelm Busch）创造的德国卡通角色马克斯与莫里茨的启发。从 20 世纪 50 年代中期至 20 世纪 60 年代中期，华根费尔德一直在规模最大的金属、冲压金属与玻璃餐具制造商之一 WMF 工作。他依据这款佐料瓶创造了一个原型，随后便成了该公司的象征。华根费尔德在设计产品时，更倾向于从使用的角度考虑，而非外观。故而这款佐料瓶没有采用旋盖式瓶盖，而采用了巨大的卡扣式瓶盖。此瓶盖首次推出的年份为 1952 年，它的生产更为经济，且重装佐料时更为方便。对华根费尔德而言，设计并不是“包装的过程”，而是探索一个物体的 DNA，以及它在手中的使用方式。他对超越时代的设计中那种从原型发展出的现代感的设计理念非常感兴趣，而这件佐料瓶确实做到了这点。

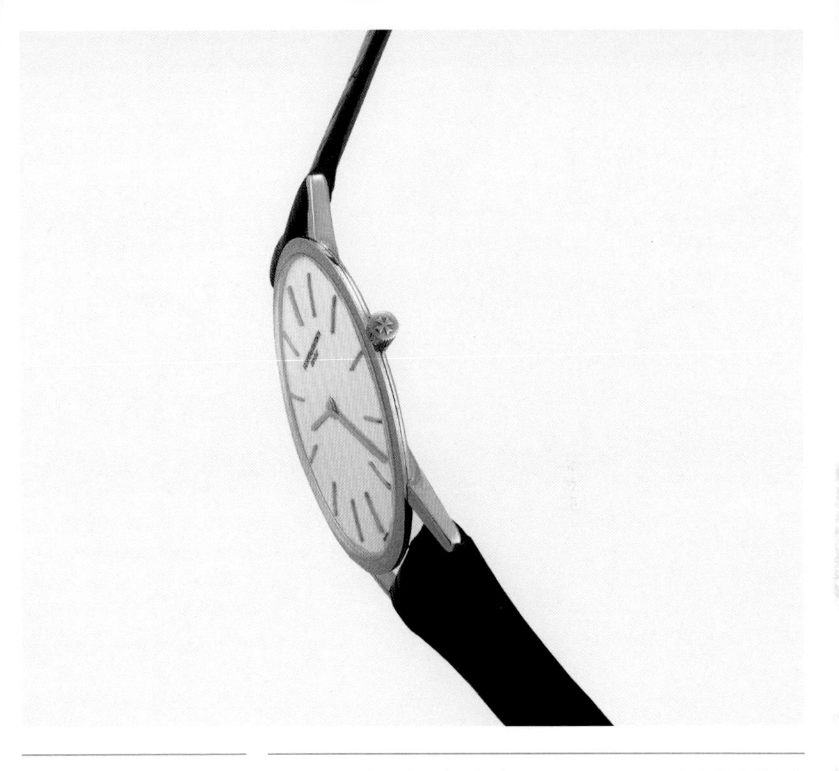

超薄腕表（1955）

江诗丹顿设计团队
江诗丹顿公司，
1955 年至今

位于日内瓦的江诗丹顿（Vacheron Constantin）公司是世界上历史最悠久的钟表商。自让 - 马克 · 瓦舍龙（Jean-Marc Vacheron）于 1755 年创立该公司以来，它为钟表技术设立了基准，不断拓展着机械制造创新的极限，同时使得钟表制造工艺成了一项精妙的艺术。这款于 1955 年推出的超薄（Extra Flat）腕表完美地阐释了江诗丹顿所秉持的上述理念，它也是腕表设计史中的一个转折点。在制表业中，机芯的尺寸是最主要的制约条件，然而此腕表使用了一款超薄的机芯，将表壳的轻薄推向了极限。机芯厚度仅有惊人的 1.64mm，是一款技术上的杰作：它采用了一套独特的擒纵机构和全新的精密调整程序，故而省去了防震机制，以及清洁和润滑后通常必须进行的机械调整步骤。该腕表的整体厚度（包括圆形玻璃表蒙）仅为 4.8mm。艰苦的研发、测试与完善过程最终造就了它的超薄机芯。这款腕表在最初则更像是一件由手工精雕细琢而成的艺术品，而非一款面向大众的产品。如今，这款超薄腕表的技术突破依然在影响并且塑造着腕表设计行业。

自动电饭锅（1955）
岩田义治（1938— ）
东芝公司，1955 年至今

这款由岩田义治为东芝公司设计的自动电饭锅是最早将显著的日式风格引入家电领域的家用电器之一，而之前该领域一直都被西方传入的产品所控制着，这让它成为日本工业设计中里程碑式的产品。该电饭锅最引人注目的特征是它简洁的外形与全白的饰面。岩田义治（之后成为东芝公司设计部门的主管）在设计该产品时受到了日本传统饭碗的启发。东芝的这款产品并不是市场上首款电饭锅，不过之前类似的产品只不过将外部热源替换为电热丝，在煮饭时使用者仍需要在一边观察等待。岩田义治设计了一套全自动系统，配置了一个定时开关，可以煮出完美的米饭。从最初的设计到货架上的商品，攻克这项技术背后的难题共耗时 5 年有余。1955 年该自动电饭锅一经推出便大获成功，至 1970 年，它的年出货量超过了 1200 万台。岩田义治被视为开启了日本食品文化与居家生活方式革命的人物，他帮助人们从极其耗时的烹饪行为中解放了出来。

3107 号椅（1955）

阿尔内 · 雅各布森
（1902—1971）
弗里茨 · 汉森公司，
1955 年至今

这款由阿尔内 · 雅各布森设计的 3107 号椅也常常被称作“7 系列”（Series 7）椅。它以其沙漏形的造型在崇尚蜂腰“新风貌”（New Look）的 20 世纪 50 年代占据了重要的地位。雅各布森受到查尔斯 · 伊姆斯作品的启发，决定设计一款轻质的可堆叠座椅，座位材料使用模压胶合板，底座为纤细的金属支架。1952 年推出且大获成功的蚂蚁椅便是雅各布森在此方向上的首次尝试，而这款 3107 号椅则体现了更进一步的探索。它对三腿蚂蚁椅做出了修改，使其更坚固耐用且更为稳固。它的仿制品与剽窃版数量不断激增，这也证明了它的成功与长盛不衰。而它在英国赢得的广泛关注，要归功于刘易斯 · 莫利（Lewis Morley）于 1963 年为克里斯蒂娜 · 基勒（Christine Keeler）拍摄的一张照片，后者因卷入一起政府丑闻（史称普罗富莫事件）而尽人皆知。被莫利选为道具的那把座椅则是雅各布森 3107 号椅未经授权的改版，然而基勒在照片中的姿势已经与雅各布森的这把 3107 号椅永远地联系在了一起。如今它几乎成了一款世人皆知的座椅。

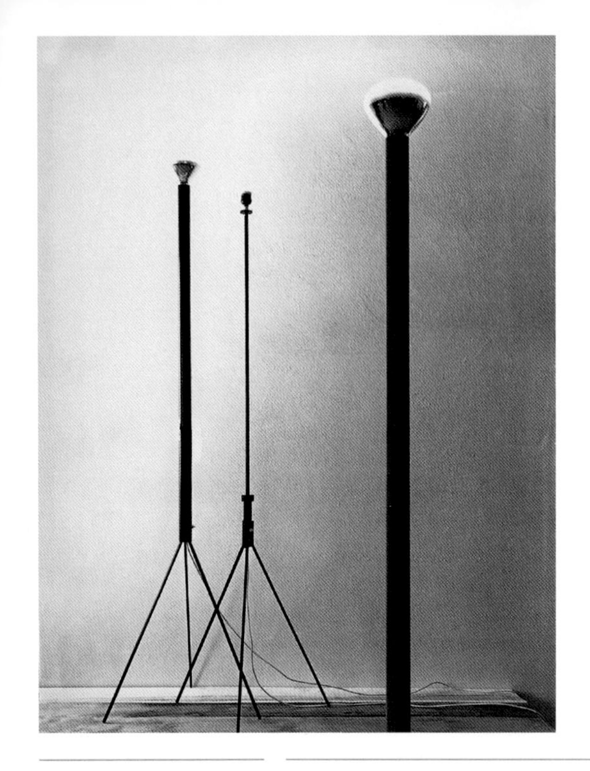

“流明者”落地灯

（1955）

阿基莱 · 卡斯蒂廖尼
（1918—2002）
皮耶尔 · 贾科莫 · 卡斯蒂廖尼（1913—1968）
吉拉尔迪 & 巴尔扎吉公司，1955 年至 1957 年
阿尔福姆公司，1957 年至 1994 年
弗洛斯公司，1994 年至今

二战后，意大利重振经济的计划促使当时的工业制造商将资本投入低科技产品的生产中，因为这些产品更易于出口。当时的制造商遵循以上方针生产了大批产品，同时将收回的资金投入到对美观度的提升中，将它转化为强有力的营销手段。这款“流明者”落地灯便是这样一款设计。它简洁的设计围绕一根金属管展开，其直径与钨丝灯泡的插口大小一致，此灯泡由压制玻璃制成，且顶端自带反光涂层。除去三角支架以外，它唯一的部件是从金属管底端穿出的电线。这款产品之所以成功，不仅在于优雅的外形，还因为它稳固的结构。由于出口数量巨大，该款灯具为意大利的经济复苏做出了贡献。虽然其外形极具现代性，但它并非完全首创，在历史中亦有先例：彼得罗 · 基耶萨于 1933 年首次将这种摄影间接照明法运用在家庭照明中。卡斯蒂廖尼兄弟以致敬的方式将同样的名称赋予了这款灯具，后者在现代灯具设计中同样是一项突破性的作品。

郁金香椅（1955）

埃罗·沙里宁
（1910—1961）
克诺尔公司，
1956 年至今

郁金香椅（Tulip Chair）的名字显然来自它花朵般的造型，然而创作它的动机并不是设计师意欲复制自然界中的某种形状，而是出自一系列复杂的构思与对制造过程的考量。它是名为“支柱组合”（Pedestal Group）的系列产品中的一员，所有该系列家具都使用了一种单腿底座。埃罗·沙里宁执着于将结构与整体造型相结合，创造出更完备的整体感，这些造就了郁金香椅如同酒杯般的底座。该郁金香椅的铝制旋转底座外裹增强丽绚纤维，一体式座部的材料则为玻璃纤维，然而由于它们都具有相似的白色漆层，故而看似使用了同一种材料。该款椅底座和座位的外壳有黑白两色，配有两种款式的可拆卸泡沫软垫，分别为单一坐垫或坐垫与靠垫皆有，软垫外罩有带拉链的垫套，并使用尼龙搭扣固定在座椅上。它最初的生产商克诺尔公司如今依然在销售该椅。郁金香椅曾于 1969 年获得由纽约现代艺术博物馆颁发的设计奖，以及德国联邦工业设计奖，并以此名垂设计史。

椰子椅（1955）

乔治 · 纳尔逊
（1908—1986）
赫尔曼 · 米勒公司，
1955 年至 1978 年
维特拉公司，1988 年至今

制造商赫尔曼 · 米勒公司在宣传乔治 · 纳尔逊的这款椰子椅（Coconut Chair）时，极力宣扬该作品雕塑般的特质。虽然对纳尔逊和赫尔曼 · 米勒公司（纳尔逊于 1946 年至 1965 年曾任该公司总监）而言，椰子椅强烈的视觉效果非常重要，但它更重要的设计目的，在于让使用者在椅子上面（或“里面”）任何位置自由地就座。传统的椅面、椅背与扶手的相对位置被更为开放的曲面组合所取代。在美国战后新式家居的开敞空间中，座椅一般都会安置在有序、开放的空间中，不再靠墙放置。故而它必须具备某种造型和魅力，在各个方向都能引人注目。这款椰子椅便是一件兼具雕塑感与实用性的物件。它极具欺骗性的造型，让人们觉得它似乎是漂浮在“细丝”支架上的物体。它的壳式座位使用钢板制成，软垫则采用泡沫材质，外覆织物、天然或人造皮革，因此非常笨重。最近推出的版本使用了模造塑料制成，整体重量已大为减轻。

AJ 门把手（1955—1956）

阿尔内 · 雅各布森
（1902—1971）
卡尔 · F. 彼得森公司，
1956 年至今

阿尔内 · 雅各布森设计的这款门把手拥有优美的曲线，它时刻欢迎使用者去抓握。它的弓形手柄极度贴合手掌的曲线，同时拇指则恰好可以放在手柄末端的特定凹陷处。它以 AJ 这个简洁的名字为人所知，于 1955 至 1956 年为哥本哈根的北欧航空（Scandinavian Airlines System，SAS）皇家酒店设计，如今人们仍能在此建筑中见到它。雅各布森预见了人体功效学设计的趋势（随后几年间才广为流行），故而开始研究手的形状，并设计相应的门把手。最初此门把手使用白青铜制造，此材料色彩稳定且不须抛光，但如今市场上只有缎面镍与黄铜两种材质有售，并且有两种尺寸。虽然此门把手采用量产工艺制成，但是最终的表面处理仍为手工完成。当雅各布森全权负责设计 SAS 皇家酒店时，他几乎监管了各个领域的设计，大至家具，小到织物和灯具配件。正是这般对细节的苛求使得该酒店成了 20 世纪最为杰出的建筑与设计成就之一。

A56 椅（1956）

让·波沙尔
（生卒年不详）
托利克斯公司，
1956 年至今

虽然这款 A56 椅是 20 世纪最成功也是最为人知的座椅之一，然而它的起源早已被淹没在群星闪耀的设计历史之中。事实上，它最初可能出现在一位不起眼的法国水管工的车间中。1933 年，法国实业家格扎维埃·波沙尔（Xavier Pauchard）为他蒸蒸日上的锅炉车间增设了一家名为托利克斯（Tolix）的钣金分部。一年后，位于法国勃艮第的托利克斯公司推出了 A 型户外椅，它是一系列按照波沙尔的设计而制造的金属板材家具中的一员。1956 年，他的儿子让·波沙尔（Jean Pauchard）在 A 型椅上加装了扶手，设计出了这款 A56 椅。此椅的扶手为一圈金属管，中央设一块背板，逐渐收窄的椅腿微微叉开，外形优雅，它具备闪亮、现代的喷气时代风格，同时结合以功能性和装饰性。椅面上钻有的装饰性孔洞兼备排水功能，而椅腿上优雅的开槽则在叠放时增加了稳定性。除去最基本的裸色钢材，A 型椅还有 12 种颜色可供选择。然而可能恰恰是该椅的简洁性才是其成功的原因，并且它是如此的成功，以至于托利克斯公司如今仍在生产它。

容汉斯壁挂钟

(1956—1957)

马克斯 · 比尔

(1908—1994)

容汉斯公司,

1956—1957年至1963年,

1997 年至今

在跟随沃尔特 · 格罗皮乌斯在德绍包豪斯学习之前，瑞士设计师马克斯 · 比尔曾学习过银器制造。在他设计这款容汉斯壁挂钟(Junghans Wall Clock)时，他还是画家、雕塑家与建筑师，并且任乌尔姆造型学院的建筑系主任。此壁挂钟是一款为量产打造且结合了艺术与技术的产品设计典范。如同比尔的其他作品一样，此钟包含着他对精密制造与比例拿捏的执念。它设计于 1956 年至 1957 年之间，镜面材料选用矿物玻璃，石英机芯则安装在纤薄的铝制外壳内，容汉斯壁挂钟的设计风格直接影响了之后的挂钟设计。受到勒 · 柯布西耶的影响，比尔采用了简单直接的功能设计原则，在设计时抛弃了所有多余的细节。他将线条凌驾于数字之上，这种设计风格在当时领先世界，而不久之后极简主义将主导全球设计界。此钟只有时针与分针，而分针每秒都会轻微跳动，缓慢向前走动。比尔娴熟的银匠技艺加之他对尺度和数学比例一丝不苟的态度，两者共同作用让这款挂钟成了一件兼备简洁感与精妙感的作品，并具备了一个伟大设计应有的所有核心元素。

蝴蝶凳（1956）

柳宗理（1915—2011）
天童木工，1956 年至今
维特拉设计博物馆，
2002 年至今

从各个方面看来，柳宗理的这款蝴蝶凳（Butterfly Stool）就是简朴本身。它仅使用两块相同的胶合板构件制成，并且仅在凳面下方使用两颗螺丝固定。一根带螺纹的黄铜杆起到了横档的作用，同时给予坐凳稳定性。其名称来自凳面的形状，如同一只正在飞舞的蝴蝶，而它的整体造型也使人联想到日式书法，以及神社的大门，即鸟居。此蝴蝶凳的设计年代正是日本历史中的关键时期，那时日本正崛起为一个工业国家。柳宗理并不是首位尝试设计实质为西式造型家具的日本设计师：自 19 世纪 60 年代以来，日本的室内设计风格已经越来越西式。有鉴于美国和欧洲的设计师与制造商发展了胶合板弯曲工艺这项革新的技术，蝴蝶凳的模压胶合板外壳上的复合曲线可以被视为 20 世纪中叶全球家具设计的趋势之一。该蝴蝶凳优雅简朴的造型从表面上看可能类似于一款追溯现代主义的西方当代设计，然而它却脱胎于日式的设计情结。

拉米诺椅（1956）

英韦·埃克斯特伦
（1913—1988）
瑞典人家具公司，
1956 年至今

乍看之下，这款由英韦·埃克斯特伦设计的拉米诺椅与诸如布鲁诺·马特松和芬恩·尤尔等其他北欧设计大师的作品颇为相似。拉米诺椅采用胶合板材制成，所选木材包括柚木、山毛榉木、樱桃木和橡木，并且一般使用绵羊毛皮包覆软垫，它具有令人愉悦且极具北欧现代主义特色的造型与功能。埃克斯特伦不仅颇具才华，还十分精明，他特地将此椅设计为可轻易运输的样式。此椅在购买时为两部分，随后消费者可以使用包裹内自带的六角螺丝刀将它们组装起来。埃克斯特伦从未将此椅注册专利，这令他追悔莫及，而这反而让英瓦尔·坎普拉德（Ingvar Kamprad）这位竞争者有机可乘，后者随后创造出了用螺丝组装的可拆卸宜家（IKEA）家具。虽然有此疏忽，不过埃克斯特伦与他的兄弟耶克在拉米诺椅与它的同系列产品拉米内特、拉梅罗以及梅拉诺的基础上，创办了一家名为瑞典人的现代设计公司，此公司运转良好且极具标志性。自 1956 年推出以来，已有 15 万余把拉米诺椅进入了普通家庭。该椅如今依然在家居市场中名声不减，唯一改变的是它不断增加的款式与不断累积的深情。

5027（1956）/ 卡蒂奥（1993）

卡伊 · 弗兰克
（1911—1989）
努塔耶尔维 – 诺特舍公司，1956 年至 1988 年
伊塔拉公司，
1988 年至今

5027 系列由各异的功能性玻璃器皿组成，包括两种不同大小的玻璃杯、一盏碗、两个喇叭口水瓶、一个花瓶以及一个烛台，这些玻璃器皿由卡伊 · 弗兰克于 20 世纪 50 年代为芬兰的努塔耶尔维 – 诺特舍（Nuutajärvi–Notsjö）公司设计。然而直到 1993 年，这些器皿才被集合为一套，并以卡蒂奥（Kartio）的名字投放市场。弗兰克深知色彩在设计中的重要性，但是给这套玻璃器皿上色却是个棘手的问题，主要原因是成本控制，以及保持各批次产品之间色彩的一致性。伊塔拉公司生产的此套玻璃器皿如今共有六种颜色，包括无色、烟灰色以及四种色度的蓝色。而努塔耶尔维 – 诺特舍公司最初在售卖时将六种色彩组合成了一套色彩斑斓的器皿。这是该公司最具影响力且最成功的产品线之一，其成功主要在于对色彩的利用。虽然组成卡蒂奥系列的每件器皿都单独生产了一段时间，但将它们组合在一起依然是一项明智的选择。每件器皿都与其他器皿互相呼应，具有同样的简洁结构，且共同体现了弗兰克的基本设计准则。

PK22 椅（1956）

波尔·凯霍尔姆
（1929—1980）
埃温·科尔·克里斯滕森
公司，1956 年至 1982 年
弗里茨·汉森公司，
1982 年至今

在设计这把 PK22 椅时，波尔·凯霍尔姆才刚刚 20 岁出头，凭借这件作品以及其他杰作，他得以在丹麦现代风格运动中跻身伟大革新者之列。此休闲椅的悬臂式座位框架极其优雅，外裹皮革或藤编材质，平衡地放置在经抛光处理的弹性不锈钢底座上，后者则形成了椅腿。直接切断的钢材制成的两道类弧形椅腿为整体结构提供了稳定性。如同当时的许多座椅那样，PK22 椅抛弃了软垫，转而利用外覆材料的弹性。由于凯霍尔姆致力于保持结构的可见性，并使用一目了然且经深思熟虑而选择的材料，故而他的作品甚至在严格意义上的现代主义者中都深受欢迎。通过娴熟地使用悬臂结构与弯曲钢材，凯霍尔姆对 20 世纪初期发展起来的重要的家具设计创新理念进行了改良。他的家具是国际风格的优美范例，而这款 PK22 椅是最精确地展现出此风格的早期作品之一。PK22 椅最早由埃温·科尔·克里斯滕森（Ejvind Kold Christensen）公司推出，1982 年，弗里茨·汉森公司获得了著名的“凯霍尔姆系列”的生产许可，PK22 椅以此确立了其丹麦极简主义优雅典范的地位。

棉花糖沙发（1956）

欧文 · 哈珀
（1916—2015）
乔治 · 纳尔逊联合公司，
赫尔曼 · 米勒公司，
1956 年至 1965 年，
1999 年至今
维特拉公司，1988 年至
1994 年，2000 年至今

当这款棉花糖沙发（Marshmallow Sofa）于 1956 年首次亮相时，它大胆的轮廓、便于清洁的表面和一目了然的结构与当时遍布起居室的其他沙发有着天壤之别，后者拥有极厚的软垫、极易积灰且笨重无比。它色彩鲜艳，造型和名字都十分活泼，并且与打开的华夫饼烘烤模有几分类似，它甚至看似已为波普时代的来临做好了准备。它的彩色圆形软垫就如同分子结构一般结合在一起。欧文 · 哈珀从 1947 年至 1963 年间都在乔治 · 纳尔逊联合公司担任全职设计师，他曾称，设计这款棉花糖沙发仅花费了他一周多的时间。与伊姆斯夫妇相似，哈珀喜爱探索科学意象与生物形态在装饰上的可能性，并且他十分关注轮廓，致力于减轻家具的重量。此沙发的市场定位为既适合大厅、公共建筑，又适合家用的产品。不论出于改变外观还是均分磨损的目的，使用者都可以将软垫互换。其统一制造体系还确保了它能以多种尺寸生产，并使用任意的色彩组合。

倾倒式糖罐（1956）

特奥多尔·雅各布
（生卒年不详）
多家公司，1956 年至今

这种由玻璃与金属制成的简朴的倾倒式糖罐于 20 世纪 50 年代开始广为流行，虽然它已长期存在于普通美国小餐馆中，不过它却出人意料地发源自德国中部。它源自哈瑙发明家特奥多尔·雅各布（Theodor Jacob）的一个构思，雅各布于 1956 年注册了一款“用于盛放诸如砂糖等粒状物的分配瓶”的专利，其造型简洁且选材低调。雅各布的设计为一个玻璃容器，上部盖有螺口金属盖，并配有一根深入容器内部的金属管。金属管底部削出斜面，使得每次倾倒容器时，均可倒出相同的分量。顶端的斜口则与底端方向相反，并且配有一个自动开合的小翻盖，确保砂糖纯净，不受污染。雅各布还添加了一个精心隐藏的细节，他在金属管上添加了一个可滑动套管，罩在底端斜口周围，这样餐厅管理者就能更精确地调整每次倒出的分量。雅各布在专利申请结语中还添加了一条注释：“瓶壁外亦可用作广告用途。”最后这一个细节事后看来好似预见了当时即将到来的商业主义浪潮。

休闲椅（1956）

查尔斯 · 伊姆斯
（1907—1978）
赫尔曼 · 米勒公司，
1956 年至今
维特拉，1958 年至今

这款休闲椅（Lounge Chair）最初是一款单独定制的设计，而非量产款式。然而由于它大受欢迎，查尔斯 · 伊姆斯便着手改动设计，以进行量产。为此，他耗费将近十年的时间探索并研发出一套精确的模造工艺。该椅的原型由唐 · 阿尔宾森（Don Albinson）在伊姆斯的事务所中制成，于 1956 年逐步投入生产。早期产品坐垫的可选材质有织物、皮革或诺加海德（Naugahyde）人造革，统一配有黄檀木胶合板底座。它由三部分胶合板壳体组成，每部分结构都由皮革软垫单独包覆。查尔斯 · 伊姆斯把它形容为“如同棒球一垒手的旧手套般呈现出温暖且接纳的姿态”。而随配的脚凳则使用一块胶合板壳体，配有铝质四脚旋转底座。由橡胶和钢材制成的减震架连接着椅的三个壳体，使其能各自独立活动。软垫填料最初采用泡沫橡胶、鸭毛以及鸭绒。它热情洋溢且敦实优雅的造型确立了它在设计收藏界中的地位，如今它依然同首次推出时一样广受欢迎。

LB7 组合置物架

（1957）

佛朗哥 · 阿尔比尼

（1905—1977）

波吉公司，1957 年至今

这款模块化的 LB7 组合置物架可自由地扩展高度和宽度，在建筑师佛朗哥 · 阿尔比尼实验制造的可组合家具中，可谓是巅峰之作。自 1930 年在米兰开设建筑师事务所以来，阿尔比尼既关注建筑结构，又关注家具结构，他发展出了一套不加修饰的工业美学，后者在该置物架上得到了淋漓尽致的体现。此置物架专为波吉公司设计，它的支架能同时顶住地板和天花板，这使其可以安装在任何房间内，最大限度地利用空间。而它的置物板几乎能设置在任何地方，使用者可以根据自己的需求随意变更它们。在这种灵活变更的设定下，几乎没有空间被浪费。虽然它看似是一款工业产品，然而该置物架却主要由手工制成，因为阿尔比尼不信任机器制成品的品质。该置物架使用核桃木、黄檀木和黄铜制成，在今天看来这些都是很奢侈的材料，然而在 1957 年它们都还相对便宜且容易获得。阿尔比尼对家具设计的实用主义态度与他的那些痴迷于风格化的同时代设计师迥异，他们之中的大部分如今都已被遗忘，然而阿尔比尼这些极具开创性的作品却依旧被人们推崇，并且在拍卖会中拍出高价。

699 型超轻椅（1957）

吉奥 · 蓬蒂
（1891—1979）
卡希纳公司，
1957 年至今

吉奥 · 蓬蒂设计的这款 699 型超轻椅（Superleggera Chair）不仅在名称、视觉效果上都十分轻盈，而其真实的重量也很轻。它采用梣木制成，其简朴的结构给人以通透感。蓬蒂曾见过一把在基亚瓦里渔村制作的传统轻质木椅，在此基础上，他进行过一系列现代化的设计实验，超轻椅便是该实验中的杰出作品。早在 1949 年，蓬蒂便开始研发基亚瓦里椅的改进款式，卡希纳公司至少生产过 3 款产品，从中可以清晰看到该款椅的发展过程。1955 年，蓬蒂重返该项目，旨在设计一款更小型的版本。从外观上看，这款超轻椅极其低调，带着少许上个世纪中叶的风格。如果更仔细地观察，便能发现它拥有美丽的线条与精心设计的细节。它的椅腿和靠背都逐渐收窄且截面为三角形，这在视觉上和实质上都减轻了座椅的重量。在不影响结构的前提下，所有的木材都被尽可能多地切削。椅面使用细密的藤条编织而成，抛弃了厚重的软垫。此超轻椅亮相于 1957 年的米兰三年展，并赢得了黄金罗盘奖。它如今依然由卡希纳公司生产，这佐证了其造型确实超越了时代，也让我们得以见证蓬蒂的设计传奇。

AJ 餐具（1957）

阿尔内 · 雅各布森
（1902—1971）
格奥尔 · 延森公司，
1957 年至今

这款 AJ 餐具由建筑师阿尔内 · 雅各布森于 1957 年设计，它极具风格的有机造型是功能主义设计的一个重要典范。虽然它的造型极具雕塑感，然而它却体现出了雅各布森的设计理念，即致力于设计符合人体功效学且适于量产的产品。每件餐具都保持精密且流线型的相似造型，且使用一根不施装饰的不锈钢条制成。最初此套餐具共有 21 件，包括为左利手或右利手设计的浓 / 清汤匙。雅各布森专为他负责的北欧航空皇家酒店项目设计了这款 AJ 餐具。此项目还诞生了一些如今依然知名的作品，包括天鹅椅（Swan Chair）和蛋椅（Egg Chair）。这些设计都抛弃了装饰，同时却拥有坚挺有力的轮廓和优雅的雕塑感。AJ 餐具的造型风格远比同时代的其他作品强烈：它并不被酒店的顾客所接受，不久后，酒店就用其他设计师设计的餐具替换了它。然而在斯坦利 · 库布里克（Stanley Kubrick）的经典科幻电影《2001 太空漫游》中亮相时，它极其新潮的造型显然已经被大众接受。如今格奥尔 · 延森公司依然在生产这套餐具。

蛋椅（1957）

阿尔内 · 雅各布森
（1902—1971）
弗里茨 · 汉森公司，
1958 年至今

阿尔内 · 雅各布森设计的这款蛋椅得名于其造型神似一颗破碎的光滑蛋壳，它发展自乔治王朝风格的飞翼扶手椅，是一款具有国际风格的改进版本。与雅各布森的天鹅椅一样，此蛋椅也专为哥本哈根的北欧航空皇家酒店的客房与大厅而设计。蛋椅的出现极大地归功于挪威设计师亨利 · 克莱因（Henry Klein），他是制造塑形塑料壳体椅的先驱者，并于 1956 年设计了 1007 型椅，它与这款蛋椅具有明显的相似性。雅各布森的设计则更为精进，特别是他完全发挥出了克莱因所研发的模造工艺的雕塑潜能。这款蛋椅将座位、椅背与扶手融为一个美丽的整体，再覆以皮革或织物。将覆面材料和框架结合需要高超的裁缝技艺，故而每周只能生产 6 至 7 把，如今其生产效率依然如初。自问世以来，这款蛋椅就以一款道具或一种象征的身份活跃于电影与广告领域。在诞生 50 多年后的今天，它仍然看似是一款为未来而设计的座椅。

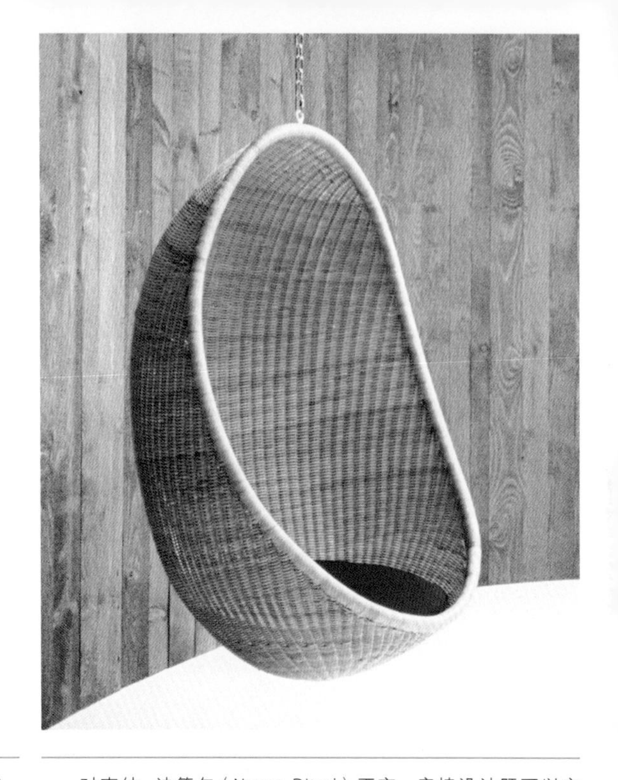

悬椅（蛋椅）（1957）

南纳·迪策尔
（1923—2005）
约根·迪策尔
（1931—1961）
R. 文格勒公司，1957 年
博纳奇纳·皮耶兰托尼奥公司，1957 年至今

对南纳·迪策尔（Nanna Ditzel）而言，座椅设计既可以实用也可以富有诗意。在学校邂逅她的第一任丈夫约根·迪策尔（Jørgen Ditzel）之后，他们两人开始共同工作，设计制造了一批为小空间打造的多功能家具。他们对柳条进行了研究，最终造就了这款能悬挂在天花板上的悬椅（Hanging Chair，有时也被称为蛋椅）。迪策尔曾多年致力于在她的家具设计中创造“轻盈且漂浮的感觉”，而这款 1957 年设计的悬椅已经非常接近她的这项目标。我们必须认清这件作品与当时更为稳重的大多数产品的距离，同时也要意识到它远远超越了当时的主流丹麦家具设计作品。通过这把悬椅，迪策尔不仅早于其他设计师多年便在设计中融入了自由轻松的氛围，而且还将丹麦家具设计带离了被她视为对功能主义的滥用与教条化的道路。迪策尔被视为“丹麦家具设计的第一夫人”，这是对她多年来在织物、珠宝和家具设计领域做出的贡献给予的肯定。

立方体烟灰缸（1957）

布鲁诺 · 穆纳里
（1907—1998）
达内塞公司，
1957 年至今

布鲁诺 · 穆纳里（Bruno Munari）是一位画家、作家、设计师、平面设计领域的发明家、教育家与哲学家，巴勃罗 · 毕加索（Pablo Picasso）曾称他为新时代的达芬奇。他在设计与生活中表现出的活泼、诗意、独创性与颠覆性，在他的海报、诗歌、灯具与儿童读物中都有体现。而他设计的这件立方体烟灰缸是一个看似简洁、理性且闪闪发亮的密胺塑料盒。此烟灰缸内部配有一个外形优雅的灰色可拆装嵌入式熔铸弯折铝板。穆纳里用这种极具个人风格和创造力且经济的方式一举实现了烟灰缸所有必要的琐碎功能：一处放置或安全熄灭烟蒂的地方，以及一个可以掩盖烟灰和气味的盖子。这款设计于 1957 年的立方体烟灰缸是达内塞（Danese）公司首批推出的产品之一，穆纳里以此开启了和该公司长达一生的合作。在早期设计中，这款烟灰缸的高度是如今的 3 倍。然而穆纳里最终选择了更矮小的正方体造型。此烟灰缸的第一版（1957—1959）为钢质，外涂防刮黑漆，熔铸铝板则为原色，而自 1960 年起发售的第二版则采用多种颜色的密胺塑料，熔铸铝板则选用灰色（实色漆）。

棱镜桌（1957）

野口勇（1904—1988）
维特拉设计博物馆，
2001 年至今

野口勇的设计师生涯始于他 1927 年在巴黎成为雕塑家康斯坦丁 · 布朗库西的工作室助理的那一刻。这段经历对他具有决定性的意义，它决定了野口勇对自然材料的偏好，并且致力于发展简洁的有机形态。他还十分欣赏巴克敏斯特 · 富勒的作品，后者则强调有机形态的结构与建筑的融合。此棱镜桌（Prismatic Table）吸纳且融合了这些影响。自 20 世纪 50 年代末起，野口勇开展了一系列有关折纸雕塑与弯曲铝板的实验，棱镜桌便是这些实验的成品之一。它设计于 1957 年 4 月至 5 月间，最初旨在为美国铝业公司提供一款原型，以参加一个探索铝材新用法的项目。它被设计为黑色，不过在宣传中却拥有多种颜色的可互换部件。它棱角分明的设计结合了野口勇对新材料、科学与技术的探索，并且时常被类比为传统日式折纸艺术品。棱镜桌是野口勇的最后一件家具设计作品。它的现代主义风格简洁却富有吸引力，2001 年，它首次投入生产，分为黑白两色，这让野口勇获得了一批新的拥趸。

佃农椅（1957）

阿基莱·卡斯蒂廖尼
（1918—2002）
皮耶尔·贾科莫·卡斯蒂廖尼（1913—1968）
扎诺塔公司，
1970 年至今，

乍看之下，这是一把奇异且令人费解的座椅，它游离于主流的理性现代主义设计文化之外，显然它在追求一种无拘无束且充满艺术感的效果。然而事实上，这完全是一件理性的作品，只不过它的理性思路暗藏在各个部件之中。首先，阿基莱·卡斯蒂廖尼试图寻找到最基本、最舒适的座位造型，他得出的结论便是拖拉机坐凳。之后他尝试找到拥有最佳弹性的悬架，并最终制造出了一种单悬臂金属支撑架。最后，他开始搜索最基本的稳定装置，并发现答案是原木或一段木料。这些答案结合在一起，便造就出了一种宜人且暧昧的张力，这种张力产生自外在造型的分离性与内在功能的统一性之间的对立。这款佃农椅（Mezzadro Chair）的首个版本亮相于 1954 年第十届米兰三年展。1957 年，在位于科莫市的奥尔莫（Olmo）别墅举办的展览中，如今在售的版本首次亮相。然而，这款座椅实在是太过前卫，故而直到 1970 年它才首次开始生产。佃农椅既简约又复杂，它拥有崇高的地位，且极具预见性，它在重塑 20 世纪后半叶的设计图景中起到了潜在的推动作用。

鸡尾酒调酒器（1957）

路易吉·马索尼
（1930— ）
卡洛·马泽里（1927— ）
阿莱西公司，
1957 年至今

这款开创性的产品由阿莱西公司于 1957 年首次发售，产品名为阿弗拉（Alfra），即阿莱西·弗拉泰利（Alessi Fratelli），后者也是此公司在 1947 年至 1967 年间的名称。生产这款鸡尾酒调酒器是一项巨大的挑战，因为制造它纤细瘦长的造型不仅需要对当时的先进冷成型技术进行创新，还须额外加入一个退火周期，以避免材料开裂。为了克服这些难题，阿莱西公司投入了大量精力建立起他们在专业技术领域的名声，并且以此确立了他们从传统的镍、黄铜和银质产品向不锈钢质产品的转型。这款调酒器分为 25cl 与 50cl 两种容量，属于一套完整的酒吧酒具系列，此系列还包括一件冰桶、各式夹钳与一件酒精测量仪。此系列产品的表面打磨得光滑无比且毫无瑕疵，这在当时很不寻常，并且一举成了阿莱西公司延续至今的产品特征。此系列被后人称为 4 号方案（Programma 4），它于同年亮相于米兰三年展。4 号方案系列至今仍存在于公司的商品目录中，恪守着阿莱西公司秉持的“一旦推出，绝不撤回”这项基本原则，这款调酒器的年销售量高达 2 万件。

G 型酱油瓶（1958）

森正洋（1927—2005）
白山陶器公司，
1958 年至今

如若需要一项设计来证明不是只有大型设计才能产生影响力这一论断，那么这件小巧的 G 型酱油瓶就是绝佳的范例。它由日本设计师森正洋于 1958 年为白山（Hakusan）陶器公司设计，得益于它的平价、全国分销以及倾倒时绝无液体滴漏的保证，这款低调的陶瓷瓶最终成了一款国民餐桌上的标志性产品。这款酱油瓶仅有几厘米高，它清晰简明的造型抛弃了把手以及其他所有多余的细节。在使用者试图拿起它时，其瓶盖下方的高束腰凹陷代替了原本的把手。只须向前倾斜，酱油便会顺滑地从直角瓶嘴流出。此酱油瓶的瓶盖略低于瓶身，这突出了它优雅的沿口，并且瓷釉表面反射的光线也为它增光添彩，除去这些，它的实用性也足以受到消费者的青睐。这款 G 型酱油瓶一经投入市场便迅速成了一款国家层面的设计符号。如今，它仍在世界各地有售，并且销量巨大。

天鹅椅（1958）
阿尔内 · 雅各布森
（1902—1971）
弗里茨 · 汉森公司，
1958 年至今

阿尔内 · 雅各布森设计的这款天鹅椅采用模造轻质塑料壳体制成，下接铸铝底座。如同它的兄弟作品蛋椅一样，它也专为哥本哈根的北欧航空皇家酒店而设计，而它的名字正是来自其独特的造型。此座椅是雅各布森最伟大的设计作品之一，而它的源头恰恰来自他自己的作品：比如，天鹅椅的座位与靠背的造型与“7 系列”（Series 7）座椅中的某件作品密切相关，同时也和雅各布森早期设计的一些胶合板家具有关。它的扶手也与他的一些早期设计相似。不过另一方面，雅各布森也受到了与他同时代设计师的作品的影响，包括挪威设计师亨利 · 克莱因开发的模造成型塑料座椅，以及查尔斯 · 伊姆斯与埃罗 · 沙里宁那些具有国际影响力的玻璃纤维壳体座椅。在这款天鹅椅中，雅各布森娴熟地将以上这些理念结合在一起并加以改进，并融入了他对细节一丝不苟的态度。以此，他创造出了一项无比出众的作品，开创了一个全新的时代。

锥形椅（1958）

韦尔纳·潘顿
（1926—1998）
普卢斯－利涅公司，
1958年至1963年
波利特马公司，
1994年至1995年
维特拉公司，2002年至今

韦尔纳·潘顿（Verner Panton）热衷于对塑料与其他新出现的人造材料进行实验。他独具匠心的几何造型作品与鲜活的色彩成了20世纪60年代波普时代的代名词。这款锥形椅（Cone Chair）的设计展现出了设计者有意抛弃任何对座椅应有形态的固有概念。在此座椅中，一个带有可拆卸软垫的金属圆锥外壳被倒置在一个X形金属底座上。此椅最初专为“再回首”（Kom-igen）餐厅设计，这是他的父母在丹麦的菲英岛上开设的一家餐厅。潘顿负责设计了此餐厅的所有内饰，所有元素都为红色，包括墙壁、桌布、服务生的制服与这款锥形椅的外饰。普卢斯－利涅（Plus-linje）家具公司的所有者，丹麦商人佩尔叙·冯·哈林－科克（Percy von Halling-Koch）在该餐厅开张时见到了这把座椅，随即便提出将其立即投入生产的提议。潘顿之后不断扩展着锥形家具系列，包括吧台凳（1959）、脚凳（1959），还推出了玻璃纤维（1970）、钢材（1978）以及塑料（1978）材质的座椅。此系列如今由维特拉公司生产，在距首次问世后半个多世纪的今天仍然吸引着新一代的消费者。

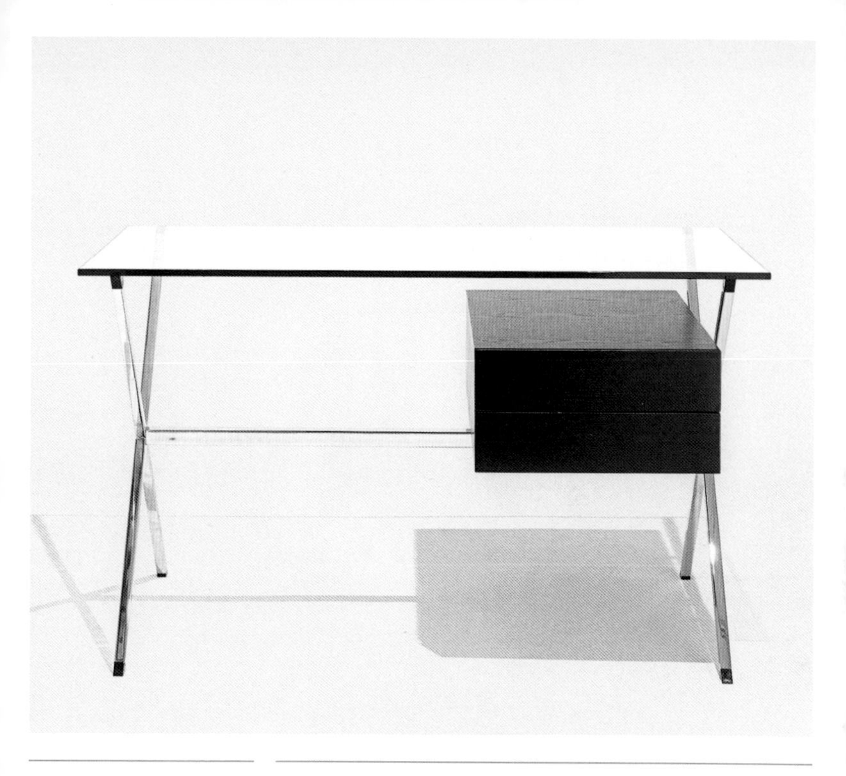

书桌（1958）

佛朗哥 · 阿尔比尼
（1905—1977）
加维纳公司，
1958 年至 1968 年
克诺尔公司，
1968 年至今

佛朗哥 · 阿尔比尼在众多领域皆有建树，包括建筑、产品设计、城市规划和室内设计，他的作品多为新理性主义风格，此风格诞生于 20 世纪 20 年代至 30 年代间，旨在以意大利的传统历史遗产统一欧洲的功能主义。具有建筑风格的家具的特点包括严格的几何造型以及使用最新型的材料，比如钢管。这些特点在这款由阿尔比尼于 1958 年设计的极简风格的书桌上皆有体现。阿尔比尼特别关注空间和实体之间微妙的平衡感，正如这件书桌展现的那样。他通过原材料的使用达到了体现手工业传统的目的，同时还采用了极简的造型。此桌的方形镀铬钢管支架上承厚度为 1.28cm 的抛光平板玻璃。“悬浮”的抽屉采用碳化橡木或白漆橡木制成，背部带有开放的置物格，可以放置杂志或较小的书籍。这款桌子自 1958 年起由加维纳公司首次生产，不过在克诺尔公司于 1968 年收购该公司之后，它得以拥有了更为广泛的市场。它极其简洁的设计与抛弃一切装饰的特性使它至今依然毫不费力地保持着现代性，克诺尔公司如今仍在生产它。

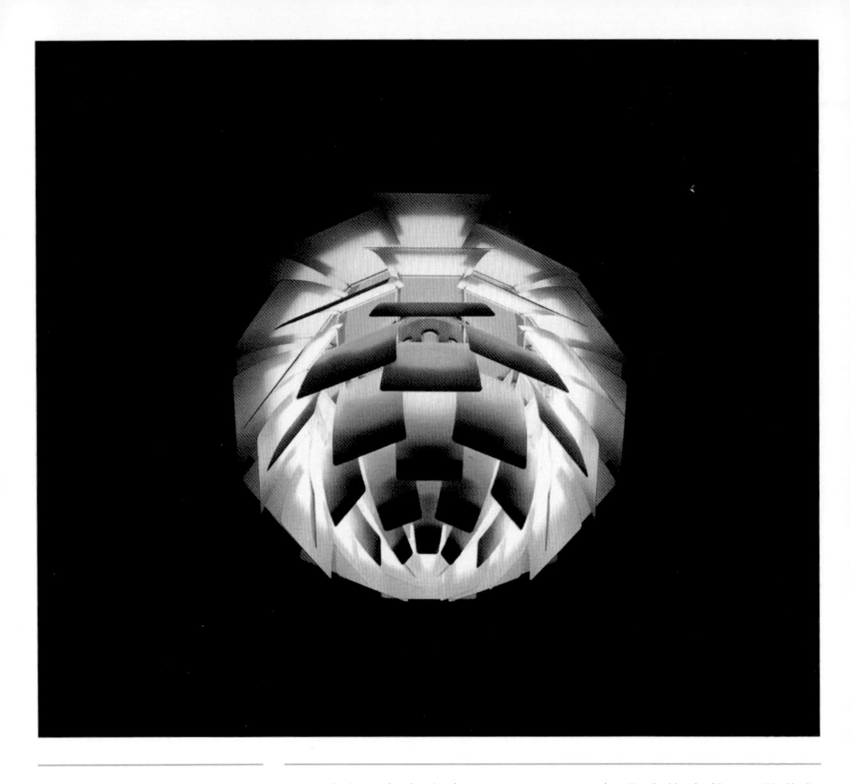

PH 洋蓟灯（1958）

波尔·亨宁森
（1894—1967）
路易斯·波尔森灯具，
1958 年至今

波尔·亨宁森（Poul Henningsen）设计的这款 PH 洋蓟灯（Artichoke Lamp）是 20 世纪最出众的灯具之一，它穗状的层叠灯罩散发出百叶窗般带有铜色的光芒。它由哥本哈根的路易斯·波尔森（Louis Poulsen）灯具公司生产，是建筑师亨宁森迄今为止最重要的灯具作品，也是他数十年工作的结晶。亨宁森的大部分灯具设计都拥有包裹住灯泡且截面为抛物线的同心灯罩，内侧的反光面一般都漆成白色。亨宁森精确计算了灯罩的形状，还绘有一系列示意图，清晰地展示了光线穿过它们的路径，并且还绘制了光线在房间内均匀散射的效果。而在这款洋蓟灯中，亨宁森也遵循了这些基本原理，不过他将灯罩拆开，打散为一系列动态且相互堆叠的叶片。它们均由铜制成，内部漆成白色，凸显出光线的柔和与温暖。它们的原理和亨宁森通常设计的灯罩一样，即均匀地反射一定空间内的光线，不过正是这个灯罩将此灯变为了一件生动、独具吸引力且如同雕塑般的工艺品。

P4 豪华卡蒂利纳椅（1958）

路易吉·卡恰·多米尼奥尼（1913—2016）

阿祖切纳公司，

1958 年至今

在意大利设计首次拥有国际影响力的时期中，这款由路易吉·卡恰·多米尼奥尼设计的 P4 豪华卡蒂利纳椅（Catilina Grande Chair）是一件重要作品。多米尼奥尼与伊尼亚齐奥·加尔代拉（Ignazio Gardella）和科拉多·科拉迪·德拉夸（Corrado Corradi Dell' Acqua）一起，于 1947 年在米兰创办了阿祖切纳（Azucena）公司，该公司是 20 世纪 40 年代涌现的众多以设计为主导的家具制造商之一。这款卡蒂利纳椅的钢结构凸显了 20 世纪 50 年代典型的对材料与造型的探索热潮。此椅暗示着意大利设计师的风格已经脱离了欧洲现代主义的直线条主流风格。它弯曲的靠背支架为金属灰色，采用电镀铸铁打造，支撑着涂有黑色聚酯纤维且由胶合板材制成的椭圆形椅面，其上则带有表面包覆皮革或红色马海毛丝绒的软垫。它优雅的弧形支架由一根钢条大弧度弯曲而成，之后再在两端扭转几厘米，便成了一个舒适且婀娜的靠背与扶手。多米尼奥尼之后继续为阿祖切纳公司设计了家具与其他产品，而这款卡蒂利纳椅则成了意大利设计的代表作，其生产自诞生起便从未中断过。

铁梁盘（1958）

恩佐 · 马里（1932— ）
达内塞公司，1958 年，
2002 年至今

通过将一段未加工的铁质工字梁略微向上弯曲的方式，恩佐 · 马里（Enzo Mari）利用这种常用的建筑材料创造出了一件精致且美观的产品。马里是一位永远在挑战现状的设计师，他曾这样描述自己对设计的看法："我拿来一件工业制品，一个纯粹而美丽的物件，做了一个小小的改动，引入了一个看似不协调的元素，这就是设计。"这款为达内塞公司设计的铁梁盘（Putrella Dish）就是这一思路再好不过的范例。虽然它经常被认为是水果盘，不过该铁梁盘并没有事先规定任何特定的功能。马里捕捉到了这种通常在更大尺度上使用的材料的雄浑感，并将它放置在桌面上。此盘最初是一系列使用铁梁制成的各色餐具中的一员，不过它却被证明是其中最经久不衰的设计。事实上，该铁梁盘的造型很快便成了该设计师的某种标志，马里之后还在为阿莱西公司设计的阿伦托盘（Arran Tray）中使用过该造型。如同其他激进的杰作一样，它改变了我们对日常用品的看法，让我们再也不能用旧有的眼光看待它们。

伊姆斯铝质椅（1958）

查尔斯 · 伊姆斯
（1907—1978）
雷 · 伊姆斯
（1912—1988）
赫尔曼 · 米勒公司，
1958 年至今
维特拉公司，
1958 年至今

此系列座椅可以说是 20 世纪所有被制造出的座椅中最出众的系列之一。这款伊姆斯铝质椅（Eames Aluminium Chair）遵照高品质的材料规格，同时通过精密的人体功效学与细致的造型设计达到了绝佳的舒适感。此系列中的每把座椅都使用一块柔韧的弹性板材制成，下面带有张力的弓形铸铝支架，两侧则配以铸铝框架。底部的支架同时也作为连接底座的部件。其基本原理类似于行军床或蹦床。此系列座椅的独特之处还在于其两侧框架独到的轮廓，就像两个 T 型梁的截面对称相向放置（一个 T 型放置在另一个之上），这种轮廓可以轻易控制整体造型，并且为诸如蒙皮、支架以及选配的扶手等其他部件提供连接点。赫尔曼 · 米勒于 1958 年首次生产了初版的伊姆斯铝质系列（偶尔被称为休闲系列或室内 / 室外系列）。1969 年，一个在蒙皮基础下方添加了 50mm 厚的软垫的改进版本问世了，它被称为软垫系列。这两个系列如今依然由赫尔曼 · 米勒公司与维特拉公司生产。

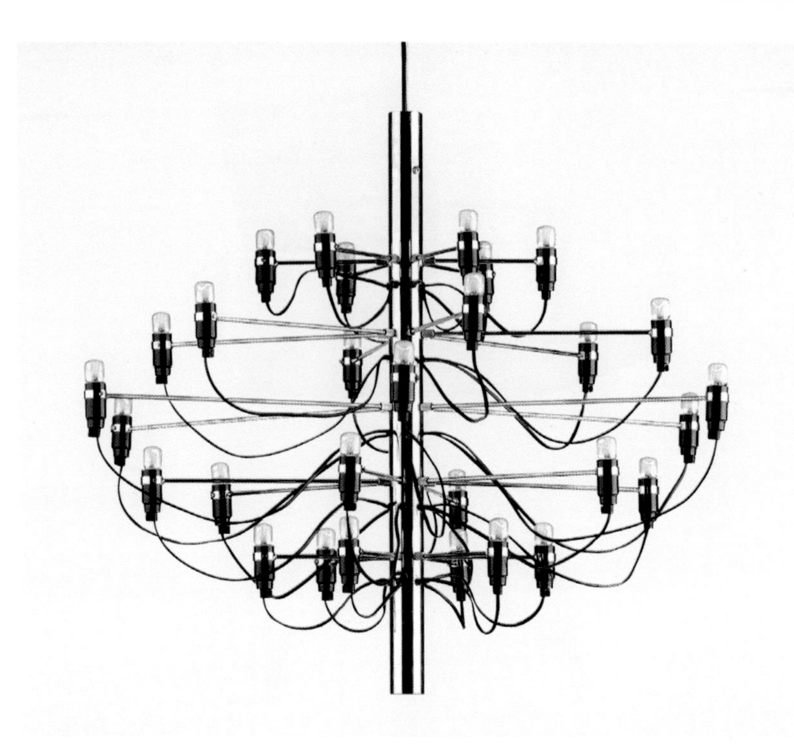

2097 枝形吊灯（1958）

吉诺·萨尔法蒂
（1912—1984）
阿尔泰卢切公司，
1958 年至 1973 年
弗洛斯公司，1974 年至今

这款 2097 枝形吊灯由吉诺·萨尔法蒂（Gino Sarfatti）为阿尔泰卢切（Arteluce）公司设计，他采纳了传统的大枝形烛台的造型，并使用了富有独创性的现代手法，这不仅体现在其新颖的设计中，而且还体现在其技术的革新上。吉诺·萨尔法蒂是意大利二战后灯具设计界最重要的人物之一，他负责为阿尔泰卢切公司设计了约 400 款灯具，该公司是他于 1939 年创立的，1974 年被弗洛斯公司收购。在阿尔泰卢切的所有作品中，这款枝形吊灯非常重要，主要是由于它用现代的风格重塑了大枝形烛台。此吊灯提炼了传统风格并将其理性化，只保留了一根带有黄铜支架的中心钢柱，造就了此吊灯简洁的外形。连接在一起的软线与灯泡直接暴露在外，这种未经处理且不加修饰的元素正是这款灯具优美的对称性与完整性的来源。如今，2097 枝形吊灯隶属弗洛斯公司推出的再版系列。在很多方面，这款吊灯都代表着一个时代的终结与一个全新的灯具设计时代的来临，后者最显著的特质是设计师热衷于挖掘众多诸如塑料等新材料所展现的可能性，以及追求更具未来感的太空时代造型。

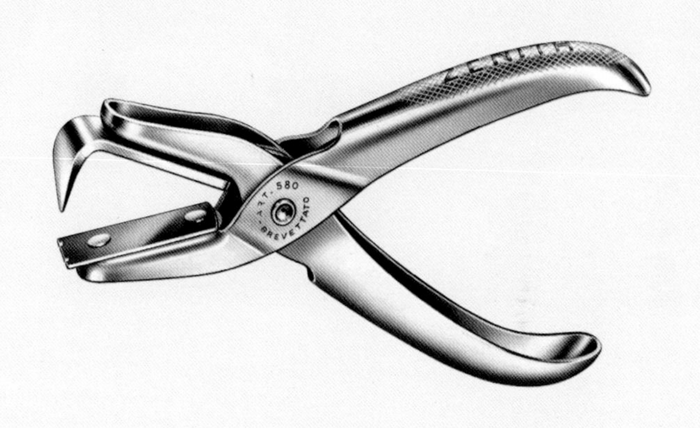

580“天顶”起钉器
（1958）

乔治 · 巴尔马
（1924— ）
巴尔马 – 卡波杜里公司，
1958 年至今

如果模仿是奉承最真挚的形式，那么这款 580“天顶”（Zenith）起钉器毫无疑问是过去 50 年中最受尊敬的桌面用品设计之一——它的仿制品数量众多。它由乔治 · 巴尔马（Giorgio Balma）于 1958 年在意大利小镇沃盖拉设计，起钉器牙齿般的钳口让人完全不会质疑其优良的性能，也不会质疑生产商的宣传语：不论大小订书针，它都能轻易拔除。它采用镀镍铁材制成，几乎会使人将它错认为一把重型虎钳。为了增加抓握的舒适度，它的握柄在设计时遵循人体功效学，并且为达到更好的操纵感而安装了复位弹簧。它的生产商巴尔马 – 卡波杜里（Balma Capoduri）公司成立于 1924 年，它的首个独立注册品牌“天顶”系列于同年亮相于米兰的展销会，展出的产品包括文件托盘以及复制信件的各类配件。自此，该公司以办公用品而为人熟知，并且因其产品的简洁、耐用与超越时代的设计而备受称赞。起钉器的所有部件在组装前都经过测试，随后“天顶”系列推出了其著名的终身质保策略。这款 580“天顶”起钉器简洁的造型中蕴含了高品质的制造工艺与高水准的设计。

TC100 餐具（1959）

汉斯（尼克）· 勒里希特
（1932— ）
罗森塔尔公司，
1959 年至今

这套 TC100 餐具是汉斯（尼克）· 勒里希特（Hans ‘Nick’ Roericht）在乌尔姆造型学院的硕士毕业项目，当时他受教于托马斯 · 马尔多纳多（Tomás Maldonado）。勒里希特的设计明确地展现出了乌尔姆造型学院的设计理念，该学院强调用途与制造的研究，并公开推崇基于此研究的“系统设计”。这套餐具之所以成功，不仅仅因为其现代的风格与使用的便捷，还在于它考虑到了储存问题。它的自相似系统基于两类标准形式：它的碗壁与盘壁都采用同样的角度，同时所有的杯、罐与壶都具备竖向咬合机制。由此，该设计中所有种类不同但直径相同的餐具都能叠放在一起。它采用防裂陶瓷制成，故而极其坚固且耐磨。自 1959 年罗森塔尔（Rosenthal）公司首次生产该餐具以来，它已经成了一款原型并被大量地仿制。这套餐具很好地体现了理性主义的设计理念是如何能成功地付诸实践，并成就一套经久不衰、魅力超群并且异常实用的餐具。

兰布达椅（1959）

马尔科 · 扎努索
（1916—2001）
理查德 · 扎佩尔
（1932—2015）
加维纳 / 克诺尔公司，
1963 年至今

汽车工业中的制造方法经常影响着马尔科 · 扎努索的作品，而这点在这款他与理查德 · 扎佩尔（Richard Sapper）为加维纳公司合作设计的兰布达（Lambda）椅中尤其明显。虽然此椅采纳了在汽车制造工业中典型的钢板加工工艺，但是使用这种工艺的初衷却完全是出自建筑领域：扎努索将一种使用钢筋混凝土制造拱顶的工艺运用在了这把兰布达椅的设计中。在初稿中，此椅的材质为钢板，从中可以明显看出他对拱顶的研究所带来的影响。不过最终，兰布达椅的原型使用了基于聚乙烯基的新型热固性材料制成。扎努索意欲制造一把仅使用单一材料制成的座椅，不过他不确定该椅应拥有何种造型。虽然此椅的最终造型看似源自植物，不过他却声称设计的过程可能是“潜意识的行为”。在扎努索的职业生涯中，他一直致力于设计既舒适又具创造性的作品。如同扎努索的大多数设计一样，兰布达椅的研制过程漫长而复杂，它为未来的塑料椅提供了一个蓝本，从它发展而来的塑料椅如今依然被广泛地使用着。

莫诺 A 型餐具（1959）

彼得 · 拉克（1928— ）
莫诺 – 赛贝尔金属制品工厂，1959 年至今

这套莫诺 A 型餐具之所以拥有如今的地位，最重要的一点便是自首次于德国设计与制造的 45 年后，它依然没有任何重大的改动。莫诺 A 型餐具是 20 世纪 50 年代末期现代主义设计的完美典范，它也是随后衍生出的一整套系列中的首款作品。它直接切割自标准金属板，一体式的刀、叉与勺线条笔挺，营造出一种庄严的氛围。然而对于二战后年轻的德国而言，大众化设计这一理念已然开始流行，故而这款餐具也受到了欢迎。虽然在莫诺 T 型与 E 型餐具中新添加的柚木与乌木把柄软化了它强硬的实用主义造型，但改进后的餐具仍然和原版一样低调谦和。该餐具的设计师彼得 · 拉克（Peter Raacke）在当时是一位年轻的德国金银器匠人，他恪守着一种优雅的纯粹感，赋予作品古典的外形，并且完全没有受到 20 世纪 60 年代初日新月异的时尚潮流的影响。而这款餐具长盛不衰的商业成功的精髓便在于此。如同 1959 年初次问世时一样，如今它依旧充满现代感，并且是销量最佳的德国餐具设计作品。

潘顿椅（1959—1960）

韦尔纳·潘顿
（1926—1998）
赫尔曼·米勒 / 维特拉
CH/D 公司，1967 年至
1979 年
霍恩 /WK 联合公司，
1983 年至 1989 年
维特拉公司，
1990 年至今

这款潘顿椅看似简洁无比，它流动的有机造型将塑料极大的形变能力发挥到了极致。其靠背与椅面融为一体，而椅面又与底端削平的底座融合。这种一体式的造型创造出了一款可堆叠的悬臂椅，它以其复杂却自洽的整体性脱颖而出。这把座椅是第一把使用毫无接口的连续材料制成且可以持续大规模制造的座椅。潘顿首次于 20 世纪 60 年代初展出了该椅的原型。然而直到 1963 年，它才找到了两家有远见的生产商，位于瑞士的维特拉公司与位于美国的赫尔曼·米勒公司。最终，第一款可使用的座椅问世于 1967 年，最初只生产有 100 ~ 150 把限量版本，使用冷压法玻璃纤维强化聚酯树脂制成。自问世以来，它历经了一系列生产中止与工艺改进，以解决其结构疲劳问题并提升制造效率。1990 年以来，维特拉公司开始使用注塑聚丙烯制造此椅。初版的潘顿椅以其 7 种亮丽的色彩与无拘无束的流动造型捕捉到了当时的波普艺术文化并成了其中的典范。因此，这款座椅不断出现在媒体之中并且迅速成了 20 世纪 60 年代中“一切皆有可能”的工业与社会精神的代表。

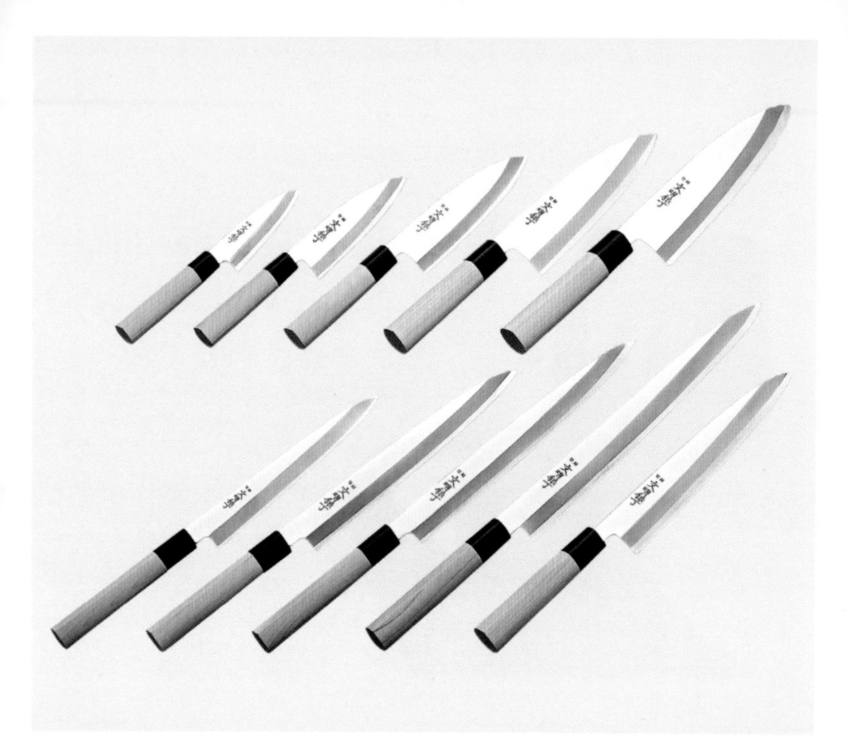

“文明银丁”刀具

(1960)

佚名设计师

吉金公司，

1960 年至今

这套出色的刀具受到了武士刀的影响，它结合了传统与现代工艺，专为烹饪日式料理的厨师而设计。1960 年，吉田金属工业公司开始生产此“文明银丁”刀具，之后该公司将公司名缩短为吉金(Yoshikin)。受到医疗手术刀的启发，吉金公司使用高级含钼不锈钢制造刀具，这种材料极防腐蚀并且容易保养。这套“文明银丁”刀具是日本首款使用不锈钢制造的专业刀具。1961 年，它被日本食品卫生协会授予奖章，随后日本皇室也购买了此刀。之后几年间，这套刀具打入了世界市场，其声望如今依旧不减。该公司的工厂位于日本燕市，燕市因其金属制品而闻名。这套刀具的刀柄为木质，而刀柄与刀刃的连接处则为塑料材质，故而“文明银丁”刀具也需要保养。不过，它使用起来极其顺手且外形优雅，这使其成了烹饪精致的日式料理的完美刀具。

圣卢卡椅（1960）

阿基莱·卡斯蒂廖尼
（1918—2002）
皮耶尔·贾科莫·卡斯蒂廖尼（1913—1968）
加维纳/克诺尔公司，
1960 年至 1969 年
贝尔尼尼公司，
1990 年至今
柏秋纳·弗洛公司，
2004 年至今

这款圣卢卡椅（Sanluca Chair）乍看之下如同一把老式座椅。从正面看，此椅类似于一把 17 世纪意大利的巴洛克风格座椅，不过它也受到了未来主义雕塑家翁贝托·博乔尼（Umberto Boccioni）的影响。中空模造板材的使用给沙发椅以宽敞和流线型的外观。这种有趣的对立感在卡斯蒂廖尼兄弟所有的作品中皆有体现。圣卢卡椅的设计理念极具革命性，阿基莱与皮耶尔·贾科莫·卡斯蒂廖尼并没有采用在框架上进行软装的工艺，相反地，他们选择将预制并预先完成软装的模造板材安装在冲模制成的金属框架之上。这种工艺经常被用于汽车座椅的制造，而卡斯蒂廖尼兄弟希望圣卢卡椅也可以使用类似的方法量产。然而因其复杂的制造过程，这种方法并不适用。整个座椅由 3 部分组成：座位、椅背与侧板，全部使用聚氨酯泡沫覆盖，椅腿则使用黄檀木制成。加维纳公司（1960）与克诺尔国际公司（1960—1969）制成的初款采用皮革或棉布包覆，而 1990 年在阿基莱·卡斯蒂廖尼的指导下，贝尔尼尼公司再次推出此椅时选用了原色、红色或黑色皮革，并且略微调整了制造工艺。

施普吕根啤酒馆吊灯

（1960）

阿基莱·卡斯蒂廖尼
（1918—2002）
皮耶尔·贾科莫·卡斯蒂廖尼（1913—1968）
弗洛斯公司，
1961 年至今

1960 年，阿基莱与皮耶尔·贾科莫·卡斯蒂廖尼兄弟受阿尔多·巴塞蒂（Aldo Bassetti）的委托，为他名为“施普吕根啤酒馆”（Splügen Bräu）的餐厅进行室内设计，此餐厅坐落在路易吉·卡恰·多米尼奥尼设计的位于米兰的一座建筑中。卡斯蒂廖尼兄弟为此项目设计了众多物件，包括这款悬挂在每张桌子上的优雅的吊灯。它的灯罩采用带波纹的抛光厚铝材制成，其内部的反射面板亦是高度抛光的波纹铝材。这种带波纹的灯罩可以帮助散热，而其灯泡的顶端则涂有银漆，这种灯泡可以发出间接但集中的光线。从灯罩抛光的表面反射而出的额外光线，可以让人们注意到头顶吊灯的存在，并且强调其波纹般的效果。1961 年，意大利灯具制造领军者弗洛斯公司开始生产此吊灯，并且至今一直保持着商业上的成功。此外，卡斯蒂廖尼兄弟为“施普吕根啤酒馆”设计的烟灰缸、伞架、高背吧台凳、啤酒杯以及开瓶器等都持续生产过一段时间。卡斯蒂廖尼对功能主义纯粹的追求往往带有一些活泼有趣的新意，并且一直激励着全世界的设计师。

康诺伊德椅（1960）

中島乔治
（1905—1990）
中岛工作室，
1960 年至今

在一个大多数家具设计师都将曲木胶合板与金属视为主要材料的时代，中岛乔治大方地呈现出了木材最本真的状态。虽然相比他的其他作品，这款康诺伊德椅（Conoid Chair）已然精致许多，不过人们依然能轻易地感知到此椅使用的木材所展现出的质地与丰富感。中岛乔治对细木工的详尽了解造就了这把令人印象深刻的实木椅，其悬臂结构并没有其批评者声称的那般不稳固。他为自己在宾夕法尼亚州纽霍普镇的住宅设计了这款椅子。完成此设计的三年前，中岛乔治刚刚完成了康诺伊德工作室的建造，据称，此工作室的混凝土壳体屋顶正是“康诺伊德”系列作品的灵感来源，此系列还包括餐桌、长凳与办公桌。中岛乔治是日裔美国人，其父母都是武士家族的后人。对他的家具设计具备同等影响力的还有美国夏克风格。[译注：夏克风格以优良的木工技术与质朴的造型著称。] 当大多数美国家具设计师都忙于探索科技的极限时，中岛乔治却更偏向于手工制造的工艺，不过由于他秉持功能主义这一核心理念，故而他的作品完全是现代风格，如今依然大受欢迎。

606 通用置物系统

（1960）

迪特尔·拉姆斯

（1932— ）

维措公司，1960 年至今

这套 606 通用置物系统（Universal Shelving System）简约的轮廓正是基于其简洁的几何造型与极少的装饰。它的张力蕴藏在这种与强烈的实用性相结合的风格之中。这套置物系统是一套可以完全自由组合的置物、储物系统，它采用经阳极氧化处理的 3mm 厚铝板组成，固定在压制而成的壁挂铝架之上，铝架还带有 7mm 粗的铝制销钉。该系统可以即拆即装，故而能轻易增加额外组件，包括组合抽屉、储藏柜、吊轨以及置物架。此置物系统起源自迪特尔·拉姆斯（Dieter Rams）的一个建议，他从 1955 年至 1995 年都在博朗公司工作，拉姆斯当时向埃尔温·布劳恩（Erwin Braun）提议，设计一间用以展示公司产品的展览室。该置物系统首先由维措＋察普夫（Vitsœ + Zapf）公司生产，随后由维措公司生产。其最初版本的配色与博朗公司的 SK4 系列产品配色相同，采用米色为基调配以涂有山毛榉木纹漆的抽屉与柜门。这种素雅的方案来自拉姆斯的如下想法："置物系统应该如同一位优秀的英国管家。在你需要时，它就会出现，而当你不需要时，它就只是一个背景。"

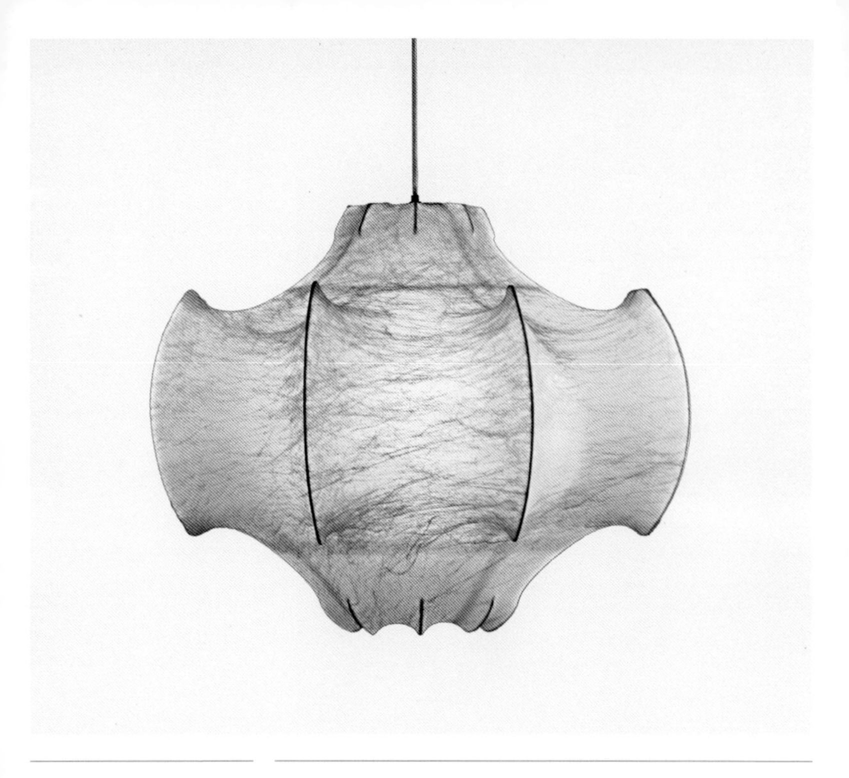

“维斯孔特泰娅”茧状纤维吊灯（1960）

阿基莱·卡斯蒂廖尼（1918—2002）
皮耶尔·贾科莫·卡斯蒂廖尼（1913—1968）
艾森凯尔 / 弗洛斯公司，1960 年至 1995 年，2005 年至今

阿基莱·卡斯蒂廖尼受到乔治·纳尔逊所做的金属框架灯具结构实验的启发，于 20 世纪 60 年代为弗洛斯公司设计了一系列装饰性吊灯。这款“维斯孔特泰娅”茧状纤维吊灯便是其中之一。正是这款吊灯真正让该公司因使用茧状纤维而声名鹊起。茧状纤维是一种美国制造的塑料聚合物或玻璃纤维。意大利进口商人阿尔图罗·艾森凯尔详细研究了申请这种新材料的使用许可的可能性，之后决定和迪诺·加维纳与切萨雷·卡希纳一起，创办一家生产灯具的公司，即弗洛斯公司。该公司最初位于意大利的梅拉诺镇，首批采用茧状纤维制成的灯具为卡斯蒂廖尼兄弟设计的“维斯孔特泰娅”“蒲公英”以及“猫”系列灯具。这种聚合物使用蛛丝般的细丝喷制而成，它是一层柔韧的固态薄膜，可以防水、防尘、防腐蚀，隔绝油、气，甚至不受柠檬酸、酒精和漂白剂的影响。茧状纤维可作为任意用途的表面材料或其他材料使用，在施加大荷载之后亦能回复为最初的形状。由于茧状纤维的使用许可一度过期，弗洛斯公司曾中断过该灯具的生产，不过生产已于 2005 年恢复。

公牛椅（1960）

汉斯·韦格纳
（1914—2007）
AP 家具，
1960 年至约 1975 年
埃里克·约恩森公司，
1985 年至今

公牛椅的英文名称“Ox Chair”来自其巨大的管状“椅角”和敦实的质感。在丹麦语中它被称为“帕勒椅”（Pållestolen），即长枕椅或枕头椅。这两个名字都传达出了这款巨大的休闲椅所具备的舒适感与体量感，它也是汉斯·韦格纳个人最喜爱的设计之一。这款沙发椅据称没有借鉴任何先例，不过从其造型中可以看出英式飞翼椅的身影，后者是一款具有“超越时间的风格”的家具，也是卡雷·克林特的追随者深入研究与改造过的座椅之一。这款公牛椅形似上述传统座椅使用镀铬钢管与皮革的升级版本。它的设计初衷为一款放置在房间中央的座椅，不紧贴任何墙壁，这样便能以一个具有雕塑感的完整物件而示人。在设计的过程中，韦格纳特别地意识到了它应当具备多种多样的就座方式。使用者能以非对称或慵懒的方式就座，甚至将他们的腿架在扶手之上。该公牛椅拥有一种宏伟的气质，能瞬间成为房间的中心。而另一款较小的版本亦有生产，此版本去除了椅角状的管状靠垫，作为一款配套使用的家具出售。

萨尔帕内瓦铸铁锅

（1960）

蒂莫·萨尔帕内瓦
（1926—2006）
罗森莱夫公司，
1960 年至 1977 年
伊塔拉公司，
2003 年至今

这款萨尔帕内瓦铸铁锅为一个内衬白色搪瓷的黑色铸铁烹饪锅，它既现代又具亲切感，其造型有一部分发展自芬兰民间传统中的简洁造型。这种历史渊源在它的可拆卸木质把手上得到了进一步确认，使用者可以借助木把手将锅具从炉架上提起转移至餐桌。蒂莫·萨尔帕内瓦（Timo Sarpaneva）秉持着北欧现代主义的原则，即以人为本而不是以机器为本，并且坚信好的设计应以合理的价格售卖。这款锅具采用传统铸铁工艺制成，不过萨尔帕内瓦预见到了一种更为放松且现代的进餐方式，并且创造出了一款可以直接从炉灶端至餐桌的锅具。他偏爱以一种可以凸显本国高品质手工艺传统的方式工作，并且相信“如若你不熟悉传统，你不可能改进它们”。萨尔帕内瓦将触觉的快感与自然的造型视为设计的重心。这款萨尔帕内瓦铸铁锅最初由罗森莱夫公司（Rosenlew & Co）生产。因为这款铸铁锅广受欢迎，它曾被印在芬兰邮票上，而伊塔拉公司也于 2003 年重新生产。

月球吊灯（1960）

韦尔纳·潘顿
（1926—1998）
路易斯·波尔森公司，
1960 年至约 1970 年
维特拉设计博物馆，
2003 年至今

这款月球吊灯（Moon Chair）是丹麦设计师韦尔纳·潘顿较为早期的灯具设计，它采用 10 组逐渐收小的金属环组成了一个复杂且抽象的悬挂造型，这些金属环固定在一个可转动轴承上，故而每个环都能单独转动以调节光线的射出方式。此灯的初款采用铝材制成，外涂白漆，之后改为塑料材质。在打包运输时，它的环可以转成一个平面。在二战后的设计界，韦尔纳·潘顿设计了一些最具想象力的家具与灯具，他探索并发挥了诸如丙烯酸材料、泡沫、塑料以及玻璃纤维增强聚酯纤维等新材料的诸多特性。其作品与 20 世纪 50 年代末至 60 年代的欧普艺术与波普艺术运动有着紧密的联系。潘顿是一位建筑师，受教于极具影响力的灯具设计师波尔·亨宁森，后者认为产品设计应被视为一种激进（亦是商业）行为。亨宁森设计的 PH 系列灯具（路易斯·波尔森公司自 1924 年起开始生产）采用了一套相似的百叶系统，由互相重叠的挡板组成。2000 年，维特拉设计博物馆在此设计师的职业生涯回顾展中收录了这款月球吊灯，并且于 2003 年开始再次生产。

调拌碗（1960）

柳宗理（1915—2011）
NAS 商贸公司，
1978 年至 1994 年
佐藤商事公司，
1994 年至今

在设计这款 5 件套调拌碗时，柳宗理并没有从草图开始，而是从模型着手设计，他说：“当你制作一件必须用手抓握的物件时，它也应该用手制作出来。”他做了大量的实验模型，以决定每个碗的尺寸与形状。其中最小的碗专为制作调料或酱汁而设计，其直径为 13cm，而最大的碗直径则为 27cm，可作为洗菜碗或葡萄酒冰镇桶使用。所有碗的底部皆为平面并且特别加厚，这使这些碗比普通的碗都要重。它使用不锈钢制成，表面则采用亚光雾面工艺。所有沿口都仔细地经过卷边处理，保证在清洁时不会钩到清洗工具或食物残渣。最初，这套碗是为上半商事公司而设计，不过自 1994 年起，此碗转由佐藤商事公司生产。1999 年，柳宗理为每个碗都设计了相契合的滤网，使用冲模不锈钢制成。最近在日本，年轻人对柳宗理的再发现让这些碗与滤网成了销量最好的厨房用具之一，这也要归功于其功能性与美感。

藤椅（1961）

剑持勇（1912—1971）
山川藤作公司，
1961 年至今

剑持勇设计的这款休闲椅使用错综复杂且相互交织的藤条制成，它的圆形造型如同蚕茧一般，这些共同赋予了它鸟巢般的外观。它被称为藤椅、休闲椅或 38 椅，最初专为坐落于东京的新日本酒店的酒吧而设计，并且同时也是山川藤作公司所计划的产品升级项目之一。这款藤椅采用传统制造工艺，与之产生对比的却是其非传统的造型。藤制家具的制造过程极其简单，它始于优质藤条的采集，这种实木攀援植物首先须经蒸汽处理直至柔软。之后则用夹具固定成所需造型，随后等待降温即可。虽然剑持勇是传统工艺的忠实拥护者，但他也十分热衷于研究前沿制造工艺，特别是飞机制造工艺。这款藤椅造型圆鼓且通透，是对传统的实质性突破，亦造就了它的长盛不衰，尽管有微小的改进，不过如今它依然由同一家公司生产。它是如此成功，以至于剑持勇之后还为此藤编系列添加了沙发与坐凳。

EJ 科罗纳椅（1961）

波尔·沃特赫尔
（1923—2001）
埃里克·约恩森公司，
1961 年至今

这款 EJ 科罗纳椅（Corona Chair）由丹麦建筑师波尔·沃特赫尔（Poul Volther）于 1961 年设计，不论在视觉上还是结构上，它都是 20 世纪 60 年代北欧家具产业中充满张力的代表作。它诞生的年代恰逢设计界中一个激烈的转折点，然而它却秉持着上一个时代的设计理念与制造方法。其主要结构由四个逐渐变小、看似漂浮在空中的曲面椭圆形软垫构成。这些软垫内部为胶合板，外裹氯丁橡胶作为填充物，最初使用皮革包覆，之后则改为织物。一根镀铬钢架将它们连接在一起，钢架底端配有旋转底座。在最初版本中，基本框架使用橡木（实木）制成，丹麦家具生产商埃里克·约恩森公司以极小的数量生产了一批该版本的座椅。1962 年，橡木被胶合板替代，以符合大规模生产的需要。在 20 世纪 60 年代，波普艺术与设计风格显然影响了北欧的设计师，不过如同这把 EJ 科罗纳椅所体现的那样，凸显材料本真的原则依然指引着北欧设计师们，并使他们坚信高品质生产这一理念。这款无比舒适的座椅如今依然是埃里克·约恩森公司最受欢迎的产品之一。

“马亚”系列餐具 (1961)

蒂亚斯·埃克霍夫
(1926—2016)
挪威冲压钢制品 / 挪威钢制品公司,
1961 年至今

20 世纪 50 年代，蒂亚斯·埃克霍夫（Tias Eckhoff）带领挪威设计走出了邻国的阴影。埃克霍夫的设计，包括陶瓷器、玻璃器以及餐具设计都具有经久耐用的品质，并且持续生产了数十年。简洁是其作品的核心特征，据设计师称，在农场中的成长经历让他意识到了，有时一个简单的改动便可以解决一个大问题。埃克霍夫调和了理性、科学的方法与强烈的艺术感知力之间的矛盾，这令他的作品既美观又实用。在他与挪威冲压钢制品公司（即如今的挪威钢制品公司）的合作关系中，这款“马亚”（Maya）系列餐具是首个合作成果，并且这项合作还催生了众多扁平餐具系列。“马亚”系列使用冲压不锈钢板制成，表面采用拉丝工艺。它相对巨大的勺头及刀片与短小的把柄形成了雕塑般的对比，具有明显的北欧风格。这套餐具的生产涉及 35 道工序，包括难度极高的手工打磨与抛光工艺。2000 年，该系列餐具中的 20 件套装，也是挪威钢制品公司最大的一套产品由埃克霍夫本人进行了改进，他略微加长了汤勺、餐刀与餐叉的长度。

马基纳 1961 调味瓶套装（1961）

拉斐尔 · 马基纳
（1921—2013）
多家公司，
1961 年至 1971 年
莫布利斯 114 公司，
1971 年至今

一代代的旅行者都会在巴塞罗那以北的布拉瓦海岸发现拉斐尔 · 马基纳（Rafael Marquina）设计的这款杰出的调味瓶，它盛装着油与醋，在加泰罗尼亚地区已驰名了 40 余年。这款玻璃调味瓶是现代设计中真正的精品。马基纳 1961 调味瓶套装散发出优雅的简洁感，这掩饰了其设计过程的复杂程度。在其平底的圆锥形玻璃瓶身上配有一个如同瓶塞一般的可拆装瓶嘴，它借由磨砂玻璃的摩擦力固定到位。瓶塞侧边刻有一条浅槽，这样在倾倒液体时空气便可以进入。就算仅仅具备这些，它已经是一款值得称赞的设计了。不过，它颈部以上的喇叭状开口还是一个漏斗，可以接纳滴落的液体，后者还会顺着空气槽重新进入瓶身。这绝妙地解决了一个长期存在的问题。马基纳几乎是一位设计方面的博学家，他能轻松地在建筑与艺术的天地之间游弋。虽然他以这套调味瓶在国际上青史留名，然而在他出生的加泰罗尼亚地区，他以一位有创见的现代主义者的身份被人们铭记。

莫尔顿自行车（1962）

亚历克斯 · 莫尔顿
（1920—2012）
亚历克斯 · 莫尔顿自行车公司，1962 年至 1975 年，1983 年至今

莫尔顿自行车是全球首辆配有减震系统的量产小轮自行车。作为一位汽车悬挂设计师，亚历克斯 · 莫尔顿与亚历克 · 伊斯哥尼斯共事设计了若干具有突破性意义的汽车，包括“迷你”以及奥斯汀 1100。正是在设计“迷你”车的过程中，小轮与悬挂的迷人组合启发了莫尔顿，因而催生了这款莫尔顿自行车。小轮（16 寸，而非常见的 27 寸车轮）的优势在于它固有的坚韧度与尺寸的缩减，后者为载物提供了更多的空间。而选用高压轮胎与减震系统则一举解决了滚动摩擦力的增加以及骑行难度的提升这些可预见的缺点。此外，小轮较小的空气阻力意味着使用者不用费多大力便能获得更快的速度。莫尔顿设计的第一款用以投入生产的自行车摒弃了已有 70 年历史且已大获成功的钻石形车架。1967 年，兰令公司购买了他的设计，不过于 1974 年停止了此车的生产。而莫尔顿则继续开发了第二代使用小轮减震的自行车，此版本自 1983 年以来一直处于生产之中。这些车型如今由他自己的公司——亚历克斯 · 莫尔顿自行车公司生产，同时，生产许可还授权给了帕什利这家专业自行车生产商。

马克斯·比尔腕表

(1962)

马克斯·比尔

(1908—1994)

容汉斯公司，1962 年至 1964 年，1997 年至今

在现代主义运动中，瑞士艺术家马克斯·比尔是一位真正的文艺复兴式的人物，他能成为一位与时俱进的现代主义者的原因，在这款为德国精密制表商容汉斯公司设计的简洁实用的腕表中皆有体现。这款马克斯·比尔腕表开启了一个新的潮流，即委托著名产品设计师与建筑师设计腕表，而此前腕表的设计都是公司内部钟表匠的特权。比尔是一位建筑师、画家、雕塑家，同时还是舞台、平面与工业设计师。在很大程度上，这款腕表的明确性与精确性都与他于 1951 年参与创办的乌尔姆造型学院所奉行的准则相符。该腕表的表盘为黑白两色，直径 34.2mm，外套有抛光不锈钢表壳，其整体设计最显著的特点为简洁且清晰的表盘指示，机芯则选用瑞士造 17 钻手动上弦机芯。此腕表简约的设计使人联想起比尔于 1956 年至 1957 年设计的壁挂钟系列。容汉斯公司与德国制造商同行博朗公司从比尔以及乌尔姆学院中窥见了商机，成功地将自己公司的名字与最前沿的设计联系在了一起。

弧形落地灯（1962）

阿基莱 · 卡斯蒂廖尼
（1918—2002）
皮耶尔 · 贾科莫 · 卡斯蒂廖尼（1913—1968）
弗洛斯公司，
1962 年至今

这款弧形落地灯（Arco Floor Lamp）的设计受到了日常用品的启发，它是一款标准路灯的室内落地版本。该落地灯选用一个弧形的灯杆，直接固定在出产于卡拉拉市的方形白色大理石基座之上。可伸缩的灯杆另一端连接着灯罩，灯罩距地面约 2m 有余，餐桌和座椅都可以轻易在其下方摆放。灯杆使用缎面不锈钢制成，灯罩为铝制，内部反射面涂以亮面清漆。虽然它总重超过 45kg，不过设计师在大理石底座上设计了一个圆孔，使用者可以将扫把柄插入其中，这样两人合力便能将灯抬起。这款弧形落地灯生产的年代恰逢卡斯蒂廖尼兄弟设计灯具最为高产的年代，即 20 世纪 50 年代末至 60 年代。他们与该灯具的生产商弗洛斯公司一起，重新定义了室内灯具的本质与目的，赋予了它们雕塑感以及实用性。这款弧形落地灯成了二战后最受赞赏的设计作品之一，并且时常作为道具现身于众多媒体，或许最为著名的是出现在詹姆斯 · 邦德系列电影《007 之金刚钻》之中。

双座悬椅（1962）

查尔斯·伊姆斯
（1907—1978）
雷·伊姆斯
（1912—1988）
赫尔曼·米勒公司，
1962 年至今
维特拉公司，
1962 年至今

公共座椅设计并不是最吸引人的设计委托项目，而这款座椅则是最具挑战性的项目之一。它必须舒适、牢固、方便维护并且在引人注目的同时却又不能太过突出。这款双座悬椅（Tandem Sling Chair）满足了所有条件，它造型优美，以黑色搭配铝材，在华盛顿杜勒斯国际机场亮相后的半个多世纪，它依旧美丽大方。它的设计者为伊姆斯夫妇，这对夫妻搭档在二战后将兴趣转向了铝材，当时也正是制铝业寻求全新的产品销路的年代。他们因此开始了铝系列（Aluminium Group）家具的设计，包括这款集轻巧、舒适与防锈为一体的双座悬椅。他们研发的这款铝框架椅，悬挑的座位如同悬索椅一般，采用泡沫软垫外裹单层乙烯基塑料，确保表面经久耐用。它的实用性体现在众多方面，例如椅面宽阔且带软垫的椅背与椅面夹角较大，确保了舒适性；同时支撑梁的设计为座椅下方留出了足够放置行李的空间；铝制框架无缝连接，确保最大的支撑力；坐垫没有缝线，不会聚集任何灰尘。

TMM 落地灯（1962）

米格尔 · 米拉
（1931— ）
格雷斯公司，1962 年
桑塔 & 科莱公司，1988 年至今

在 20 世纪 50 年代的西班牙，不论是现代还是传统的设计工业都未曾出现。尽管如此，米格尔 · 米拉（Miguel Milá）却创造了一件作品，兼具深远的影响力与经久不衰的现代性。与其他多数标志性的设计不同，这款 TMM 落地灯从它诞生之初便广受称赞，并且立即成了一个标志。1956 年，米拉的姨妈委托他设计一款灯具。最终的作品，即 TN 灯便是这款 TMM 灯的原型。TMM 设计于 1962 年，属于一个低成本室内家具竞赛项目的一部分。此灯具的所有木质支架均可由使用者自己组装，并且配有与电线结合的简洁开关，使用者只须拉动电线便可以十分方便地调节灯光。虽然在当时全球的设计作品中，DIY 并不是一项新事物，不过在西班牙却是新颖无比。TMM 灯具之所以超越了时代，是由于其造型的现代性以及选用了自然且亲切的材料，这两者结合使得灯具散发出一种宁静感。它是米拉的一项标志性作品，凸显了他一直坚守的“前工业时代设计师”的身份，他热切地接受历史与传统手工业技艺，并且一直坚持着如下原则——即力图消除感性与现代性的间隙与不和谐感。

聚丙烯堆叠椅（1962）

罗宾 · 戴（1915—2010）
希勒座椅公司，
1963 年至今

这款罗宾 · 戴（Robin Day）设计的聚丙烯堆叠椅拥有为人熟知的造型，不过这恰恰掩盖了它在家具设计史中显著的地位。它的一体式壳体造型简洁大方，边缘向上凸起，表面饰以精细的纹路，下部连接着一个可堆叠的底座，此座椅如今依然是受众最为广泛的 20 世纪座椅产品。1960 年，戴注意到了聚丙烯材料，而希勒（Hille）公司则支持他的想法，发挥出了这种材料的潜力。虽然这种材料本身成本很低，但是生产设备却非常昂贵，并且从生产到最终成品的过程经历了精雕细琢，进程缓慢，包括对造型与厚度的细致调整，以及紧固件的选择。这款聚丙烯堆叠椅的研发过程极具开拓性，由于在制造业中没有先例可循，研发过程十分艰苦。它拥有多种色彩，并且有多种底座可供选择，一经推出便大获成功。这款作品让希勒公司一跃成为英国最前沿的家具生产商，并且在国际市场成了有力的竞争者。虽然市场上迅速地出现了这款聚丙烯堆叠椅的仿制版，然而这款座椅的授权版本仍然在 23 个国家售出了超过 1400 万把。

修长蛋黄酱勺（1962）

阿基莱·卡斯蒂廖尼
（1918—2002）
皮耶尔·贾科莫·卡斯蒂
廖尼（1913—1968）
阿莱西公司，
1996 年至今

这款修长蛋黄酱勺（Sleek Mayonnaise Spoon）诞生于 1962 年，原是为卡夫（Kraft）食品公司设计的一款用于广告宣传的产品，勺柄处还刻有该公司的商标。此勺是专为挖取罐中最后一点残余食材而设计的，包括蛋黄酱、花生酱以及果酱，所有这些都是卡夫公司的产品。此勺的勺头窄且弯，一侧带有一般勺子的曲面，另一侧则为直线，可以沿着容器的边缘刮划。勺柄处留有凸起，供大拇指发力，抓握更为容易。其材质选用聚甲基丙烯酸甲酯（PMMA），这是一种耐用、卫生且具有弹性的塑料，能让使用者最大限度地使用它。此勺的设计者是多产的卡斯蒂廖尼兄弟，他们是意大利设计史中极其重要的设计师。他们对新现代主义的理念有所认同，从其作品之中可以窥见，他们十分重视造型、生产与使用者。塑料与鲜艳色彩的使用在意大利家居用品设计以及 20 世纪 60 年代的波普艺术作品中都十分典型。自 1996 年起，阿莱西公司开始使用各种明亮的基色生产这款修长蛋黄酱勺。它是一款理想的家用勺：有趣、实用并且保证会为厨房增添一抹亮色。

“福摩萨”永久挂历（1962）

恩佐 · 马里（1932— ）
达内塞公司，
1963 年至今

在与生产商达内塞公司合作期间，恩佐 · 马里设计过众多美丽的作品，从儿童玩具、办公家具到办公配件皆有。而这款“福摩萨”（Formosa）永久挂历则是其中最受欢迎的作品之一。它是一款铝制挂历，上面配有可调换的 PVC 塑料纸，所有数字与字母采用平版印刷，此挂历整体设计简约、轮廓分明，极具现代感。日期、月份与星期的更改直接通过调换挂在金属背板之上单独的吊牌完成。其清晰的字体，即无处不在的赫维提卡（Helvetica）字体，与网格般的排布造就了它的易读性，因此它依然适合在当今的办公室中使用。它有红色与黑色版本可选，且被翻译为众多语言，在世界各地均有销售。马里认为，“真正的设计取决于制造者而不是购买者。”这解释了他对产品的态度——他将产品视为设计者 / 工匠与制造商相结合的产物。他坚信，只有这样，设计师才能创造出一款达到其文化、社会与经济目的的产品。马里还认为规模制造产业既不应该在造型的美感上，也不能在功能上妥协。这些理论进而发展成为一套“理性设计”的实用理念。

拉环式易拉盖

(1962)

厄尼·弗雷齐

(1913—1989)

戴顿可靠工具制造公司，

1962 年至今

斯托勒机械（美国铝业公司），1965 年至今

这种为铝制饮料罐设计的拉环式易拉盖可以说是美国饮料业的“圣杯”。从前，消费者需要随身携带开罐器，以打开罐装饮料，这极度影响了罐装饮料的广泛流行。显然，制造一款能自开启的罐头已是迫在眉睫，但是市场上却充斥着各种失败的原型。来自印第安纳州曼西市的工具制造商人厄尼·弗雷齐（Ernie Fraze）在一次野餐中被迫借助汽车保险杠打开一罐饮料，自此，他决心研发一款可拉式易拉盖。他发明了一种跷跷板机制，使用一个杠杆沿着事先划开的孔打开罐头。固定杠杆的铆钉使用冷焊工艺连接在罐头上，并且材料也取自罐头本身。这一概念被出售给了美国铝业公司（Alcoa），1962 年，匹兹堡酿造公司便下了 10 万件的订单。随后，大量的个人以及企业不断地改进弗雷齐的这项发明。1965 年，易拉环替代了原本的杠杆，1975 年，丹尼尔·F. 卡德齐克（Daniel F. Cudzik）发明了保留式易拉环。拉环式饮料罐是便捷设计的典范，同时也展现了人类在解决日常问题时所产生的绝妙创造力。

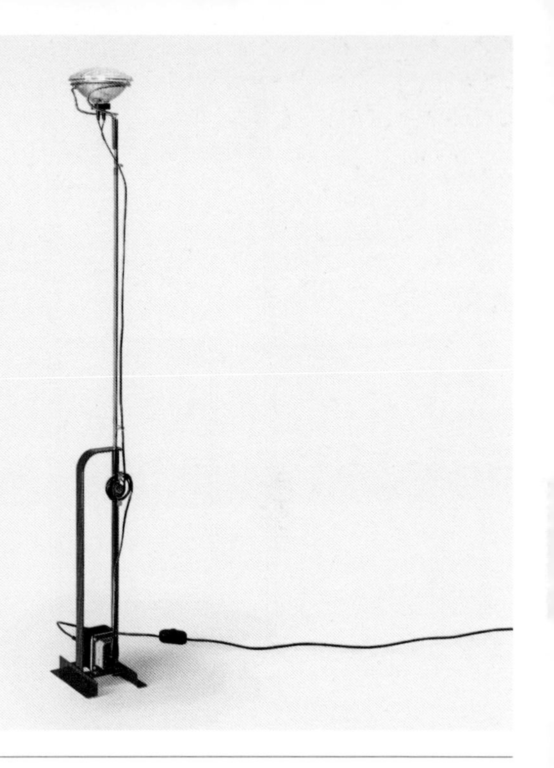

托约落地灯（1962）

阿基莱 · 卡斯蒂廖尼
（1918—2002）
皮耶尔 · 贾科莫 · 卡斯蒂廖尼（1913—1968）
弗洛斯公司，
1962 年至今

这款可伸缩的托约落地灯（Toio Lamp）是卡斯蒂廖尼兄弟 20 世纪 60 年代初的作品，最初是“现成品”（Ready-made）系列产品中的一员。卡斯蒂廖尼兄弟借用了达达主义的概念，以现成物为基础，制成一款工业产品。这款落地灯的所有部件几乎都使用现成品制成：灯泡为 300 瓦汽车前照灯，与一根金属杆相连，底座上装有变压器作为配重。电线和金属杆之间则使用鱼线吊环紧固。1957 年的佃农椅与自行车凳（Sella Stool），以及这款设计都以最少的人为干预，精妙地发掘出了这些日常用品的潜力。卡斯蒂廖尼兄弟创造出了一种使人乍看幽默但发人深思的工业风格。他们的作品扎根于意大利理性主义运动，该运动强调功能主义的设计原则。从阿基莱 · 卡斯蒂廖尼的设计作品中，可以看出他所坚持的以使用者为先的设计理念。设计作品必须在情感上引起共鸣，同时还须满足以下要求，即使用时的感受应契合观看时的感受。这款托约落地灯在各大博物馆均有收藏，包括伦敦维多利亚和阿尔伯特博物馆。

意面椅（1962）

詹多梅尼科·贝洛蒂
（1922—2004）
普卢里（Pluri），
1970 年
阿利亚斯公司，
1979 年至今

詹多梅尼科·贝洛蒂（Giandomenico Belotti）同卡洛·福尔科林尼（Carlo Forcolini）与恩里科·巴莱里（Enrico Baleri）一起，于1979 年在意大利贝尔加莫市创办了家具制造公司阿利亚斯（Alias）。该公司的首款产品便是贝洛蒂设计的这款意面椅，此椅采用有色 PVC 塑料线制成，紧绷在纤细的金属管框架上，组成椅面与椅背。1962 年座椅设计完成之时，设计师曾将其取名为“敖德萨”。而当它首次亮相于纽约的展会时，由于其意大利面条般的塑料线，它得到了这一新名字。它一经推出便极其畅销。这款座椅造型简洁、结构清晰且线条流畅，这为它与众不同却极其实用的弹性塑料座位提供了一目了然的整体框架。它轻盈且轮廓分明的造型同所有与座椅相关的舒适性问题并不相左。PVC 塑料会根据就座者的重量与体型灵活屈伸，它可以贴合几乎所有就座者的身形。如若将它与波尔·凯霍尔姆以及汉斯·韦格纳的那些线形椅面结构相对比，我们可以发现，贝洛蒂只是使用了一种更新、更坚固的材料重新定义了这一结构。如今，意面椅有多种颜色可供消费者选择。

户外休闲家具系列

（1962—1966）

理查德 · 舒尔茨

（1926— ）

克诺尔公司，

1966 年至 1987 年

理查德 · 舒尔茨设计公司，

1992 年至今

由于不满意大多数户外家具的质量，弗洛伦丝 · 克诺尔委托理查德 · 舒尔茨（Richard Schultz）设计户外家具，它们必须外观新颖，且在经受恶劣天气后也不会散架。舒尔茨尝试使用防腐蚀的铝材制成框架，用特富龙材料制成座部。在经历了紧张的研究与开发之后，他推出了这款户外休闲家具系列，并立即获得了成功。该系列产品由 8 件不同的家具组成，包括各种桌子与座椅，不过，其中的贴身休闲躺椅与可调节休闲躺椅可谓是两款极具标志性的设计，它们革命性地改变了户外家具市场。这两款躺椅通透轻盈，放置在花园中几乎如同隐形。可调节休闲躺椅采用压制铸铝制成框架，表面涂以粉状聚酯纤维涂料，它的铸铝轮子外裹橡胶轮胎，椅面与椅背则为特富龙材质的格网。它迅速成了一款标志性设计，当纽约现代艺术博物馆将它收入其永久收藏的那刻，它的地位得到了进一步的巩固。在克诺尔停止生产该系列家具之后，理查德 · 舒尔茨设计公司以“1966 系列”的名称再次推出了这款系列家具，并对此系列的产品进行了升级，原有格网被涂有乙烯基涂料的聚酯纤维编织网替代。

球形椅（1963）

埃罗 · 阿尔尼奥
（1932— ）
阿斯科公司，
1963 年至 1985 年
阿德尔塔公司，
1991 年至今

塑料制品的先锋设计师埃罗 · 阿尔尼奥（Eero Aarnio）试图设计一款可制造出私密空间的座椅。他最终创造出了这款球形椅（Ball Chair），在美国它被称为球状椅（Globe Chair）。它首次亮相于 1966 年科隆家具展，使用模造玻璃纤维制成，下接涂漆铝制底座，座部软垫材料采用增强聚酯纤维。玻璃纤维球体直接连接在可旋转的单腿底座之上，整个球体可以旋转一周，这造就了球体好似浮空的错觉。其配有一部红色电话的内部软垫组成了蚕茧般的造型。此设计反映了 20 世纪 60 年代活力四射的社会风貌，并且它也成了那个年代的象征，不断出现在电影与杂志封面中。球形椅向埃罗 · 沙里宁设计的郁金香椅致敬，后者是首把使用单腿底座的座椅。从某些方面来看，这把球形椅是传统的俱乐部椅的当代版本，不过阿尔尼奥将物件视为一种微缩的建筑，这种观点让球形椅显得非常现代。1990 年，阿尔尼奥的所有玻璃纤维设计作品被授权给阿德尔塔公司，而这款球形椅也于 1991 年开始再次发售，如今它依然有售，其内饰织物拥有 6 种颜色可供选择。

USM 模块化家具

(1963)
保罗 · 谢雷尔
(1933—2011)
弗里茨 · 哈勒尔
(1924—2012)
USM 乌尔里希 · 谢雷尔父子公司，1965 年至今

这款高度分解的 USM 模块化家具系列基于三种简单的部件：球体、连接管以及钢板。这些基本部件几乎可以实现任何形式的组合，满足各种储物空间的需求。其中，球体就如同关节一样，把用户按需搭建起的结构框架与板件连接在一起，而用户可以根据需求将板件围合成为储物空间。这套系统的精妙得益于弗里茨 · 哈勒尔的下述能力：他能在不牺牲功能性的前提下，将一件设计所需的部件理性地缩减至最少。1961 年，保罗 · 谢雷尔委托哈勒尔为 USM 公司设计一座新工厂。谢雷尔极其钦佩哈勒尔设计的建筑，随即便委托哈勒尔为办公室设计一套模块化家具。之后这套哈勒尔系统家具便诞生了。谢雷尔与哈勒尔立即认识到，他们创造出了一款有望获得商业成功的产品。1965 年，这款 USM 模块化家具正式面市，它立即将 USM 的公司形象从金属制品生产商转变为高品质办公家具生产商。在过去的半个多世纪中，这套家具系统几乎没有改变。它经久耐用的品质与不加装饰的风格决定了它既可以在办公室也可以在家中使用。它的营业额仅在西欧就高达 1 亿美元。

无腿靠椅（1963）

藤森健次
（1919—1993）
天童木工公司，
1963 年至今

在传统日式住宅中，人们直接在榻榻米地板上席地而坐。为了满足在就座时向后倚靠的需求，并且让座椅看起来更正式，无腿靠椅应运而生。藤森健次于 1963 年设计的这件作品被视为最正统的无腿靠椅，它能叠放在一起，并且量产成本很低。虽然此椅造型简约，但是就座体验却十分舒适，它的靠背形状恰好可以为脊柱提供支撑。椅面底部的开洞可以防止座椅滑动，同时也减轻了座椅的重量。此椅由天童木工公司生产，质量极佳，是一款开创性的模压胶合板产品。藤森健次的这款靠椅专为盛冈大酒店的客房设计。它如今依然十分流行，特别在日式酒店中，并且从近期开始还在日本境外的日式餐馆流行开来。如今它的胶合板材有 3 种不同的木材可选，分别是榉木、枫木与橡木。20 世纪 50 年代，藤森健次曾在芬兰学习产品设计。他将北欧与日本的设计理念相融合，造就了一款独具匠心的座具。

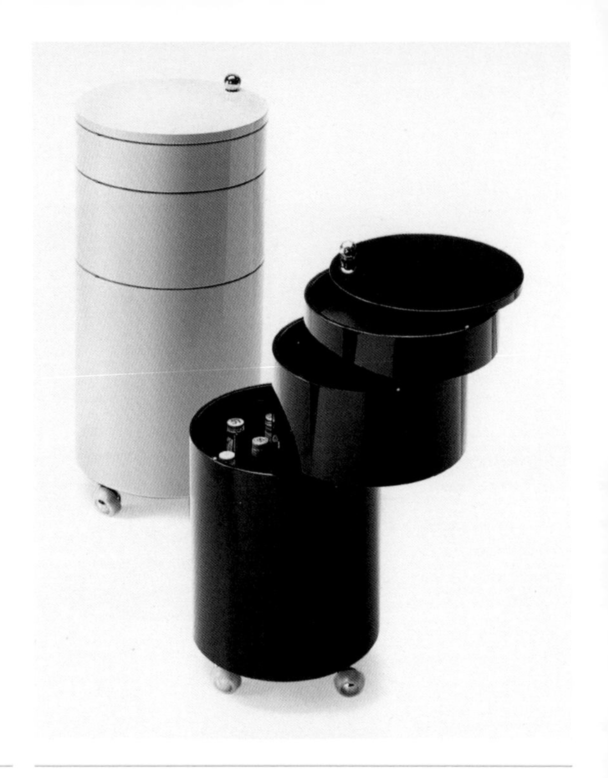

吧台助手（1963）

韦尔纳·潘顿
（1926—1998）
佐默公司，
1963 年至 1967 年
比斯特费尔德 & 魏斯公司，1967 年至 1971 年
维特拉设计博物馆，
2001 年至今

20 世纪 60 年代早期见证了众多新材料与新技术的诞生，该时期也是韦尔纳·潘顿的高产期，他的设计作品多为曲线优美、色彩鲜艳的家具。这款吧台助手（Barboy）正是他这一时期的作品，专为德国的佐默公司而设计，至 1967 年停止生产前，该产品的市场名称为“德克林娜”（Declina）。如同潘顿的大多数设计一样，它是一个外形极其简约的物件。不过此产品的不同之处在于，它使用的制造工艺却是 20 世纪早期发展起来的模压胶合板工艺。用以储藏酒瓶、酒杯以及开瓶器的圆柱筒可以绕转轴旋转。它选用高光泽面漆，颜色有红、紫两色可选，这两者都是潘顿最喜爱的颜色，就像黑白两色一样。在潘顿设计的几何形态家具中，这款吧台助手的造型最为纯粹。或许正因为其造型的纯粹感才让它依然延续至今。1967 年至 1971 年，它的生产由另一家德国公司比斯特费尔德 & 魏斯接手。在经历了 30 年的停产后，维特拉设计博物馆终于再次推出了这款产品。它如今有黑白两色可选，这种配色在一定程度上使这件产品不再局限于潘顿所创造的那种色彩斑斓的环境之中。

内索台灯（1963）

贾恩卡洛·马蒂奥利（1933— ）
“新城”建筑师规划师事务所
阿尔泰米德公司，1965年至1967年，1999年至今

有时，赢得一项设计竞赛并不能带来成功，但是对这款由贾恩卡洛·马蒂奥利与“新城”建筑师规划师事务所共同设计的内索台灯而言则不然。1965年，一场由制造商阿尔泰米德公司与前沿杂志《多莫斯》共同发起的竞赛催生了这款台灯的诞生。阿尔泰米德公司是20世纪60年代领先的塑料家具与灯具制造商，这也使得该公司之后与革命性的设计团队“孟菲斯派”（Memphis）的合作成为可能。这款内索台灯将塑料半透明的特性发挥到了极致，当点亮时，它会呈现出一个内部发光的造型，如同磷发出的光芒。它的配色凸显了20世纪60年代的意大利风格——那时所有的塑料制品基本都为亮橙色与白色。最近，阿尔泰米德公司推出了一款该台灯的小号版本，名为内西诺，其色彩有多种透明色可供选择，包括红、蓝、橙、灰与黄色。这种透明的色彩将内部结构与光源完全显露出来，加强了整体的设计感。这款内索台灯逐渐成了20世纪60年代意大利设计的标志，它的存世时间远大于同时代的其他产品，这要归功于其设计目的的明确性，即它宣称自己仅仅是盏台灯而已。

超椭圆桌（1964）

皮亚特 · 海恩
（1905—1996）
布鲁诺 · 马特松
（1907—1988）
布鲁诺 · 马特松国际公司，
1964 年至今
弗里茨 · 汉森公司，
1968 年至今

乍看之下，这款超椭圆桌（Superellipse Table）或许是一件简单且直白的设计。不过如若仔细观察，它无与伦比的复杂性便会展露无疑。其介于矩形与椭圆形之间的桌面造型是长期数学研究的成果。1959 年，丹麦诗人、哲学家与数学家皮亚特 · 海恩（Piet Hein）受委托在斯德哥尔摩设计一个城市广场，以缓解交通压力。圆形或椭圆形空间已被证明利用率不高，而矩形又会制造出太多致使车辆转弯的转角。于是海恩创造出了一种全新的形状，他称之为超椭圆。瑞典先锋设计师与匠人布鲁诺 · 马特松看到了超椭圆的潜力，他开始与海恩合作，将它用进桌子中。它对空间的高效利用使它非常适用于狭小的城市公寓中。桌面下方配置了使用金属杆制成的自固定桌脚，既稳固又便于拆卸，方便桌子的运输。该超椭圆桌由马特松创办的一家小规模家族企业，即布鲁诺 · 马特松国际公司生产，如今该公司依然在生产它。在海恩、马特松和阿尔内 · 雅各布森的共同努力下，弗里茨 · 汉森公司于该桌诞生后的第四年开始生产一款类似的桌子。

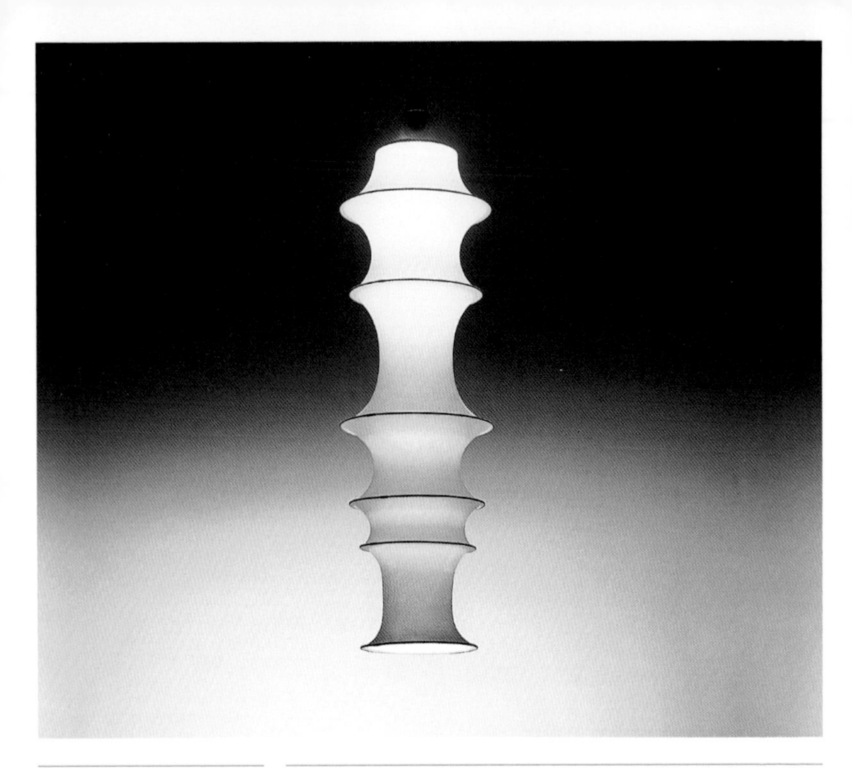

“福克兰”吊灯（1964）

布鲁诺·穆纳里
（1907—1998）
达内塞公司，
1964 年至今

很难想象这样一盏如此之长的吊灯能够装进非常小的盒子中。当人们将它从盒中拿出并挂在天花板上之后，这款“福克兰”（Falkland）吊灯才会展现出它 165cm 的真正长度。此灯由意大利艺术家与设计师布鲁诺·穆纳里设计，自 1964 年起，达内塞公司一直在生产它。它的灯罩由一块如长筒袜般的圆筒形弹性针织材料制成，整个圆筒连接着一个不锈钢圆锥体。在圆筒之内布置有三种尺寸共六个铝环。将它挂在天花板上之后，经过精心定位的铝环依靠自身重量，将圆筒拉伸成为边缘弯曲的雕塑造型。它还有一个名为“福克兰泰拉”（Falkland Terra）的落地灯版本，在此版本中，内部的金属杆直接与底座相连，而金属杆顶端则为圆筒提供悬挂的支持点。这款福克兰吊灯被认为受到了当时大众对太空旅行不断高涨的兴趣的影响，不过穆纳里的设计灵感一般都来自自然界之中。这款“福克兰”吊灯的造型就使人联想到竹子。他将这种关系称为“工业自然主义”，即使用人造材料与技术工艺模仿自然形态。这款柔韧、轻质、美观且可折叠的灯具便诞生自这种理念。

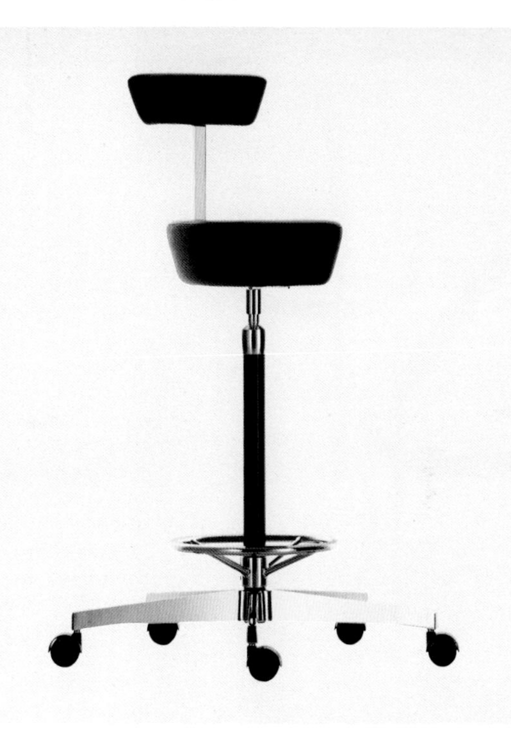

暂歇凳（1964）

乔治 · 纳尔逊
（1908—1986）
鲍勃 · 普罗普斯特
（1922—2000）
赫尔曼 · 米勒公司，
1964 年至今
维特拉公司，
1998 年至今

这款高且窄的座凳是 1964 年乔治 · 纳尔逊与鲍勃 · 普罗普斯特共同设计的办公家具系列中的一个作品。它之所以被称为暂歇凳（Perch Stool），是由于设计师希望能为需长时间站立的员工提供一个暂时歇息的地方。为了遵照人体功效学中“运动带来健康”的理念，这款坐凳的设计目的便在于鼓励使用者在一天的工作中经常改变身体的姿态。这款暂歇凳的座部非常小，使用海绵包覆且其高度可以调节。分体式的带软垫靠背也可当作扶手使用。环状钢管踏脚可以让使用者以舒适的姿势歇息。那些可以随着办公室设计的变动而变动的新式办公家具的诞生，很大一部分归功于纳尔逊与普罗普斯特的合作。虽然赫尔曼 · 米勒公司如今依然在生产这款座凳，不过维特拉公司于 1998 年也启动了它的生产，这是因为市场上对可用于灵活工作环境的家具的需求在不断上升，越来越多的雇主考虑到那些工作地点不固定的员工的需求，而开始接纳灵活的办公环境。这款暂歇凳既可倚靠也可就座，在非正式或动态会议中也可为需要站立的人员所用，可以满足工作场所内不断变化的需求。

塞斯塔提灯（1964）

米格尔·米拉（1931—）
DAE 公司，20 世纪 80 年代至 1995 年
桑塔 & 科莱公司，1996 年至今

从建筑师转行的巴塞罗那工业与室内设计师米格尔·米拉设计的这款塞斯塔提灯（Cesta Lantern），在西班牙现代设计史中，是一件具有划时代意义的作品。虽然，生于 20 世纪 70 年代的那些在它的陪伴下成长的人们一眼就能认出这款提灯，但是对外行而言，他们可能会忽略下述问题，即此设计究竟来自哪块大陆？它精美优雅的樱桃木框架配以高挑的弧形把手，这代表着它可能源自中国或日本，然而它四周发光的椭圆形玻璃灯罩却看似拥有地中海传统。事实上，米拉的灵感来自挂在沿海区域住宅外的传统提灯，它们用以提示渔夫归家之路。不过，他创造出的这款灯具更适用于家宅中的现代露台、会客室以及阳台这些极具西班牙风格的空间。此灯的框架和大弧度的把手采用热弯曲樱桃木制成，以制造出优雅的效果，所有机械部件都使用木材制成并且做不外露处理。1996 年，该设计进行了诸多升级，包括将樱桃木框架替换为马尼拉藤条框架，椭圆形水晶玻璃灯罩使用塑料替换，并且还增加了一个调光开关。

塔沃洛 64 桌（1964）

A. G. 弗龙佐尼
（1923—2002）
佩达诺公司，
1972 年至 1974 年
加利公司，
1975 年至 1978 年
卡佩利尼公司，
1997 年至今

极简主义已经成了一个流行词，被用来不精确地描述如下风格，即通过简单的造型、材料以及色彩（此项可缺）的组合，使物体最本质的状态得以剥离并彰显出来。这款由 A. G. 弗龙佐尼（A. G. Fronzoni）设计的塔沃洛（Tavolo）64 桌囊括了这个词语的真正意义，设计师遵循简化论的方法设计了这款作品，其上每个元素都具备功能。弗龙佐尼从数学的角度发展了这一概念，此桌的矩形钢管支架与木质桌面厚度相同，为了更高效地利用这一造型，弗龙佐尼为此桌找到了一个最佳尺寸。这款几何形态的作品以黑白两色生产。弗龙佐尼坚信，此桌纯粹、低调且棱角分明的造型（源自他对浪费与过度装饰的厌恶）能突出它周围的物体与环境。弗龙佐尼还为这款桌子设计了相配套的床、座椅、扶手椅以及置物架。这套家具系列提醒着之后的设计师时刻关注下述概念的重要性，即在设计时，不应过度关注科技与材料的创新性，推敲人体功效学以及考虑作品的风格能否在情感上打动他人，而应该首先考虑一件作品的实用性。

马克斯1型餐具（1964）

马西莫·维涅利
（1931—2014）
焦文扎纳公司，1964年
赫勒公司，1971年至今

这款马克斯（Max）1型餐具由马西莫·维涅利（Massimo Vignelli）于1964年设计并夺得了米兰三年展中著名的黄金罗盘奖。这款模块化的餐具最初由意大利的焦文扎纳（Giovenzana）公司制造，随后转而交由当时新成立的美国公司赫勒（Heller）进行大规模生产。最初，它以马克斯1型的名字售卖，1972年，更多的物件被添置进这套餐具中，它的商品名则被改为马克斯2型。这款马克斯1型餐具包括一个矩形托盘底座、大小盘与小碗共六套，另外还包括两只带盖小碗以及一只带盖大碗。1970年起，这套餐具还增加了糖碗、奶盅、茶杯以及茶碟。茶杯很快被马克杯替换，后者极其畅销，被称为马克斯马克杯（Maxmug）。最后被加入这套餐具的物件是1978年设计的一系列浅盘。自1971年起，赫勒公司一直在生产维涅利设计的这套餐具。它的可叠放功能节省了储物空间，而这款设计作品还体现了塑料的如下潜力，即它们被放置在家中时也能赏心悦目，并且能被制成风格统一的造型系列。

40/4 型椅（1964）

戴维 · 罗兰
（1924—2010）
通用防火制品公司，
1964 年至今
豪氏公司，1976 年至今

这款座椅是迄今为止最为优雅且高效的可堆叠椅之一，不论从结构工程还是视觉提升的角度来看，它都是一座丰碑。它两侧的支架使用直径 10mm 的钢质圆管制成。分离的靠背和椅面采用符合人体轮廓的造型，使用压制钢材制成。然而这些简单的描述并不能体现出戴维 · 罗兰（David Rowland）将它们组合在一起时所采用的精妙方法以及背后的智慧。它无比纤细的造型与反复推敲而来的堆叠方式相结合，使得这些座椅堆叠在一起时完全没有间隙。40 把座椅堆叠在一起仅占据 4 英尺（约 1.2m）的高度，“40/4”这一实在的名字便由此而来。罗兰独具匠心地在后椅腿上增加了侧边，这不仅增加了必要的刚性，还使得座椅在成排摆放时可以相互咬合。它的塑料脚垫也能将相邻座椅锁住，保证在排列时所有座椅呈一直线。互相咬合成排的座椅组成了一个格状围栏，四把连接在一起的座椅可以被同时抬起。不出所料地，这把座椅也被广泛地复制，但是没有一款复制版本能够超越正宗的原版。

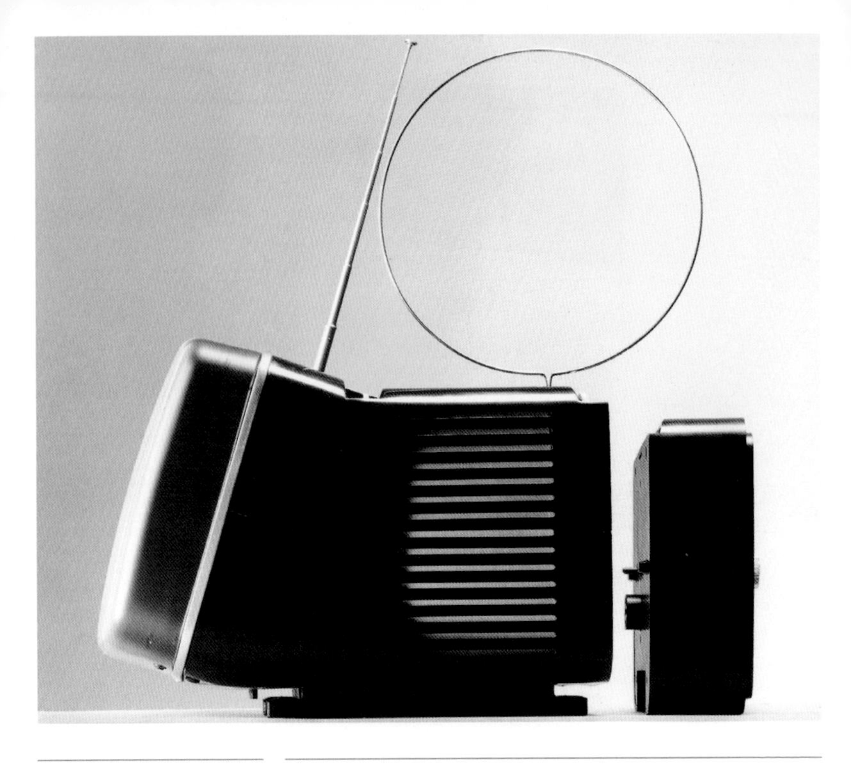

“阿尔戈”便携式电视机（1964）

马尔科 · 扎努索
（1916—2001）
理查德 · 扎佩尔
（1932—2015）
布里翁维加公司，
1964 年至今

这款“阿尔戈”（Algol）电视机是世界上第一款真正的便携式电视，最初的版本可以使用电池作为电源，在它的设计过程中，设计师时刻关注着材料、制造与使用者。马尔科 · 扎努索与理查德 · 扎佩尔为工业设计注入了全新的自由感与责任感，这全然有别于当时其他的理性主义者所提出的概念。这款“阿尔戈”便携式电视机发展自布里翁维加（Brionvega）公司于 1962 年推出的多尼（Doney）14 电视机，后者也诞生自这两位设计师之手。“阿尔戈”电视机极具个性，富有亲和感，扎努索甚至将这款电视比作一只深情望向女主人的小狗。设计师将控制开关与天线布置在了机器上部的斜面与主体的交接处，使这台机器成为一个有机的整体，使用者在黑暗中也能轻易找到控制开关。电视的塑料外壳设计经过仔细考虑，确保它便于清洁，其金属提手在不使用时与外壳完全齐平，而在使用者使用提手携带电视机时，它的抓握手感十分坚固，令人安心。此外电视机内部元件的排布也十分合理，保证了结构的紧凑与维护的便利。这一设计理念预示着即将到来的元件微型化的浪潮。

奇弗拉3型台钟（1965）

吉诺·瓦莱
（1923—2003）
乌迪内索拉里公司，
1966 年至今

在索拉里（Solari）公司委托建筑师吉诺·瓦莱（Gino Valle）设计一款台钟之时，它是一家颇有成就的测量设备与信息系统生产商。该公司所拥有的技术催生了翻页式数码显示器，这是一种自动运行的旋转式终端显示器，其翻页式的数字与文本均采用丝网印刷而成。这款奇弗拉（Cifra）3 型台钟的初款使用交流电电源，主体为一个有色塑料材质且外形简约的圆筒，一半为不透明材质，内部装有机械装置，另一半透明部分可以显示时间。该设计最为出众之处在于它的时间设定系统。其圆筒的左侧设有一个圆盘，向上或向下拨动即能调整分钟或小时。瓦莱本可以使用更为传统的按钮，然而使用一只手操纵圆盘旋钮所带来的满足感为整体设计加分不少。随后推出的电池版本在背部增加了一根圆筒，这一在便携性上的解放为该产品赢得了新一代消费者的青睐。瓦莱曾说过，他并不享受设计产品的过程，至 20 世纪 70 年代中期，他对产品设计的兴趣已然大幅减退，这着实是一大憾事。然而他对产品设计所做出的贡献不可磨灭。

TS502 收音机（1965）

马尔科·扎努索
（1916—2001）
理查德·扎佩尔
（1932—2015）
布里翁维加公司，
1965 年至今

这款由布里翁维加公司推出的 TS502 收音机极具辨识度，它如贝壳开合般的塑料外壳代表了 20 世纪 60 年代推崇人造物品的大众审美。此收音机由马尔科·扎努索与理查德·扎佩尔共同设计，他们充分利用了当时新近出现的可由电池供电的晶体管的优势，创造出了这款轻量且便携的调频收音机。ABS 塑料的使用让它从当时传统的木饰面竞争产品中脱颖而出。它醒目的外饰面采用诸如红色与橙色等高饱和度的鲜艳色彩，同时还有极简主义推崇的白色与黑色可选。如同詹姆斯·邦德的小道具，它乍看之下全无科技的痕迹，只有使用者打开它造型优美的外壳时，这些科技才得以显现，包括布置在一侧的模拟调频器、控制面板以及另一侧的内置扬声器。扎努索与扎佩尔合作为布里翁维加公司设计了一系列极具标志性的电视与收音机。该公司兴起于意大利战后经济繁荣期，并且雇佣顶尖设计师推出了一系列革命性的产品，在电子产品市场中占据了最重要的位置。最近，布里翁维加公司重新推出了这款 TS502 收音机，采用了最新的技术，并且重新换回了最初的操作面板。

超直立置物系统（1965）

斯林斯比设计团队
斯林斯比－梅特罗公司，
1965 年至今

这款超直立（Super Erecta）置物系统由位于英国布拉德福德市的斯林斯比（Slingsby）公司与美国的梅特罗（Metro）公司于 1965 年共同推出。它外形简约，无需工具便能组装并且具备无穷的灵活性。它是一个模块化的系统，这意味着消费者可以首先购买四根支撑杆并根据需求购买若干隔板。当消费者需要更多置物架时，他们可以使用一个精心设计的 S 形连接钩将新买的置物单元直接与先前的既有单元相连。其简洁性是它在商业上经久不衰的秘诀，并且也启发了产品设计师为 20 世纪 80 年代房产投资热潮期间所涌现的新房业主提供平价且可自行组装的家具。20 世纪 80 年代至 90 年代，房屋开发商开始在公寓中引入工业空间，故而如同这款超直立置物系统中所使用的工业语汇也慢慢出现在家用产品的设计之中。1997 年，伦敦维多利亚与阿尔伯特博物馆在一次展览中收录了这款置物系统，并命名为“灵活的家具”，此举认可了它在设计史中的重要地位，并且象征着它从一款在商业上大获成功的产品晋升为一件公认的杰出设计作品。

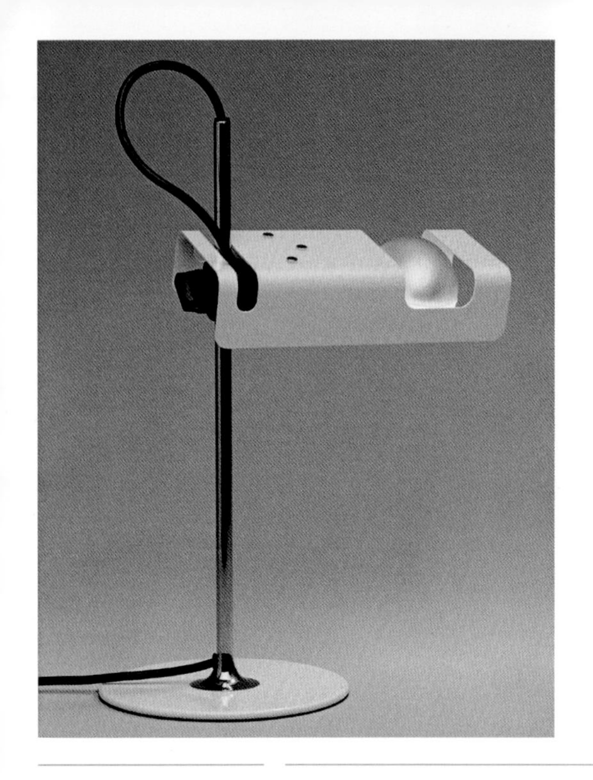

蜘蛛台灯（1965）

乔 · 科隆博
（1930—1971）
奥卢切公司，1965 年至 20 世纪 90 年代，2003 年至今

20 世纪 60 年代是一个极具开创性的年代，在此时期的所有设计作品中，乔 · 科隆博（Joe Colombo）的作品可以说是最值得铭记的一系列代表作，其中这款蜘蛛台灯被公认为一款里程碑式的设计。科隆博的设计理念极其现代，并且如同这款灯具所呈现的那样，他对新材料与新技术的态度十分开放。这款矩形灯具是专为当时飞利浦公司推出的一款新式灯泡设计的，即造型极具特色的洋葱形“科尔纳卢克斯”灯泡。该灯泡的下半球内部涂有银质涂层，而此台灯的外壳上留有一个简洁的矩形空洞，直接将灯泡暴露在外。这款台灯的外壳使用压制板材制成，有各种色彩可选，包括白色、黑色、橙色以及棕色，外壳直接夹在镀铬金属管上，以一个可调节的密胺塑料紧固件连接。其外壳可以在整根灯杆上滑动，最高可至电线出口处，最低可达圆形的金属底座，后者支撑着纤细的灯杆。科隆博设计的这款台灯属于“蜘蛛”系列产品的一部分，该系列还包括各种台式、落地式、壁挂式以及悬挂式产品。1971 年科隆博去世，年仅 41 岁，一段本应前途无量的职业生涯戛然而止。

塞迪亚通用椅（1965）

乔·科隆博
（1930—1971）
卡尔泰尔公司，
1967 年至今

乔·科隆博的设计作品与 20 世纪 60 至 70 年代意大利的社会以及政治背景密不可分，并且还受到新兴的波普文化的影响。其作品的主要特征包括对新材料独到的使用，以及多用途且模块化的家具设计理念。在他的设计作品中可以窥见他早期的画家经历所带来的影响，在整个职业生涯中，他大量地使用了从战后表现主义发展而来的有机形态。科隆博的家具作品引起了朱利奥·卡斯泰利（Giulio Castelli）的兴趣，后者是家具制造商卡尔泰尔（Kartell）公司的创始人。这款 1965 年问世的塞迪亚通用椅（Sedia Universale）是第一把使用一种材料整体压模而成的座椅。在科隆博最初的设计中，该椅本应使用铝材制成，然而他热衷于进行新材料的实验，随后便催生出了一款使用热塑塑料模造而成的原型椅。科隆博将该椅的椅腿设计为可互换的形式。它既可以是一款标准餐椅，而换上短椅腿后，它还是一款休闲椅或儿童座椅，如若使用长椅腿，该椅则成了高脚椅或吧台凳。科隆博设计的家具造型新颖，色彩缤纷并且用途广泛，完美地契合了 20 世纪 60 年代的时代风貌。

PK24 休闲躺椅（1965）

波尔 · 凯霍尔姆
（1929—1980）
埃温 · 科尔 · 克里斯滕森公司，1965 年至 1981 年
弗里茨 · 汉森公司，
1981 年至今

虽然波尔 · 凯霍尔姆作为一位家具设计师的职业生涯十分漫长，然而他的作品却相对较少，其中部分原因在于他一直尝试找到一家能满足他所提出的严苛标准的生产商。最终，经汉斯 · 韦格纳的推荐，他终于与埃温 · 科尔 · 克里斯滕森公司结成了合作关系。这一关系的成果便是一系列具有国际风格且造型优美的家具，而这把PK24 休闲躺椅便是其中的核心作品。凯霍尔姆设计的大多数座椅都让人看不出他细木工匠的出身，这些座椅都使用极细的镀铬钢材制成，装饰以视觉上和纹理上都极具对比性的材料，比如皮革或这把PK24 休闲躺椅上的编织藤条。凯霍尔姆将此椅划分为几个部分，包括一个修长的后倾座部，其下为一个独立且十分稳固的底座，座部的倾斜程度可通过滑轨调节。此椅最引人注目的部分便是它向外延伸的座部，并且设计师巧妙地使用一根滑轨将它和 U 形底座相连。这款 PK24 休闲躺椅的设计异常完美，它不再单单是一把座椅，而成了一座“头戴”靠枕的雕塑。虽然如今它供人就座的功能依旧，不过使用者不同的体形可能会破坏它所散发出的这种完美无瑕的感觉。

“节俭”系列餐具/“咖啡馆”系列餐具（1965）

戴维·梅勒
（1930—2009）
沃克和霍尔公司，
1966 年至约 1970 年
戴维·梅勒公司，
1982 年至今

设计师戴维·梅勒的名字就是英式餐具设计的代名词。这款“节俭”餐具系列，后来改名为“咖啡馆”系列，由梅勒于 1965 年设计。1963 年，梅勒接到委托，为英国大使馆设计一套全新的银质餐具，随后，他又为政府开设的餐厅、医院、监狱以及英国铁路公司设计一套全新的餐具。对许多传统派人士而言，这套“节俭”系列餐具的设计最为激进之处，在于梅勒将传统的 11 件套餐具缩减至 5 件套。梅勒的作品具有一脉相承的特点，即他成功地将生产与设计等同看待，这点可能是他在确定刀、叉和勺的形状的过程中最为看重的因素。在这套令人眼前一亮的“节俭”系列餐具中，餐刀为一个单一的整体，这为整套现代性的餐具增添了亮色。而餐勺圆润的勺头，餐叉短小的 4 个尖齿以及把手流畅的造型都对这套餐具的成功做出了贡献，让这套餐具成了现代餐具的标准，也使其获得了遍布全国的销售业绩。梅勒受到当时时代精神的启发，在设计中考虑了不锈钢生产的可能性，这是一种耐用的材料，也能让诸如“节俭”系列餐具这样的一体化产品轻易地进行大规模生产。

DSC 系列座椅（1965）

贾恩卡洛·皮雷蒂
（1940— ）
卡斯泰利 / 霍沃思公司，
1965 年至今

自 1963 年起，贾恩卡洛·皮雷蒂就开始构思一款既适用于家庭也适用于公共空间的座椅，并且可以突破现有材料与技术的既存准则。他将目光投向了高压压铸铝材，在当时，这种材料应用最为广泛的领域是发动机制造。虽然皮雷蒂这种开创性的概念并不符合卡斯泰利公司主要生产木质办公家具的理念，但是卡斯泰利公司还是让他进行了尝试。这便催生了 106 椅，此椅的椅面与靠背为预成形胶合板壳体，使用两块压铸铝材制成的夹片连接，仅需 4 颗螺钉固定。非同寻常的 106 椅亮相于 1965 年的米兰家具展，一经问世便获得成功，并且催生了一系列座椅，即 DSC 系列座椅。其中包括轴心 3000 系列与轴心 4000 公共座椅系列，此系列座椅皆可堆叠，并且能相互扣锁，能选配不同的配件，甚至还配有各自专用的运输推车。如今，此系列座椅广泛存在于各类办公室与公共空间中，这也得益于其本身的多用性。这款 DSC 系列座椅为皮雷蒂树立起了他的标志性风格，即集技术实验、实用性与优雅感于一身，这对这位抱负远大的设计师来说亦是一项伟大的成就。

埃克利塞灯（1965）

维科 · 马吉斯特雷蒂
（1920—2006）
阿尔泰米德公司，
1967 年至今

这款埃克利塞灯（Eclisse Lamp，即意大利语中天文学概念上的“食”）是一款床头灯，外壳使用瓷釉金属制成，其中心转轴上设有两个相互交叠的半球壳体，转动内部的壳体便可以调节灯光。维科 · 马吉斯特雷蒂（Vico Magistretti）在家具和灯具上都尝试使用过球体和有机形态。1964 年，他绘制出了一款与床头板相连的豆荚状灯具，次年此设计被改进，成了这款埃克利塞灯。1968 年，他再次修改了这一方案，创造出了以塑料制成的忒勒戈诺（Telegono）台灯。埃克利塞灯代表了马吉斯特雷蒂在 20 世纪 60 年代中对技术与视觉效果的探索。他的设计方法涉及到对产品使用方法的研究以及向生产商提交草图，而不是技术图纸。技术人员则能随后根据他的草图提出可行方案。马吉斯特雷蒂称，对埃克利塞灯而言，使用何种机械原理并不重要，只要能满足发光的基本需求即可，即能让灯光在一小片亮光与整束灯光之间调节即可。埃克利塞灯赢得了 1967 年的黄金罗盘奖，并且跻身于众多博物馆的收藏之列。自它首次生产以来就一直是阿尔泰米德公司的畅销产品。

AG7太空笔（1965年）

保罗 · C. 费希尔
（1913—2006）
飞梭太空笔公司，
1965 年至今

保罗 · C. 费希尔（Paul C. Fisher）于 1965 年设计的这款 AG7 太空笔能够以任何书写方式在所有环境中使用。此笔的笔芯使用氮气加压，这样其中的墨水便能在没有地心引力的帮助下顺畅地流出。此外，费希尔还选用了触融墨水，这是一种半固态的墨水，会在笔尖滚珠运动时所产生的剪切力的作用下液化。此笔对供墨流量的控制可谓革命性，因为其他种类的圆珠笔的墨水不是渗漏就是干涩。而这款耐用的 AG7 太空笔经长期放置也能立即使用，除此之外它还能在水下使用，倒置时也能书写。它逐渐收窄的笔杆与带防滑槽的抓握处与当时市场上的其他笔并没有什么不同，然而它的造型却彰显出未来的气息。飞梭太空笔（Fisher Space Pen）公司随后推出了一系列子弹壳外形的圆珠笔，进一步拓展了书写工具在造型上的可能性。可以说这款圆珠笔的出现恰逢其时。1968 年 10 月，AG7 太空笔替代了早先使用的铅笔，被选中参与了阿波罗 7 号的航天任务。星际旅行的报道提升了这款太空笔的形象，同时太空中的极端环境也证明了此笔的优异性能。

伞架（1965）

吉诺 · 科隆比尼
（1915— ）
卡尔泰尔公司，
1966 年至今

这款由吉诺 · 科隆比尼（Gino Colombini）于 1965 年设计的伞架如今几乎无处不在，它结合了功能性与科技创新。此伞架使用 ABS 塑料制成，配以各种醒目的色彩，如钴蓝、黄色、红色、烟灰色和银色，有时在出售时还安装有一个烟灰缸。此伞架最初的设计目的为日常家用，它是首款使用注塑塑料制造的大容量量产制品之一，探索了注塑塑料的潜力。它将结构、材料以及整体设计的准则融入了低成本制造之中。科隆比尼是佛朗哥 · 阿尔比尼的追随者，1953 年至 1960 年间，他作为卡尔泰尔公司技术部的领导人，负责制造了种类繁多的小件家用塑料物品。当时塑料制品正在被广大用户所接受，而他则适时地决定选用塑料作为产品的主要材料，这巩固了他在设计界经久不衰的名声。科隆比尼活跃的年代正值意大利设计的第二阶段，当时，设计师将他们对新社会的美好愿景投射在小型的日常用品和装饰品之中。科隆比尼的作品受到了应得的认可，他在 1955 年至 1960 年间，4 次获得大名鼎鼎的意大利黄金罗盘奖。

普拉特纳椅与脚凳

（1966）

沃伦·普拉特纳

（1919—2006）

克诺尔公司，

1966 年至今

这款由沃伦·普拉特纳（Warren Platner）设计的普拉特纳椅与脚凳是技术上的杰作，这不仅因其独创的钢缆结构，还归功于其结构所创造出的谜一般的视觉效果，后者在很大程度上将这件作品与当时的视觉艺术画作等同了起来。普拉特纳将一系列垂直放置的弯曲钢条焊接在一个圆形框架上，创造出了这件作品，这些钢条形成了摩尔纹，就如同布里奇特·赖利（Bridget Riley）的油画一般。“结合优雅的设计与技术创新”这一现代设计理念是普拉特纳的中心思想，他在与传奇设计师雷蒙·洛伊、埃罗·沙里宁以及贝聿铭合作期间，慢慢形成了这一思想。普拉特纳椅与脚凳的钢条经过闪亮的镀镍表面处理，红色的软垫使用合成乳胶模造而成，它极具实用性，舒适且外观奢华。当被问及此设计的灵感来源时，普拉特纳坦言灵感来自路易十五时期的装饰风格。1966 年，包含了单椅、躺椅以及相配套的座凳等总共 9 件套的普拉特纳系列荣获了美国建筑师学会颁发的国际奖。在克诺尔公司的产品中，它一直广受欢迎，这既归功于它就座时的舒适感，也得益于其眩目的欧普艺术效果。

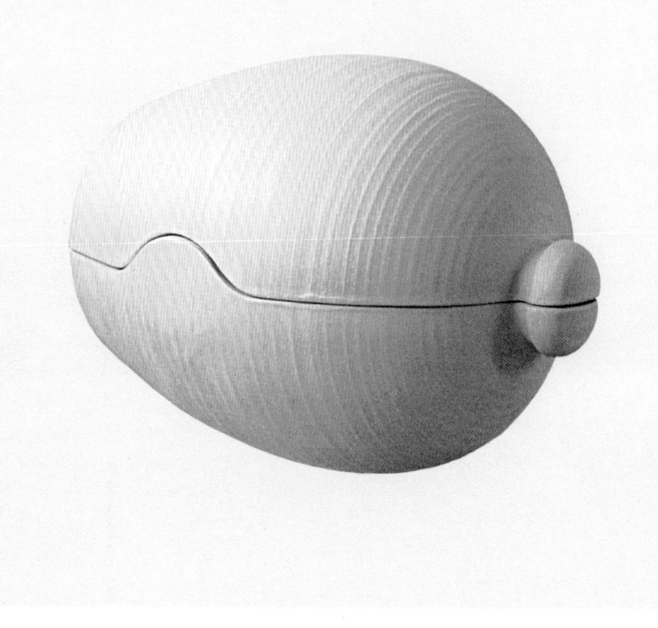

烤鸡盅（1966）

佚名设计师
哈比塔特公司，韦斯顿陶器作坊，1966 年至今

使用赤陶土制成的烤鸡盅（Chicken Brick）以它的朴实与真挚例证了何为一个优秀的设计。它特别且有些古怪，甚至引人发笑的圆鼓造型极具辨识度，它简洁、直白，没有任何多余的部件，也不施装饰。使用陶罐烹饪食材这一古老传统可以追溯至伊特鲁里亚文明时期，早在特伦斯·康兰（Terence Conran）于 1966 年将这件烤鸡盅陈列在他开设的哈比塔特公司的商店内之前，这种烤箱般的炊具已经在欧洲大陆存在了数个世纪。然而，正是由于哈比塔特公司开始售卖这款烤鸡盅，才促使它在英国流行开来。这款烤鸡盅可以放入任何一种烤箱内，它为烤制食材提供了一个密闭环境。陶土受热均匀，可以均一地烹饪食材，同时密闭的环境最大程度地锁住了风味，不至于让食材变得干硬。而且烤鸡盅本身也赋予了食材独特的风味。在 20 世纪 60 年代，烤鸡盅给人的印象既实用又独具异域风情。如今，它还广受关注健康的人们的喜爱，这是因为在使用它烹饪时无须添加任何油脂或浇上油汁。虽然乍看之下，这件圆胖的小物件会令人感到一丝怪诞，然而它却是一件实用且成功的设计作品。

灯泡灯（1966）

英戈 · 毛雷尔
（1932— ）
英戈 · 毛雷尔公司，
1966 年至今

这款灯泡灯（Bulb Lamp）是一款彻彻底底的波普艺术风格灯具：外面的灯泡套着里面的灯泡，这个外壳便是对日常用品的一个极其夸张的复制。内部的灯泡部分镀铬，以反射光线，使其漫射，而灯具的外壳为水晶玻璃，底座同样镀铬处理。在英戈 · 毛雷尔（Ingo Maurer）的一系列灯泡造型的设计中，这款灯泡灯是首件作品。他曾说："灯泡就是我的灵感来源，我一直对灯泡十分入迷，因为它完美地结合了工业与诗意。" 1966 年，他创造了三款灯泡作品：灯泡灯、透明灯泡灯以及巨型灯泡灯。这些作品的早期版本有许多都通过口口相传的形式售卖，然而很快这便成了一门活力四射的生意。毛雷尔是一位平面设计师，20 世纪 60 年代他曾是一位商业艺术家，随后他为了将波普艺术的概念融入产品设计中，尝试生产了这款灯泡灯。1963 年，他在慕尼黑开设了自己的工作室 "M 设计"，这便是如今的英戈 · 毛雷尔公司。至 20 世纪 80 年代，此公司已经由原来的设计工作室发展为全面的生产商。该公司如今依然在生产这款灯泡灯。

拉米 2000 钢笔（1966）

格尔德·阿尔弗雷德·米勒（1932—1991）

拉米公司，1966 年至今

这款拉米（Lamy）2000 钢笔于 1966 年发售的那一刻，是钢笔发展史中的一个里程碑。它以其精密的技术与受包豪斯影响而形成的优美且具有现代感的造型，从竞争对手之中脱颖而出。这款钢笔的设计师是格尔德·阿尔弗雷德·米勒（Gerd Alfred Müller），在 1962 年为博朗公司设计了六分形（Sixtant）电动剃须刀之后，他名声大噪。而在这款拉米 2000 钢笔中，他将清晰简洁的德国现代主义传统融入其中。然而这款钢笔不仅仅是一件使用精密制造工艺制成的极简主义作品，它还是一款宝石般的奢侈品。它的外壳使用聚碳酸酯与不锈钢制成，表面采用拉丝工艺，整体镀以铂金，笔尖则为 14K 黄金。拉米 2000 钢笔的弹簧笔夹为实心不锈钢材质，独创的弹簧结构能牢固地夹住钢笔。这款钢笔以其简洁的曲线、单色配色以及其先进的人体功效学设计与反复修改而成的可靠性和耐用性成了一款标志性产品。拉米公司曾是一家中等规模的公司，不过借由拉米 2000 钢笔的成功，该公司一跃成了世界范围内最重要的以设计主导的书写工具制造商。

“帝汶”日历（1966）

恩佐 · 马里（1932— ）
达内塞公司，
1963 年至今

20 世纪 60 年代，恩佐 · 马里为达内塞公司设计了一系列永久日历，这款“帝汶”（Timor）日历便是其中之一。其造型源自马里儿时（20 世纪 40 年代）记忆中所见的铁路信号器。“帝汶”日历造型中的精妙感在马里为达内塞公司设计的其他塑料产品中也可以明显地见到，如科莱奥尼（Colleoni）铅笔架、夏威夷（Hawaii）蛋杯、婆罗洲（Borneo）烟灰缸以及汤加雷瓦（Tongareva）沙拉碗。马里将 ABS 塑料视为首选材料的原因在于，在生产结构复杂或者部件众多的产品时，它的耐久性较高、易于装配，并且成本较低。马里认为这些因素都比“品味”这一问题更为重要，而模造 ABS 塑料本身就十分平顺、光滑且精密，无疑已经为产品增添了一份恒久不变的质感。“帝汶”日历的名称并没有特殊的含义，而且当时达内塞公司的所有产品都以岛屿的名字命名。当被问及这款日历的实用性时，马里承认他本人并没有使用它，他称：“我才不想每天都记着去更换日期！”尽管如此，这款日历依然是一个美丽的物件，并且如今仍旧还在生产。

舌椅（1967）

皮埃尔·保兰
（1927—2009）
阿蒂福特公司，
1967 年至今

20 世纪 50 年代末，荷兰家具制造商阿蒂福特（Artifort）公司做出了一项重要决定，聘请艺术与设计的行家，极具前瞻性的设计师郭梁意（Kho Liang Ie，音译）为美学顾问，随后该公司便将他们的产品进行了彻底的现代化改造。这款由皮埃尔·保兰（Pierre Paulin）设计的舌椅（Tongue Chair）便展现了这一时期阿蒂福特公司革命性的设计思路。保兰原是一位雕塑家，不过在 20 世纪 50 年代早期在托内特公司工作期间，他对家具设计的兴趣不断增长。这把类似于舌头的座椅可以堆叠，造型十分前卫，就如同床垫一般，它赋予了就座全新的意义，暗示着使用者可以沿着曲线完全放松肢体，而不再需要直挺地坐着。它全新的造型之所以可以成立，要归功于对汽车工业制造技术的借鉴。它的金属框架外包覆有一层舒适的厚海绵，最外层则覆盖涂以橡胶的编织帆布。这种有弹性的织物大大简化了传统的软垫，织物有各种醒目的色彩可供选择，并以拉链封口。从造型上看，这款舌椅在当时十分激进，而随着岁月流逝，它贴合人体的舒适外形最终证明了这是一款成功的设计。

圆柱系列（1967）

阿尔内 · 雅各布森

（1902—1971）

斯泰尔顿公司，

1967 年至今

这套圆柱系列（Cylinda-Line）诞生自设计师阿尔内 · 雅各布森在餐巾纸上的一系列粗略的草图。在发售时，此系列被设定为 18 件套不锈钢家居用品，每一件物品都标志着雅各布森成功地在有机形态与现代主义的简洁曲线之间找到了平衡点，这两点亦是雅各布森在设计中所追求的要素。自第一张草图算起，圆柱系列的研发历经了超过三年的时间。由于在当时，将不锈钢制成雅各布森要求的纯粹圆柱体造型的技术还未出现，故而公司必须先研发相应的机器与焊接技术。而这两者结合便赋予了其无接缝圆柱体造型以精确感与缜密感，而对产品公差的极致要求则造就了其拉丝表面的平整与光亮。醒目的黑色尼龙塑料把手的外部直角线条与其内部的圆弧，都与圆柱造型形成了鲜明对比，故而 1967 年，此系列产品一经投入市场便迅速获得了大量国际关注。雅各布森的这套圆柱系列是面向家庭客户的形式主义在商业上最为成功且影响最为广泛的案例，作为一种面向大众市场的商品，此系列也象征着新功能主义的巨大成就。

香锭椅（1967）

埃罗·阿尔尼奥
（1932— ）
阿斯科公司，
1967年至1980年
阿德尔塔公司，
1991年至今

1966年，芬兰设计师埃罗·阿尔尼奥推出了一把胶囊般的球形椅，并因此声名鹊起。而随之于1967年推出的这款香锭椅（Pastil Chair）则继续制造着轰动，并于1968年获得了美国工业设计奖。这款拥有糖果配色的座椅也被称为陀螺椅（Gyro Chair），它是20世纪60年代对摇椅的回应。阿尔尼奥至此终于设计出了一款舒适、活泼，既适用于室外也适用于室内的家具。此椅的造型受到了糖果或香锭的启发。阿尔尼奥在制作此椅的原型时使用了聚苯乙烯材料，如此一来他便可以确定尺寸，并且将它慢慢修改成为一把摇椅。1973年爆发的石油危机使得他的多项基于聚酯纤维材料的设计作品停止了生产。直到20世纪90年代，市场上再次燃起了对20世纪60年代设计作品的热潮，阿德尔塔公司才因此开始生产阿尔尼奥的部分设计作品，而此椅则选用模造玻璃纤维增强聚酯纤维制成。阿尔尼奥与阿德尔塔公司为该产品设计了多种色彩供消费者挑选，包括柠檬绿、黄色、橙色、茄红色、淡蓝色、深蓝色以及更为内敛的黑色与白色。

充气椅（1967）

焦纳坦·德帕斯
（1932—1991）
多纳托·德乌尔比诺
（1935— ）
保罗·洛马齐（1936— ）
卡拉·斯科拉里（1930— ）
扎诺塔公司，
1967 年至今

这款充气椅是 20 世纪 60 年代发出的长盛不衰的视觉艺术宣言，它也是第一款成功进行大规模生产的充气设计作品。它圆鼓的造型十分有趣，受到了米其林公司 19 世纪的吉祥物“必比登”的启发，而它所使用的技术却完全来自 20 世纪。例如，它的 PVC 塑料圆筒使用高频焊接技术相连。此椅是 DDL 工作室首款合作生产的产品，此工作室由焦纳坦·德帕斯、多纳托·德乌尔比诺与保罗·洛马齐于 1966 年在米兰成立。DDL 工作室创立的初衷在于为年轻活泼且非传统的生活方式提供简约且平价的产品。此外，工作室还不断尝试各种材料，并且从充气建筑装置中寻找灵感。工作室以充满讽刺意味以及轻盈优美的方式来设计制造实用家具，此风格在这款充气椅上也有所体现。它既能在户外使用也能在室内使用，在家中亦能轻易充气，是家具设计史上的一个里程碑。不过它的预期使用寿命较短，甚至在购买时还带有一个修理包，这从它低廉的价格中也能看出。它首次问世之时，扎诺塔公司得到了大量的社会关注。20 世纪 80 年代，该公司以经典设计的名义再次推出了此椅。

袋囊椅（1968）
皮耶罗 · 加蒂
（1940— ）
切萨雷 · 保利尼
（1937—1983）
佛朗哥 · 泰奥多罗
（1939—2005）
扎诺塔公司，
1968 年至今

意大利制造商扎诺塔公司在生产这把袋囊椅（Sacco Chair）的那一刻，就算跳入了“波普家具”这一潮流。此椅由皮耶罗 · 加蒂、切萨雷 · 保利尼与佛朗哥 · 泰奥多罗共同设计，是第一款投入市场的豆袋椅。设计师最先提出的方案是一个透明的水袋，然而过重的重量与注水的复杂性让设计师最终放弃了该方案，转而别出心裁地选择使用成千上万的半膨胀聚苯乙烯小圆珠来填充它。很快，这款袋囊椅就受到了追随新潮的名流富豪们的青睐。然而，由于装有聚苯乙烯圆珠的袋子的专利十分不易注册，而它本身又十分容易制造，故而市场上立刻就出现了各种便宜的复制品。它的广告策略成功地树立起了一种生活方式，恰好契合了此椅所传达出的感受，即有趣、舒适、潇洒且符合当时的时代特质。因此，这款最初品质极高的家具迅速发展成了低成本且可以大规模制造的用以填充空间的家具。尽管如今豆袋座椅已经被多数人认为有些过时了，然而这款袋囊椅作为一种符号依然存在，这是由于它开创性的设计以及它象征着 20 世纪 60 年代乐观主义的时代精神。

蛤蜊烟灰缸（1968）

艾伦·弗莱彻
（1931—2006）
梅贝尔公司，1972 年，
1992 年至今
客观设计公司，
1973 年至 1976 年

1971 年问世的这款由密胺塑料制成的蛤蜊（Clam）烟灰缸在当时追随潮流的家庭中十分常见。这款烟灰缸直径 14cm，由英国平面设计师艾伦·弗莱彻（Alan Fletcher）设计，从他最初画下的草图中，人们可以看到一个象征着荷兰埃德姆干酪的造型。蛤蜊烟灰缸由上下两部分组成，使用同一个模具制成，当扣合在一起时，它们会产生强烈的对比，如同一尊轮廓分明的雕塑。它的切削加工工艺十分上乘，就算没有铰链，上下两瓣壳体也能紧密契合并扣紧。打开时，只须将它们背朝下放置，两部分壳体就各自成为烟灰缸，锯齿状的边缘也自然地成了放置香烟的部位。意大利制造商梅贝尔公司致力于推广和挖掘密胺塑料的优点，并且使用它制造了各种家用物件。而位于英国德文郡的客观设计公司则制造了 50 件使用压制黄铜与铬制成的版本。蛤蜊烟灰缸造型简洁，生产过程十分高效，故而遍布世界各地，从布宜诺斯艾利斯的银行到曼谷的酒吧中都能见到它的身影。它不只被用作烟灰缸，还被用来盛放曲别针、大头针、印章、纽扣、钥匙以及零钱等各色物品。

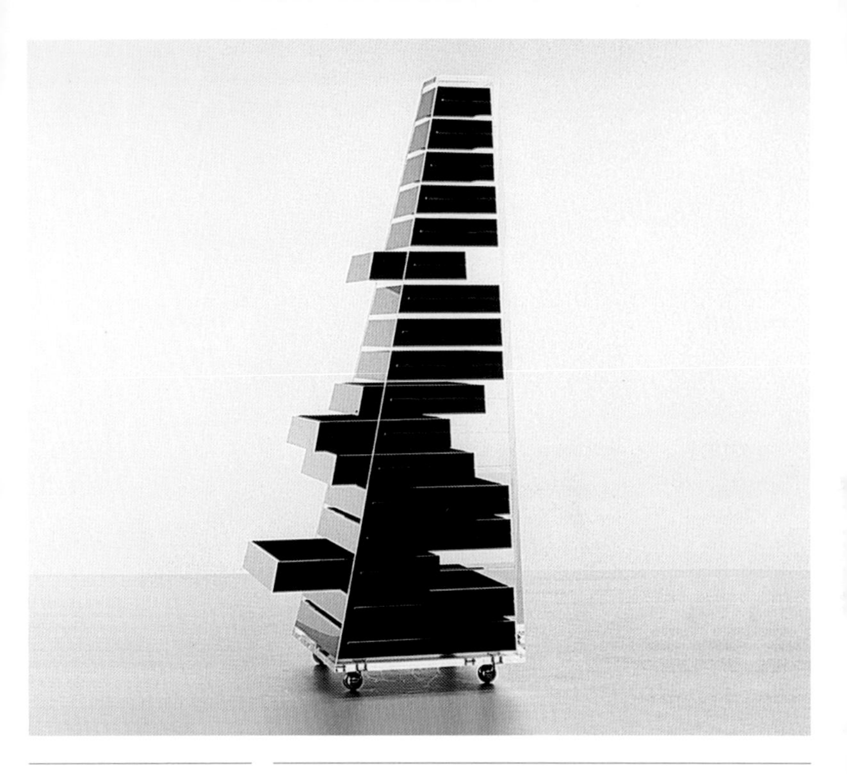

金字塔家具（1968）

仓俣史朗（1934—1991）
石丸，1968 年
卡佩利尼公司，
1998 年至今

仓俣史朗是 20 世纪中后期最具独创性的设计师之一。他的作品风格各异，用途也大相径庭，然而所有这些设计都立足于对材料的探索。这款金字塔（Pyramid）家具为一个抽屉柜，外壳使用透明丙烯酸树脂制成，共配有 17 个逐渐收小的抽屉，并涂以对比度强烈的黑漆。仓俣史朗对造型的理解一直是其作品的主题。比如，在 1967 年至 1970 年间所做的抽屉设计中，他便对方形进行了深入的探讨。而在这段时期中，金字塔家具以它建筑般的造型与层叠向上逐渐收窄的样式成了其中最为生动的作品。他使用脚轮代替了传统的柜脚，巧妙地将此柜打造为可移动的多功能家具。此设计体现了战后日本设计逐渐形成的自信心与创造力。从它非常规的造型中，人们可以看出设计师对那些非同寻常、引人入胜且瞬息万变之物的酷爱。仓俣史朗重新考量了造型与功能的关系，且以此创造出了一项全新的设计，从中可以看出他如何在常用物体上运用自己的超现实主义与极简主义的理念。

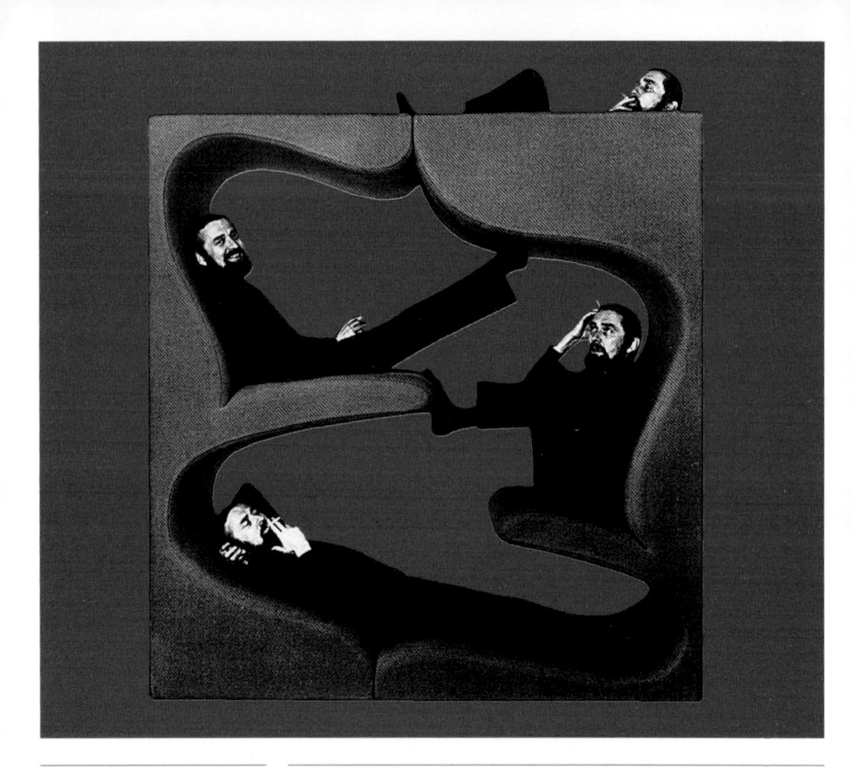

居住之塔（1968）

韦尔纳·潘顿
（1926—1998）
赫尔曼·米勒公司，
1969 年至 1970 年
弗里茨·汉森公司，
1970 年至 1975 年
斯泰加（Stega）公司，
1997 年
维特拉设计博物馆，
1999 年至今

韦尔纳·潘顿设计的现代家具都具有独特的气质，这在居住之塔（Living Tower）上表现得淋漓尽致，此作品又名“潘顿塔”（Pantower），亮相于 1970 年的科隆家具展。此设计十分新颖，甚至有些出格，极好地代表了 20 世纪 60 年代的时代精神。它几乎不可被定义，因为它既可以是组合座椅，还能储物，甚至可以被视为是一件艺术品。它的框架使用桦木胶合板制成，整体包覆海绵，最外层饰面则采用了夸德拉特（Kvadrat）公司出品的羊毛。如今，它有三种颜色可供消费者选择，分别是橙色、红色与深蓝色。1926 年，潘顿生于丹麦根措夫特。他毕业于丹麦皇家美术学院，并曾于 1950 年至 1952 年间在阿尔内·雅各布森的建筑师事务所工作。1955 年，他开设了自己的设计工作室。1958 年，他在腓特烈西亚家具展中推出了自己设计的新颖座椅，引起了不小的轰动，他像展出一件艺术品那样将座椅悬挂在自己展位的天花板上，就如同这些座椅原本就是一件艺术品那样。这款居住之塔将座椅的元素融入雕塑之中，无疑是一件艺术品的典范，它至今依然是一款成功的产品。

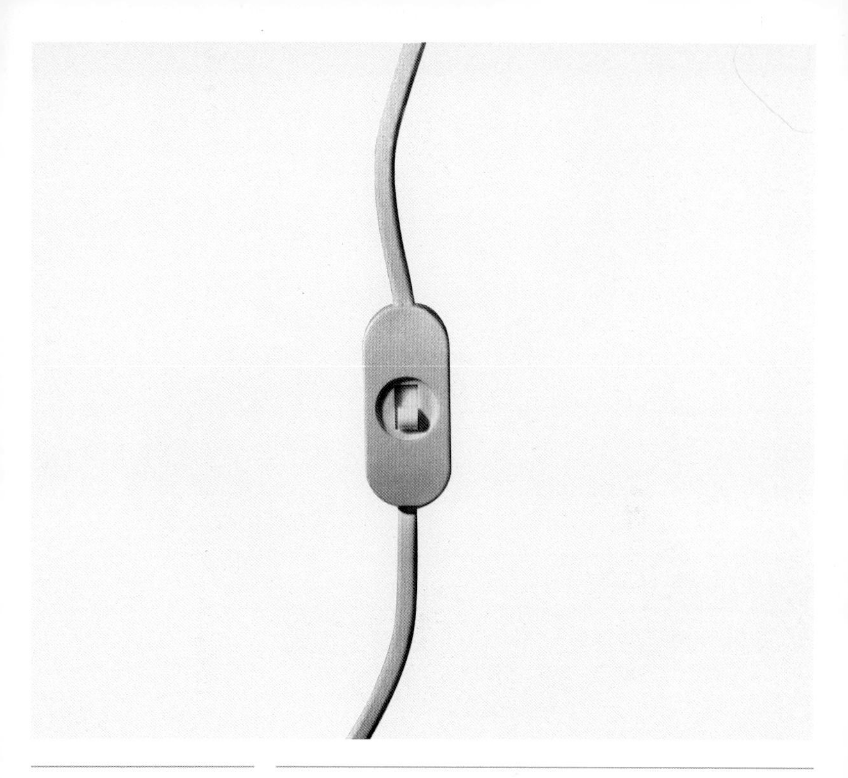

VLM 开关 / 皮特拉塔开关（1968）

阿基莱 · 卡斯蒂廖尼（1918—2002）
皮耶尔 · 贾科莫 · 卡斯蒂廖尼（1913—1968）
VLM 公司，1968 年至今

这款 VLM 开关又名皮特拉塔开关（Interruttore Rompitratta），它并不是卡斯蒂廖尼兄弟设计的第一款开关，甚至也不是他们设计的第一款带电线的开关。然而阿基莱 · 卡斯蒂廖尼却坚称，此设计是他最引以为傲的作品。1967 年，VLM 公司新开设了一家现代化工厂，生产灯具配件，该公司找到了卡斯蒂廖尼工作室，希望他们能设计一款全新的开关。于是卡斯蒂廖尼兄弟设计了这款简约且匿名的开关，至今已经售出了 1500 万件。它的下缘较为圆滑，手掌触碰时十分舒适。而它的上缘则较为尖锐，如若在黑暗中，人们仅凭触碰便能判断出开关的正确朝向。开关拨钮周围设置了一圈圆形凹陷，而在拨动到位时，不论开还是关都可以听到一声咔嗒声，这个声响产生的原因，是内部的一个半轴承滑入了正确的位置，同时被一根弹簧扣住，这个弹簧被巧妙地隐藏在轴承与金属条带之间，后者控制着电路的断开或闭合。每天，至少 30 个国家内数以千计的人们在使用着这个开关，并且完全没有意识到它巧妙的设计，也不知道设计师是谁，这恰恰印证了这是一款绝对成功的产品。

花园蛋椅（1968）

彼得·吉齐（1940— ）
罗伊特公司，
1968 年至 1973 年
（东德）施瓦尔茨海德 VEB
公司，1973 年至 1980 年
吉齐 NOVO 公司，
2001 年至今

如果说花园家具的目的是为了将住宅的室内陈设搬移至户外空间，那么这款由彼得·吉齐（Peter Ghyczy）设计的花园蛋椅（Garden Egg Chair）便堪称一款完美的设计。此椅蛋形外壳的材质为玻璃纤维增强聚酯纤维，外壳的一部分可翻开作为椅背，而闭合之后，整个座椅便能完全防水，以便放置在户外。与它密不透风且坚硬无比的外壳相反，它的内部设置了柔软的长毛绒材质可拆卸坐垫，且以织物作为内衬。因此这款座椅完美地结合了对舒适的传统理解与现代的材料和制造工艺。吉齐并没有透露这款设计的灵感来源，然而它将自然形态与当代工艺相结合的作法令人联想到装饰艺术运动，同时它的整体风格却明显是 20 世纪 60 年代的波普艺术风格。自 1956 年革命之后，吉齐离开了匈牙利，移居至西德，学习建筑之后他去了罗伊特（Reuter）公司工作，这是一家生产塑料制品的公司。2001 年，吉齐自己开设的公司——吉齐 NOVO 公司再次推出了这款花园蛋椅，它的设计原封未动，不过新版本采用回收塑料制成，还带有一个可选配的旋转底座。

唐唐凳（1968）

亨利 · 马索内
（1922—2005）
STAMP 公司，1968 年至今

这款唐唐凳（Tam Tam Stool）因其造型又名空竹凳，它的问世得益于 20 世纪 60 年代的塑料热潮而带来的在生产制造上的全新可能性。亨利 · 马索内（Henry Massonnet）开办的 STAMP 公司曾经专门为渔民生产塑料冰盒，然而 1968 年，马索内决定开发其公司拥有的注塑生产工艺的潜能，用以生产坚固、便携且经济的座凳。这款唐唐凳拥有多种色彩，并且上下两半部件完全相同且可以拆分，这样它的装载和运输都会更为便利。此产品获得了巨大的成功，共售出 1200 万件。然而，随着 1973 年石油危机的爆发，塑料产业受到了波及，唐唐凳的产量也相应缩小。多年后，布拉内克斯设计（Branex Design）公司的创始人与发展经理萨沙 · 科昂（Sacha Cohen）联系了马索内，随后 STAMP 公司使用同样的颜色、模具与材料恢复了该凳的生产。如今，唐唐凳仍在同一家工厂生产，只是色彩增至 13 种，并且还有各种图案。布拉内克斯设计公司在世界范围内都独享知识产权，故而它作为唐唐凳的发行商确保了这款产品自 2002 年推出后的商业成功。

洋葱花瓶（1968）

塔皮奥 · 维尔卡拉
（1915—1985）
韦尼尼公司，
1968 年至今

塔皮奥 · 维尔卡拉于 20 世纪 60 年代中期受韦尼尼公司的委托，设计一款全新的使用传统方式制造的玻璃器皿，最终的成果便是这款无模自由吹制的洋葱花瓶。这款花瓶的出众之处在于维尔卡拉创造出的那种静态平衡的微妙感，这种感受来自不同厚度的色带所展现出的协调感，而花瓶围合的体量与精心勾画出的轮廓都凸显了这种协调感。这款洋葱花瓶对维尔卡拉来说是一个全新的开始，他在此作品中使用了“嫁接”工艺，这种玻璃制造工艺源自 16 世纪，也是穆拉诺岛上玻璃工业的专长，此工艺能将两块（通常为不同色彩的）烧热的玻璃器皿嫁接在一起，成为一个容器。在维尔卡拉与韦尼尼公司合作期间，他充分发挥了当地的这项专长，使用了大量不同颜色与厚度的玻璃，而他在芬兰完全不可能接触到这些材料。他在芬兰完成的作品往往源自渴望唤起对芬兰的情感，这是一种重量感与冷静、冷淡之感。而另一方面，他为韦尼尼公司设计的作品则非常抽象，一般吹制得极薄，并且色彩丰富。这款洋葱花瓶几乎一面世就成了该公司最受欢迎的产品，直至今日依然如此。

马尔科索餐桌（1968）

马尔科·扎努索
（1916—2001）
扎诺塔公司，
1968 年至今

这款马尔科索餐桌（Marcuso Dining Table）拥有优雅的线条，玻璃桌面与不锈钢桌腿让它成为一款极受追捧的经典家具。并且它在意大利设计史中的地位也极不寻常，得益于复杂的技术研发，它的生产才得以进行。虽然玻璃与金属结合的餐桌作品有辉煌的先例可循，然而这两种材料的结合方式从未被真正地解决。在观察汽车通风窗时，马尔科·扎努索想到了设计一款使用玻璃和不锈钢制成的桌子，同时抛弃所有厚重的结构。历经了两年的研发后，他与扎诺塔公司发明了一种特殊的胶粘工艺并申请了专利，这种工艺能以肉眼不可见的方式胶合这两种材料。此工艺使得最终的产品看似只是将玻璃放置在不锈钢桌腿之上。而事实上，这两者结合得十分紧密，此餐桌的桌腿直接旋入与玻璃桌面胶合的不锈钢圆盘之中。在20 世纪 60 年代，这款马尔科索餐桌所实现的科技成就绝无仅有，而在商业上，此桌一经推出便获得了成功。它经常被用来与那些使用钢和玻璃建成且特地展露出结构的现代建筑相比较。鉴于它的这些特点，扎诺塔公司如今依然在生产这款餐桌。

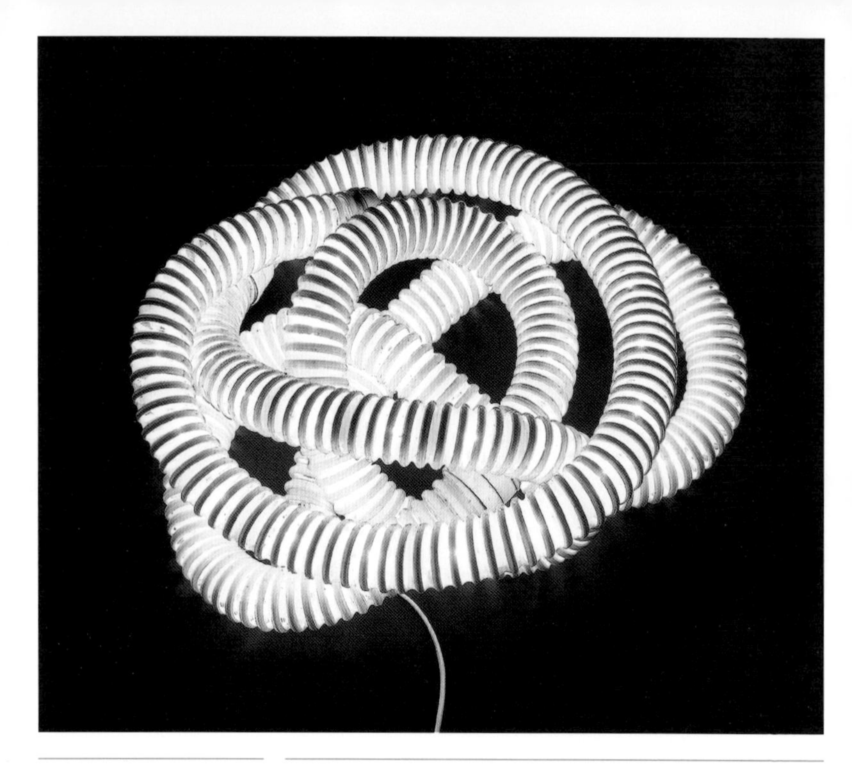

蟒蛇灯（1969）

利维奥·卡斯蒂廖尼
（1911—1979）
詹弗兰科·弗拉蒂尼
（1926—2004）
阿尔泰米德公司，1970年至1983年，1999年至今

不管在造型上还是技术上，这款蟒蛇灯无疑都极具实验性。此灯可以弯折，并且能塑造成各种不同造型，创造出惊人的雕塑感。它采用透明PVC工业管材制成，内部穿有金属环，每一段都装有4个低瓦数灯泡。PVC塑料是20世纪30年代发展起来的柔软易弯的薄膜塑料，最初被用于制作电线与电缆的绝缘材料，此材料在20世纪60年代极具标志性，特别是它在充气家具领域中的应用。这款蟒蛇灯的每段灯都能相互插接，如果引用《多莫斯》杂志于1969年所给出的形容，最终便组成了一条“绵延不绝的光之蛇”。此灯能盘曲在一起，也能摆成直线，既能挂在墙上，又能搭在家具上或放在地板上。对于当时的那种充气式、可弯曲且柔软多变的家具而言，这款蟒蛇灯可与之完美地形成互补。利维奥·卡斯蒂廖尼是三兄弟中最为年长的，而这三兄弟在战后意大利设计界都拥有极大的影响力。这款灯便是他与詹弗兰科·弗拉蒂尼共同为阿尔泰米德公司设计的，该公司于1970年首次开始生产此灯直到1983年，随后于1999年稍许修改了原设计，再次推出了这款产品。

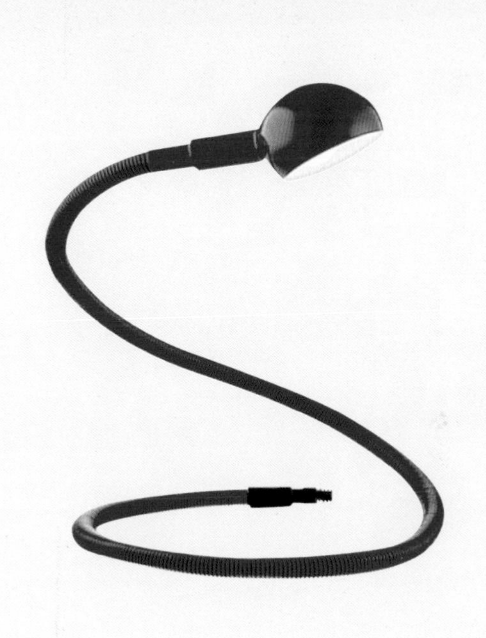

蛇灯（1969）

细江勋夫
（1942—2015）
瓦伦蒂公司，
1974 年至今

这盏小巧的工作灯采用柔软的金属管制成，外裹 PVC 塑料，灯罩则选用瓷釉漆面铝材。蛇灯的灯杆可以全方位调节，而灯罩也可以旋转，能完全按照使用者的需求提供光源。只须将它的金属管沿着平面弯曲，此灯就可以在桌面上竖立起来。它还有一个较短的版本，可以插进夹具之中。这款蛇灯是结合了设计与机械制造的精妙典范。细江勋夫在米兰的一家商店中找到了一种简单的可弯管，50 米仅需 50 分里拉。于是他与瓦伦蒂（Valenti）公司合作，创造出了这款只须将灯杆弯折成底座便能立起的灯具。细江勋夫于 1942 年出生于日本，曾学习航空航天工程学。1967 年，他搬到意大利居住，从事产品设计工作。这款蛇灯自瓦伦蒂公司首次推出以来，一直在生产，这家生产工业照明器械的公司自 20 世纪 60 年代起，以生产独具创意的产品而为人熟知。这款蛇灯是当时瓦伦蒂公司最成功的产品之一，它抓住了 20 世纪 60 年代的未来主义潮流与崇尚新奇事物的时代精神。

用具储物仓（1969）

多萝泰 · 贝克尔
（1938— ）
英戈 · 毛雷尔公司，
1969 年至 1980 年
维特拉设计博物馆，
2002 年至今

这款用具储物仓（Uten.Silo）囊括了 20 世纪 60 年代塑料产品设计的探索与实验精神。它使用单块 ABS 塑料模造而成，彰显了塑料制品所能达到的极限。除了塑料，没有其他材料能赋予它黑、白、橙、红这样亮丽的配色，以及它模铸出的光滑表面。多萝泰 · 贝克尔对此设计的最初构思是一个由众多几何形状组成的木制玩具，其上开有凹口，可以互相穿插。然而她自己的孩子对此并没有兴趣，故而她最后抛弃了这一想法。而这款用具储物仓最终版本的大部分灵感则来自贝克尔儿时见到过的一个悬挂式化妆袋。此用具储物仓最初的名称为“满墙”（Wall-All），它的首位生产商为英戈 · 毛雷尔公司，该公司的创立者即为多萝泰 · 贝克尔的丈夫，设计师英戈 · 毛雷尔。此产品经历了发售初期的巨大成功之后，于 1974 年因石油危机的爆发而终止生产，当时塑料已经不再受到大众的喜爱。1970 年，英戈 · 毛雷尔公司还推出了一款较小的版本，即用具储物仓二型，然而公司也于 1980 年停止了该产品的生产。2002 年，维特拉设计博物馆再次推出了这款用具储物仓。

圆管椅（1969）

乔·科隆博
（1930—1971）
自由造型公司，
1970 年至 1979 年
维特拉设计博物馆，
2006 年至今

这款由乔·科隆博设计的圆管椅，彰显了意大利设计师对波普艺术极具开拓性的探索。此椅由 4 个尺寸各异的塑料圆管组成，外裹聚氨酯泡沫，饰面选用乙烯基塑料，在发售时，它的各个圆管相互嵌套，装在拉绳袋之中。拆开包装后，消费者能使用钢管与橡胶连接件将其以任何次序自由组合，从中能拼出工作椅、休闲躺椅甚至全尺寸沙发（须拼合两套产品）。科隆博的这款起居设备与先前设计师的作品迥然不同。它没有遵循对座椅或其他任何物件的既存定义，可以说科隆博创造出了一款拥有多种组合方式的产品，并且他使用的材料对大多数意大利人来说都比较奇怪和陌生。这款圆管椅应该被归为科隆博所称的“结构多样性”设计，即一个物件，能以各种方式使用且对应不同功能。科隆博天性反感直角线条，当他 1958 年在自家的电子导体工厂中实验塑料制品的生产工艺时，这种反感开始转变为一种设计美学。并且当他与充满冒险精神的意大利生产商开始合作之时，他的设计美学得到了进一步升华。20 世纪 70 年代生产了这款圆管椅的自由造型公司便是他的合作厂商之一。

圆柱储物柜（1969）

安娜 · 卡斯泰利 · 费列里
（1918—2006）
卡尔泰尔公司，
1969 年至今

这款组合储物柜由安娜 · 卡斯泰利 · 费列里（Anna Castelli Ferrieri）设计，其造型简约且实用，在当时极具影响力。具备鲜艳而统一色彩的储物柜，发挥出了当时先进的注塑 ABS 塑料制造工艺的潜能，而它线条流畅且极具实用性的设计确保了较低的制造成本。该储物柜的用材、简洁性与模块化的设计则赋予了它极高的灵活性。每件储物柜都可以相互堆叠，为用户提供了多种多样的使用方式，可以放置在浴室、卧室、厨房或起居室中。而诸如脚轮与柜门这些附加组件更提升了它的受欢迎程度。费列里学习建筑出身，在开设自己的建筑师事务所之前，她曾跟随佛朗哥 · 阿尔比尼工作。20 世纪 60 年代中期，她将注意力放在了产品与家具设计之上，并且被任命为卡尔泰尔公司的设计主管，她引领此公司成为国际领先的以设计为主导的塑料制品制造商。这款圆柱组合储物柜取得了巨大的成功，并且如今依然由卡尔泰尔公司生产（虽然如今只有银色与白色可选），在竞争激烈的市场中，此产品依然以价格取胜，这款设计无疑已经超越了时代。

“TAC”系列餐具（1969）

沃尔特·格罗皮乌斯（1883—1969）

罗森塔尔公司，1969 年至今

在 20 世纪的建筑与工业设计领域，沃尔特·格罗皮乌斯是伟大的准则制定者之一。他于 1919 年建立了包豪斯学校，并以此创立了全新的教学方式，匠人、艺术家、商人得以在同一个屋檐下和平共处。1937 年，他移民美国，并于 1945 年创办了“建筑师合作社”，该事务所设计建造了诸多著名建筑，包括哈佛大学研究生中心（1948—1950）。二战后，德国陶瓷器公司罗森塔尔开始积极地制定一项旨在面向国际的明智策略。20 世纪 50 年代，他们委托贝亚特·库恩（Beate Kuhn）设计了一系列有机形态且具有雕塑感的陶瓷器，1954 年，为了一套咖啡具，他们与美国设计师雷蒙·洛伊展开了竞争。而格罗皮乌斯为罗森塔尔公司设计的这款“TAC”系列餐具融合了库恩与洛伊的设计风格，同时，得益于其对曲线的强调，该作品圆胖的造型也极具特色。茶壶的纵切面为一个半圆形，这种造型使人联想到从包豪斯发展而来的基础形状，而它流线型的把柄又明显具备当时的时代风格。这套餐具于 1969 年出现在罗森塔尔公司的产品目录中，自此，它的生产从未中断过。

摩纳哥系列腕表

（1969）

泰格豪雅设计团队

泰格豪雅公司，1969 年至 1978 年，1998 年至今

1971 年，史蒂夫 · 麦奎因在电影《极速狂飙》中驾驶保时捷赛车时，以显眼的方式佩戴上了这款泰格豪雅当时新推出的摩纳哥系列腕表，这可以说是一个巨星成就另一个巨星的故事。如今，在收藏家圈内，这款腕表依然被称为“史蒂夫 · 麦奎因”。然而，这款腕表不仅仅是明星的配饰那么简单。它是史上第一款自动计时腕表，为此，泰格豪雅公司与瑞士腕表同行百年灵、宝玲以及迪布瓦 · 德普拉公司合作研发了装有微型自动盘的“计时”机芯。除去标志性的蓝色表盘与橙色指针，摩纳哥系列腕表还拥有一项卓越的称号，它是史上第一款防水的方形计时腕表。此表于 1978 年退出市场，不过 20 年后它再次开始发售，只有一处外形上的修改，即原先 3 点钟方向的上弦表冠被设置在了 9 点钟方向。泰格豪雅（此名始于 1985 年与泰格集团合并之日起）此后还推出了多种版本，最具雄心的是 2003 年推出的摩纳哥 69 腕表，将指针式与电子式表盘同时设置在了双面表壳之上。而泰格豪雅也没有被该腕表的厚重感所限制，2004 年他们还推出了两款女式版本。

“UP”系列扶手椅
（1969）

加埃塔诺 · 佩谢
（1939— ）
B&B 意大利公司，
1969 年至 1973 年，
2000 年至今

加埃塔诺 · 佩谢（Gaetano Pesce）为当时被称为 C&B 意大利（C&B Italia）的公司设计了这款拟人化的“UP”系列扶手椅，这让他跻身于 20 世纪 60 年代意大利设计界中最为另类的设计师的行列。该系列共 7 把座椅首次亮相于 1969 年米兰家具展。其有机造型赋予了这款设计简约感与舒适感，然而它真正的新奇之处在于它的包装。该系列座椅采用聚氨酯泡沫模造而成，之后使用真空压缩将其压至扁平，再装入 PVC 塑料包装袋中。当消费者打开包装时，聚氨酯泡沫材料与空气接触，座椅便会逐渐膨胀至既定体积。这种创造性地使用先进技术材料的方式，让佩谢将消费者纳入产品的制造过程之中。佩谢称这款“UP”系列扶手椅为“变形”家具，这种称呼旨在将购买行为转化为“正在发生”的事件。这款“UP”系列扶手椅中还包括 UP7 椅，后者是一个巨大的脚，如同巨型雕塑的一部分。而 2000 年 B&B 意大利公司再次推出了此系列中的 UP5 座椅，这款座椅的此次新生获得了巨大的成功。

月神椅（1969）

维科·马吉斯特雷蒂
（1920—2006）
阿尔泰米德公司，
1969 年至 1972 年
赫勒公司，2002 年至今

维科·马吉斯特雷蒂并不是第一位尝试使用单一模具制造塑料椅的设计师，然而，这款月神椅（Selene Chair）却是同类型的座椅中最为优雅的作品之一。它的成功之处在于，设计师并没有抵触制造此椅的材料，也没有抵触制造时所采用的技术，反而充分利用了它们。在 20 世纪 60 年代开始研究塑料这一材料之前，马吉斯特雷蒂已经是一位经验丰富的建筑师以及家具、灯具和产品设计师。而在此椅诞生的前十年间，塑料技术已经取得了长足的进步，并且众多新型的人造材料也已经可以进行大规模生产。这款月神椅使用玻璃纤维增强聚酯纤维为材料，以注塑工艺制成。其生产商曾为阿尔泰米德公司，这家公司拥有先进的技术，并且将此材料推荐给了马吉斯特雷蒂。此椅最为出众的特点是它极具创新性的 S 形椅腿。这种中空的椅腿使用可以受力的极薄塑料板制成。这种形状赋予了椅腿结构上的牢固度，同时减轻了座椅的整体重量。它还确保了椅腿能够与椅面、靠背同时整体模造。并且设计师可能还嫌它的优点不够多，此椅甚至还能堆叠。

“搁置”废纸篓（1970）

恩佐 · 马里（1932— ）
赫勒公司，1971 年
达内塞公司，
1971 年至今

这款在意大利语中名为“搁置”（In Attesa）的废纸篓拥有令人着迷的简约感。它的外观为一个简单的圆柱体，略微向使用者倾斜着。如若仔细观察，可以发现它的造型其实更为复杂，充满着微妙与精巧的细节。事实上，这个废纸篓并不是一个完美的圆柱体。它的开口处较大，向下逐渐收窄，这使它可以从模具上脱离，并且还能堆叠。从内部看，纸篓底部有 3 个同心圆环，如同射击靶。这种样式是为了掩藏“靶心”处由于注塑工艺而遗留下的向内突出的瑕疵。虽然圆环看似是正圆，然而由于底部是以一定角度切割纸篓的圆管外壳而来，故而这些圆环其实是椭圆形，并且进行了适当的缩放，用以欺骗我们的肉眼。1971 年，意大利的达内塞公司与美国的赫勒公司同时发售了这款废纸篓。它也是自 1957 年开始，恩佐 · 马里为达内塞公司设计的众多作品中的一件。1977 年，一个名为“科罗”的直立版本投入了生产，随后，达内塞公司（如今为该产品的唯一生产商）于 2001 年发售了“搁置系列专用隔层”，这是一个安装在此废纸篓中的半圆形隔离桶，可以将垃圾分类。

普利亚折叠椅（1970）

贾恩卡洛·皮雷蒂
（1940— ）
卡斯泰利/霍沃思公司，
1970年至今

自1970年位于博洛尼亚的家具制造商卡斯泰利公司生产出第一把普利亚折叠椅（Plia Folding Chair）算起，这款由贾恩卡洛·皮雷蒂设计的作品已经售出了超过400万把。此椅采用抛光铝材制成框架，椅面与靠背则选用透明的模造有机玻璃材料，它是传统木质折叠椅的现代化版本，在战后家具史中具有革命性的意义。此椅最重要的特征是一个由3片金属盘组成的转轴元件。它的靠背支架与前椅腿使用了同一个矩形框架，椅面以及后椅腿则分别使用一个矩形框架和一个U形框架。包括其清晰可见的转轴元件在内，这款普利亚折叠椅在折叠时的整体厚度仅有5cm。皮雷蒂作为卡斯泰利的室内设计师，既设计家用家具，也设计合约家具。他为该公司订立的设计标准为实用、平价、节约空间并且适合大规模生产，这些在普利亚折叠椅中都有所体现。该椅的边缘与拐角都为弧形，并且在室内与室外都能使用，它迅速以其轻质与多用途的属性受到了大众的青睐。此椅在展开和折叠时都能堆叠，并且造型时髦、结构优雅、功能简明。至今这款普利亚折叠椅依然充满竞争力。

钥匙环（20世纪70年代）

佚名设计师

多家公司，

20世纪70年代至今

这件低调的双圈金属钥匙环是一件现代的奇物，这件小物件是兼具工艺与实用性的杰作，几乎所有人都带着它，却很少有人意识到这点。钥匙环这一概念已有上百年的历史，然而它能达到如今这样精妙，还要归功于现代精密制造工艺与冶金技术。它问世于20世纪70年代早期，替代了更早的珠链钥匙环。此设计的核心在于一个紧密接合的钢质螺旋，沿自身盘曲两圈。它几乎拥有不受限制的灵活性，这催生了一个全新的产业，即生产用于促销、广告或作为纪念品的钥匙环，所有这些产品的设计都围绕着这个简单的金属环展开，其中最常见的是配有一个挂件的款式。可以毫不夸张地说，这款毫不起眼的小小金属环上挂着的是我们大部分的人生，通过它我们可以进入家中、办公室，还能使用汽车。而为了强调钥匙环所具备的这一虽小却极其重要的功能，我们竭尽所能地对它进行个人化定制，甚至将我们自己的气质与个性赋予了它。这是我们拥有的最为亲密的物件，也是最为便宜且最不被关注的物件之一。

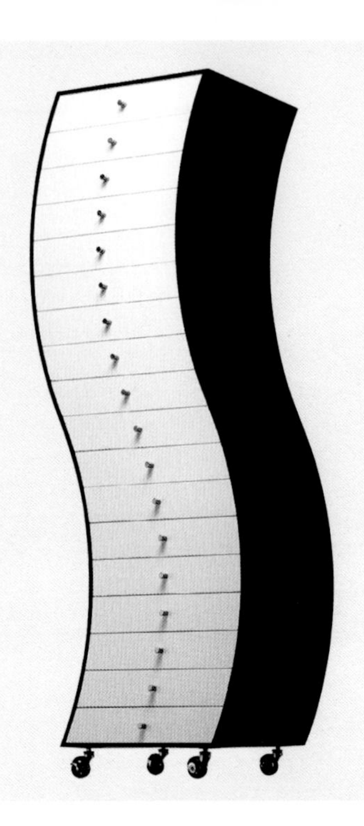

不规则造型家具（1970）

仓俣史朗（1934—1991）
藤子公司，
1970 年至 1971 年
青岛堂公司，
1972 年至 1998 年
卡佩利尼公司，
1986 年至今

仓俣史朗创造了一种全新的设计语汇：线条的浮动感、脱离重力的感觉、透明感以及对光线的掌控。他的家具作品都具有一丝不苟的做工，饱含了对细节的细心考量。这款不规则造型家具设计于 1970 年，它包含 18 个有着细微差异的抽屉，以及一个装有四个简易脚轮的柜子。此柜共生产有两种版本，分别为双侧都为波浪曲线的“单边”（Side 1，如图）柜，以及两侧为平面，正面则如波浪般起伏不平的“双边”（Side 2）柜。这款抽屉柜极简的结构与精简的设计手法具有极高的辨识度，几乎使人过目不忘。甚至在今天，它也可谓是一件完美结合了轻盈的造型与极简主义的实用雕塑。这套家具源自仓俣史朗于 20 世纪 60 年代所做的一系列抽屉柜实验。而当卡佩利尼公司于 1986 年再次推出这款设计之时，由于仓俣史朗作品的后现代风格，大众重新燃起了对他的兴趣，而当时，他已经以其在家具设计与室内设计领域中的那些概念性作品而备受推崇。

视觉钟（1970）

乔 · 科隆博
（1930—1971）
里茨－意塔洛拉公司，
20 世纪 70 年代
阿莱西公司，
1988 年至今

意大利建筑师与设计师乔 · 科隆博致力于描绘未来的生活图景，他定义了波普时代的室内设计。这款视觉钟（Optic Clock）设计于 1970 年，是科隆博的一件长盛不衰的经典作品。尽管科隆博的审美极具风格，然而他却一直受到实用性的指引。比如这款钟表的外壳（采用红色或白色 ABS 塑料制成）突出于表盘的部分，就如同相机遮光罩的作用一样，用以防止反光。外壳在背面也有一段突出，使得此钟能以一定仰角立在桌面上，而上方则开有用以壁挂的小孔。此钟继承了一般钟表上的圆形数字标示，然而与传统体系相反，被标上数字的是它的分与秒数，而非小时数。以此，人们可以通过它细长的分针与秒针的指示更轻易且精确地读时，而同时，它极粗的时针上开有圆孔，人们第一眼便能分辨出时间。这款视觉钟开始生产的年代，正是第一款电子钟表诞生的年代，而它与这些很快将在下个十年内取代各种指针式计时器的电子钟表一样，致力于更精确地指示时间。

博比手推车（1970）

乔 · 科隆博
（1930—1971）
比菲塑料公司，
1970 年至 1999 年
B 线条公司，
2000 年至今

在乔 · 科隆博为家用及办公用途设计的多功能家具中，这款博比手推车（Boby® Trolley）极具代表性。它最初的设计目的其实是为了满足一位制图员的需求，尽管它已经显示出了办公与家用的多功能属性。它是一款模块化的设计，使用注塑 ABS 塑料制成，有多种颜色可供选择。此推车配有的组件包括一体式旋转抽屉，嵌入式托盘以及开放储物架。而它的三个脚轮进一步增加了其使用上的灵活性。科隆博使用一系列比例精妙的圆弧来柔化这款设计：那些本质上为方框的地方都拥有迷人的曲线，这些都经过了精心设计。这款产品只有使用塑料才能最经济地生产，而在将此材料向文化领域推广的过程中，其设计起到了极大的作用。博比手推车是一款长盛不衰的设计，如今依然可以买到，从中可以看出科隆博在材料运用与技术应用上的理念。虽然当代设计工作室中的用户，以及他们所使用的技术已经和过去完全不同，然而 B 线条（B-line）公司如今为了满足市场需求，仍在生产这款产品。相较于概念性的无纸设计办公，这款博比手推车反而显得更为重要。

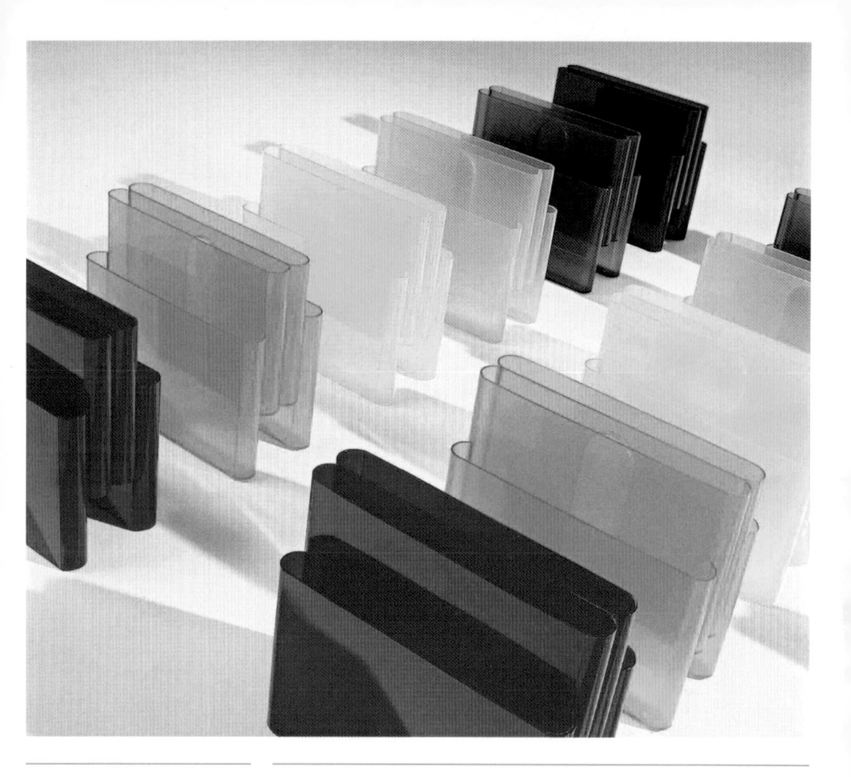

杂志架（1970）

焦托 · 斯托皮诺

（1926—2011）

卡尔泰尔公司，

1971 年至今

意大利的设计界与制造业在 20 世纪 70 年代早期弥漫着激昂的氛围，而这款杂志架就是当时极其重要的作品之一。建筑师与设计师焦托 · 斯托皮诺于 1970 年首次提出了这一构思。这件产品使用塑料制成，拥有多种颜色，其最核心的结构为两组如桥梁般接合在一起的袋状容器，其中较小的容器也可作把手使用。它选用人造材料模造而成，造型实用且用途广泛，还可堆叠。此造型完全符合位于米兰的卡尔泰尔公司所提出的产品标准，即制造一款耐用、有趣的产品，且发扬出新技术的潜能与波普艺术风格的理念。当时，新型塑料（如聚丙烯）的出现直接催生了诸如这款杂志架这样的家用产品，这些材料使得工厂在选择色彩以及模造造型时拥有无尽的可能性。20 世纪 60 年代末至 70 年代初，意大利可谓是创新型设计与实验的中心，而这款产品则是当时意大利工业制成品的代表。如今最为人熟知的造型则是它的改进版本，即拥有 4 个插槽的半透明彩色款式，此版本问世于 1994 年，是原设计的唯一改版。卡尔泰尔公司如今仍在生产这种杂志架。2000 年，新增了银色半透明版本。

派通 R50 走珠笔（1970）

派通设计团队
派通公司，1970 年至今

这款拥有醒目的绿色笔杆的派通（Pentel）R50 走珠笔是世界上最成功的书写工具之一，每年的生产量高达 500 万支。它发售于 1970 年，向世界宣告了走珠技术的诞生，这款一次性书写工具与传统钢笔优雅的书写效果不相上下。与使用黏稠的油基墨水的圆珠笔不同，走珠笔使用的水基墨水更为稀薄，这使得书写更为流畅，并且墨水干得更快，还赋予了它如同钢笔般的书写笔迹。此笔的墨水储藏在一根纤维管中，虽然有着液体的质感，然而它并不会漏墨或溢墨。这段纤维管直接与一段“麦穗状”纤维相连，这一结构利用毛细现象将墨水送至硬质合金笔头。这种储墨与输墨方式由派通公司在日本首创，而至关重要的是，这一技术完全不依赖重力，不论以任何角度握笔，它都能正常工作。尽管使用塑料制成，然而派通 R50 走珠笔的外壳却直接借鉴了钢笔的造型与手感，同时，它为使用者带来了不会溅墨且易于使用的优良体验，这些都造就了这款走珠笔的成功。

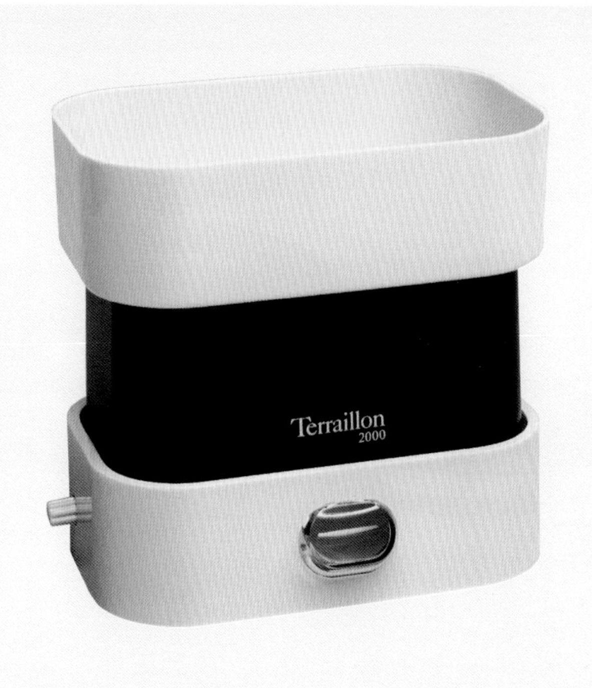

BA2000 厨房秤（1970）

马尔科·扎努索
（1916—2001）
得利安公司，
1970 年至今

厨房秤在历史上一直都由两部分组成：一块显示面板，一个盛放食物的容器，而这两者的排布基本都是分离的。马尔科·扎努索是第一位将厨房秤视为整体考虑的设计师。他设计的这款 BA2000 厨房秤将机械结构完全包裹在内，成了一件易于使用的厨房用具。在设计大规模生产的产品时，著名建筑师扎努索并没有改变他的设计流程。在设计建筑时，他对空间进行重组以达到预期中的流动性；而在设计产品时，他对组件进行重组，以达到预期的使用目的。这款厨房秤展现出了令人愉悦的建筑逻辑：其顶盖上可以放食物，而翻转过来之后便成了一个容器，可以盛放液体或细磨谷物。而它的指示盘为内隐式，减少了外观上的机械感。它的显示窗则巧妙地进行了放大与折射，只有操作台面低于视线时才能看到读数。这款 BA2000 厨房秤完美地展现了一件设计作品如何化繁为简，并且保持较低的价格。对此最好的证明就是它的生产也从未中断，至今仍在售卖，即使如今市面上遍布现代化的电子压力秤。

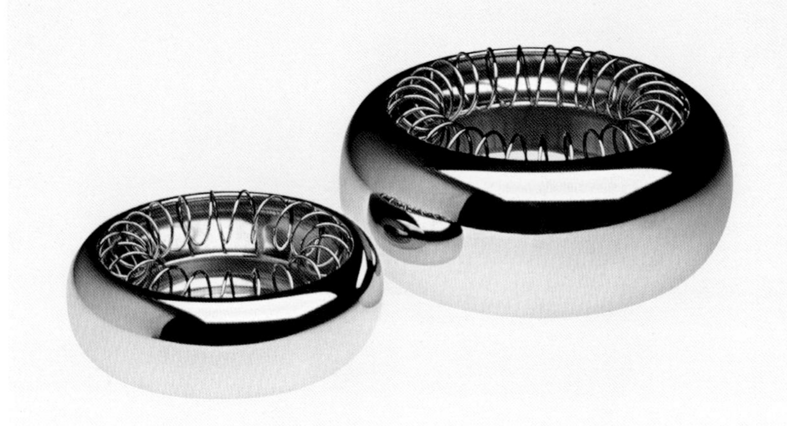

螺线烟灰缸（1971）
阿基莱 · 卡斯蒂廖尼
（1918—2002）
巴奇公司，
1971 年至约 1973 年
阿莱西公司，
1986 年至今

这款螺线（Spirale）烟灰缸的设计简约且优雅，掩盖了其设计背后的精妙性。它看似漫不经心的设计已经成了典范，并且代表了阿基莱 · 卡斯蒂廖尼典型的设计手法，即根据对实用细节的细致考察以及对人类日常行为的理解，来微妙地改动与再定义一件为人熟知的物品。卡斯蒂廖尼本人终其一生都是一位烟民，他设计这款螺线烟灰缸的初衷是为了解决烟民的如下困境，即人们心不在焉时，会将烟蒂留在烟灰缸中持续闷燃。而这款烟灰缸中的弹簧螺线可以夹住香烟，使其在燃烧时不会掉入缸中。而弹簧本身还可拆卸，这让原本棘手的清洁工作显得异常容易。此烟灰缸最初由意大利的巴奇（Bacci）公司生产，使用的材料为白色和黑色大理石以及镀银材料。1986 年，这款烟灰缸的生产授权被转让至阿莱西公司，材料则改为 18/10 不锈钢。阿莱西公司如今使用抛光镜面不锈钢制造这款烟灰缸，且有两种尺寸可选：直径 12cm 以及 16cm。在收藏爱好者的藏品中，这款烟灰缸是少有的几件拥有完美的比例且由简单组件构成的设计产品。

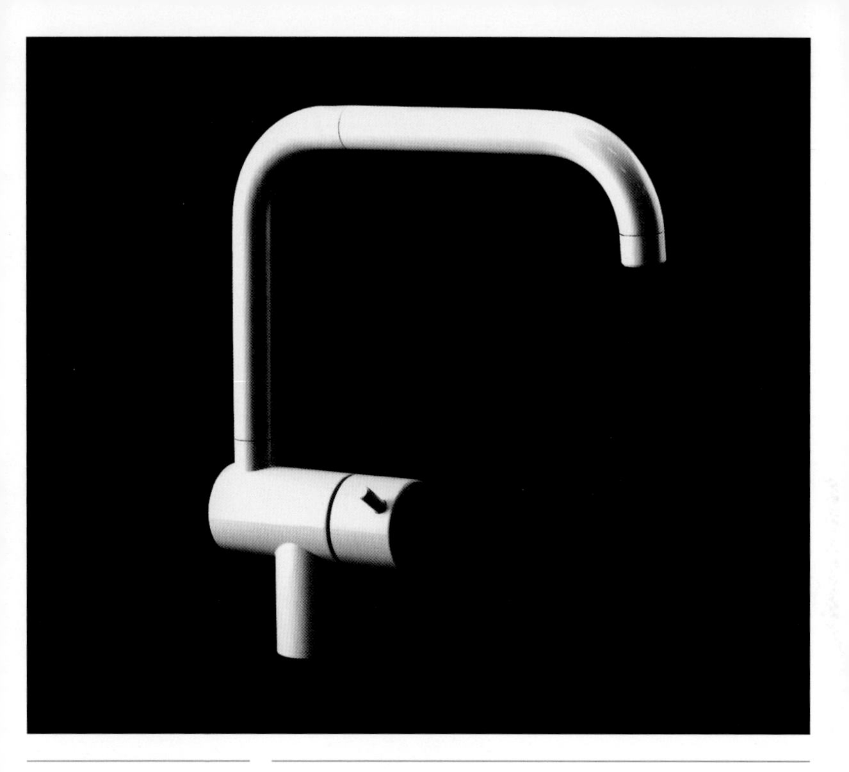

KV1 冷热水混合龙头（1971）

阿尔内 · 雅各布森（1902—1971）

沃拉公司，1972 年至今

令人惊讶的是，直到 20 世纪晚期，水龙头与洗浴配件才受到设计师的关注。这款 KV1 冷热水混合龙头属于一套名为“沃拉”（Vola）的配件套装，它可能是世界上第一款经设计师设计且在商业上取得成功的水龙头。这款作品的大部分设计都由泰特 · 魏兰特（Teit Weylandt）在阿尔内 · 雅各布森的指导下完成。然而工程师与实业家韦尔纳 · 奥弗高（Verner Overgaard）则已经先行提出了最基本的构思，并且完成了基础的机械原理设计，奥弗高也是隆德 IP 公司（即如今的沃拉公司）的所有人。从奥弗高的这些先期的基础方案中，雅各布森很快意识到，只须将其进行造型上的合理化，此产品便可拥有巨大的潜力。魏兰特在设计中仅使用了一系列圆柱体这样有限的造型语汇，并且巧妙地将控制水流大小的拨杆与控制温度的旋钮相结合。以此，他创造出了一款产品，不仅改进了当时的既有产品，并且对它们进行了超乎寻常的简化处理。如同雅各布森的工作室所创造的其他作品一样，这款水龙头就好似是为还未到来的时代而设计的。

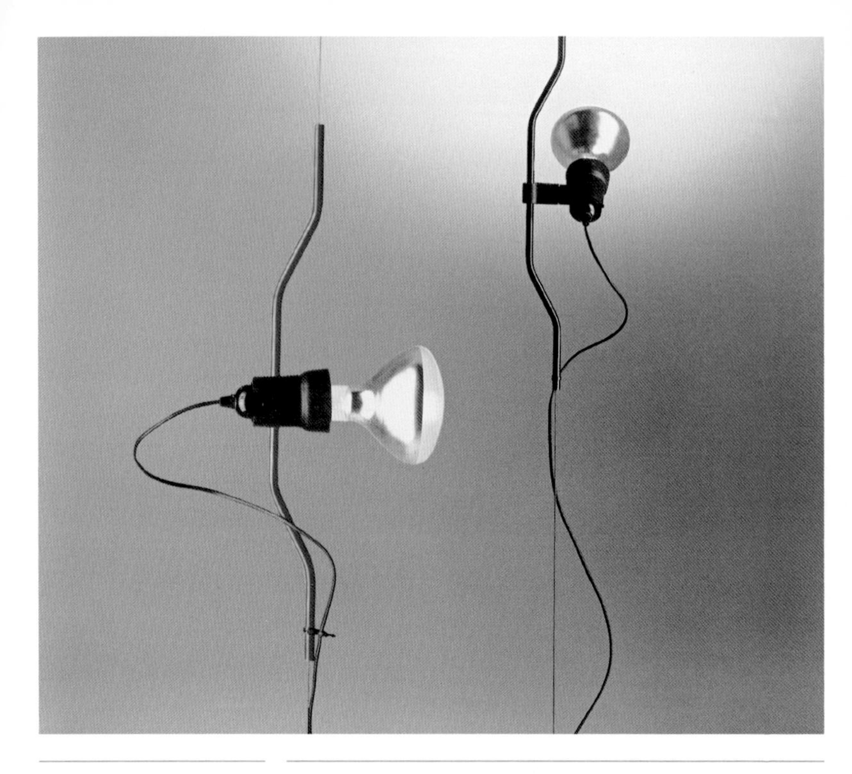

括号灯（1971）

阿基莱·卡斯蒂廖尼
（1918—2002）
皮奥·曼祖
（1939—1969）
弗洛斯公司，
1971 年至今

阿基莱·卡斯蒂廖尼将此括号灯（Parentesi Lamp）的原创者认定为皮奥·曼祖（Pio Manzù）。曼祖当时设想了一个上下固定的垂直绳索，挂有一个可以上下滑动的圆柱灯箱，灯箱上开有一条窄缝用以透光，并使用一个螺丝固定位置。1969 年，曼祖不幸早逝，卡斯蒂廖尼继续完善这一构思，他将绳索换成一根固定在天花板上的钢缆，由一个包裹橡胶的配重铁块张紧。钢缆上安装有一根形似括号（也是此产品得名的原因）的镀铬或涂以瓷釉的不锈钢管，可以上下滑动，其上则装有一个可旋转的橡胶转接托架，而灯头和电线就被设置在这个托架上，此灯使用的灯泡为 150 瓦射灯灯泡。钢管的造型与张紧的钢缆间形成了足够的摩擦力，可以保证射灯不会滑动，而同时它却能用手轻易地进行上下方向的平移。它的托架和灯泡可以在垂直和水平方向 360 度转动。此灯所使用的大部分元件都是广泛制造的工业品，在售卖时，它的包装就如同一个工具箱，消费者可以轻松地将它们装配在一起。

蒂齐奥台灯（1971）
理查德·扎佩尔
（1932—2015）
阿尔泰米德公司，
1972 年至今

这款蒂齐奥台灯已经成了一个象征，在它的设计中，设计师融合了功能主义与自己想要传达的生活方式。虽然其最初的设计目标为一款工作台灯，然而它在家居空间中也大受欢迎，在如今的复式公寓中，此灯就如同在 20 世纪 70 年代的工作室中那样普及。1970 年，灯具公司阿尔泰米德的共同创始人埃内斯托·吉斯蒙迪向理查德·扎佩尔提议，设计一款工作台灯。最终的成品将当时的新技术（卤素灯泡）与精心设计的灵活结构融为一体。这款蒂齐奥台灯使用了一套配重系统，用以定位绕轴承转动的灯杆，以此，使用者只须使用一根手指就能调节台灯。台灯的转动臂可在其沉重的底座的支撑下，进行 360 度的旋转，而它的小尺寸灯罩也可以向任何方向扭动。此灯使用金属制成，表面涂层选用坚硬而轻质的玻璃纤维增强尼龙塑料。其活动关节并未采用螺丝紧固，而选用了类似摁扣的结构，如此一来一旦灯具摔落，活动关节只会相互断开，而并不会损坏。整体而言（它由超过 100 个组件制成），此灯以简洁且优雅的造型完美地结合了工程制造与精妙的设计。

8号方案餐具（1971）

埃亚·海兰德
（1944— ）
佛朗哥·萨尔贾尼
（1940— ）
阿莱西公司，1971年至1992年，2005年至今

这套8号方案（Programma 8）餐具代表着阿莱西公司的产品制造史中的一个重要阶段。20世纪70年代早期，阿尔贝托·阿莱西邀请他的建筑师友人佛朗哥·萨尔贾尼（Franco Sargiani）与芬兰平面设计师埃亚·海兰德（Eija Helander）共同设计一套全新的不锈钢餐具，他们收到的首个委托项目是一个油壶。这个最初的项目最终发展成为一整套革命性的餐具，其造型拥有极强的适用性。这便是这套8号方案餐具，它由尺寸各异且基于矩形和圆形的托盘和模块化容器组成。这套餐具如此激进有多种原因：它依照本身的需求而使用不锈钢，而并非出于替代更昂贵的材料的目的；它的造型须与其他产品都不同；并且设计师默认，它的消费者都是年轻的在职人群，他们居住的住宅都十分需要节约空间。这套8号方案餐具极具实用性，不仅因为其设计提供了多种用具同时共存的可能性，还因为它的可堆叠性。2005年，阿莱西公司再次推出了这套模块化餐具，如今，它拥有用以盛装油、醋、盐与胡椒的最初版容器，以及各式托盘和案板，除此之外还包含了带有聚丙烯塑料盖的陶瓷容器。

厨房用迷你计时器

（1971）

理查德·扎佩尔

（1932—2015）

里茨－意塔洛拉/得利安公司，1971年至今

这款圆形的厨房用迷你计时器（Minitimer）是产品设计师理查德·扎佩尔的一件典型作品，它巧妙地融合了技术与风格。它的整体风格十分素雅且注重实用性，其外壳完全包覆了机械装置，从顶端以及侧面的圆形窗口中可以看到剩余时间。这款小巧且朴素的计时器直径仅为7cm，有黑、白、红三色，其外形可能会使人联想到科学仪器或汽车配件。此设计在首次生产时便获得了成功。意大利的里茨－意塔洛拉公司是它最初的生产商，而法国的得利安公司自此产品1971年首次亮相起就一直依授权生产它。从扎佩尔最为人熟知的作品中，人们可以清晰地看出他在产品设计制造方面的创造力。当他成为诸如收音机、电视机和灯具等电器专家的同时，他也以这些产品的外形设计而知名。这点可能解释了此计时器成功的原因，在此，扎佩尔巧妙地将它的造型设计为三明治结构。这款优雅且低调的物件长期拥有忠实的追随者，并且成了纽约现代艺术博物馆与蓬皮杜中心的永久藏品。

OM 堆叠椅（1971）

罗德尼 · 金斯曼
（1943— ）
金斯曼协会 /OMK 设计公司，1971 年至今

这款由罗德尼 · 金斯曼（Rodney Kinsman）设计的 OM 堆叠椅（Omstack Chair）将 20 世纪 70 年代的高科技风格表现得淋漓尽致，当时的家具生产商致力于以系统的生产方式，使用工业材料大规模生产高质量、低成本、造型美观且实用的家具，而这款座椅可谓是这些产品中最优雅的作品之一。它有多种色彩的上漆版本可供选择，其椅面与靠背采用压制钢材制成，涂以环氧树脂涂层，固定在钢管框架之上。其设计确保了它可堆叠，并且能够相扣成排，故而它很受关注成本或风格的消费者青睐，也是各种机构的选择。金斯曼毕业于伦敦中央艺术工艺学院，他在职业生涯的早期就意识到，只有低成本且多用途的产品才能在经济不稳定的时期占据市场。此项目的预设目标用户群中，年轻消费者占据着重要的地位，因此这款座椅必须同时在经济性与风格上满足需求。为此，雇佣他为顾问的 OMK 设计公司决定在生产中使用工业材料与相对低成本的工艺。该椅的设计既面向户外也面向室内，它如今仍在生产之中。

立方灯（1972）
佛朗哥·贝托尼卡
（1927—1999）
马里奥·梅洛基
（1931— ）
奇尼－尼尔斯公司，
1972 年至今

这款立方灯（Cuboluce）就是一个简约的灯盒，它装有一盏 40 瓦灯泡，外壳采用 ABS（丙烯腈、丁二烯、苯乙烯）聚合塑料制成。人们在打开盒盖的同时也会打开灯的开关，而盖子的角度则决定了其亮度。这款立方灯极具 20 世纪 70 年代的意大利产品设计风格，从中可以看出设计师对高质量塑料的精妙使用以及为电子元件设计一款光滑简约的外壳的意图。此灯可作为床头灯或桌灯使用，而其朴素迷人的造型使它甚至在关闭时也依然令人着迷。它由佛朗哥·贝托尼卡（Franco Bettonica）与马里奥·梅洛基（Mario Melocchi）以奥皮（Opi）工作室的名义共同设计，他们为米兰的奇尼－尼尔斯（Cini & Nils）公司设计了一套基于立方体与圆柱体造型的产品，此灯就是其中一员。此系列产品还包括烟灰缸、杂志架、冰桶以及花瓶，所有产品都使用密胺塑料或 ABS 塑料制成，后者是一种牢固且坚硬的材料，在汽车工业与诸如电脑外壳制造等外壳制造工业中都有广泛的应用。如今，这款立方灯与奇尼－尼尔斯公司的其他产品都位列纽约现代艺术博物馆的永久设计藏品之中。

蜿蜒椅（1972）

弗兰克 · 盖里（1930— ）
杰克 · 布罗根公司，
1972 年至 1973 年
基鲁公司，1982 年
维特拉公司，
1992 年至今

这款蜿蜒椅仿佛融化般的线条不仅展现出了弗兰克 · 盖里生动地使用造型的功力，还体现了他在修改历史设计时的幽默感，此椅源自赫里特 · 里特费尔德于 1934 年设计的 Z 形椅。盖里设计的这款座椅使用硬纸板制成，多层纸板被叠压得极厚，以达到足够长且坚硬的造型要求。其触感丰富的表面掩盖了它只使用了少量的纸张这一事实。盖里非常喜爱这款设计，因为它“看似灯芯绒，并且触感也像灯芯绒，极具魅力”。这款蜿蜒椅设计于 1972 年，属于一套名为“流畅边角”的 17 件套家具系列，其生产商为杰克 · 布罗根公司。这套家具的设计定位为面向大众市场的低价家具，最低单件售价仅为 15 美元。虽然它立即获得了成功，然而仅过了 3 个月，盖里便停止了这套家具的销售，他担忧自己会以大众家具设计师的身份被人熟知，而他真正的志向却是建筑设计。1982 年，这套家具很快便由基鲁公司再次推出，随后，维特拉公司于 1992 年生产了其中的 4 件家具。维特拉公司是“流畅边角”系列家具的理想归宿，因为盖里设计了位于德国的维特拉设计博物馆，后者则收藏了大量国际经典座椅。

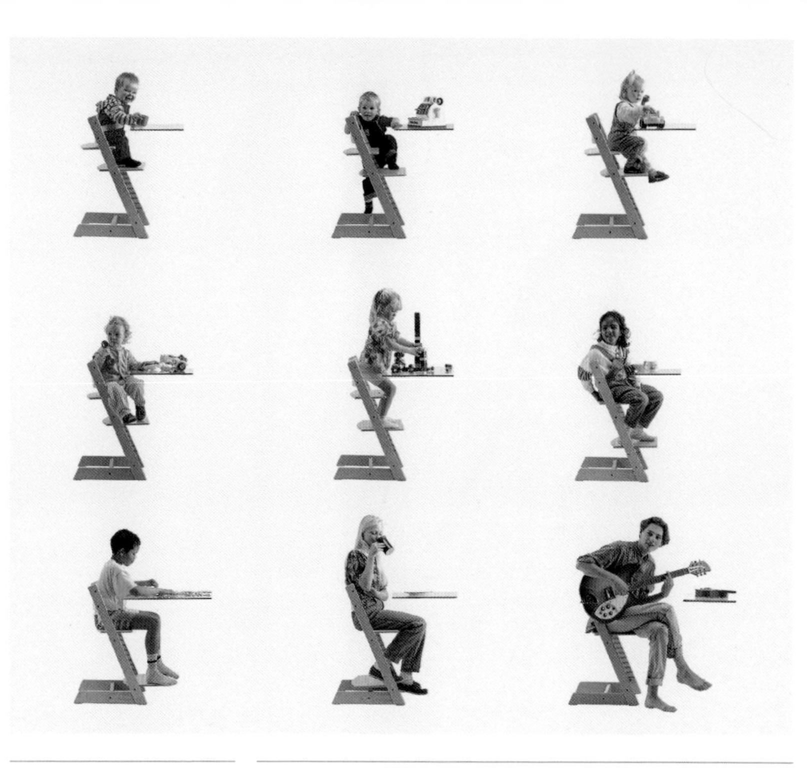

“特里普 – 特拉普”儿童座椅（1972）

彼得 · 奥普斯维克
（1939— ）
斯托克公司，
1972 年至今

这款“特里普 – 特拉普”（Tripp Trapp）儿童座椅是第一款专为满足儿童需求而设计的座椅。其设计虽然看似简单，然而它在供儿童就座的同时还能让他们自由活动。挪威设计师彼得 · 奥普斯维克（Peter Opsvik）目睹了自己两岁大的儿子坐在桌边，晃着双脚却无法用手够到桌面的场景，此后，他于 1972 年设计出了此椅。这款座椅能让两岁以上的儿童舒适地坐在餐桌边，并与成人保持同样的高度。当孩子长大时，椅面与搁脚板都可以调整高度，还能调整深度，这让所有年龄段的儿童都能以合适的姿势坐在正确的高度之上，双脚还能得到支撑。奥普斯维克是最著名的挪威设计师之一，因其环保与符合人体功效学的作品而备受推崇。这款儿童座椅采用人工种植的山毛榉木木材制成，消费者在购买时可选择未处理木材或涂以清漆的木材，并且有多种颜色可选。自 1972 年发售以来，此椅的累计销量已达 400 万把。

“曲线”系列扁平餐具（1972）

塔皮奥·维尔卡拉（1915—1985）
罗森塔尔公司，
1990 年至今

芬兰设计师塔皮奥·维尔卡拉与罗森塔尔公司长期且多产的合作关系催生了众多标志性的设计，其中之一便是这套“曲线”（Kurve）系列餐具，该公司位于德国，是一家偏向实验性质的知名家居用品设计公司。该系列餐具表面经亚光处理，使用不锈钢制成，1990 年，罗森塔尔公司才开始生产这款产品，而当时设计师已经离世。“曲线”系列极具芬兰传统与极地气息，特别是当地原住民萨米人的家居设计风格。“曲线”系列餐具的造型简约，符合人体功效学，使人联想到萨米人所使用的简单的餐具。维尔卡拉继承了他们长期以来对手工艺的情感，他经常在设计早期使用木头雕刻出餐具的式样与原型，并且只有在他对木质模型的“抓握手感”感到满意之后，才会授权生产。维尔卡拉热切地坚信以下极具北欧人文主义传统的概念，即设计师应与工匠一样，并且相信，设计应该跟随材料本身的性质而进行。至今我们仍能感受到这套餐具所散发出的雕塑般的美感与诗意。自 1957 年起，罗森塔尔公司便不对维尔卡拉的设计进行任何限制，这一合作的成果便是一大批优雅的家居用品。

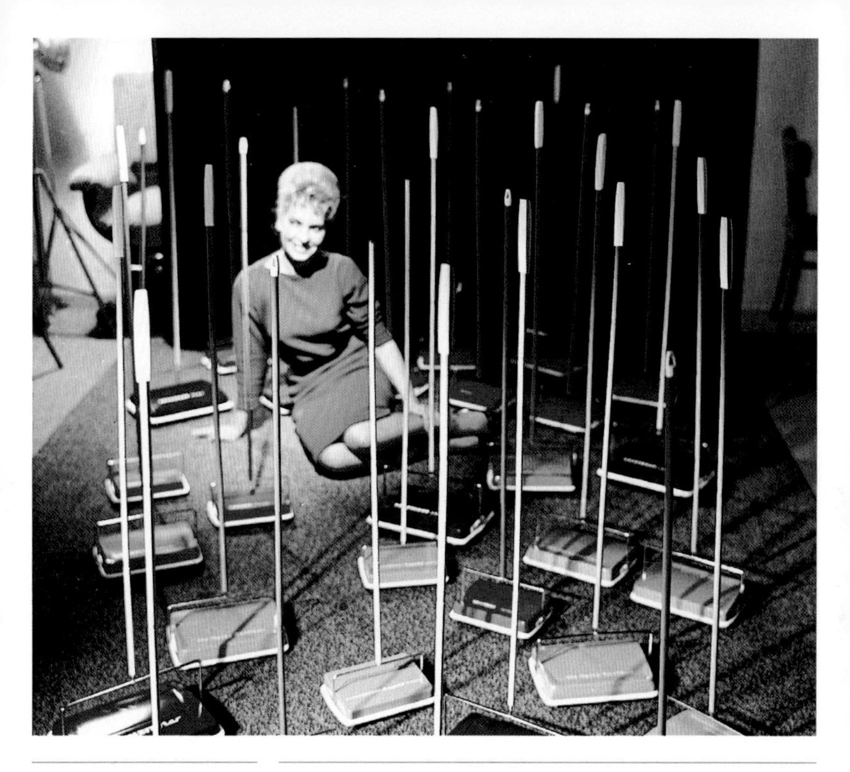

旋转式地毯清扫器
(1973)

莱夫海特设计团队
莱夫海特公司，
1973 年至今

现代的地毯清扫器在本质上就是机械版本的畚箕与刷子，它介于一个带杆子的刷子与现代的吸尘器之间。虽然早在 1811 年，就有人注册了地毯清扫器的专利，然而大规模生产直到 19 世纪后半叶才在美国出现。而金特 · 莱夫海特（Günter Leifheit）与汉斯－埃里克 · 斯拉尼（Hans-Erich Slany）共同研发的这款产品才是最受欢迎且最完美的地毯清扫器。莱夫海特设计了一款极薄的清扫器，畚箕部分还带有顶盖，且附带一根矩形拉环，这样一来，人们便可以将它伸入大件家具之下清扫。1973 年的这款旋转式（Rotaro）地毯清扫器融合了 20 世纪 30 年代德国现代主义中典型的纯几何造型与清晰的线条，并且还具有随后出现的美国现代主义风格。该清扫器配有六个轮组，带动三个旋转式刷头，被刷头扫落的灰尘与残渣随后由布置在中心的刷毛滚筒带入畚箕。刷头的高度可以调节，且为了适应各种地板，设计了四种档位。这款旋转式地毯清扫器的外壳采用金属板制成，轮轴为木质，刷毛则为天然猪鬃毛，这使其成了市场上同类产品中最为耐用的产品。

“侍酒师”系列玻璃器皿（1973）

克劳斯·约瑟夫·里德尔
（1925—2004）
里德尔玻璃公司，
1973 年至今

“里德尔”这一品牌已有 240 年历史，它由传承 11 代的家族玻璃制造公司打造，该公司过去制造人工吹制玻璃，如今则采用机械制造工艺。克劳斯·约瑟夫·里德尔教授是第九代玻璃制造商，他是首位意识到玻璃杯的形状会影响酒品的口感与特点的人士。他抛弃了原先传统的彩色切割玻璃杯，而选择将杯壁吹制得极薄且加长了杯脚，造型也极其简单。以此，他将原先的高脚器皿转化为了首款功能性酒杯，并且将玻璃杯还原为了最基本的造型，即杯身、杯脚与杯座。这一关键的转变便始于这款于 1973 年推出的“侍酒师”系列玻璃器皿，它拥有 10 种不同形状的酒杯，与意大利侍酒师协会共同研发。而克劳斯的儿子格奥尔格·里德尔则继续着这款玻璃酒杯的研发工作。几乎每年，该系列都会增添新的酒杯，其中除了葡萄酒杯之外，还有用以盛装香槟、加强葡萄酒以及烈酒的酒杯。如今，“侍酒师”系列包括不下 40 种酒杯。在发售之初，这套酒杯以其非凡的尺寸与完美的平衡感脱颖而出。如今，甚至机器生产的酒杯都仿造它的尺寸与造型，然而没有哪款能够匹敌“侍酒师”系列的精妙。

多哥沙发（1973）

米歇尔·迪卡鲁瓦
（1925—2009）
罗塞家族公司，
1973 年至今

对家具设计师而言，20 世纪 70 年代早期是一个充满可能性的年代，当时各种新材料不断涌现，为全新的创作思路提供了可能性。作为当时法国罗塞家族（Ligne Roset）公司的设计总监，米歇尔·迪卡鲁瓦（Michel Ducaroy）做出了一项在今天看来依然惊人且大胆（虽然可能只会持续“一会儿”）的决定：制造世界上第一款全海绵沙发。这款多哥（Togo）三座沙发完全使用涤纶这种聚酯纤维材料制成，没有任何骨架。它外覆宽松的面料，内部的海绵材料被缝合成一个使人浮想联翩的造型，它既像一个弯曲的火炉管道，又像一根牙膏或一条巨大的毛毛虫。迪卡鲁瓦利用此材料柔软的特点，创造出了一个形似贝壳的实体，好似永远欢迎着疲惫的主人前来就座。多哥沙发在 1973 年的巴黎家具展中大受欢迎，故而迪卡鲁瓦与罗塞家族公司立即着手设计了一系列与之配套的家具，包括“炉边”椅和单人沙发椅。1976 年，他们推出了一款柔软的床垫状沙发床。1981 年，他们还尝试调整全海绵家具的结构，使其不似多哥沙发这般统一。然而，只有多哥沙发至今依然不落潮流。

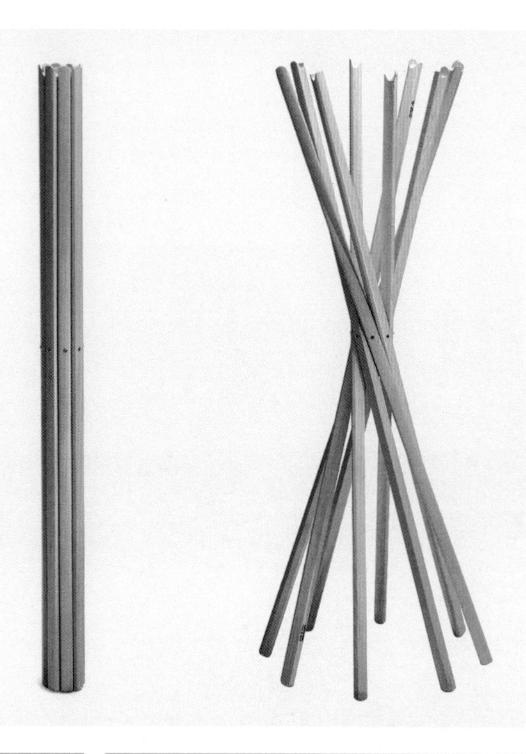

希安加伊衣帽架（1973）

焦纳坦 · 德帕斯
（1932—1991）
多纳托 · 德乌尔比诺
（1935— ）
保罗 · 洛马齐（1936— ）
扎诺塔公司，
1973 年至今

这款希安加伊（Sciangai）衣帽架由八根在中心处使用螺丝固定的山毛榉木材构成。除去它优雅的表面加工工艺之外，这款衣帽架看起来就仿佛是一捆木棒。然而，当它展开时，木棒便以螺旋状向外伸展，这使它成了最令人震撼的家用衣帽架之一。设计师之所以称其为“希安加伊”，是因为在意大利语中，该名字的意思为挑棍游戏，在此游戏中，玩家需要在一堆木棍中挑出一根，而不触动其他木棍。这种乐趣也可见于这件设计之中。它在展开时的直径为 41cm 至 65cm，可选款式为清漆、黑色、漂白色或鸡翅木色橡木。这款衣帽架的设计者为建筑师焦纳坦 · 德帕斯、多纳托 · 德乌尔比诺以及保罗 · 洛马齐，他们将这款便携家具简化至最基本的造型。这一设计团队在设计出可折叠家具之前，已经对临时建筑、充气家具以及灵活易变的生活方式进行了开创性的探索，其中最著名的便是 1967 年设计的充气椅。在 1979 年的米兰三年展中，这款希安加伊衣帽架赢得了著名的黄金罗盘奖。

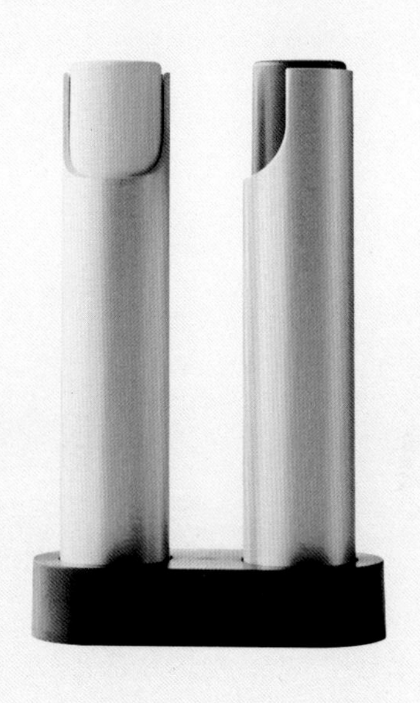

盐磨与胡椒磨（1973）

约翰尼·瑟伦森
（1944— ）
鲁德·蒂格森
（1932— ）
罗森达尔公司，
1973 年至今

约翰尼·瑟伦森（Johnny Sϕrensen）与鲁德·蒂格森（Rud Thygesen）以层压木板家具设计而为人所知，这些家具代表了高水平的丹麦设计传统。这两位设计师都于 1966 年毕业于丹麦皇家美术学院。他们的设计作品中蕴含了对工匠精神及材料品质的执着追求，同时还体现了设计者的创造力与精巧的构思。他们将材料与技术视为设计过程中的关键因素。而这款盐磨与胡椒磨便集中体现了他们的匠心与创造力。此产品使用铝材制成，较之传统的木质磨具，它使用起来更为轻松。这款巧妙的设计具有一个经专利注册的机械结构，它能让使用者只用一只手握住磨具，同时通过大拇指的按压来启动研磨装置，以此为使用者提供新鲜的研磨调料。它拥有一个特别设计的托架，可以盛放两件纤细的圆柱形磨具。这款设计的成功之处在于其美感与创新，同时还保留了丹麦的设计传统。瑟伦森与蒂格森的作品在国际上享有很高的声誉，众多作品都能在世界各地的博物馆中见到，包括美国现代艺术博物馆。

小马椅（1973）

埃罗·阿尔尼奥
（1932— ）
阿斯科公司，
1973 年至 1980 年
阿德尔塔公司，
2000 年至今

这只小巧、抽象且色彩鲜艳的小马虽然看似专为幼儿设计，然而埃罗·阿尔尼奥在设计它们时，则将其视为一款为成年人设计的趣味座椅。使用者既可以面朝前骑坐在上面，也可以侧坐。这款小马椅（Pony Chair）衬有软垫，外裹织物，内部为圆管形骨架，整体造型为明显的波普风格，它戏弄了人们对成人家具应有造型的既有期待，以及装饰家居空间的既有准则。以此，阿尔尼奥将一个受儿童喜爱的摇动木马转化为了一件供成年人使用的物品。20 世纪 60 年代末，许多北欧设计师都在实验塑料、玻璃纤维以及其他人造材料。这些新材料为座椅在造型和设计方案上开辟了全新的可能性。以阿尔尼奥与韦尔纳·潘顿为首的这些设计师们探索并拓展了家具造型的极限。潘顿与阿尔尼奥都强调几何造型，并将其转化为实用的家具。这款小马椅就是一款经简单放大的儿童椅，至少从尺寸的角度看来确实如此。如今，阿德尔塔公司依然在限量销售这款小马椅，外覆白色、黑色、橙色以及绿色的弹力织物，它鲜艳的色彩仍然能为成年人带来欢乐与幻想。

沉默侍者桌（1974）

阿基莱·卡斯蒂廖尼
（1918—2002）
扎诺塔公司，
1975 年至今

沉默侍者（Servomuto）这个名字对于阿基莱·卡斯蒂廖尼于1974 年设计的这款作品再适合不过。其底座采用聚丙烯制成，上接一根钢管，桌面采用层压塑料板或硬质聚氨酯制成，这款轻质边桌极具功能性，同时还保持着优雅且简约的造型。它较少的部件降低了其生产成本，对许多商业与居家环境而言，它都是极佳的选择。它的钢管下部支撑着桌面，上方伸出桌面，顶端的球钮高度与腰间齐平，让使用者可以随时随地并且轻而易举地移动桌子。在烟灰缸与伞架之后，这款沉默侍者桌是卡斯蒂廖尼的“侍者”系列中的第三款产品，而此系列中的产品都使用同一种底座与钢管部件。它们最早由意大利灯具公司弗洛斯生产，1970 年家具制造商扎诺塔公司接手了这一系列设计，并且邀请卡斯蒂廖尼在其中继续增加一些产品。如今，这款设计有黑、白与表面镀铝款式可供选择，它与后续增加的另外 12 件产品一起，至今依然由扎诺塔公司负责生产。

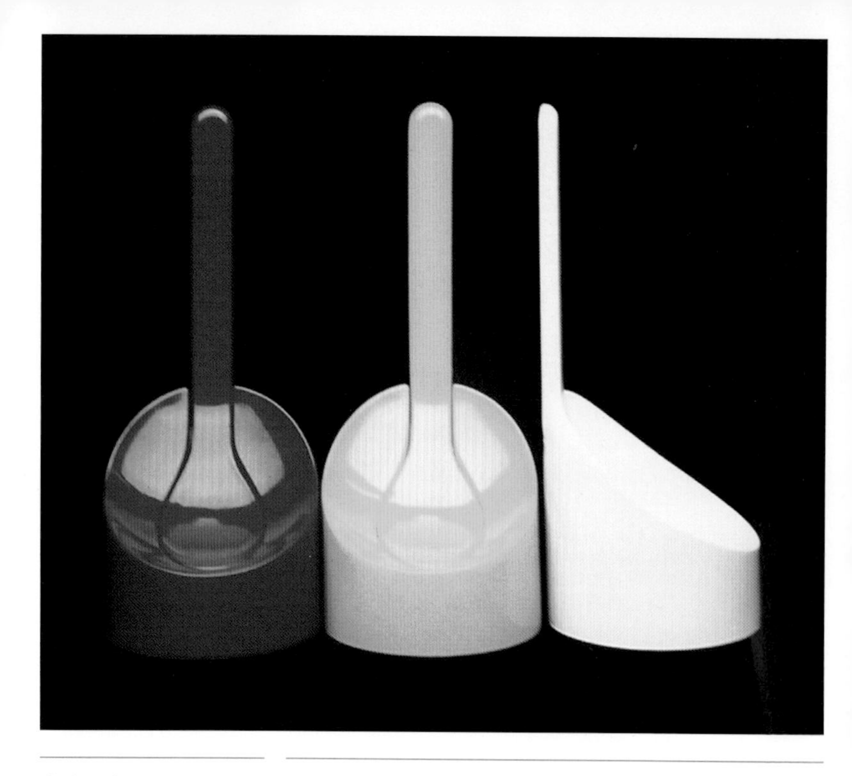

小狗马桶刷（1974）

莲池槙郎（1938— ）
格迪公司，1974 年至今

这款小狗（Cucciolo）马桶刷雕塑般的造型掩盖了它的设计目的，这件简单的工具是为最令人不快的家务活之一而设计的。这款低调的马桶刷获得了 1979 年的黄金罗盘奖，并且陈列在现代艺术博物馆中，设计师莲池槙郎将它转化为了一件极具美感的物品。当格迪（Gedy）公司找到莲池槙郎设计产品时，他从卫生角度切入，开始了设计。他能想到的最卫生的物体是一块平板，故而他开始构思一个没有死角的刷架。莲池槙郎意识到，卫生间已经变成了一个展现在造访者面前的房间，所以，他想让屋主能在这件物品中获得一些自豪感。它不仅需要实用、经济且耐久，而且在使用时应当使人愉悦，并且还必须是一件能让人欣赏与赞叹的物件。最终呈现出的设计造型简洁，中间有一个浅浅的凹陷，以收集从刷子上滴落的水滴。这款小狗马桶刷取得了极大的成功，多年以来都是格迪公司的标志性设计，并且至今依然是该公司最为畅销的产品。

T 形开瓶器（1974）
彼得 · 霍尔姆布拉德
（1934— ）
斯泰尔顿公司，
1974 年至今

斯泰尔顿公司最初只是雇佣彼得 · 霍尔姆布拉德（Peter Holmblad）做一名销售员，当时这家公司规模很小，专门制造家用不锈钢产品。然而，霍尔姆布拉德显然对设计的意义具有独到的见解，这是因为他有一项得天独厚的优势：他是阿尔内 · 雅各布森的养子。至 20 世纪 70 年代，他已经成为该公司的拥有者，并且颇有名气。他软磨硬泡地让一开始并没有兴趣的雅各布森设计了著名的圆柱系列产品，这套家用产品使用拉丝不锈钢制成，它为斯泰尔顿公司赢得了十足的国际声誉。虽然霍尔姆布拉德希望雅各布森继续扩充这一系列产品（他希望推出一款鸡尾酒调酒器），但是后者对酒并没有兴趣，完全不为所动。在雅各布森去世以后，霍尔姆布拉德继续发展此系列产品，推出了这款小件厨房工具。这款简单现代化的 T 形开瓶器最初使用镀镍钢材制成。如今它采用纯钢制成，表面涂以特富龙涂层，与该公司的其他产品搭配得天衣无缝。除了这款开瓶器外，霍尔姆布拉德推出的系列产品还包括啤酒开瓶器、奶酪刀 / 吧台刀、黄油刀、奶酪切片机以及奶酪擦丝器。

4875 型座椅（1974）

卡洛·巴尔托利
（1931— ）
卡尔泰尔公司，
1974 年至今

卡洛·巴尔托利（Carlo Bartoli）设计的这款 4875 型座椅曲线柔顺，比例紧凑，拥有卡通般的风格。它在很大程度上源于卡尔泰尔公司的两款著名产品：马尔科·扎努索与理查德·扎佩尔于 1960 年共同设计的可堆叠儿童椅，以及乔·科隆博于 1965 年设计的 4867 型座椅。不过与这两件作品不同，4875 型座椅采用聚丙烯制成，这种塑料更为多用且耐久，并且也更便宜。巴尔托利在设计这款 4875 型座椅时，最先考察了科隆博以及扎努索和扎佩尔设计的座椅结构。他采用了同样的一体式设计，将椅面与椅背结合在一个成形工序中。四条圆柱形椅腿则随后分别模造成形。而此椅在历经了两年的设计之后，聚丙烯塑料恰好被发明了出来。巴尔托利抓住了这次机遇，决定使用这种新材料来制造 4875 型座椅，为了增加椅腿接合处的强度，他还在椅面下增加了小条纹。20 世纪 70 年代，塑料已经退出了潮流，故而这款 4875 型座椅从来没有达到卡尔泰尔公司的其他前作所达到的高度。然而，此椅还是立即成了畅销产品，1979 年，它被授予了黄金罗盘奖。

尚博尔咖啡滤压壶

(1974)

卡斯滕·约恩森

(1948—)

博杜姆公司,

1982 年至今

尚博尔(Chambord)咖啡滤压壶基于法式滤压壶的原理制成,它让每个人都能在家中冲泡出上好的咖啡。易于使用的特点令它声名鹊起,也造就了其经久不衰的人气。这款咖啡壶的造型与结构可以让使用者以最简便的方式冲泡咖啡。事实上,法式滤压壶是由意大利人阿蒂利奥·卡利马尼(Attilio Calimani)于 1931 年发明的。然而自此之后,博杜姆(Bodrum)却成了咖啡冲泡工具的代名词,在大多数欧洲人家中都能见到各种尚博尔咖啡壶的变体。这款法式滤压壶由卡斯滕·约恩森(Carsten Jørgensen)于 1982 年为博杜姆公司设计。它结合了派莱克斯耐热玻璃制成的大口杯、镀铬框架以及由黑色酚醛塑料制成且极其耐用的塑料球钮与把手,这些让它成了一款世界知名且超越了时间的设计。它如今依然同刚发售时一样大受欢迎。而其简洁且低调的设计中还蕴含着实用性,这款咖啡壶能完全拆卸开,使用者可以十分轻松地清洗以及更换任何部件。博杜姆公司意欲借助这款尚博尔滤压壶为咖啡壶创造出一种全新的设计语言,将美感、简洁性与优良的材料融入日常生活当中。

脊柱椅（1974—1975）

埃米利奥·安巴斯
（1943— ）
贾恩卡洛·皮雷蒂
（1940— ）
KI 公司，1976 年至今
卡斯泰利 / 霍沃思公司，
1976 年至今
伊藤喜 - 克雷比奥公司，
1976 年至今

这款脊柱椅（Vertebra Chair）是第一款能对使用者的动作自动做出反应的办公椅，它采用了一套弹簧与配重系统，能更好地让使用者完成日常工作。之所以称其为脊柱椅，是为了突出使用者的背部与座椅的运动之间的紧密关系。它被认为是首款对人们如何工作和设计师如何帮助人们工作进行研究之后设计的椅子。此椅的设计囊括了可以对使用者的动作自动做出反应的椅背与椅面，故而使用者完全不需要进行任何手动调节。在这款脊柱椅问世之后，“腰部支撑”这一用语开始出现，这是因为一般的座椅都事先规定了使用者的坐姿，但却没有给予足够的支撑。此椅大部分机械装置都隐藏在椅面下两根 4cm 厚的椅背支撑杆中。这款脊柱椅还在家具设计中引入了一种全新的视觉语汇，即它的铸铝底座与弹性钢管框架。它获得了众多设计奖项，并且随着时间的推移，其设计只进行过几次微小的改动。埃米利奥·安巴斯（Emilio Ambasz）与贾恩卡洛·皮雷蒂开启了家具设计中一段全新的篇章，就如同这款脊柱椅一样，在 40 年后它依然充满活力。

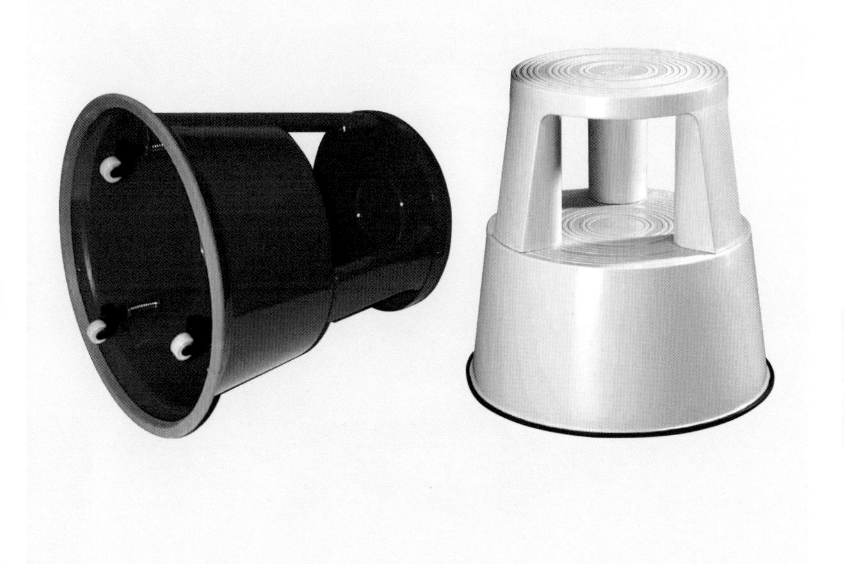

脚踢凳（1975）
维多设计团队
维多公司，1976 年至今

设想一把必须满足两则完全矛盾的需求的小凳，首先，它需要为踏在凳子上的人提供稳固的支撑，其次，它还可以轻松地移动。维多（Werner Dorsch）公司以这把脚踢凳（Kickstool）完美地解决了这一问题。它的底部装有三个滚轮，可以让它自由地滑动。这意味着人们可以用脚踢着它在地板上移动，同时空出双手搬运书或文件。不过如若缺少了这款设计中一个独具创造力的部件，那么当人们踏立在此凳之上时，这些滚轮将会让它变得异常危险。一旦此凳上被施加了压力，比如一个站立的人，整个凳子便会下沉 1cm，这将锁住滚轮，同时底边上宽阔的圆环会与地面接触。以此，它与地板便有了宽阔的接触面，而且也降低了重心，变得异常稳固。而鉴于它圆台形的造型，这一稳固性还得到了进一步巩固，这是因为在挪动后，人们完全不需要再将它与书架边缘对齐。此凳的设计异常简洁，并且它远远优于其他任何更为传统的产品，这让这款脚踢凳成了图书管理员与档案管理员的不二之选。

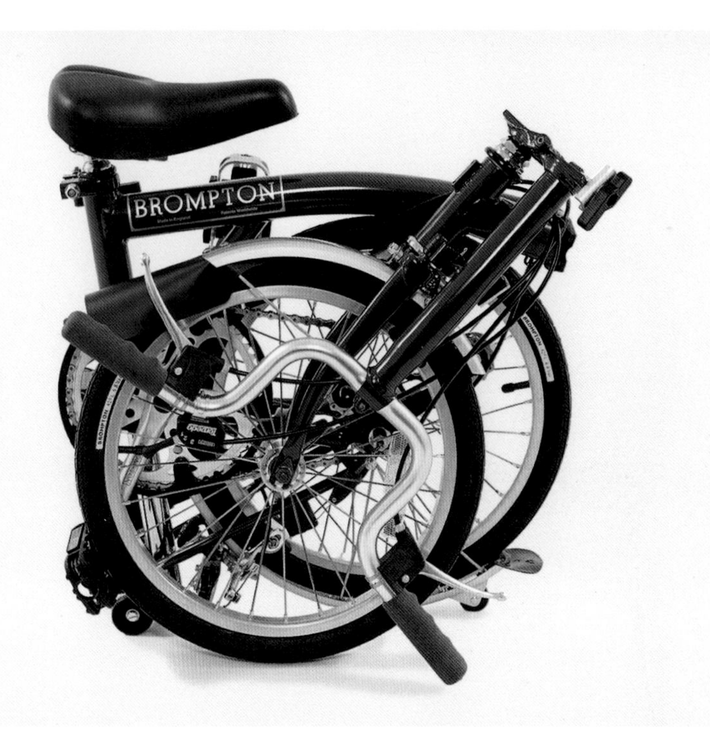

布朗普顿折叠自行车

（1975）

安德鲁·里奇

（1958— ）

布朗普顿自行车公司，

1976 年至今

布朗普顿（Brompton）折叠自行车是小轮与铰接钢管的精妙组合，它的成功得益于许多因素：令人头疼的城市交通状况，高发的自行车盗窃案件，以及大众对自行车出行这种健康的通勤方式的推崇。这些因素让布朗普顿自行车不至于沦为一款小众的专业产品，如今在远距离通勤者与骑行小轮车（BMX）的年轻人群中，它变得越来越普及。布朗普顿自行车不仅仅产自英国，更夸张的是，它产自伦敦，这也算得上是一件非凡之事了。在发现没有一家生产商愿意生产他的发明之后，安德鲁·里奇（Andrew Ritchie）便开始自己生产布朗普顿自行车，并且他的工厂不断改进着产品的制造工艺、技术与设计细节。在自行车折叠与展开时，使用者需要调节几个大翼形螺母，以固定两处铰链，而它的后轮与后支架则可以直接在车架下方的空间内折叠。它重量很轻，约为 12kg，骑行时非常省力。布朗普顿自行车可能并不适合环游世界，然而它一定是最适合环游城市的自行车。

特拉托笔（1975—1976）

意大利设计社

菲拉公司，1976 年至今

自这款特拉托笔问世以来，人们已经用它绘制了无数的图画，书写了无数的文字。该笔的设计者为米兰的意大利设计社，而生产商则为菲拉公司。从特拉托笔开始，该公司开设的这条书写工具生产线将传统书写笔转变成一件现代、革新且时髦的设计产品。意大利设计社于 1975 年至 1976 年间设计了特拉托勾线笔，它纤细高雅的造型与优异的标记能力让它立刻大获成功，1978 年，在原设计中增加了笔夹之后，该公司推出了特拉托笔夹版（Tratto Clip）勾线笔。原版与笔夹版都受到了极高的评价，并赢得了 1979 年的黄金罗盘奖。随后该公司还陆续推出了一系列成功的产品，如特拉托标志合成笔尖水笔（1990）、特拉托激光针管笔（1993）以及菲拉特拉托马蒂克圆珠笔（1994）。这些笔延续着特拉托系列的辉煌，它们采用有机且纯粹的造型，并且新型笔尖的推出确保了特拉托系列在消费者中的受欢迎程度。当人们需要用创作来表达自我时，特拉托笔证明了自己的重要性，无数智者将自己的想法用它记录下来，同时也造就了它的成功。

“梭密”系列餐具
(1976)

蒂莫·萨尔帕内瓦
(1926—2006)
罗森塔尔公司,
1976 年至今

20 世纪 50 年代中期，菲利普·罗森塔尔(Philip Rosenthal)开始委托著名设计师为美国市场设计一系列高品质的现代家用瓷器。这款获得过大奖的“梭密”(Suomi，即芬兰语中芬兰之意)系列餐具由蒂莫·萨尔帕内瓦设计，它是罗森塔尔公司最受欢迎的产品系列之一，并且自 1976 年问世以来从未间断过生产。萨尔帕内瓦是学习雕塑出身，虽然他最为人知的是玻璃器皿作品，然而人们却能在这款餐具中体会到他创造优美造型的热情。最初，此系列产品采用无装饰的白瓷制成，其圆角矩形的造型令人联想到被流水打磨过的卵石。这款“梭密”系列餐具还拥有表面带有素雅浅坑的款式。这些带有纹饰的各类款式有各种名称，如仰光(Rangoon)、硬煤(Anthrazit)、纯自然(Pure Nature)以及诗意视觉(Visuelle Poésie)。然而，我们并不清楚，这些装饰是否咨询了萨尔帕内瓦的意见，因为他的雕塑作品一般都十分抽象且巨大。1992 年，巴黎蓬皮杜中心的当代设计永久收藏计划将“梭密”系列餐具纳入其中，再次证明了这款设计的成功。

红云书架（1977）

维科 · 马吉斯特雷蒂
（1920—2006）
卡希纳公司，
1977 年至今

1946 年，维科 · 马吉斯特雷蒂设计了一个倚靠墙面且类似于梯子的书架，这是他最早的家具作品之一。在几乎 30 年之后，马吉斯特雷蒂再次受到了梯子的启发，设计了这款红云书架，它的框架可折叠，且拥有 6 个可拆卸的置物板。他从传统的匿名书架设计出发，设计出了一个全新的改进版本，此书架即搭即用，并且极其实用。此书架置物板之间距离大致相等，可以作为一扇隔墙或屏风分隔房间，同时在各侧制造出完全不同的全新氛围。马吉斯特雷蒂这种坚持自我的风格与当时他的众多同行形成了鲜明对比。当卡希纳公司于 1977 年推出这款红云书架时，意大利设计界正流行一种极度风格化且推崇自我表达的设计理念，并且放弃了大规模生产的方式。在一波又一波的思想与风格浪潮之中，马吉斯特雷蒂却设计出了这款简约优雅，低调却巧妙的书架，它的销量惊人且可以大规模生产。公司采用山毛榉木材生产此书架，有自然色、白色与黑色可供选择。虽然它还没有达到马吉斯特雷蒂对一个好设计的定义，即好设计应该能延续 50 甚至 100 年，不过它已然十分接近这一标准。

真空水壶（1977）

埃里克 · 马格努森

（1940— ）

斯泰尔顿公司，

1977 年至今

埃里克 · 马格努森（Erik Magnussen）为斯泰尔顿公司设计的这款真空保温水壶展现出了设计者对造型出自本能的感知，同时结合了他对功能性近乎严苛的要求。这款真空水壶是马格努森从阿尔内 · 雅各布森手中接过斯泰尔顿公司的首席设计师职位之后所设计的首款产品。其设计目的是为了配合雅各布森于 1967 年所设计的著名的圆柱系列产品。马格努森利用了公司既有的一款玻璃瓶内胆（故而自然地降低了生产成本），并且研发了一款独特的 T 形瓶盖，它装配了一个摇摆瓶塞组件，在水壶倾斜时会自动开启和闭合，这让人们可以轻松地用单手使用它。最初，此壶使用不锈钢制成，以配合圆柱系列中的其他产品，而瓶盖则使用聚甲醛塑料制成。自 1979 年起，公司开始使用有光泽且抗磨损的 ABS 塑料制造瓶体，并且有多种颜色可选（如今有 16 种颜色）。塑料的使用让原本昂贵的产品成了一件平价商品。这款水壶于 1977 年荣获丹麦设计中心颁发的 ID 奖，它一经推出便迅速获得了成功，并且至今依然是该公司的畅销产品。

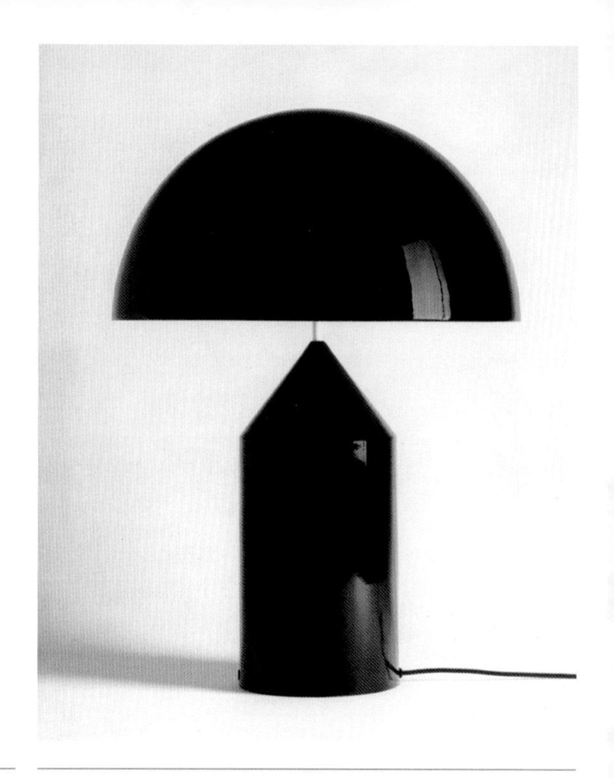

223/D 阿托罗台灯

（1977）

维科 · 马吉斯特雷蒂

（1920—2006）

奥卢切公司，

1977 年至今

这款阿托罗台灯（Atollo Lamp）是维科 · 马吉斯特雷蒂设计的最为著名的台灯之一，也是 1979 年黄金罗盘奖得主。这款台灯使用上漆铝材制成，它简洁的几何造型组合将一款有功能的家用物件转化为了一尊抽象的雕塑。此灯由完全不同的两部分组成：一个圆柱体的灯柱以及一个球形灯罩。灯罩与底座之间的连接件为一根极细的杆子，故而当灯光打亮时，整个灯罩看似如同悬浮在空中。马吉斯特雷蒂设计的许多灯具都结合了抽象几何体与光影效果。诸如连接件、电线以及插头等细节总是被隐藏起来，而这些设计真正展现给人们的则是无与伦比的简洁造型以及比例匀称的各种组合。这款台灯的概念来自马吉斯特雷蒂所绘的一系列草图，而将这个在技术上极其复杂的概念转化为一件真正的产品，却花费了奥卢切公司大量的时间，后者是意大利最老牌的灯具设计公司，如今依然十分活跃。马吉斯特雷蒂曾连续多年担任奥卢切公司的艺术总监与设计总监，在这一岗位上他留下了清晰的印记，而这款阿托罗台灯也成为该公司最为成功的产品之一。

马鞍椅（1977）

马里奥 · 贝利尼
（1935— ）
卡希纳公司，
1977 年至今

建筑师、工业设计师、家具设计师、记者与教师马里奥 · 贝利尼（Mario Bellini）是当今国际设计界最为著名的人物之一。他设计的这款马鞍椅（Cab Chair）由卡希纳公司自 1977 年开始生产，此椅代表着 20 世纪后半叶意大利的创新精神与工匠技艺。此椅的骨架为瓷釉钢管，外部套有与骨架紧密契合的皮套，后者则由 4 根沿椅腿内侧与椅面下方排布的拉链闭合成一个整体。此椅仅采用了一块藏在椅面内的塑料板加固整体结构。它给人以一种紧致、奢华的整体感。当时，钢管家具都依赖材料的对比来创造出视觉冲击力，然而贝利尼却在此结合了金属与外覆材料这两种元素，创造出了一种具有包覆感的优雅结构。至 1982 年，马鞍椅已经成为意大利高品质设计的代名词，并且卡希纳公司在生产线中还加入了两件配套家具——一款扶手椅，一款沙发。此系列所有家具都有棕黄、黑、白三色可供选择。贝利尼早期在奥利韦蒂（Olivetti）公司担任首席设计顾问（自 1963 年起），有人称，此椅皮套的灵感可能源自传统的打字机外壳箱。

9090 浓缩咖啡萃取壶（1977—1979）

理查德·扎佩尔（1932—2015）

阿莱西公司，1979 年至今

这款由理查德·扎佩尔设计的 9090 浓缩咖啡萃取壶蕴含了后现代工业产品设计的先进理念，它在 1979 年的米兰三年展中荣获黄金罗盘奖。这款圆柱形不锈钢咖啡壶广受赞誉的原因，不仅因为其时髦的造型，以及它极其成功地重新改造了浓缩咖啡萃取壶，还在于它革命性的设计。它宽阔的底座增加了稳定性并且赋予其敦实的感觉，更为重要的是，它能确保水被更为均匀且迅速地煮开，防止咖啡产生焦味。扎佩尔在此设计了一个非滴漏形漏斗，以及一套广受称赞的独创扣合系统，它能让使用者打开与关闭咖啡壶，以便加入水与咖啡粉。此壶设计于 1977 年至 1979 年间，它证实了阿莱西公司之前策略的正确性，该公司认为厨房将成为开展全新商业活动的极佳领域。在比亚莱蒂公司的摩卡咖啡壶占据了大部分意大利市场的大背景下，阿莱西公司提出了一个策略，制作一款如同艺术品般的产品，并且其售价将大大高于已有同类产品。扎佩尔对此的回应便是这款革命性的咖啡壶，它摒弃了传统的壶颈与壶嘴，造型极具未来感，并且抛弃了所有装饰。

比利置物架（1978）

瑞典宜家

宜家公司，1978 年至今

这款比利（Billy）置物架是设计史中的奇迹。此储物系统简单、多用，可由消费者自行组装，它是世界上最受欢迎的设计产品之一。自 1978 年发售以来，宜家已经卖出了 2800 万件比利置物架。当然，宜家本身也是一个奇迹。相较于其他公司推出的独立且为顾客定制的产品，该公司不断研发模块化且相互联系的系统产品，以推广其高度一体化家居产品的理念。这款比利置物架体现了宜家最核心的存在价值。此置物架从最初的简易、可调节置物架发展为一整个系列的书架与置物系统，结合了角柜、玻璃门、CD 架和电视柜。它使用刨花板制成，此材料的生产成本极低，并且易于组装。板材的贴皮有各种材料可选，包括桦木、山毛榉木，甚至白色、黑色与灰色的金属板。宜家一直在售卖各式书架，然而从多用性与材料经济性的角度考虑，比利置物架已经达到了最佳状态。宜家追捧功能性低成本产品，这在世界范围内吸引了大量消费者，而这款线条简约、功能多样且价格低廉的比利置物架极大地增加了这股北欧势力的吸引力。

弗里斯比吊灯（1978）

阿基莱·卡斯蒂廖尼
（1918—2002）
弗洛斯公司，
1978 年至今

阿基莱·卡斯蒂廖尼绝对可以被称为上世纪最伟大的设计师之一。他设计的这款弗里斯比吊灯（Frisbi Lamp）彰显了其设计中独有的轻盈感与风趣感，而且此灯也绝对是一件标志性设计。它外形简洁、广为流行，经常出现在人们的视野中，以至于都快被人当成一件寻常物品了。然而，人们却忽视了它的不同寻常之处，它将吊灯刺眼的灯光巧妙地散射开。卡斯蒂廖尼设计灯具的方式经常始于对一款特定灯泡的深入研究。此灯便脱胎于他的兄弟皮耶尔·贾科莫早期所做的一项研究，此灯的设计目的在于同时提供柔和的反射光与直射光。卡斯蒂廖尼选用了一块悬挂着的半透明有机玻璃圆盘，并在中央开了一个洞，巧妙地解决了这一问题。此洞能将灯光引向桌面，而周围的乳白色塑料圆盘则遮挡、散射且同时反射了剩余的光线。而白炽灯泡则布置在一个旋压成型的抛光金属小罩中。灯罩连接着一根金属线，而线上则固定有三根细钢丝。这三根钢丝随之吊住了乳白色塑料圆盘，当从远处看时，圆盘则会看似神奇地悬浮在空中。

5070 调味瓶套装

（1978）

埃托雷 · 索特萨斯

（1917—2007）

阿莱西公司，

1978 年至今

埃托雷 · 索特萨斯（Ettore Sottsass）为阿莱西公司设计的这款 5070 调味瓶套装完美地彰显了该公司的准则，赋予普通产品独特的魅力。索特萨斯是 20 世纪 80 年代后现代设计的代表人物，也是意大利最具表现力且最成功的设计师之一。1972 年，索特萨斯开始了与阿莱西公司的设计合作，而这款 5070 调味瓶套装就是他为该公司设计的早期作品。这款设计展示了何为一款成功的调味瓶。它的瓶身为高雅的圆柱形水晶玻璃瓶，每个调味瓶都配有一个抛光不锈钢制成的半球形瓶盖，并且巧妙地排列在托架上。它高品质的材料散发出一种时尚感，同时却又极其实用（透过玻璃瓶可以直接看到内容物）。它是餐桌上不可或缺的重要物品，人们注意力的中心，同时也是一件日常用品。虽然它设计于 20 世纪 70 年代，但是它超越了那个年代，预见性地创造出了一种将会风靡并主导 20 世纪 80 年代的风格。这款调味瓶的普遍存在，可以最好地证明它经久不衰的成功，人们能在意大利的许多餐馆、酒吧与家庭中见到它的身影，自它发售以来，就建立起了一种全新的工业与家用餐具标准。

羚羊椅（1978）
霍安·卡萨斯－奥蒂内斯
（1942— ）
因德卡萨公司，
1978 年至今

没有一款座椅能比霍安·卡萨斯－奥蒂内斯（Joan Casas y Ortínez）设计的这款羚羊椅（Gacela Chair）更能体现现代咖啡馆文化。此椅主要由阳极电镀铝管制成，其简洁明了的线条让它成了一款万用设计，既适用于室内，也适用于室外。卡萨斯－奥蒂内斯是一名平面设计师、工业设计师与大学讲师，自 1964 年起，他开始了与西班牙制造商因德卡萨（Indecasa）公司的合作关系。如今，他设计的“经典”（Clásica）系列堆叠椅（此羚羊椅也是其中之一）被视为欧洲咖啡馆文化的经典代表。经典系列的诞生得益于因德卡萨公司 25 年的不断耕耘。这款羚羊椅在设计时便选用了两种材料，即铝板或木板与铸铝加固连接件。铝板之上还可以选择喷涂粉状聚酯纤维，或者可依个人定制粘上各种适合户外环境的标志。此椅轻质、耐用且可堆叠，一直以来都是畅销产品。它极好地例证了奥蒂内斯对设计的以下看法，即“设计对我而言意味着，出于工业生产与销售的目的创造出一款产品，它实用且受到千万人的喜爱，并且多年后将会成为经典设计，成为我们周遭环境的一部分”。

马格电筒（1979）

安东尼·马格利卡
（1930— ）
马格工具，
1979 年至今

这款马格电筒（Maglite）的设计没有任何装饰，它明确地表达着其设计目的，即一款实用的照明工具。电筒的外壳由机器精确制成，配有高品质橡胶封环与高通亮的光学单元，电筒内甚至还带有一颗备用灯泡。1979 年，马格电筒于美国问世。其最初的设计目的是意欲改进警察、救火员与工程师所使用的手电筒，制造出一款便于携带且轻量的光源，并且用阳极氧化铝材打造，以求其坚固耐用。安东尼·马格利卡（Anthony Maglica）发明并且生产了这款手电筒，它经久耐用，得到了目标市场的正面回应。马格利卡秉持着对产品必须不断创新与改良的信念，基于原始设计中的关键功能继续研发了一系列电筒。多样的尺寸与重量打开了全新的市场，并且在国内市场获得了一批忠实的消费者。1982 年，马格工具（Mag Instrument）公司雇佣了 850 名员工，开始在世界范围内售卖这款手电筒。不论此电筒被缩小至能扣在钥匙环上，还是加装了已注册的可充电式系统，马格电筒的基本结构与理念从未改变。

波士顿调酒器（1979）

埃托雷 · 索特萨斯
（1917—2007）
阿莱西公司，
1979 年至今

这款波士顿调酒器（Boston Shaker）是“波士顿鸡尾酒”系列中的一款产品，它体现了埃托雷 · 索特萨斯的一个根深蒂固的理念，他认为他设计的产品应该是一款改善使用者体验的器具，而不仅单纯地考虑功能。这套酒具得名于传统的美国波士顿调酒器，由凉酒器、托架、冰桶、冰夹、摇酒器、过滤器以及搅拌棒组成。此设计脱胎于对酒吧与调酒专业用具的一项深入调查，索特萨斯与意大利著名酒店管理学校出身的阿尔贝托 · 戈齐（Alberto Gozzi）于 20 世纪 70 年代后半叶共同开展了这项研究工作。这款调酒器由一个抛光不锈钢杯与一个厚玻璃杯组成，它为鸡尾酒的摇酒、搅拌、混合与调制过程增添了一丝奢侈感。在 1960 年于米兰开设自己的工作室之前，索特萨斯就读于都灵理工大学。1972 年，他开始为阿莱西公司设计产品。他希望从完美的造型中跳脱出来，重新发现有趣之处，并且让使用者不论在大尺度的建筑环境或小尺度的餐具之中，都能发现惊喜与即兴而生的乐趣。

“平衡”系列百变椅（1979）

彼得·奥普斯维克（1939— ）
斯托克公司，
1972 年至今

“平衡”（Balans）系列家具是全新形式的办公座椅，依据了革命性的人体功效学准则设计。此系列家具最初由挪威的“平衡社”于 20 世纪 70 年代设计并于 1979 年参加了哥本哈根家具展，此社团的成员包括汉斯·克里斯蒂安·门斯胡尔、奥德维·吕肯斯、彼得·奥普斯维克以及斯文·古斯鲁德。“平衡”系列如今拥有 25 种不同的款式，囊括了各种座椅样式。而这款“平衡”系列百变椅（Balans Variable Stool）可能是此系列座椅中最具辨识度也是最广为人知的款式。这把奥普斯维克设计的座椅是此系列中最先问世的座椅之一，它完全颠覆了座椅该如何使用以及应当拥有何种外型的既定准则。近 30 年间，人们才开始被要求一直坐在办公桌前工作直到下班，这对腰与脊椎都有不同程度的伤害。而这款“平衡”系列百变椅则改变了椅面的角度，引入了膝盖支点与摇椅的特性。这将就座者的重心前移，改变了背部的姿态，并且改变了髋部与大腿之间的角度，让就座者可以使用膝盖支撑身体的重量，让背部肌肉从紧张的状态缓和，从而得到放松。

报事贴便条纸（1980）

斯潘塞 · 西尔弗
（1941— ）
阿特 · 弗赖伊
（1931— ）
3M 公司，
1980 年至今

这款设计初衷为圣歌书签的报事贴便条纸在发明史中却获得了神话般的地位。助它登上巅峰的部分原因是人们津津乐道于它的发明过程。然而真正的故事却是关于两位科学家发明者如何坚持不懈的努力，以及他们工作的公司洋溢着的创新发明氛围。在历经 5 年的公司内部试用之后，3M 这家跨领域公司才于 1980 年推出了这款如今看来拥有不可思议的实用性且黏性适中的淡黄色贴纸。1968 年，斯潘塞 · 西尔弗博士正在研究如何提升胶带的黏性。他配比出了一款黏合剂，其强度足够能让物品附着于其他表面，并且揭除后还不留下任何痕迹。然而此技术的应用却是由当时的新产品研发者阿特 · 弗赖伊（Art Fry）发现的，他提出了利用废纸制成书签的构思。在 1980 年之前，人们只是缓慢地接受着这一概念，然而 1980 年，这款便条纸问世了，它的受众剧增，如同病毒般扩散到了家庭与办公室之中。自它发售以来，人们发现了此产品众多的使用方法，并且还赋予了它文化意义，这不仅表明了这项发明与其设计的杰出性与明确性，还证明了一款符合人类行为且简单的工具拥有何等强大的力量。

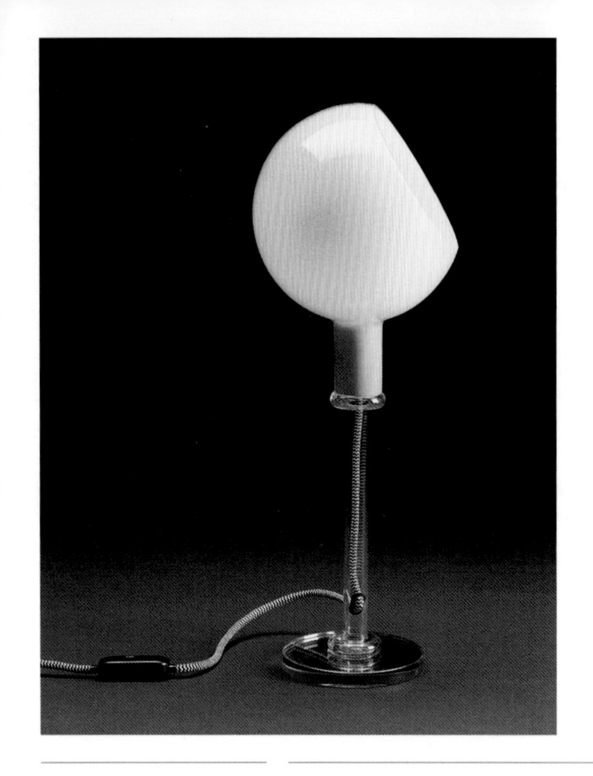

帕罗拉台灯（1980）

加埃·奥伦蒂
（1927—2012）
丰塔纳艺术公司，
1980 年至今

这款帕罗拉台灯（Parola Lamp）是一款标准卤素灯，它的灯罩、灯柱以及底座全部使用玻璃制成。除了台灯款式，它还有壁挂款式可选。加埃·奥伦蒂（Gae Aulenti）与皮耶罗·卡斯蒂廖尼（Piero Castiglioni）共同合作，为米兰玻璃制品生产商丰塔纳艺术公司设计了这款产品。奥伦蒂是一位建筑师，她以博物馆建筑、展览设计以及室内设计著称。1979 年，奥伦蒂被任命为丰塔纳艺术公司的艺术总监，直到 1996 年才离职。这款帕罗拉台灯是她任职期间的第一批产品之一，其上的三个部件需使用三种不同的玻璃制造工艺完成。灯罩模仿偏食现象，将淡色玻璃球削去一部分，其材料为吹制乳白玻璃；灯杆选用透明玻璃，可以从外部看到电线；而边缘为圆角的底座则选用了磨制天然水晶制成。它如同“眼球”般的灯罩使人联想到 20 世纪 60 年代流行的造型，奥伦蒂在她之前的作品中也使用过此造型。奥伦蒂称：“我从未将灯具视为一件技术产品或一个制造灯光的机器，而是将它们当成能与周遭氛围契合的造型而创造它们。”

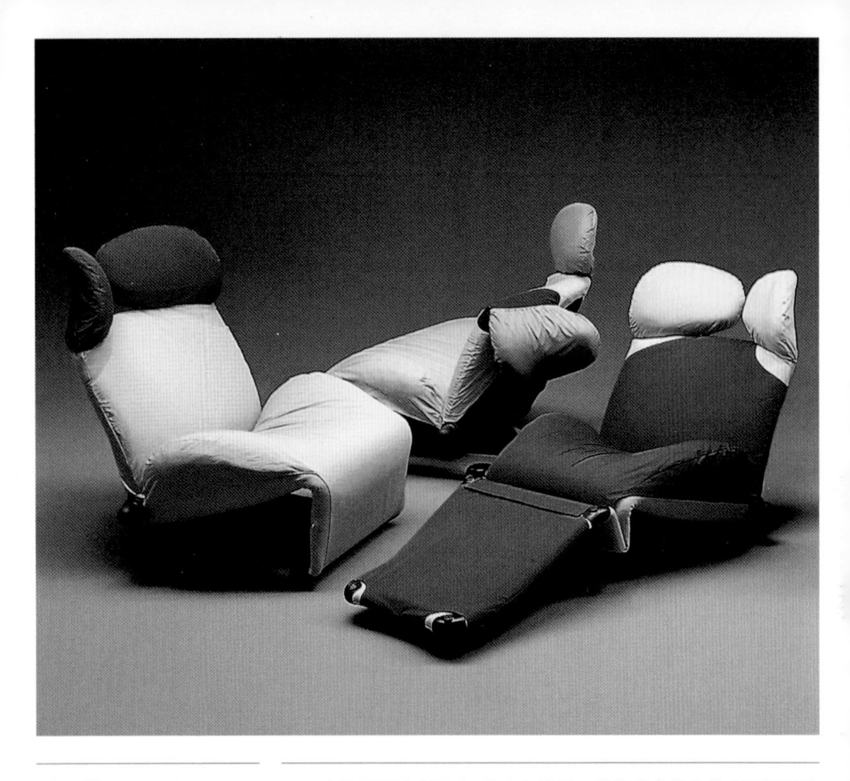

眨眼椅（1980）
喜多俊之（1942— ）
卡希纳公司，
1980 年至今

这款眨眼椅（Wink Chair）是第一款为喜多俊之带来国际影响力的作品。它较一般休闲椅更低矮，它既反映了年轻一代更为放松的态度，也体现了传统的日式就座方式。单从设计的角度看，此座椅是一款舒适且多用途的完美座椅，这得益于其底座上的旋钮，它能将直立座椅转变成休闲躺椅。而分为两半的靠枕可以前后转动，形成“眨眼”般的姿态，为头部提供更多支撑。它熊猫般的折叠“耳”与座椅拉链的时髦配色为它赢得了“米老鼠”的昵称。然而，这些部件并不仅仅是为了时髦而存在的：增加拉链是为了让外套可以拆卸，方便清洗。喜多俊之是一位同时扎根于日本与欧洲文化的设计师，因此他从未将自己与某个学派或某个运动联系在一起。相反地，他发展出了一套完全独立的风格，极其风趣且充分利用了科技的价值，这些在这款眨眼椅中体现得淋漓尽致。1981 年，眨眼椅被纽约现代艺术博物馆选入其永久藏品之中。

滚轮桌（1980）

加埃 · 奥伦蒂
（1927—2012）
丰塔纳艺术公司，
1980 年至今

在这款滚轮桌（Tavolo Con Ruote）中，人们几乎看不到任何设计元素，然而它却有力地代表了 20 世纪 70 年代末至 80 年代初期的先进设计理念。加埃 · 奥伦蒂设计的这款咖啡桌由意大利的丰塔纳艺术公司生产。它由 4 个出奇大的橡胶滚轮与一块距地面几厘米的玻璃板组成。它极其简洁，然而却表现出十足的耐用性：其滚轮一般用于工业机器之上，而不是客厅里。然而这种重载部件与一块玻璃板的共存，以及它们与居家氛围之间的不协调感却也带来了一丝幽默。但是不似其他设计师那样，奥伦蒂并没有选择使用传统技艺与手工制造来完成这一概念。人们应该在高技派建筑运动的大背景之下来理解这件设计作品，这一运动中的作品以 1977 年建成、使用了众多工业部件的巴黎蓬皮杜中心最为典型。当奥伦蒂于 1980 年设计出这件作品之时，她同时也在忙于蓬皮杜中心的项目。她是同时代中少有的享有国际声誉的意大利女设计师。

阿切托列雷调味瓶

（1980）

阿基莱·卡斯蒂廖尼

（1918—2002）

罗西 & 阿尔坎蒂公司，

1980 年至 1984 年

阿莱西公司，

1984 年至今

皮耶尔·贾科莫与阿基莱·卡斯蒂廖尼兄弟最为人熟知的是他们对工业元素具有讽刺意味的再利用以及以此创造出的极具辨识度的作品，然而他们同样也是观察、解决日常物件中出现的平凡且细微问题的专家。当制造商人克莱托·穆纳里（Cleto Munari）委托阿基莱·卡斯蒂廖尼使用银质材料设计一款日常使用的（油、醋）调味瓶时，情况正是如此，他们首先进行了一次缜密的分析。这款最初由罗西 & 阿尔坎蒂（Rossi & Arcanti）公司使用银与水晶限量生产，如今由阿莱西公司生产的阿切托列雷（Acetoliere）调味瓶便是最终的设计成果，它拥有着无与伦比的实用性。这款调味瓶在普通的调味瓶之上进行了多项改进。它的油瓶尺寸比醋瓶大，这是因为一般情况下，油的用量都要大于醋。它的铰链瓶盖分为多段，其形状如同猫头一般，尾端装有形如萨克斯按键般的配重装置，在倾倒时，盖子会自动随着角度变大而慢慢打开。两个瓶身的外形都如钟摆般十分稳固，如若不施加外力，绝不会倾倒。并且它没有任何突出的出液口，相反地，它的出液口是向内弯折的，以此防止液体滴落。

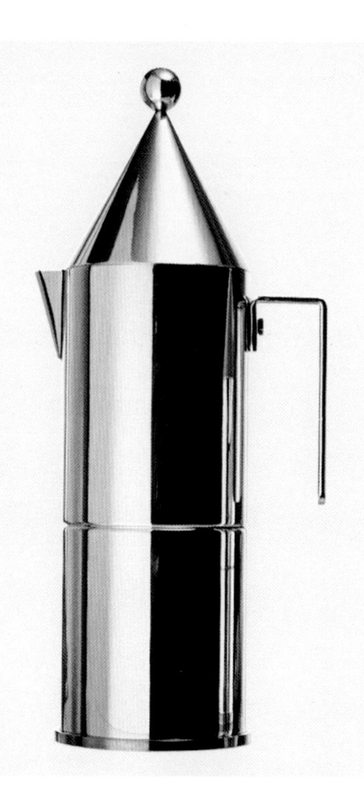

圆锥咖啡壶
（1980—1983）
阿尔多·罗西
（1931—1997）
阿莱西公司，
1984 年至今

这款圆锥（La Conica）咖啡壶属于 1983 年阿莱西公司委托亚历山德罗·门迪尼（Alessandro Mendini）所做的一个项目。门迪尼与包括阿尔多·罗西（Aldo Rossi）在内的十位建筑师受邀，对家居用品进行重新阐释与设计。罗西将家居用品理解为缩小版的建筑，该理念在这款咖啡壶中得到了淋漓尽致的体现。他十分痴迷于基本建筑造型所展现出的几何体的简洁感，其中圆锥便是一个反复出现的主题。为了完成阿莱西公司的委托任务，罗西开始缜密地研究咖啡的冲泡与招待的过程，他将这一问题视为两个辩证关系的完美象征，即建筑的城市景观与“家庭的景观”，而他的缩小化建筑恰好能融入后者之中。这款咖啡壶的造型已经成为罗西建筑草图中的某种固定元素，它经常以建筑的形式出现在城市之中。阿莱西公司这一项目中的其他设计作品只使用银制成，且每个作品只生产了 99 件副本。然而这款圆锥咖啡壶成为阿莱西推出的“工作室”（Officina）品牌中的第一款产品，并且如今已成为 20 世纪 80 年代设计的象征，它生产与售出的数量远远超出了 99 件。

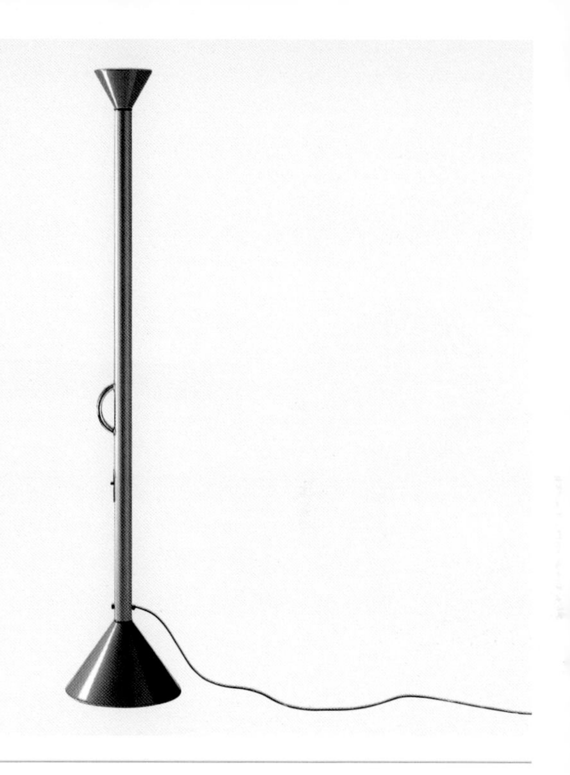

卡利马科落地灯（1981）

埃托雷·索特萨斯
（1917—2007）
阿尔泰米德公司，
1982 年至今

在 20 世纪 70 年代，埃托雷·索特萨斯是意大利先锋设计的领军人物，他成功地树立起了一种全新的设计语言。1981 年，他与志同道合的设计师组建了“孟菲斯派”。这一团队首次推出的系列作品极具后现代风格，而其中最具代表性的便是这款由索特萨斯设计的卡利马科落地灯（Callimaco Lamp），它装有一盏 500 瓦特的卤素灯泡，且内置调光器。在总高 1.8m 的绿色铝制底座以及亮黄色灯杆的顶端配有一个红色的小圆锥，其中发射出的强烈白光赋予了这件灯具活力，灯关闭时，人们几乎猜测不出它的具体用途。这款卡利马科落地灯颠覆了落地灯必须要立在座椅旁以提供阅读用灯光的传统。其 500 瓦特的灯泡太过明亮，不可能让人直视，并且在家庭环境中使用卤素灯本身就是一个新鲜的现象。其灯杆中央设置有一个把手，使它的外观与扩音器产生了共鸣。然而它打破了人们对它能发出声音的期待，反而从喇叭口般的灯罩中射出了强烈的光线。在无数对后现代主义的畅想之中，这件作品无疑十分激进，并且也是孟菲斯派的作品中最具权威性的标准制定者。

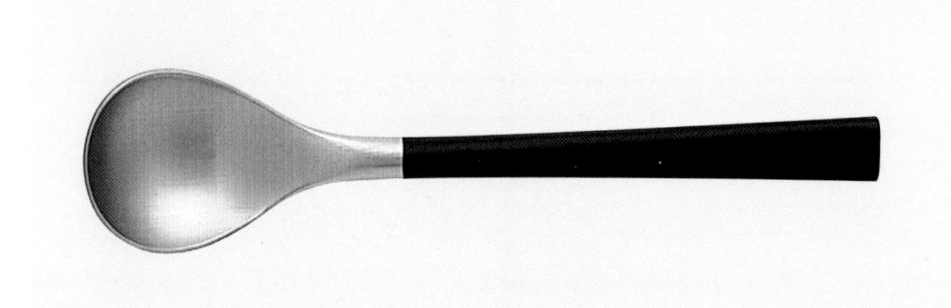

18-8 不锈钢扁平餐具（1982）

柳宗理（1915—2011）
佐藤商事公司，
1982 年至今

先锋工业设计师柳宗理的作品完美地结合了造型、功能与美感。他设计的这款 18-8 不锈钢扁平餐具由佐藤商事公司生产，作品受到了自然造型的启发，并且致力于将风格、实用性与令人愉悦的触感带到每一个餐桌之上。这套餐具包含了 5 件优雅耐用的扁平餐具，以及 4 件其他工具。它标志性的有机造型体现了设计师偏爱“柔和圆润、可以传递人的温暖”的造型。柳宗理坚信，设计师的工作并不是重新包装旧有的理念，而应该发展这些理念。在他的作品中，他一直寻求将功能主义的理念与日本的传统设计相融合。柳宗理最初在板仓准三的建筑师事务所工作，他在此遇见了夏洛特·佩里安，并于 1940 年至 1942 年间成为她的助手。1952 年，他在东京开设了自己的事务所，并且很快成为日本工业设计师协会的创始成员。在战后日本进行全面现代化与西化的时期，柳宗理设计出了与传统日式氛围不相矛盾的作品。而这件 18-8 不锈钢扁平餐具便是其中最为典型的代表，自它首次面市以来，它的生产便从未中断过。

科斯特椅（1982）

菲利普·斯塔克
（1949— ）
德里亚德公司，
1985 年至今

这把古怪却又时髦精致的科斯特椅（Costes Chair）完美体现了 20 世纪 80 年代的新现代主义美学。它包有相对朴素的红木皮，配以皮制坐垫，其设计的致敬对象包括装饰艺术风格以及传统的俱乐部椅。此椅最初属于巴黎科斯特咖啡馆的室内设计项目的一部分，如今则由意大利制造商德里亚德（Driade）公司批量生产。1981 年，菲利普·斯塔克与其他七位设计师一起被选中为总统弗朗索瓦·密特朗（François Mitterrand）的私人公寓配备家具，自此他便崭露头角。借助这一机会，他紧接着被委托为科斯特咖啡馆进行室内设计。斯塔克设计了一个轴心对称且极其夸张的楼梯，以此创造出了一种奢华且前卫的室内氛围。而显然，这把三腿椅的设计目的是为了避免服务生被椅腿绊倒，而三腿这一主题很快也成了斯塔克的标志。斯塔克逐渐成为 20 世纪后半叶最为著名的设计师之一，而在此过程中，他的经营手腕与吸引世界媒体注意力的能力无疑为他赢得了一大批忠实的追随者。

“具良治”刀具（1982）

山田耕民（1947— ）
吉田金属工业公司，
1960 年至今

1982 年，当这套“具良治”（Global）刀具作为传统欧洲厨刀的竞争者首次进入世界烹饪用品市场之时，它引起了不小的轰动。日本工业设计师山田耕民受委托设计一把优秀且革新的刀具，须使用最好的材料，并结合最现代的设计理念。其设计成果便是这把极其前卫的“具良治”刀具。山田耕民获得了一大笔预算，对他的设计进行实验和创新，这让他得以制造出这把既适用于专业市场也适用于家用市场的厨刀。它选用了最为高级的不锈钢材料（钼 / 钒钢）制成，得益于淬火以及冰回火处理，其刀刃异常锋利，能够抵御任何锈斑、污渍与腐蚀。此刀借鉴了武士刀以及日式传统刀具，其重量经过了精妙的配比，以求使用时达到最为完美的平衡感。它没有任何多余的材料，圆且厚的刀柄具有良好的抓握手感。另一处证明了山田耕民出众才华的细节在于刀柄上直径 2mm 的“黑点”，此大小不会让人感到“太光滑”，却也不会“过于冰冷”，这一装饰性的设计极具标志性，并且进一步增加了刀柄的防滑性与舒适度。

飞利浦 CD 光碟（1982）

飞利浦 / 索尼设计团队
飞利浦 / 索尼公司，
1982 年至今

20 世纪 60 年代早期，体育广播电视业中对即时回放的需求越来越紧迫，这直接催生了 CD 光碟技术。1978 年，索尼（Sony）公司与飞利浦公司合作，共同研发一种搭载音频的通用标准制式。1982 年，首款原型 CD 光碟问世了。它直径仅有 11.5cm，最主要的部件为一片金属薄盘片，具有极高的反射率，此盘片的读取面上刻有长度各异的一系列凹槽。这些凹槽由一层丙烯酸薄膜与较厚的一层耐磨聚碳酸酯保护。在激光的照射下，这些凹槽会让激光的路径长度产生微小的改变，而改变的长度则与事先定义的数值对应，后者直接与一系列快速变化的数字信号相关联，这些信号随后被转化为图像、声音或数据。这款原型 CD 光碟的容量经过调整后，可以容纳一整部贝多芬第九交响曲，最终的商业版本可容纳 77 分钟的音频，这一容量大大超过了双面密纹唱片。随着科技的革新，CD 光碟可以储存大量的数据，并且可以被准确无误地轻易写入与复刻。

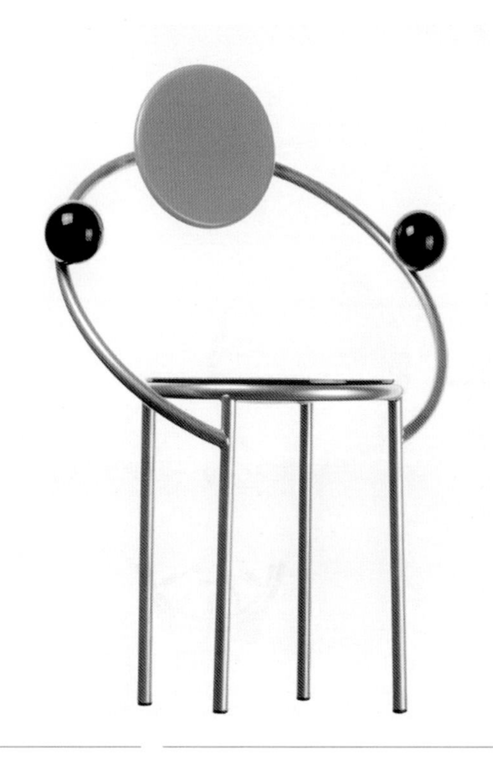

第一椅（1982—1983）

米凯莱·德卢基
（1951— ）
孟菲斯派，1983 年至今

1981 年，孟菲斯派在米兰举办了备受争议的展览，它所带来的全新的视觉风格、家具、配件以及时尚理念都受到了热烈的追捧。这一事件被视为与传统的现代主义以及与当时枯燥乏味的设计产品的革命性对抗。在这一后现代背景下，米凯莱·德卢基（Michele De Lucchi）设计了这款第一椅（First Chair），此设计最具吸引力之处在于其造型与具象化的细节。它的就座体验不佳，相较于一款实用座椅，它更像是一件纤细的雕塑。它的魅力来源可以归结于其设计元素与材料。很显然，它的造型象征着一位坐着的人，而它的轻盈感、流动感以及趣味性不断唤起人们情感上的共鸣。此椅最初使用金属与上漆木材进行了小批量生产。如同孟菲斯派创造的大多数作品一样，此椅象征着设计流行趋势中的一个短暂时期，然而直至今日，孟菲斯派依然在坚持生产这把座椅。作为一位建筑学出身的设计师，德卢基参加了孟菲斯派并开始设计激进的建筑，之后他开始为阿尔泰米德、卡尔泰尔以及奥利韦蒂公司设计产品，并随后开设了自己的工作室——米凯莱·德卢基建筑（aMDL）。

“斯沃琪初款”系列腕表（1983）

斯沃琪实验室
ETA，1983 年

20 世纪 70 年代出现了大量全新的腕表技术，指针式机械腕表突然成了过时款式，而其中，先前备受推崇的斯沃琪（Swatch）腕表产品遭受了最为严重的打击。1983 年 3 月，斯沃琪集团推出了“斯沃琪”系列共 12 款腕表。这款“斯沃琪初款”系列腕表由恩斯特 · 通克、雅克 · 米勒与埃尔马 · 莫克共同设计，它是一款精准的石英指针式腕表，不似传统腕表那般拥有多达 150 个部件，此产品仅有 51 个部件，这使得自动化装配与大众能够承受的定价成为可能。其中，首款 GB001 斯沃琪腕表的表带选用黑色塑料制成，正中则是它清晰易读的白色指针式表盘，它在黑暗中可以发出荧光，数字选用无衬线字体，并且可以选配日期视窗。它设立了众多标准，如静音机芯、超音速焊接、注塑以及防水防摔表壳等。马泰奥 · 图恩、亚历山德罗 · 门迪尼、基思 · 哈林、小野洋子、维维安 · 韦斯特伍德与安妮 · 利博维茨等设计师在随后的斯沃琪腕表定制设计中都使用过这些标准。至今为止，已经售出的斯沃琪腕表超过了 2.5 亿件。

9091 水壶（1983）

理查德·扎佩尔
（1932—2015）
阿莱西公司，
1983 年至今

这款 2L 容量的 9091 水壶设计于 1983 年，它优雅、牢固且光鲜亮丽，可以称得上是第一款真正经过设计的水壶。理查德·扎佩尔在设计它的时候受到了那些吹着雾角在莱茵河中来往穿行的驳船与汽船的启发。此壶的尺寸较大，高 19cm，宽 16.5cm，它拥有时髦且闪亮的半球形造型且售价极高，这些都让它成了理想家庭中最引人注目的物件。它高耸的球形给人一种高傲感，加上它纯粹的几何外形，使得这款水壶与先前的传统家用厨具温暖舒适的造型形成了鲜明的对比。这款水壶的壶底选用夹层铜板制成，在任何炉灶上都能保证良好的热传导率。聚酰胺制成的把手设置在壶身后方，防止使用者的手被蒸汽烫伤，而在把手上装有开关的弹簧装置可以让使用者在灌水或倒水时打开壶嘴。然而真正让这款水壶与众不同的是它的响哨，它的簧管经过黑森林地区的匠人特别定音，其音调为 E 与 B 调。扎佩尔经常说，“将些许快乐与趣味带给人们”是十分重要的事。

罐式家用垃圾桶（1984）

汉斯耶克·迈尔－艾兴
（1940— ）
真品公司，1984 年至今

这款罐式家用垃圾桶是简洁优雅的设计的完美典范，它虽使用了平价的塑料，然而却拥有优异的质量，并且融合了多种用途，在厨房、卫生间以及所有生活空间中都可以使用。它的简洁性在当时是全新并且令人震撼的，然而到了上个世纪末，这一风格几乎无所不在，并且被广泛地抄袭复制。这款垃圾桶是德国真品（Authentics）公司的“基本款”（Basics）系列中最具代表性的产品。它共有 6 种尺寸可供选择，其设计者为汉斯耶克·迈尔－艾兴（Hansjerg Maier-Aichen），这位设计师自 1968 年起便与真品公司开始合作，并且在 1975 年接管了此公司。1996 年，迈尔－艾兴重新调整了该公司的市场定位，专注于设计与生产平价且高品质的日常家用塑料产品。公司充分利用了既有的塑料制品生产工艺与品质控制手段，推出了全新的产品系列，其设计理念只有使用塑料才能最为完美地体现出来，并且该公司敏锐地使用了透明色彩，这很快成了潮流，引发了其他厂商的竞相模仿。如今，这款罐式家用垃圾桶依然是该公司最为畅销的产品之一。

“意面”系列锅具

（1985）

马西莫 · 莫罗齐

（1941— ）

阿莱西公司，

1985 年至今

1966 年，马西莫 · 莫罗齐与安德烈亚 · 布兰齐、保罗 · 德加内洛以及吉尔贝托 · 科雷蒂一起，在佛罗伦萨创立了一个激进的设计团体——建筑聚焦，开始了他的职业生涯。在这一团体解散后，莫罗齐继续着他对设计的研究，随后在 20 世纪 80 年代将注意力转向了家具与产品设计。1985 年，他向著名意大利家用产品品牌阿莱西的拥有者阿尔贝托 · 阿莱西展示了“意面”（Pasta）系列项目。以此，莫罗齐在本就竞争激烈的厨房用品市场中推出了一款独具匠心的发明，此产品一经面市便立即被大量模仿。这款“意面”系列锅具内置了一个装有塑料把手的金属滤网，故而使用者可以轻松地将意面从开水中取出，不再需要将水与面倒入水槽中的滤网里过滤。由于在煮面的过程中滤网也得到了加热，故而当意面被滤网取出后，它仍能保持一定的温度。而其锅盖中央设置了一个中空的塑料球钮，蒸汽可以从中溢出。此产品于 1986 年荣获第 11 届卢布尔雅那艺术双年展的金奖。1990 年，莫罗齐在此产品的基础上推出了“蒸汽”系列锅具，后者是一款相似的产品，兼具蒸的功能。

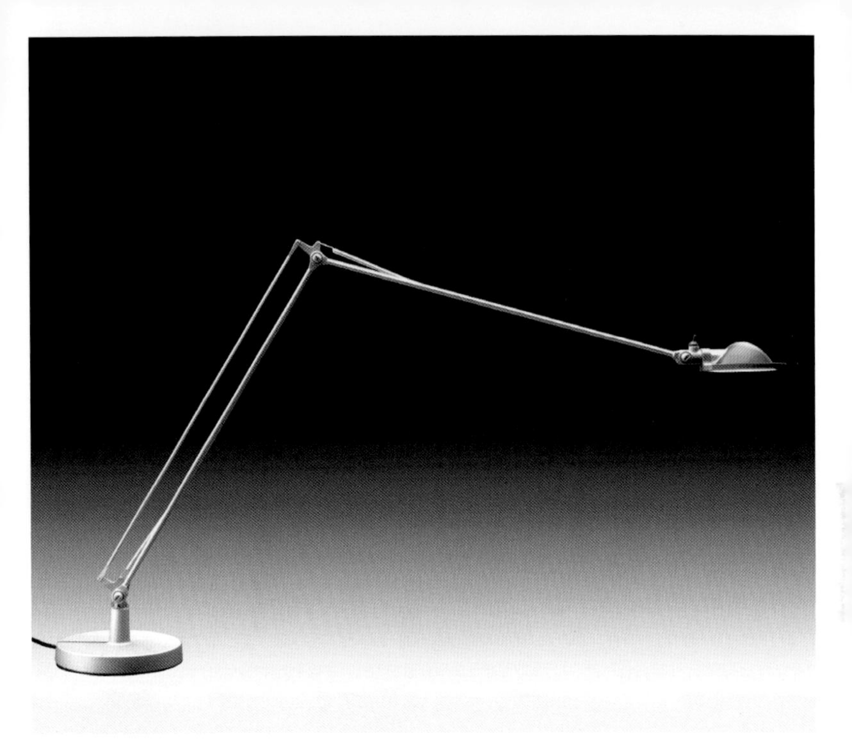

贝雷妮丝台灯（1985）
阿尔贝托 · 梅达
（1945— ）
保罗 · 里扎托
（1941— ）
卢切普朗公司，
1985 年至今

这款贝雷妮丝台灯（Berenice Lamp）是位于米兰的卢切普朗（LucePlan）灯具公司推出的一款标志性的高科技产品。这款台灯使用低瓦数卤素灯泡，其造型纤细优雅，调节时异常流畅。变压器的使用使它彻底抛弃灯杆上的电线，而直接用框架导电。该产品共由 42 个部件组成，使用的材料多达 13 种，包括金属、玻璃和塑料。它的活动灯杆使用不锈钢和铸铝部件制成，活动关节的材料则是增强尼龙塑料，故而使用者在调节灯的姿态时，这些关节可以经久耐磨。其灯罩选用的材料为雷耐特（Rynite™），这是一种热塑性注塑聚酯树脂，这种材料经常被用于制造耐用的微型元件，比如步枪部件。而它的彩色玻璃反光板（蓝色、绿色与红色）则使用硼硅酸盐玻璃制成，选用此材料是因为它抗热、耐用，并且在制造时可加入鲜艳的色彩。1987 年，贝雷妮丝台灯获得了黄金罗盘奖中的特别奖，1994 年，此灯的设计者阿尔贝托 · 梅达（Alberto Meda）与保罗 · 里扎托（Paolo Rizzatto）凭这件作品被授予了当年的欧洲设计奖。

9093 响水壶（1985）

迈克尔 · 格雷夫斯
（1934—2015）
阿莱西公司，
1985 年至今

这款由美国建筑师迈克尔 · 格雷夫斯（Michael Graves）设计的 9093 响水壶诞生于 20 世纪 80 年代的后现代设计运动，它也是此运动的设计作品中在商业上最为成功的量产产品之一。格雷夫斯受阿莱西公司的委托，设计一款专为美国大众市场打造的炉灶用烧水壶，他在此借鉴了理查德 · 扎佩尔先前设计的并同样由阿莱西公司生产的 9091 水壶。此水壶造型简洁、装饰极少且用料十分考究，是简洁坦率的现代主义设计的典范。然而，设计师在此使用了一只小鸟，并且在把柄上进行了大胆的配色，这些都跨越了现代主义的界限。这只模造而成的红色塑料小鸟被巧妙设置成了水壶的响哨。此壶发售于 1985 年，并立即获得了成功，它以其淘气且激进的设计受到了高端消费者市场的青睐，并且其惊人的销量也让它成为后现代设计中的经典产品。此壶如今依然在生产之中，除了最初的抛光金属表面款式，还有亚光款式可供选择，并且其把柄与小鸟也有各种色彩可选。

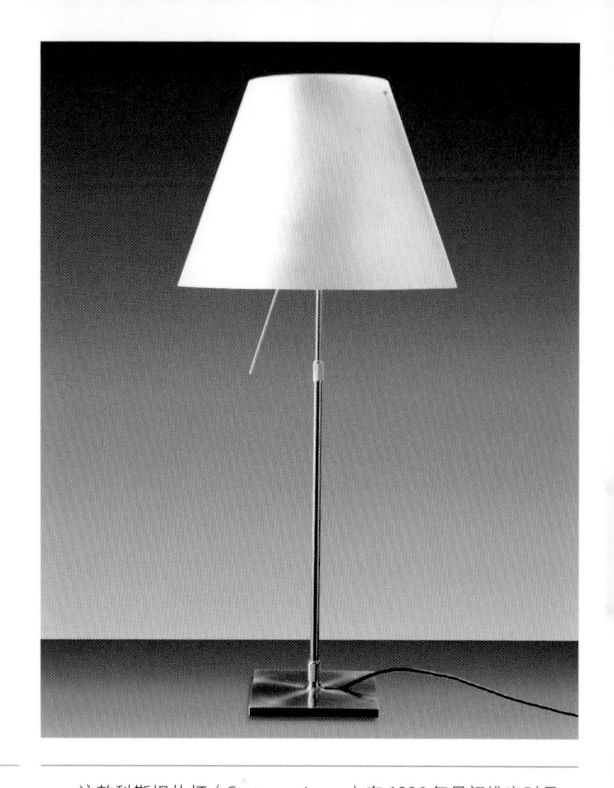

科斯坦扎灯（1986）

保罗·里扎托（1941— ）
卢切普朗公司，
1985 年至今

这款科斯坦扎灯（Costanza Lamp）在 1986 年最初推出时是一款落地灯，台灯与壁挂灯款式随即便于同年问世，此灯完美精简到了这一物件本身应呈现的样子：底座、灯杆与灯罩。而此灯经久不衰的魅力很大一部分要归功于它的优雅、朴素，以及毫无多余的装饰。然而科斯坦扎灯之所以能成为一款经典产品，可能还存在着另一个更为合理的理由，那便是保罗·里扎托（Paolo Rizzatto）在它超越时间且恪守传统的造型中融入了现代感与灵活感。此灯的落地灯与台灯版本都选用了可伸缩的铝制灯杆，这可以让使用者依照特定的周遭环境来调整灯具的高度。灯罩由于采用了经表面丝印处理的聚碳酸酯材料，故而它轻质、挺拔，清洗与更换都极其方便。它的开关长度远远大于必需的长度，这样设计的目的在于吸引使用者的注意力，并且可以在视觉上调和支架的纤细感。这款科斯坦扎灯的设计思路似乎印证了下述事实，即一个不施装饰的物体本身往往是最具装饰感的物体。

托莱多椅（1986—1988）

豪尔赫·彭西
（1946— ）
阿马特公司，
1988 年至今

西班牙几乎没有参与 20 世纪的设计发展史，除了一个特例，那便是贝伦格尔派，它的成员包括豪尔赫·彭西、阿尔韦托·列沃雷、诺贝托·沙维斯以及奥里奥尔·皮贝尔纳特，他们于 1977 年来到巴塞罗那，并着手定义一种现代、精致且实用的风格。彭西最终于1984年开办了自己的工作室。他的这款托莱多椅（Toledo Chair）最初的设计目的是一款用于西班牙街边咖啡馆的户外椅，然而随之而来的受欢迎程度，将这把椅子推向了世界舞台并获得了成功。设计师选择了线条细长的阳极氧化抛光铸铝制成椅子的框架，赋予了此椅兼具优雅与舒适度的圆润造型。椅面与椅背都有长条形镂空，这可能受到了日本武士铠甲的影响，它能让本就防锈的椅面更快地排走雨水。这款托莱多椅轻质且可堆叠，这对户外咖啡馆文化而言都是极其重要的标准。彭西还为它附加了合理的配件，他设计了咖啡桌，还为座椅设计了各种织物、皮革或聚氨酯材质的坐垫与靠背。这款由阿马特公司制造的获奖产品托莱多椅标志着彭西辉煌的职业生涯的开始，他随后成了西班牙最著名的设计咨询师。

瑞士国铁腕表（1986）

汉斯 · 希尔菲克
（1901—1993）
国铁设计团队
国铁钟表公司，
1986 年至今

瑞士将计时变成了一种艺术形式，而瑞士国铁（Official Swiss Railway）腕表则可能是瑞士生产的钟表中辨识度最高的一款。它简洁的圆形表盘为其简约的块状时间刻度以及比例美观的时针分针提供了干净的背景。与黑白背景相反，此腕表正红色的秒针则取材自火车站站长手持的红色发车信号灯。其表盘上刻有 SBB、CFF 以及 FFS，这些分别是德语、法语以及意大利语中的“瑞士国家铁路”，而在 6 点钟下方则刻有“瑞士制造”字样。这款瑞士国铁腕表问世于 1986 年，发行者为瑞士奢侈品集团旗下的国铁钟表公司（Mondaine），此腕表正是为了再现瑞士工业设计师汉斯 · 希尔菲克（Hans Hilfiker）于 20 世纪 40 年代设计的经典的瑞士火车站时钟。国铁钟表公司精明地利用了这款时钟的地位，从而制造出了这款成功的腕表，并且直至上个世纪末都在售卖。虽然它拥有多种造型与尺寸，然而大众还是最为推崇其圆形表盘的原版。毫无疑问，它很可能将继续保持着最为成功的瑞士品牌之一这一头衔。

可可椅（1986）

仓俣史朗（1934—1991）
石丸公司，1985 年
伊代公司，
1987 年至 1995 年
卡佩利尼公司，
1986 年至今

这款可可椅（Ko-Ko Chair）选用了涂以黑漆的梣木与镀铬金属制成，它反映出了设计师对当代西方文化的迷恋之情。曾经有一群艺术家，寻求将日本传统与全新的技术和西方文化相融合，仓俣史朗便是其中一员。他使用诸如丙烯酸树脂、玻璃、铝材与钢网等现代工业材料，来制造实用且富有诗意及幽默感的物件。他意欲在其作品中消除地心引力的影响，以期创造出看似漂浮在空间中的轻质物品。仓俣史朗的设计作品基于极简主义的审美以及从传统日式建筑与储物方式中总结而成的比例概念。他曾学习传统木工，并且于 1964 年在东京开设了自己的工作室。20 世纪 70 年代与 80 年代，他以其众多的家具和商业室内设计而声名鹊起。并且在 80 年代早期，他还成了米兰“孟菲斯派”中的一员。正如孟菲斯派推崇的那样，这把可可椅落入了后现代主义的范畴：它抽象的造型使人联想到一个可以就座的物体，而其上的钢管则微妙地暗示了一个靠背的存在。

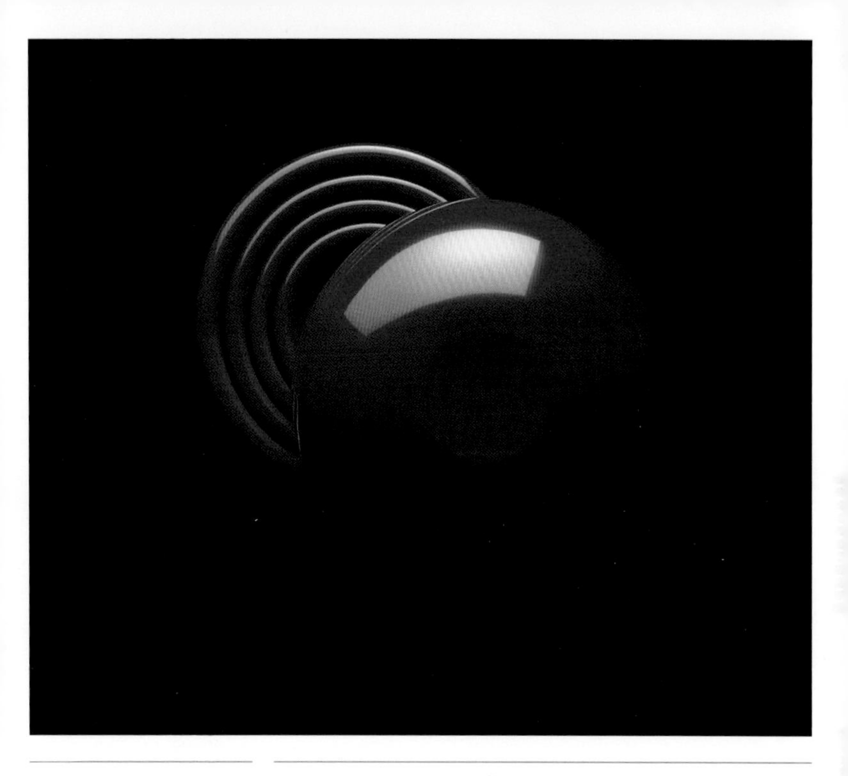

轮岛涂仪式用漆器
（1986）

喜多俊之（1942— ）
大向高洲堂，
1986 年至今

喜多俊之毕生都在向日本传统工艺中引入现代设计。在过去的40 余年间，喜多俊之一直致力于将他的设计带给日本偏远乡村的手工艺人，并且利用他们几乎已经过时的技艺来为国际市场制造可以商业化的产品。他重新考量了传统漆器的形制，于 1986 年推出了这款极其新颖的轮岛涂仪式用漆器，其中包括一个果盆、一系列汤碗以及饭盒。它为传统漆器制造商大向高洲堂而设计，使用了古老的漆器工艺，以及传统的红黑配色。虽然在西方人眼中，这款设计完完全全拥有着日式造型，然而事实上，喜多俊之（他自1969 年起就往返于大阪与米兰两地）已经拓展了日本设计的边界，创造出了一件即使本土人士见到都倍感惊奇的作品。日本传统漆器的尺寸都十分微小，而喜多俊之作品的尺寸更大，并且造型实用且生动。他通过夸张的表现手法，完全利用了对比强烈的配色与传统漆器造型的优点，并且将他们运用到了一件具有装饰与观赏价值的物件之上。

月亮有多高扶手椅

（1986）

仓俣史朗（1934—1991）

寺田铁工厂，1986 年

伊代公司，

1987 年至 1995 年

维特拉公司，

1987 年至今

这款月亮有多高扶手椅（How High the Moon Armchair）尺寸巨大，造型传统，这似乎都与它所使用的不够亲切的工业钢网相矛盾。然而此椅的舒适性极佳，绝对超过了初见的直觉，并且此设计是一个重要的案例，它体现出了设计师发人深思且极其智慧的设计理念。仓俣史朗极其坚定的现代主义经历造就了此椅细孔钢网制成的骨架。金属网之前也曾出现在他的作品中，不过是以一种更为平面、二维的方式。而在这款座椅中，仓俣史朗定义了椅面、椅背、扶手以及底座的关键性结构元素。其上的曲面与平面构成了和谐的平衡感，并且与材料固有的坚硬感产生了鲜明对比。虽然钢材十分平价，但是该设计涉及极其细小且耗费精力的焊接工艺，工人们须将这些镀铜或镀镍且经模板切割而成的压制金属板连接在一起，最终造就了一把昂贵的座椅。仓俣史朗绝不会将上百个单独焊点这种制造工艺用其他方式替代，因为后者会削弱作品的透明感，并且无法完美接合平面相接处的细线。仓俣史朗使用丙烯酸树脂、玻璃以及钢材的手法对一整代设计师而言都具有极大的影响力。

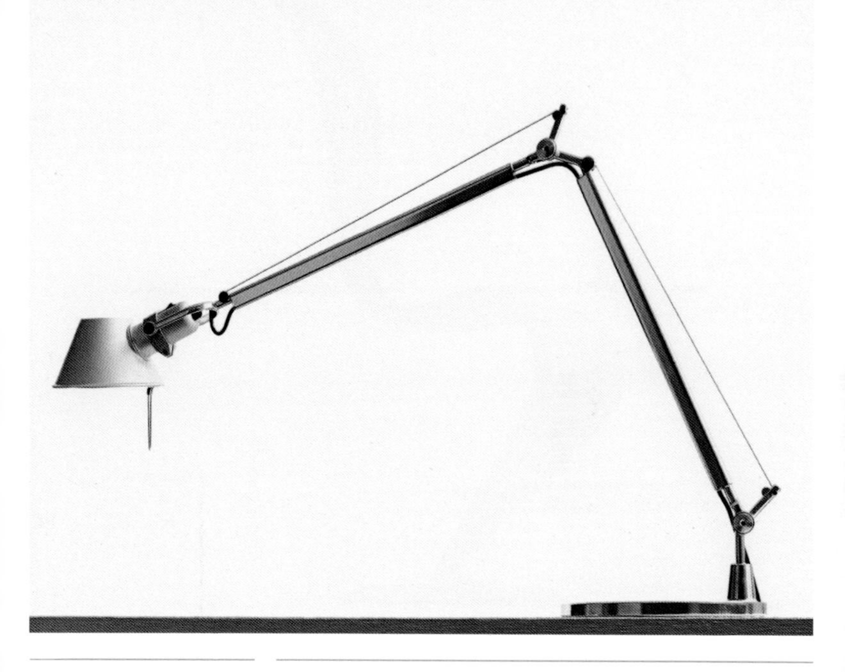

托洛梅奥灯（1986）

米凯莱·德卢基
（1951— ）
贾恩卡洛·法西纳
（1935— ）
阿尔泰米德公司，
1987 年至今

米凯莱·德卢基与贾恩卡洛·法西纳（Giancarlo Fassina）向阿尔泰米德公司的产品开发者展示了这款托洛梅奥灯（Tolomeo Lamp）的原型。在此，孟菲斯派（1981 年德卢基参与创建）提出的那种花哨刺激的风格被完全抛弃，以符合设计者对张力与运动概念的探索。德卢基利用了阿尔泰米德公司一贯秉持的推动创新的意图，提出了一款可以向任意角度调整并固定的灯具，使用了悬臂结构以及弹簧平衡系统。它的散射灯罩可以整周旋转，使用亚光阳极氧化铝材制成，而连接件则选用了抛光铝材。此灯有三种版本可选，台灯与落地灯的底座可互换，另外还有一种带夹子的台灯。与它的前代产品蒂齐奥台灯（由理查德·扎佩尔为阿尔泰米德公司设计）相比，这款灯具更具灵活性，并且立即展现出了它将造型与功能完美结合的特点。1989 年，它被授予黄金罗盘奖，并且在阿尔泰米德公司的销量惊人。如今，此灯的初版已经发展为台灯、落地灯、壁挂灯以及吊灯，有抛光与亚光铝制版本可供选择，并且在世界各地依旧备受青睐。

S 椅（1987）

汤姆 · 狄克逊（1959— ）
卡佩利尼公司，
1991 年至今

这款 S 椅给人一种拟人化的感觉。这可能是由于它收窄的腰部、曲线优美的臀部以及让人能联想到脊椎与肋骨的存在。又或者它更像一条蛇，而非一个人。不论是哪种原因，S 椅都拥有一个彻底的有机造型，这源自其飘带般起伏有致的轮廓，以及它的天然灯心草饰面。此椅的框架由一根弯曲金属管焊接制成，而灯心草就沿着这一框架编织在一起。这款 S 椅经常被人与先前的两款设计相提并论：赫里特 · 里特费尔德设计的木质的 Z 形椅（1932—1933），以及韦尔纳 · 潘顿设计的塑料材质的潘顿椅（1959—1960）。而波浪形的 S 椅看似比这两件作品都更像是由徒手绘成，不过它们飘带般的造型与悬臂式的座部都具有相似性。这把座椅改变了汤姆 · 狄克逊（Tom Dixon）的职业生涯。之前，他的作品都是一次性或限量的金属物品，一般都使用回收金属制成。最初他在自己位于伦敦的工作室中生产 S 椅，不过很快就将设计授权给了卡佩利尼公司。该公司一直在生产该椅，并且还实验了天鹅绒、皮质以及其他材质的饰面。然而最初的饰面依然是最具触感的材料。

毛毡椅（1987）

加埃塔诺 · 佩谢
（1939— ）
卡希纳公司，
1987 年至今

这款毛毡椅（I Feltri Chair）选用了极厚的羊毛毡制成，让人联想到一把现代的萨满巫师宝座。虽然它的底座经聚酯纤维树脂浸润，但顶端却十分柔软，充满弹性，如同一件帝王的披风将就座者包围起来。加埃塔诺 · 佩谢的这件作品最为独特之处在于他对材料的创新使用，对新制造技艺的不懈研发，以及他对制造出可以引发讨论并且挑战自满心态的产品的坚持。此椅首次亮相于 1987 年米兰家具展中卡希纳公司所展出的佩谢的“不平衡家具套装”。这套家具中包括衣柜、桌子、模块沙发以及扶手椅，它们各自的风格与美感都完全不同。它们所共有的是一种无需技巧、“违背准则”的手工制造的外貌，有意地与当时盛行的极具风格与生产价值的产品站在了对立面。佩谢想要达到如下目的，即在发展中国家，人们也能以旧地毯为材料，使用低科技且低价的生产工艺量产此椅。然而，卡希纳公司对这一高度理想化的设想并不感兴趣。佩谢回忆道：“我记得他们告诉我说，他们情愿先关照好自己的工人。”如今，此椅使用厚毛毡精心制成，并以相应的价格出售。

米兰椅（1987）

阿尔多 · 罗西
（1931—1997）
莫尔泰尼公司，
1987 年至今

米兰椅（Milano Chair）展现出了传统与创新之间融洽的共存。它被设计为用硬木制成，分为樱桃木与核桃木两个版本，而其栅栏形的椅背与椅面出乎意料地舒适，最大化地利用了木栅栏的灵活性。阿尔多 · 罗西主要的关注点在于建筑与城市生活。故而他的产品设计自然地体现了他的理论，而这款借鉴了传统座椅设计的米兰椅反映出了他的下述信念，即建筑不能脱离它的城市遗产身份。此座椅拥有弯曲的椅背曲线，这看似相悖于罗西在无数的草图与令人印象深刻的结构设计中所展现出的基本准则。罗西似乎在设计属于工业设计范畴的作品时更为得心应手，因为这些产品的使用方法需根据环境而调整，并非刻板地引入城市环境之中。罗西绘有一系列草图，展示了此椅在不同场景中的使用方式：在非正式会议中围绕着桌子，地面上还趴着一只狗，以及用在工作室中。这把米兰椅一直被视为罗西最为重要的作品之一。

幽灵椅（1987）

奇尼·博埃里（1924— ）
片柳富（1950— ）
意大利菲亚姆公司，
1987 年至今

虽然这款由奇尼·博埃里（Cini Boeri）与片柳富（Tomu Katayanagi）设计的座椅本身十分沉重，但是它看起来却轻似空气。它使用单片厚玻璃制成，这件大胆的产品由维托里奥·利维创办的创新公司意大利菲亚姆（Fiam Italia）制造。米兰建筑师与设计师博埃里当时已经为菲亚姆公司设计了众多产品，而作为当时公司的高级设计师之一，片柳富提出设计一把玻璃材质的扶手椅。不过，直到见到了片柳富制作的“神奇的纸质模型”时，博埃里才开始真正接受这一概念。在利维的帮助下，技术问题得到了解决，自此，这把座椅便成了最前沿家具设计的典范。虽然这把幽灵椅弯曲的水晶玻璃仅有 12mm 厚，它的最大承载重量却达到了 150kg。如今该公司依然在生产此椅，在弯曲成形之前，他们会将巨大的玻璃板先送入隧道式烘炉加热。诸如菲利普·斯塔克、维科·马吉斯特雷蒂以及罗恩·阿拉德等诸多设计师都为菲亚姆公司设计过产品，不过几乎没有人的作品可以匹敌奇尼·博埃里与片柳富设计的这款惊艳、极具冲击力甚至有些荒诞的幽灵椅。

88 年款蒲公英吊灯
（1988）

阿基莱 · 卡斯蒂廖尼
（1918—2002）
弗洛斯，1988 年至今

虽然这款设计的名字与之前于 1960 年设计的灯具的名字一样，但 88 年款蒲公英吊灯（Taraxacum'88 Chandelier）却是一件完全不同的作品。阿基莱 · 卡斯蒂廖尼专门为米兰国际灯具展（Euroluce）设计了这款灯具，并且它立刻被三年展博物馆选中，作为其部分展馆的照明灯具。此 88 年款蒲公英吊灯由 20 件模铸抛光铝质等边三角形构成，每个三角形上都配有 3、6 或 10 盏灯泡。这些三角形被焊接在一起，组成了一个正二十面体，这是正多面体中最接近圆球的一种。它共有 3 种尺寸，分别拥有 60、120 以及 200 盏球形（Globolux）灯泡。卡斯蒂廖尼设计这款产品的初衷，便是期望此设计能以其强烈的装饰性，替代传统的多光源枝形吊灯。而 88 年款蒲公英吊灯以它简约且条理清晰的设计成了一款现代吊灯，同时又如同多光源枝形吊灯一样，拥有同等的照明范围。根据卡斯蒂廖尼自己对其作品的分类，这款吊灯应当被归为“再设计物件”，这意味着它是设计师由传统物件出发依照当下的需求与技术发展而完善或升级的一件产品。

AC1 椅（1988）

安东尼奥 · 奇泰里奥
（1950— ）
维特拉公司，
1990 年至今

这款由安东尼奥 · 奇泰里奥（Antonio Citterio）设计的 AC1 椅（Chair AC1），由维特拉公司于 1990 年推向市场，它最为人熟知的特点就是不设置调整姿态的控制杆。在它问世的年代，办公用品行业最关注的便是高度调节功能，那时的座椅经常满是小机械装置，看起来十分累赘。在这一背景之下，奇泰里奥这件简约且优雅的设计令人耳目一新。它的椅背外壳选用了适应性强的特灵（Delrin）材料，其软垫材料则选用不含氯氟碳化合物的聚氨酯泡沫。该座椅没有任何隐藏的机械装置，这让它看起来十分轻质且整洁。相反地，它灵活的靠背通过两根扶手与椅面上的两点相连。这样，椅面的姿态便会随着靠背角度的改变而改变，换言之，这两个部件处于完全同步的状态。而座椅的长度与高度、背部支撑以及靠背的反弹力度都可以根据就座者的身高与体重进行调节。这款 AC1 椅有多种不同的织物饰面可选，其星型五腿底座的材质亦有塑料或镀铬铝材可选。奇泰里奥甚至还为更加高端的市场设计了一款姐妹产品——更为宽大的 AC2 椅。

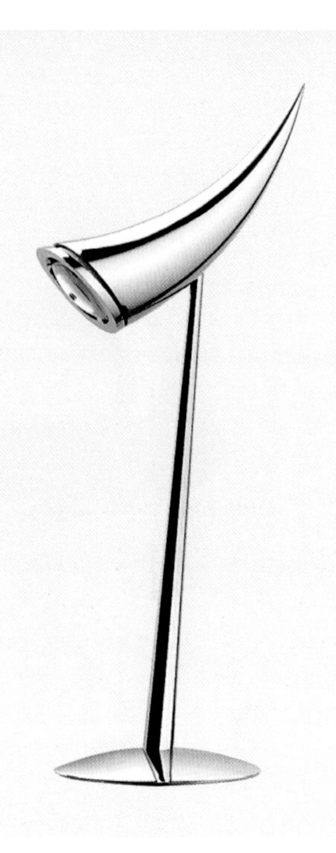

阿拉台灯（1988）

菲利普·斯塔克
（1949— ）
弗洛斯公司，
1988 年至今

这款阿拉台灯（Ará Lamp）是无拘无束的菲利普·斯塔克的众多灯具设计作品中的一员。虽然此灯与多数灯具一样，都拥有圆形的底座、笔直且逐渐收窄的灯杆以及用以控制光照方向和盛纳光源的可调节遮光罩，然而它的开和关是通过将灯头向下或向上扳动而实现的。此灯使用了极为光亮的铬钢制成，这种对当代设计的阐释令人联想到魅力、财富以及智慧。底座、灯杆以及遮光罩这三者的姿态平衡主要倾向于揭示遮光罩的象征意义。它火焰般的有机造型在斯塔克的作品中大量出现，从小尺寸的门把手与牙刷，到家具以及 1990 年完工的东京朝日大厦顶端的巨型“火焰”雕塑。正是这一特别的元素帮助阿拉台灯成为一款经典设计，同时引起消费者注意这是斯塔克的作品之一。斯塔克是少数超一流设计师中的一员，这群人影响了一整代设计师与生产商，并且给家居和室内景观带来了巨大的冲击力。

“石头”系列小烛台（1988）

海基·奥尔沃拉（1943— ）
伊塔拉公司，1988 年至今

这款“石头”系列小烛台（Kivi Votive Candle Holder）是一件十分简单的物件，简单到似乎都不需要设计。它采用厚实的无铅水晶玻璃制成，共有 8 种颜色，分别是无色透明、钴蓝、淡蓝、淡紫、黄、红、绿以及淡绿。这些配色可能受到了莱奥·莫泽（Leo Moser）设计的彩立方以及莫泽玻璃厂的影响，后者是波西米亚地区的著名玻璃制造商，在他们的一些高脚玻璃器皿中，他们会使用 9 种耀眼的色彩。而玻璃制造也是芬兰的一项传统，已然延续了 300 年。在这款设计中，玻璃使得蜡烛发出的光线更为丰富，为室内增添了氛围。它既能单独使用，也能成堆摆放，并且定价合理。“石头”系列自问世以来，就是一款低调的当代经典设计，它秉持了伊塔拉公司推崇的耐用、高品质、现代性以及给人带来乐趣等理念。1998 年，海基·奥尔沃拉（Heikki Orvola）被授予了卡伊·弗兰克（Kaj Franck）奖，这是芬兰最重要的一个设计奖项。他的设计涉及对多种材料的使用，包括陶瓷、铸铁以及织物，其作品包括前卫雕塑以及各式餐具。

开放式椅背胶合板椅

（1988）

贾斯珀·莫里森

（1959— ）

维特拉公司，

1989 年至今

贾斯珀·莫里森设计的这款开放式椅背胶合板椅不仅是一件经典设计，从中人们还能看到莫里森的实用主义设计准则。此椅的前腿与椅面，表述方式简洁明了，代表着纯粹的功能主义，同时这两者还与略微弯曲的后腿及支撑就座者的后背形成了对比与呼应。椅的横档呈现凹面，这给本身单薄的胶合板材提供了缓冲效果。而它的装配和连接部件都暴露在外，表现出了此设计的结构与其简洁性。莫里森专为 1988 年于柏林举办的“设计工房”展览而设计了这款胶合板椅。他在使用有限的设备与器械的条件下设计并制造出了此椅，并且使用了他认为合适的材料，以作为对当时盛行风格化潮流的回应。由于手头的工具极少（胶合板材、一把线锯以及一些“造船用曲线板”），设计始自二维切割而成的造型，之后再演化为三维的座椅。维特拉公司的罗尔夫·费尔鲍姆认识到了此设计无尽的潜能，继续将胶合板椅发展成为开放式椅背款式，之后又制作了一个填实椅背的版本。莫里森的实用主义与追求奢侈与短命的时尚潮流相左，证明了他的设计经久不衰的品质。

木椅（1988）

马克 · 纽森（1962— ）
卡佩利尼，1992 年至今

这款木椅（Wood Chair）由澳大利亚设计师马克 · 纽森（Marc Newson）为在悉尼举办的座椅展览而设计，所有展品都使用澳大利亚木材制成。为了将木质结构以一系列曲线的方式展开，以此强调材料本身的美感，纽森开始寻找可以制造这样一款座椅的木材。然而他造访的每一家公司都声称，他的想法不可能实现，直到他找到了一家位于塔斯马尼亚州的生产商，他们同意使用当地的一种柔软的松木制造该椅。20 世纪 90 年代早期，纽森开始与意大利家具制造商卡佩利尼公司合作，后者提出再生产一些他早期的作品，其中就包括这款木椅。纽森说："我一直在尝试使用具有挑战性的技术来制造美丽的物件。"这款木椅就是一个早期案例，例证了这一设计理念，即将材料的固有特性（在此例中为塔斯马尼亚松木）考虑在内，并且将它展现出来，以呈现出其自然之美与设计的可能性。纽森的设计思路并非简单地摆弄一下既有的类型学概念，而是长期、仔细地从侧面考量它们，设想一种最完美的呈现方式。

布朗什小姐椅（1988）

仓俣史朗（1934—1991）
石丸公司，1988 年至今

据信，这把布朗什小姐椅（Miss Blanche Chair）的灵感来自费雯·丽（Vivien Leigh）在电影《欲望号街车》中所穿的一件花裙。在丙烯酸树脂中漂浮着的廉价人造红玫瑰意在象征布朗什·迪布瓦（Blanche DuBois）的脆弱与空虚，同时也讽刺着印花棉布家具饰面逐渐逝去的魅力。此椅的扶手与椅背都为温柔的曲线，它象征着女性的优雅，然而此作品分明的棱角以及铝制椅腿插入座椅下方的方式则呈现出一种不和谐的张力，其作用便是与所有女性的曼妙感对立。仓俣史朗是最为重要的日本设计师之一，他偏爱将看似不协调的概念结合在一起。这把布朗什小姐椅是仓俣史朗研究透明感的职业生涯时期的巅峰之作。他特别喜爱使用亚克力材料来完成设计，并视其为一种模棱两可的材料，它既如玻璃般冰冷，又如木材般温暖。据说，当布朗什小姐椅在工厂进行最后一道生产工序时，仓俣史朗曾每隔 30 分钟就打一通电话，以确保工厂确实达到了假花的漂浮效果。

银椅（1989）

维科 · 马吉斯特雷蒂
（1920—2006）
德帕多瓦公司，
1989 年至今

维科 · 马吉斯特雷蒂拥有众多头衔，被授予了无数奖项，他被视为战后意大利设计史中的先锋人物之一。在设计了 30 年家具之后，马吉斯特雷蒂于 1989 年为德帕多瓦（De Padova）公司设计了这款银椅（Silver Chair），自此该公司一直未曾中断其生产。此椅体现了马吉斯特雷蒂的作品中最为重要与一贯的主题之一，在其中他调和了独特的原创性与对传统的借鉴。这款银椅是马吉斯特雷蒂对他认定的一款曲木原型椅的再阐释，这款原型椅类似于 811 椅，其设计者可能是马塞尔 · 布罗伊尔、约瑟夫 · 霍夫曼或约瑟夫 · 弗兰克，且出现在 1925 年托内特公司的产品目录中。这款原型椅采用蒸汽弯曲的实木山毛榉木材配合藤条或穿孔胶合板制成，而马吉斯特雷蒂的作品则选用抛光焊接铝管与钢材制成，椅面与椅背为聚丙烯材料。它分带扶手与无扶手版本，底座亦分为带脚轮与无脚轮版本。在德帕多瓦于 2003 年发布的一则采访中，马吉斯特雷蒂解释称，这款银椅是对“托内特公司的致敬，它曾制造过类似的座椅……我一直都喜爱托内特座椅，即使它们如今的材料已不再是木材与藤条”。

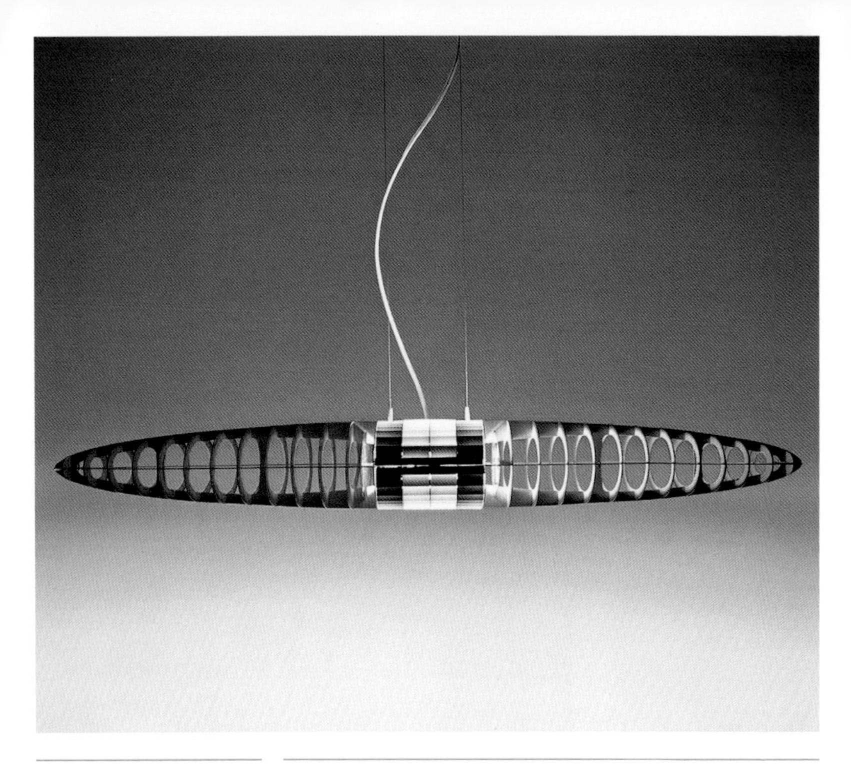

泰坦妮亚吊灯（1989）

阿尔贝托·梅达
（1945— ）
保罗·里扎托（1941— ）
卢切普朗公司，
1989 年至今

这款泰坦妮亚吊灯（Titania Lamp）的美妙之处在于它的正面几乎是透明的，而侧面则如同一个实体，人们每次以不同的角度观察它时，都会拥有全新的体验。其轻质的外壳骨架令它几乎可以挂在天花板上的任何地方。而配备的铅制平衡锤则可以让人们轻易调节其高度。此灯由阿尔贝托·梅达与保罗·里扎托设计，从远处看，它似乎十分复杂且脆弱，然而事实上，它极其优雅，使用也很方便。其令人印象深刻的椭圆形外壳由铝片制成，这些铝片连接着一系列丝网印刷而成的聚碳酸酯叶片，这些叶片共有五种颜色。将不同颜色的叶片插入外框架，灯光的颜色也会随之改变。这些可互换的叶片同时反射着中心的光束，并且能让灯泡更易散热。泰坦妮亚吊灯成功地做到了既现代又具装饰性，并且兼备高度的机械制造感以及模糊的有机感，这一点也不意外，因为梅达就是工程师出身。1995 年，公司还推出了一款带铝制支架的落地灯版本，不过这款吊灯版本仍然是最受欢迎的产品。

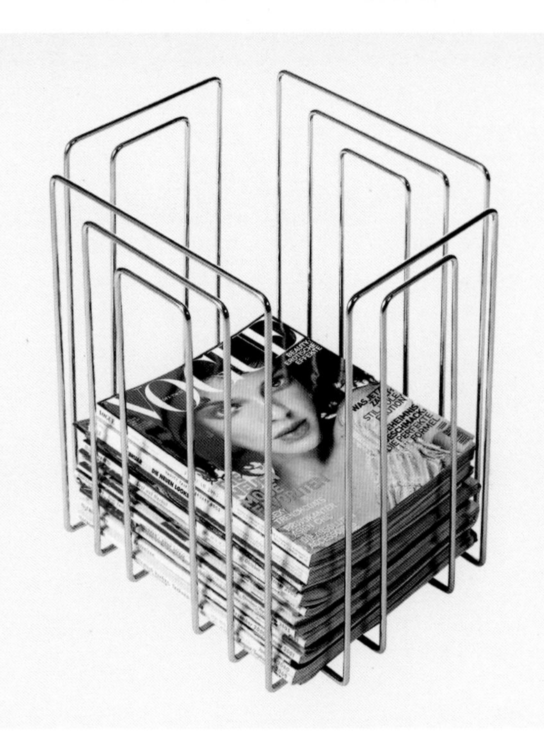

钢丝报架（1989）

维利 · 格莱泽
（1940— ）
TMP 公司，1989 年至今

杂志 / 报纸架是一种在家中或办公室中都十分常见的物件。然而这款由维利 · 格莱泽（Willi Glaeser）设计，发售于 1989 年的钢丝报架（Wire Newspaper Rack）却为这一无处不在的物体增添了一抹现代感。瑞士设计师格莱泽以其使用镀铬钢丝而制成的简约的作品而为人熟知，其作品具有极高的实用性，造型稳固而精妙。他机智地将报架的使用方式设想为一处暂时搁置印刷物的场所，并将它与垃圾桶相结合。如若考虑现代社会中关注的可持续性与回收问题，这款报架可以将杂志、报纸以及废纸整齐地收纳在一起，让它们更方便地被收集与回收。这款钢丝报架有两种尺寸可供选择，一种可以收纳对折的大幅出版物，另一种则能收纳小幅的报纸、杂志与废纸。这款现代且实用的设计作品拥有简洁明了的造型，完全没有任何装饰。这是一款结合了缜密设计与精细工艺的产品典范，同时它也是一件问世于 20 世纪 80 年代末，并拥有高超的设计与环境意识的作品，这些因素都成就了它如今的地位。

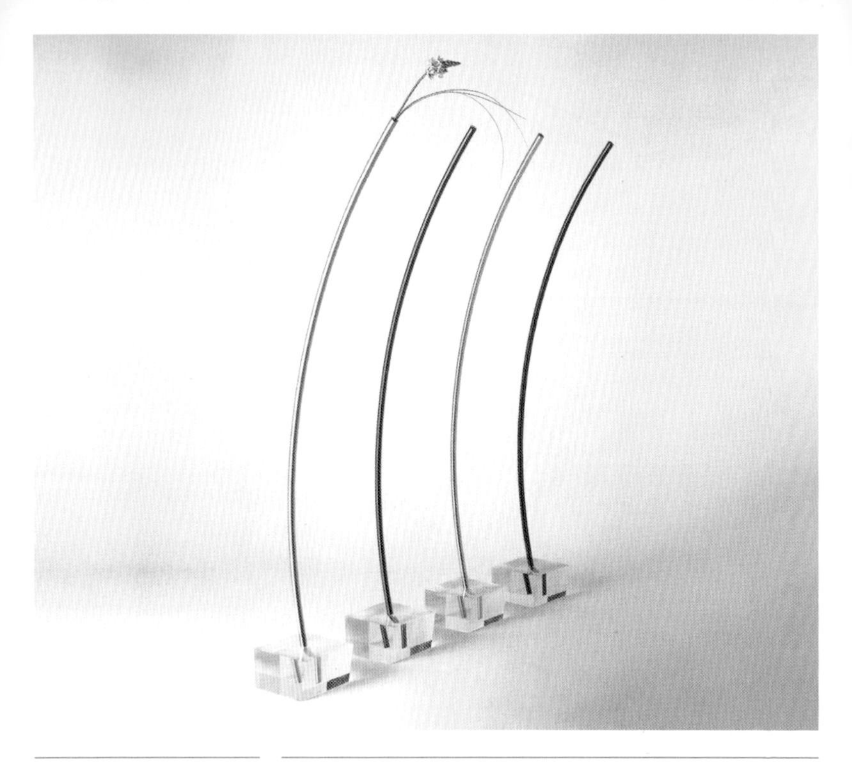

蜉蝣花瓶（1989）

仓俣史朗（1934—1991）
石丸公司，1989 年至今
螺旋公司，1989 年至今

仓俣史朗融合了日本的插花传统与西方的设计方法，创造出了一种观赏花卉与花瓶的全新方式。仓俣史朗最初专为 1989 年在巴黎伊夫·加斯图画廊（Yves Gastou Gallery）举办的个人展览而设计了这款蜉蝣花瓶（Ephemera Flower Vase）。这款长颈花瓶本身象征着一朵凋谢的花朵，或是在祷告时低垂的头颅，这些都表达了人类生命或自然生命的寂寥与短暂这一主题，而花瓶的名称则再次对此进行了强调。它采用亚克力和铝制成，后者表面经染色与阳极氧化处理，每个花瓶只能容纳一枝花。该长颈花瓶可以接收并改变自然光与人造光，让花瓶看起来更为通透。仓俣史朗对亚克力的热爱是由于它能在一件物品中捕捉、封闭并散射光线。仓俣史朗创造出了一种有关生命易逝的全新设计语言，并在地心引力上做了文章，通过这般，他将看似荒诞且简洁的设计附加到了我们所熟知的物体之上。在欧洲，仓俣史朗的作品对设计的发展有着极其深远的影响，为此法国文化部授予了他“艺术与文学骑士勋章”。

交叉编织椅
(1989—1992)
弗兰克·盖里
(1930—)
克诺尔公司,
1992 年至今

最好的设计有时恰恰正是源自于最简单的想法。在这一案例中，设计师的目的便是探索层压枫木条板的结构特性与柔韧性。这款交叉编织椅(Cross Check Chair)由加拿大籍建筑师弗兰克·盖里设计，他以激进的有机形态的建筑作品而为人熟知，包括位于洛杉矶的迪士尼音乐厅以及位于毕尔巴鄂的古根海姆博物馆。这款座椅设计的灵感来自盖里儿时记忆中的苹果箱。1989 年，家具制造商克诺尔公司在加利福尼亚州的圣莫尼卡市开设了一家工厂，就在盖里自己的工作室附近，而在接下来 3 年的时间中，这位建筑师都在进行层压木材的结构特性实验。椅的框架由 5cm 宽的硬白枫木饰面板与极薄的木条制成，这些木条使用高黏合度的尿素胶树脂为黏合剂，层压成 15.24cm 至 23cm 厚的胶合板。这种热固性的胶水为结构提供了刚性，减少了金属连接件的使用，同时椅背也能拥有一定的柔韧性与活动的可能性。1992 年，纽约现代艺术博物馆预展了该椅，它为盖里以及克诺尔公司赢得了无数的设计奖项。

“埃利斯”书签（1990）

马尔科·费雷里

（1958— ）

达内塞公司，

1990 年至今

马尔科·费雷里（Marco Ferreri）设计的这款“埃利斯”（Ellice）书签将原本低调的书签重新阐释为一种珍贵且具有功能的艺术品。为了处理标记书页这一长期以来的问题，费雷里实验了多种技术与材料，包括光化学切割以及超薄的钢板，最终设计出了这款书签。它由一片细长的不锈钢制成，之所以选择此材料，是由于它坚硬、轻质且柔韧，并且在生产时能采用工业化的工艺。其顶端嵌入了一颗黄铜小球，其功能则是让书签能稳固地夹在书页之间，并且起到一定的装饰效果。为了进一步增添其高档与奢华感，“埃利斯”书签外裹有受到折纸启发而折叠成的使用说明，而最外侧的包装则为一个磁性橡胶制成的鞘套。不过，这款书签并不是一个使用时须小心翼翼且精心呵护的小玩意，它是一款轻质、无比实用甚至可以水洗的书签，就如同一把宽度加倍且趁手的拆信刀。它还是意大利的达内塞公司对其设计产品与目标所投入的实验精神的最佳体现。这款“埃利斯”书签一直是该公司的畅销产品，而且不论过去还是现在，都被它的使用者珍视。

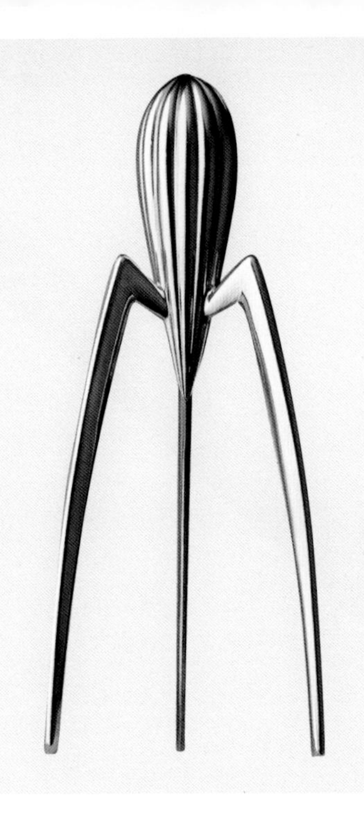

“多汁萨利夫”橙汁榨汁器（1990）

菲利普 · 斯塔克
（1949— ）
阿莱西公司，
1990 年至今

这款铸铝制成的榨汁器由法国设计师菲利普 · 斯塔克为意大利制造商阿莱西公司设计。“多汁萨利夫”（Juicy Salif）橙汁榨汁器似乎完成了一件不可能的任务，它将一个橙汁榨汁器变成了一件人们争论不休的物品。它被许多家公司嘲笑，称其不论使用还是储藏都极为困难，同时它又成了一件所有博物馆都视为珍宝的藏品。对那些从美学的角度看待设计的人而言，在一堆看似单调且只注重实用性的厨房用品中，这款榨汁器绝对能成为它们的典范，并且是一件令人喜爱的珍品。斯塔克挑战了下列准则，即一个榨汁器必须由三个组件构成：榨汁部件、滤网以及容器。这款榨汁器将其造型精简至一个单一且优雅的结构。而正是这一简化过程为这款榨汁器带来了批评，同时也将它变为了挥霍享乐的消费主义的终极象征。不论爱也好恨也好，这款“多汁萨利夫”橙汁榨汁器无疑代表了 20 世纪晚期产品设计的一次转变。正是从这件产品（而不是其他可以随时买到的平价产品）开始，一件产品对消费者的优先级从满足其真正的需求转变为了满足其脑海中的设想。

拉米速动水笔（1990）

沃尔夫冈 · 法比安
（1943— ）
拉米，1990 年至今

自 1990 年发售以来，这款拉米速动水笔（Lamy Swift Pen）已经向其生产商证明了自己在商业上的重要性。此笔是第一款拥有安全伸缩模式的无盖签字水笔，它向现代主义者们证明了传统的核心价值可以与创新共存。此笔如丝绸般柔滑且镀有镍－钯涂层的笔杆是德国低调设计手法的典范。其设计者沃尔夫冈 · 法比安（Wolfgang Fabian）是拉米公司的一位自由设计师，他想出了使用可伸缩的笔夹来指示此笔是否可以被安然地放入口袋之中。按动顶端的笔帽时，笔尖会伸出，而同时笔夹则会收入笔杆。这项设计创新专门针对当时新推出的拉米 M66 笔芯而设计，虽然此笔芯出墨均匀，容量很大，然而它依然有漏墨的风险。而有了法比安这项既实用又优雅的设计，使用者可以放心地将此笔放入衬衣口袋中。拉米公司凭借 1966 年推出的由格尔德 · A. 米勒设计且具有包豪斯风格的拉米 2000 钢笔而建立起了名声。而这款拉米速动水笔同样象征着包豪斯的理念，并且还巩固了如下概念，即现代设计可以在不破坏其完整性的情况下，向一个久经时间考验的工具中增添全新的价值。

易握厨房工具（1990）

OXO 设计团队
OXO 国际公司，
1990 年至今

“为何一般的厨房工具总是弄伤使用者的双手？”这一问题促使萨姆·法伯（Sam Farber）研制了一系列易于抓握的厨房工具，即这套易握（Good Grips）厨房工具。他的妻子贝齐（Betsey）患有关节炎，无法正常使用普通的厨房工具。故而法伯这位哈佛毕业的企业家建立了 OXO 公司，专门生产不论身体条件、高矮胖瘦、年龄为何的人群都能轻易使用的产品。他与纽约的工业设计公司睿智设计（Smart Design）合作，开发了一系列产品，并且生产了一系列平价、称手、美观且高品质的工具。恰如其名，这套易握厨房工具的关键便是它的握柄。它选用山都平 (Santoprene) 材料制成，这是一种聚丙烯塑料 / 橡胶，它柔软而富有弹性，还能防滑。握柄上柔韧的条棱已注册了专利，其灵感来自自行车握把，它能在使用者抓握时带来舒适的手感。这套易握厨房工具获得了许多重要的设计奖项，它们被纽约现代艺术博物馆收藏，同时还得到了关节炎基金会的认可。如今，这些原本只是为少数人群而设计的产品已然满足了更为广泛的人群的需求。

穹顶咖啡壶（1990）

阿尔多·罗西
（1931—1997）
阿莱西公司，
1990 年至今

这款穹顶（La Cupola）咖啡壶乍看之下十分简洁，充满了罗西惯用的典型元素：圆锥体、立方体、球体以及四棱锥。此咖啡壶由两个铝制圆筒与顶端的圆顶构成，它是一件标志性设计，既达成了罗西所追求的制作“实用性与装饰性合一”的物件这一目标，同时也是一件真正可以量产的产品。罗西在收到阿莱西公司设计一款咖啡壶的委托后，研究了咖啡的冲泡与招待过程。他在寻找一种极其“简单”的物件，能够一直放在家中私藏。从制造的角度来看，穹顶咖啡壶仅仅是对经典的铝制咖啡壶的一种再阐释。如同最初版的摩卡咖啡壶一样，它使用铸铝制成，再经过手工抛光。其加热室厚实的铝制锅底带有一个同样厚度的外凸边，确保热量的均匀传递，并且可以保护壶身不受火焰或热源的伤害。它的壶身上接有一个聚酰胺把手，顶端也配有一个淡蓝色或黑色的聚酰胺圆钮，用以打开圆顶。罗西同时被认为是现代主义和后现代主义建筑师，他的作品都具有深远的影响力与重要性。

豪华三座沙发（1991）

贾斯珀·莫里森
（1959— ）
卡佩利尼公司，
1992 年至今

贾斯珀·莫里森的几乎所有作品都展现出他对雕塑的极大兴趣，其作品有很强的体量感、质量感，体现了对比例以及空间的洞察力。不似其他的工业设计师，他的作品彰显了对基本的对立概念的长期思考，如轻与重、开与合以及正空间与负空间。这款豪华三座沙发（Three Sofa de Luxe）便是这样一件作品。它几何形的海绵块与织物饰面组成了一个柔软的物体，它们共同围合成了一个留白造型，象征着一个躺卧的人的抽象剪影。这件家具“悬浮”在四根短且细的金属腿之上。这其中透露出的氛围营造出了一方虽小却亲密的天地，创造出了一件能立即让人辨认并铭记的作品。在这件设计中，“剪影”扮演着主导角色，然而却又看似没有任何实际目的。20 世纪与 21 世纪之交，见证了人们对沙发的兴趣的增长，一大群设计师都创造了一些或多或少惊人的“沙发天地”，不过其中很多设计都抛弃了经济性与社会考量，转而追求一些华而不实且“伟大”的感觉。在这一背景下，莫里森设计的这款简约的豪华三座沙发让人另眼相看，并且被视作一款成功的设计。

步步凳（1991）

菲利普·斯塔克

（1949— ）

XO 公司，1991 年至今

这款步步凳（Bubu Stool）可能看似有些直白，甚至十分类似一个卡通化的奶牛乳房，然而它却是一个功能繁多的产品。该产品使用注塑聚丙烯制成，轻质而易于搬运，在室内与室外皆可使用，并且有多种不透明或透明的色彩可供选择。虽然在名义上它是一张坐凳，然而事实上它还是桌子以及储物柜。其凳面可以翻起，而其下方空间的用途几乎没有限制，从存放冰饮料到放置家庭盆栽皆可。斯塔克将这件设计的造型形容为一个倒置的皇冠，并且就如同在对待他的其他作品时一样，斯塔克偏爱将物件理解为雕塑，这种理解开启了幽默感与卡通感的可能性。不过如果将此作品的象征意义放在一边，我们会发现正是步步凳相对低的成本与多功能的特性造就了它广受欢迎的成功。事实上，它或许是斯塔克最优秀的设计作品：实用、时尚、平价，还有一丝怪异。最初它由法国的 3 瑞士人（3 Suisses）邮购公司销售，其生产商 XO 公司自 1991 年起从未停止过该产品的生产，其年销售量大约为 4 万把。

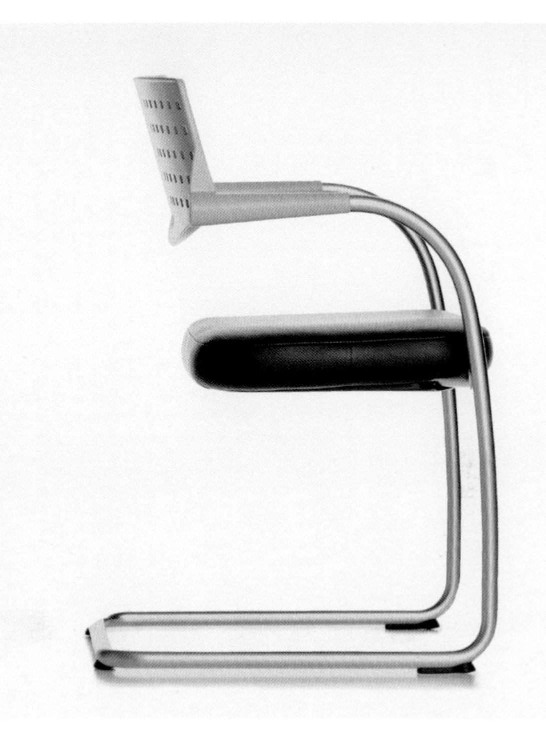

访客椅（1992）

安东尼奥·奇泰里奥
（1950— ）
格伦·奥利弗·勒夫
（1959— ）
维特拉，1992 年至今

或许这款访客椅成功的秘密在于它超越时间的设计。它基于基本几何造型与最常用的材料，各个元素都极其清晰，且易于理解。其悬臂式的金属框架显然源自 20 世纪 20 年代马塞尔·布罗伊尔以及其他设计师设计的座椅，然而它模造塑料制成的椅背则赋予了此椅现代气息。其上的方形穿孔让人联想到维也纳分离派的设计作品。这款座椅由意大利建筑师与设计师安东尼奥·奇泰里奥与德国设计师格伦·奥利弗·勒夫共同设计，后者自 1990 年起就为维特拉公司设计了许多成功的座椅。制造商为设计师提供了大量材料与表面处理工艺以供选择。甚至还有一个版本的座椅配有用于研讨课教室的可折叠桌板。虽然这款访客椅最初作为一款会议用椅而设计，然而它同样也适用于家庭。维特拉公司随后还推出了全软垫款的柔软访客椅，配有四腿与滚轮的滚轮访客椅，以及专为等候室设计的全软垫款的舒适访客椅。此系列座椅都曾是维特拉公司的畅销产品。不似其他更为经济的产品，这款访客椅的成功之处在于它的中性，以及它可以调和任何室内氛围的特质。

小鸟灯（1992）

英戈·毛雷尔（1932— ）
英戈·毛雷尔，
1992 年至今

德国设计师英戈·毛雷尔曾学习字体设计与平面设计，他将灯具设计发展成了自己的拿手专业。其作品中不断出现的主题之一便是对裸露灯泡的狂热之情，他经常将灯泡与诸如纸张和羽毛这些轻盈的材料相结合。以此，毛雷尔突出了其作品缥缈且充满迷惑性的特点。这在这盏小鸟灯（Lucellino）上显得异常明显。此灯的名称来自意大利语“灯”（luce）与“小鸟”（uccellino）的结合。在此，一盏特殊的白炽灯两侧被加上了两片手工制作的鹅毛小翅膀。翅膀使用铜线固定，而最后配上红色的电线，整个设计便完成了。此灯分壁灯与台灯两种版本。虽然它是一件实用物件，但它给人的第一印象一定是一件艺术品，并且完全没有实用性。不出意料地，在设计界中，毛雷尔一般都被当成一位外来者。然而其作品在世界各地都享有盛誉，他也为多家国际公司工作。除了设计小件作品，他也承接过大型项目，如在多伦多皮尔逊国际机场中长达 40 米的光影雕塑。

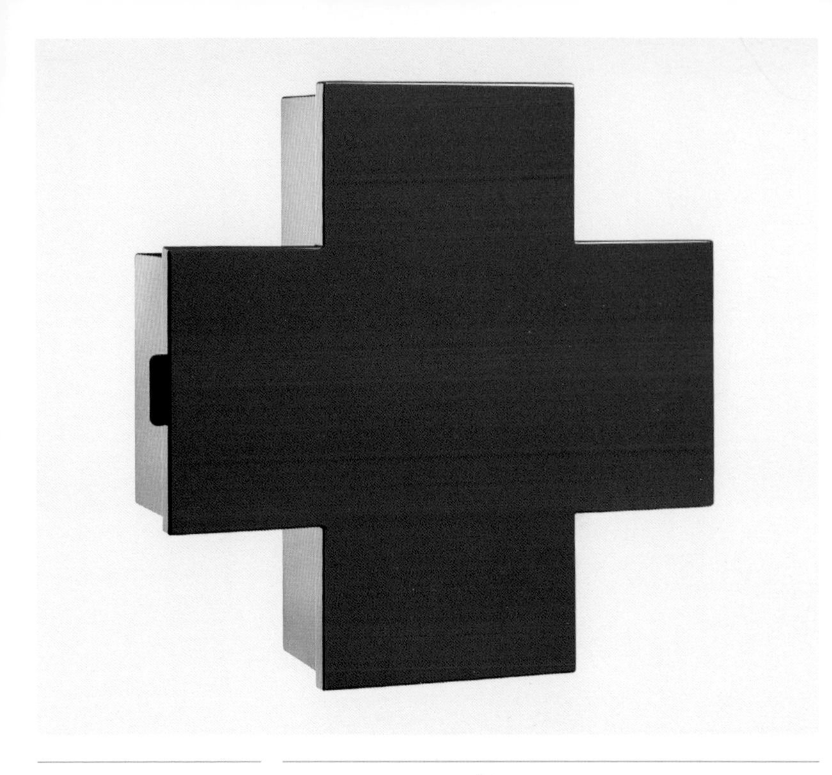

红十字储物柜（1992）

托马斯·埃里克松
（1959— ）
卡佩利尼公司，
1992 年至今

这款由托马斯·埃里克松（Thomas Eriksson）设计的十字形储物柜是一个结合了多种设计语言的急救箱。首先，其鲜红的色彩与十字形的造型代表着国际红十字会机构。其次，这款红十字储物柜（Red Cross Cabinet）还使用了直白的功能性语言，它简洁的造型完全可以装下所有急救用药物与工具。就如同这位瑞典设计师兼建筑师的其他家具、灯具以及建筑设计作品一样，这款储物柜也采用了国际通用的意象。和一个世纪前一样，瑞典人依然在对诸如原色松木等自然材料的使用、对线性与简约造型的使用以及最重要的对理性的运用这三者之间建立起了稳固的关系。这种结合关系催生了非标准化、美丽优雅且朴实的瑞典设计。而在埃里克松的这件作品中，最有趣的便是他将瑞典的设计方式与全球知名的符号相结合。他的作品不仅可以在瑞典的公司中见到，比如北欧航空、宜家以及海丝腾（Hästens）公司，还出现在各种国际公司与博物馆的产品目录与藏品中，比如卡佩利尼公司与纽约现代艺术博物馆。

烟灰缸（1992）

阿尔特·鲁兰特
（1954— ）
斯泰尔顿公司，
1992 年至今

阿尔特·鲁兰特（Aart Roelandt）为斯泰尔顿公司设计的这款烟灰缸将传统烟灰缸的开放式造型改为了一个封闭式的容器，这样一来，这款烟灰缸事实上成了一个为非吸烟人士设计的产品，它将烟蒂的气味以及烟蒂本身都藏在了盖子之下。鲁兰特毕业于荷兰埃因霍温工业设计学院，据他称，这款由缎面不锈钢制成的烟灰缸的诞生纯属机缘巧合。鲁兰特在实验一个配有自动闭合式翻盖的盒子时，突然灵机一动地想到，如果一款烟灰缸可以自动关闭，那么它就能（用这位非烟民设计师的话说）“将恼人的气味与烟蒂都隐藏起来”。使用这款烟灰缸时不需要熄灭烟蒂，这是因为，一旦激光切割而成的盖子关上之后，内部的氧气便会被用尽，或者被烟雾排出，故而起到熄灭烟蒂的功效。此烟灰缸首先使用不锈钢板锻造为圆管，之后再轧制成圆柱形容器，最后，激光切割而成的盖子被安装在顶端，所有部件都使用手工打磨抛光。鉴于其无可挑剔的设计水平，如今这款多功能的烟灰缸在多达 70 多个国家均有销售。

布雷拉吊灯（1992）

阿基莱 · 卡斯蒂廖尼
（1918—2002）
弗洛斯公司，
1992 年至今

这款布雷拉（Brera）吊灯体现了阿基莱 · 卡斯蒂廖尼对现代性、功能主义与设计潮流的长期研究，这些研究让他得以设计出这件使用乳色玻璃制成且异常低调简洁的吊灯。一条极细的不锈钢线将奶白色的椭圆形玻璃球与天花板相连。其光线的品质得益于其玻璃灯罩造型的精确性。关闭时，它就如同康斯坦丁 · 布朗库西的雕塑一样，而打开时，一个精致且闪光的半透明光体便跃然于眼前。它体现出一种无与伦比的美感，是一件使用了最先进的技术制造而成的令人兴奋的工业产品。卡斯蒂廖尼的这款作品，其外观更偏向技术一些，他将钢线与玻璃球组合在一起，并将它们简化到极致。此灯的玻璃灯罩的造型与特性都类似于 20 世纪 50 年代的厨房灯，而悬吊的钢线则是 20 世纪 70 至 80 年代工业灯具中典型的配件。综上所述，此灯拥有了卡斯蒂廖尼大部分作品中都特有的令人惊异的内在优雅感。这是帮助我们轻而易举地认出他的作品的一大决定性因素。

2 号椅（1992）

马尔滕 · 范塞韦伦
（1956—2005）
马尔滕 · 范塞韦伦家具，
1992 年至 1999 年
托普 · 穆顿公司，
1999 年至今
维特拉公司，
1999 年至今

马尔滕 · 范塞韦伦的作品值得细细考量。人们在细看时，会发现设计师在细节、材料与造型上所下的苦功。在这把 2 号椅中，设计师力求展现出所有连接点，故而此椅仅由线与面相交而成。座椅从椅面到椅背的平面以难以察觉的幅度逐渐收窄，其前椅腿并非垂直于地面，而是略微倾斜。自 20 世纪 80 年代起，范塞韦伦开始在比利时制造家具。他并不关心装饰，而是偏爱原色以及自然材料，如山毛榉胶合板、铝、钢以及之后出现的丙烯酸材料。它们都有着内在的纯粹感与优雅感，并且能与其棱角分明的几何造型形成互补。此 2 号椅属于一系列运用减法法则设计而成的作品。其早期版本选用铝与白色的山毛榉胶合板，由范塞韦伦本人制作，不过很快该椅的生产就交由比利时制造商托普 · 穆顿公司完成。而瑞士家具制造业的巨人，维特拉公司也成功地使用聚氨酯泡沫材料再阐释了该设计，并且在灰、绿与红这三类色彩内选用了几个色度最为柔和的颜色。虽然范塞韦伦最初的版本坚决地反对工业化，然而维特拉的这款极其考究的可堆叠版本显然拥抱了工业制造。

时间腕表（1993）

阿尔多 · 罗西
（1931—1997）
阿莱西公司，
1993 年至今

阿尔多 · 罗西设计的这款时间（Momento）腕表是意大利设计公司阿莱西生产的首款腕表。如同罗西的其他设计一样，这款时间腕表极富原创性，并且其造型取自于基本几何造型，在此为圆形。该腕表拥有双层钢质表壳，其中内层的表壳内装有机芯与表盘。而这一内壳可以轻易取出并再次装入外壳中，这让使用者既可以视其为一块腕表，还可以将它当作一块怀表使用。罗西是战后最具影响力的建筑师之一，他以其充满想象力与幽默感的设计（而阿莱西公司也致力于将这两点运用在家用物品设计之中），极大地丰富了世界设计史。这款腕表拥有令人惊异的简洁感，并且确立了罗西在新理性主义中绝对的大师地位。从技术与功能这两点现代主义的侧重点出发，该腕表可以依照使用目的而更换的部件为人们提供了全新的思路，并且同时也彰显了罗西在设计中遵循的简化主义。罗西是设计平价、实用且有趣的作品（它们也成了阿莱西的代名词）的大师之一，并且设计了一系列代表了 20 世纪 80 年代末期欧洲后现代主义的作品，这些都将永远被人铭记。

埃伦托架（1993）

阿里·塔亚尔
（1959—2016）
平行设计合伙公司，
1993 年至今

当作家埃伦·利维请求建筑师与设计师阿里·塔亚尔为坐落于曼哈顿的复式公寓设计一个现代室内空间时，她绝对不会想到，其中的一个物件将会获得大奖，并且大卖。这件以她的名字命名的铝制置物架托架造型时髦优雅，不论是一般人还是设计师，只要是有眼光的人第一眼就会爱上它。塔亚尔从他的老师让·普鲁韦那里获得了这款设计的灵感，后者是上世纪中叶研究预制建造的先驱人物。出于配合公寓的预制构件的目的，塔亚尔曾试图寻找一款合适的置物架而无果，他意识到他需要自己定制一款，制造这款托架的过程便因此而展开。而直到此托架被安装到位以后，有关该如何生产它们的概念才真正成形。1993 年，塔亚尔找到了平行设计合伙公司，开始改进这款设计，以进行大规模生产。原型选用铣制铝材制成，不过为了切实可行，它的材料必须选用挤压成型的铝材。他与工程师阿蒂拉·罗娜合作，做出了多项改变，终于生产出了该托架。它立即获得了成功。一同面市的还有一款接口不同的垂直版本以及简化版本，而这款托架与垂直版本一直备受青睐。

轻质椅（1993—1996）

里卡尔多·布卢默
（1959— ）
阿利亚斯公司，
1996 年至今

这款轻质椅（Laleggera）是一款极轻的可堆叠椅，其框架选用心材制成，两侧再夹以极薄的一层饰面板，中间的空隙再注入聚氨酯树脂。心材框架的强度足够支撑一个人的重量，而聚氨酯树脂则确保了座椅不会散架，后者这项技术取借自滑翔机机翼的制造工艺。此椅的枫木或梣木心材框架可以使用枫木、梣木、樱桃木或鸡翅木饰面板装饰，也可以直接漆以各色油漆。意大利设计师与建筑师里卡尔多·布卢默（Riccardo Blumer）的职业生涯始于对轻质特性的研究。而在很大程度上，这款轻质椅都要归功于它优雅的前作，即吉奥·蓬蒂于 1957 年设计的超轻椅，并且其名字也是在致敬该椅。超轻椅的重量仅为 1750g，而这款轻质椅则略重一些，不过依然极轻，仅有 2390g。这款轻质椅获得了 1998 年的黄金罗盘奖，这出乎了阿利亚斯公司的意料，该公司并没有料想到此椅的需求之旺盛，以至于需要再开设一家专门的制造工厂。

85 盏大吊灯（1993）

罗迪 · 格劳曼斯
（1968— ）
德罗克设计公司，
1993 年至今

这款 85 盏大吊灯是罗迪 · 格劳曼斯为德罗克设计公司设计的唯一一款产品，并且也是该公司的首批产品之一。德罗克设计公司成立于 1993 年，它为不落俗套的年轻荷兰设计师们提供了一个国际舞台，如今，它已经成了当代荷兰设计的代名词。此灯的造型部分取自格劳曼斯在乌特勒支艺术学院所做的毕业设计。在德罗克设计公司的作品名录中，格劳曼斯设计的这款作品是少数几个真正可以售卖给客户的产品。它由 85 盏 15 瓦灯泡、黑色的塑料灯座以及长度相同的黑色电线组成，再使用足够数量的塑料连接器相互连接在一起。这些数量众多的灯泡呈现出优雅的造型，并且与路易十六时期的枝形吊灯形成了诙谐的对比。格劳曼斯以这款设计为荷兰设计界引入了些许幽默感，后者长期被信奉加尔文主义的人士统治，充满着一种素净理性的审美。而这款简约的大吊灯还与荷兰风格派建筑师赫里特 · 里特费尔德所设计的现代主义灯具形成了鲜明对比。里特费尔德在安排灯具部件时总是经过缜密思考，并从构造的角度出发，而相反地，年轻且思维开放的格劳曼斯则顺其自然，效果同样令人惊叹。

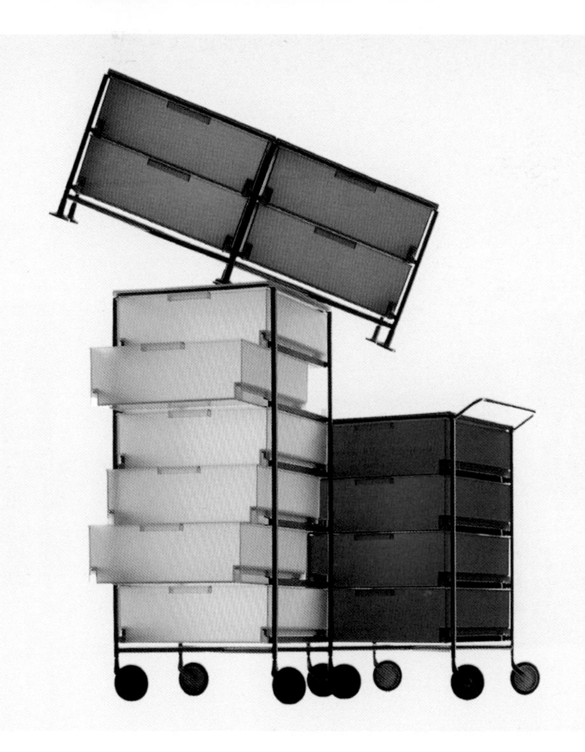

灵动储物系统（1993）

安东尼奥 · 奇泰里奥
（1950— ）
格伦 · 奥利弗 · 勒夫
（1959— ）
卡尔泰尔公司，
1994 年至今

这套灵动储物系统（Mobil Storage System）是安东尼奥 · 奇泰里奥与格伦 · 奥利弗 · 勒夫自 1987 年合作以来设计的一系列重要作品之一。其名字中的“灵动”强调了该产品既轻又易于移动，并且还具有多种功能。它的钢管框架中配有半透明塑料制成的抽屉与容器，它们可以水平或垂直放进二至三层的纵列框架中，而框架的把手与滚轮都可以选配。这套系统所选用的有机玻璃塑料具有缎面的特性，并且共有 16 种色彩，包括橙色、烟灰色以及柠檬绿。该产品在组合上的灵活性以及自我定制的无限可能让它在商业上大获成功。1994 年，该设计获得了著名的黄金罗盘奖，并且纽约现代艺术博物馆也将它纳入了永久馆藏之中。这款设计完全符合卡尔泰尔公司遵循的原则，即致力于使用低成本的塑料材料不断地进行创造性的实验。这款储物系统的多功能性是奇泰里奥的家具设计作品与产品设计作品的特点。他倡导理性设计，专门研究那些为了适应办公与居家环境的需求而必须具备多种功能的产品。

“猛犸”系列儿童椅（1993）

莫滕·谢尔斯楚普
（1959— ）
阿兰·奥斯特高
（1959— ）
宜家公司，1993 年至今

北欧设计师阿尔瓦尔·阿尔托、汉斯·韦纳以及南纳·迪策尔都设计过儿童专用的成套家具，但是除去学校家具，其他各种版本的家具销量都十分有限。而宜家推出的这款“猛犸”（Mammut）系列家具则完全改变了这一情况。在设计适合儿童使用的家具时，一般情况下其实不会考虑儿童的身体比例与成年人有所不同，也不会考虑儿童家具不同的功能需求。而建筑师莫滕·谢尔斯楚普（Morten Kjelstrup）与时装设计师阿兰·奥斯特高（Allan Østgaard）完全明白这些要点，这或许部分解释了为何此儿童椅能拥有这样粗壮的比例，以及为何它选用坚实的塑料制成。谢尔斯楚普与奥斯特高并没有遵循成人的审美偏爱，相反地，他们从儿童频道的卡通中寻找灵感。最终，此椅有意选取的粗笨造型与鲜艳的色彩在儿童之中大受欢迎。并且至关重要的是，他们选择宜家作为生产商，这让猛犸系列家具的价格能被大多数成年人所接受。这款“猛犸”系列儿童椅于 1993 年开始生产。1994 年，它获得了瑞典著名的“年度家具”奖，赢得了成功与流行。

书虫书架（1993）
罗恩 · 阿拉德
（1951— ）
卡尔泰尔公司，
1994 年至今

人们无论如何也不会想到，书架还可以使用弯曲的隔板来制造——至少在罗恩 · 阿拉德遐想出这个曲折蜿蜒的非传统书架之前是如此。这位如今闻名遐迩的伦敦设计师曾经专门使用回收材料制作工坊定制的设计作品。而这款书虫（Book Worm）书架正是这些作品之一，它诞生于阿拉德对钢板的一系列实验之中。卡尔泰尔公司于 1994 年承接了此设计的制造，并且一年后就推出了多种色彩的量产版本，选用的材料为挤压韧性热塑聚合物，并且完全没有破坏原设计的强度、稳固性以及功能性。卡尔泰尔公司立即以多种颜色以及三种不同的长度开始销售这款书架。它的造型完全任凭购买者自己摆弄，这赋予了一款量产产品些许雕塑般的个性特质。其上的每一个书档都固定在墙面上，每处连接点可以承载最多 10kg 的重量。推出它的卡尔泰尔公司一直接受新的概念，而此书架本身也迅速流行开来，成了那个时代的标志性设计。这件产品重新定义了书架，且成功地巩固了阿拉德以及卡尔泰尔公司作为创新者的名声。

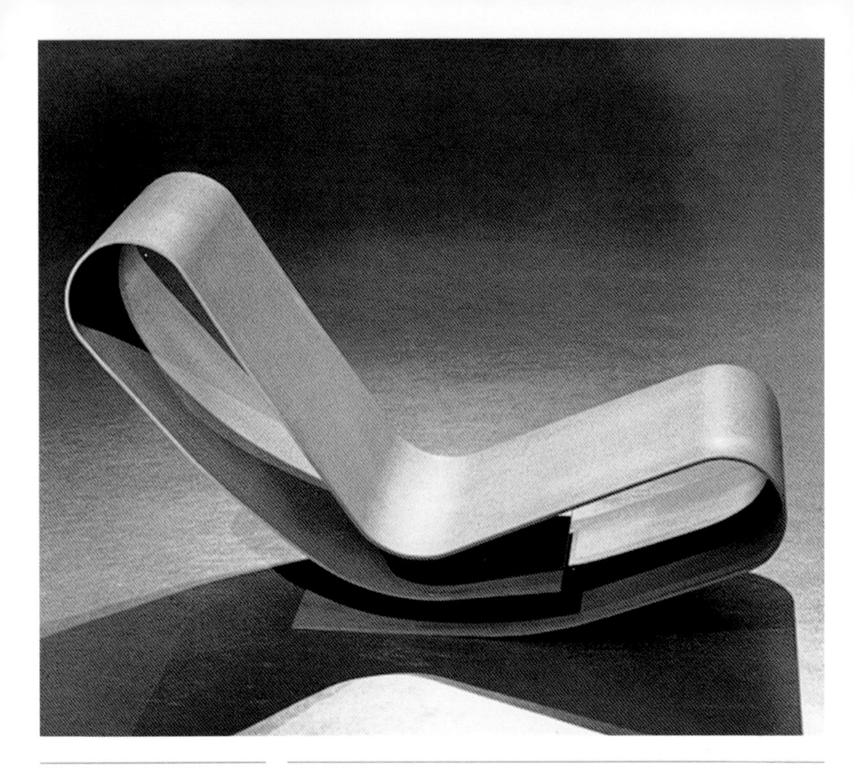

LC95A 铝制矮椅

（1993—1995）

马尔滕·范塞韦伦

（1956—2005）

马尔滕·范塞韦伦家具，

1996 年至 1999 年

托普·穆顿公司，

1999 年至今

这款 LC95A（LCA 即 Low Chair Aluminium 的缩写，意为铝制矮椅）休闲躺椅仅使用单块铝板弯曲而成。铝材的强度与柔韧性赋予了它一定的弹性，为就座者提供了绝佳的舒适感，而同时铝板的单薄又赋予了此椅反抗万有引力的优雅感。这款 LC95A 椅设计的诞生几乎完全是一场巧合。马尔滕·范塞韦伦偶然拿起一片铝片废料，并将它折叠在一起，这便是这款座椅的基本造型。范塞韦伦随后使用一长片厚度仅为 5mm 的铝板，并将其两端使用特殊橡胶相连，以得到正确的张力与弯曲度，就这样，他将一个简单的模型装置转变为了一张座椅。与范塞韦伦的其他大多数作品一样，这把 LC95A 椅也是一个定制设计，直到卡尔泰尔公司找到他，并提出制造一款该座椅的塑料版本。该公司选用名为甲基丙烯树脂这种透明的丙烯酸塑料，以厚得多的 10mm 塑料板成功地将这一设计转化成了商业上更为成功的 LCP 椅，并且还有多种鲜艳的色彩可选，如黄色、橙色、天蓝色以及透明无色。

阿埃龙椅（1994）
唐纳德 · T. 查德威克
（1936— ）
威廉 · 斯顿夫
（1936—2006）
赫尔曼 · 米勒公司，
1994 年至今

这款阿埃龙椅结合了开创性的人体功效学、全新的材料以及出众的造型，它重新定义了办公椅。此座椅的仿生学设计完全抛弃了软垫与饰面，创造出了一件前所未见的作品，并且选用了诸多先进材料，包括模铸玻璃纤维增强聚酯纤维以及回收铝材。其椅背与椅面所选用的出众的黑色带状织物薄层经久耐用，且具有良好的支撑感，同时还能让空气在身体周围流通。设计师唐纳德 · T. 查德威克和威廉 · 斯顿夫与人体功效学专家以及整形外科专家共同合作，彻底地研究了办公室座椅的应有造型，创造出了这款以使用者为中心的座椅。它配备有复杂的减震系统，可以将使用者的重量均匀地分配至椅面与椅背，完美贴合就座者的体形，并且将脊柱与肌肉所受的压迫减至最低。此产品有 3 种尺寸，就如同一个私人定制的工具。就座者可以使用一系列合理的按钮与拉杆进行多种调整，达到一个符合个人习惯的完美姿态。自 1994 年面市以来，阿埃龙椅已售出了上百万把。它在设计时就考虑到了自身的可拆卸性与回收性，体现出了社会上对环境问题不断升温的关注。

柔软瓮形花瓶（1994）

海拉 · 容海里厄斯
（1963— ）
容海里厄斯实验室，
1994 年至今

这款柔软瓮形花瓶（Soft Urn Vase）属于德罗克设计公司的早期产品之一，这些早期产品都是年轻的荷兰设计师的概念作品。这款花瓶有多种颜色，它在探讨着新与旧、工业制造与手工制作之间的关系。海拉 · 容海里厄斯（Hella Jongerius）以手工制成的古代陶瓮的造型为原型，使用注塑工艺赋予了它全新的结构。细细观察不难发现其材料并不是坚硬易碎的厚陶土，而是相对薄的、柔软且坚韧的橡胶，并且人们还能找到接缝与模造过程的痕迹。这些看似独一无二的产品其实都是大规模生产而来。可见的生产痕迹，在生产过程中有意为之的瑕疵以及偶尔留下的残留物都是这一花瓶极其重要的部分。容海里厄斯并没有遵循工业生产行业多年以来的标准，即将产品表面的不规则之处完全打磨平整，从而将美感与光滑和完美相等同，相反地，不完美反而成了其作品的内涵与魅力。表面的不完美成了一种形式的装饰，并且此花瓶柔软的材料比陶土更为符合它的设计目的：橡胶永远不会碎裂。

大框架椅（1994）

阿尔贝托·梅达
（1945— ）
阿利亚斯公司，
1994 年至今

意大利设计师阿尔贝托·梅达对技术与材料品质的关注度彰显了他与众不同的设计理念，他首先从内在的角度看待一个物体，用他的话说，即“释放出事物内部蕴含的信息……因为每个物体以及制成它的各个材料本身就蕴含着它自己的文化以及它的技术背景”。这款大框架椅（Bigframe Chair）选用的材料令人惊叹，并且在结构上也极其完美，几乎达到了艺术品的程度，这些都完美体现了梅达的理念。1987 年，梅达设计了一款雕塑般的轻轻椅（Light Light Chair），它使用了蜂巢结构的夹层，表面为碳纤维材料，既坚固又轻质，而这把大框架椅便是该椅的续作。此椅使用抛光铝管作为框架，椅面与椅背则使用网状聚酯纤维，这赋予了这些部位其他大部分无软垫座椅设计都无法企及的极高的舒适度。梅达通过设计这款大框架椅，将精妙的人体功效学设计与视觉上的和谐感完美融合在一起，这也体现出了他工程学的出身。它清晰地展现了梅达对简洁的作品所具备的下述明显矛盾的痴迷，即其拥有自然且有机的造型，然而运用的技术却又十分先进。

瓶子酒架（1994）

贾斯珀·莫里森
（1959— ）
马吉斯公司，
1994 年至今

自 20 世纪 70 年代起，饮酒与品酒逐渐成了一项世界范围内都十分流行的活动，随之催生了酒具以及各种相关产品的发展。1994 年，贾斯珀·莫里森收到意大利生产商马吉斯公司的委托，设计一款酒架。莫里森将设计出的即装即拆酒架直接命名为“瓶子”。其下方的凸起可以与上方的凹槽相互卡紧，它既是架子的腿，也是稳定装置，这让使用者可以将它放置在储物架中，或者直接堆叠成一面墙，成为一个储物系统。每个模块化组件都由前后两片注塑聚丙烯部件构成，每片都有 6 个开口，并且开口的内侧还有一个半圆筒状的凸起，这些圆筒为存放酒瓶提供了空间，同时又增加了结构完整性，让它得以堆叠成一整面墙。前后两片部件（透明或蓝色）使用阳极氧化铝管连接。如同莫里森的大多数作品一样，它在各种意义上都是对极限的探索：色彩、材料、造型与编排上的可能性共同作用，创造出了一种经过精心设计的美学冲击力。马吉斯公司如今依然在销售这款酒架，它是一款结合了简洁性与风格化的语汇的产品，而这些都是 20 世纪晚期的大多数设计师所追求的目标。

拉手餐具（1994）
斯特凡诺 · 乔万诺尼
（1954— ）
圭多 · 文图里尼
（1957— ）
阿莱西公司，
1994 年至今

这款拉手餐具名字的本意是儿歌《玫瑰花边绕》的意大利语。此系列餐具的物件都装饰有镂空的人形式样，如同剪纸中手拉手的小人。61 件套产品中的首款面市于 1994 年，为一个简约的不锈钢托盘。出乎阿莱西公司意料的是，这款产品立即成了畅销产品，并且其上的小人快速蔓延到了其他产品上，从案板到纸巾夹、照相框、钥匙环、书签、蜡烛以及珠宝首饰，无所不有。拉手餐具所展现出的活泼与卡通般的特质标志着阿莱西公司在 20 世纪 90 年代期间，在整体产品风格以及产品设计上的巨大调整。两位年轻的佛罗伦萨建筑师斯特凡诺 · 乔万诺尼与圭多 · 文图里尼早年开创了“金刚”产品公司，随后亚历山德罗 · 门迪尼将两人介绍给了阿莱西公司。他们略显古怪却有趣的设计极其新颖，如同催化剂般为阿莱西公司以及该公司的“家中演员小队”工厂带来了全新的思路，后者负责设计更为鲜艳、幽默且多为塑料材质的产品，它们刻画了该公司 20 世纪 90 年代的产品风格。虽然这对金刚搭档如今已经分道扬镳，但是他们依然各自在为阿莱西公司设计产品。

“卡帕”系列刀具

（1994）

卡尔－彼得·博恩
（1955— ）
居德公司，
1994 年至今，

“卡帕”（Kappa）系列刀具共有 3 种尺寸的若干种厨刀，以完成所有烹饪时需要执行的工作。这套刀具表面光滑，造型经典，是专业厨师或热情的业余烹饪爱好者必备的厨房用具。位于德国索林根的居德（Güde）公司自 1994 年起便开始生产这套“卡帕”系列刀具。每把刀都由手工制成，产量极小，刀身与刀柄都使用同一块高碳铬钒不锈钢打造而成。它们首先经过热落锤锻造，随后进行冰回火处理，然后进行手工磨制开刃与抛光。虽然造型传统，但是其设计是数十年不断改良的结果。“卡帕”系列共有 25 种不同的刀具，分为 3 种尺寸，每把刀都有特殊的用途。有些刀的刀刃为锯齿形，这是弗朗茨·居德（Franz Güde）研发的刀刃，可以更长久地保持锋利。该系列刀具以其多种特性而广受专业厨师的好评，包括其异常锋利的刀刃、完美的平衡感以及其他的中空或木质刀柄的刀具都没有的那种可靠的重量感。居德公司专注于刀具的质量与做工，这让它得以保留了大量珍贵的传统，并且有能力生产出一流的刀具。

单桌（1995）

康斯坦丁·格尔契奇
（1965— ）
SCP 公司，
1995 年至 2003 年
无印良品，
2003 年至今

康斯坦丁·格尔契奇在设计这款单桌时，他恰好在研究恩佐·马里设计的弗拉特桌以及库吉诺桌。而这一研究则属于他的一项更为广泛的思辨，后者涉及到量产产品、材料以及表面处理工序的变迁过程。他并非追求找到一个最终造型，而是在寻找一种将量产产品与简洁的材料和结构相结合的方式，并以此经济地产出高品质的产品。他先前为 SCP 公司所做的设计基本都使用木材，并且基本都能找到经典造型的身影，但是这款单桌却完全不同。它体现了设计者有意地开始尝试金属材料以及设计有意义的家用产品。它们的使用方式非常模糊，并且其造型也不常规。它们共有 4 种各具功能的桌面，每个都选用了喷有粉末涂层的亚光灰色钢板，并采用了不同的弯曲方式。桌面下方都接有单根桌腿，桌腿底部都经过折叠，这样便能轻易地和底座焊接在一起。格尔契奇偏爱可以随意移动的家具，而这点在此桌上也有体现，这是因为，不论是使用者或是设计师自己在使用此桌时，他们都能以多种方式将其组合在一起，或储存在不同的空间内。

X 形橡胶绑带（1995）

劳费尔设计团队
劳费尔公司，
1995 年至今

想要改进一个如同橡胶绑带这样简单、便宜且功能直接的物件看似几乎不可能。1845 年，伦敦佩里公司（Perry and Company of London）首先申请了使用硫化橡胶制成的绑带的专利，用以固定一捆物品，自此这一设计几乎从未改变。然而这款劳费尔（Läufer）公司生产的 X 形橡胶绑带证明了，只有不时地反思日常物品，才能创造出最佳的设计。这款产品选用了一条特别宽的标准橡胶绑带，并沿着中线剖开，仅留下两个极窄的连接点。如果将它撑开成 X 形，便可以捆扎一般需要两条橡胶绑带才能捆扎的物体。虽然这款叉形橡胶绑带色彩鲜艳，并且改进了一个一成不变的产品，这令它看似十分新颖，但是其美感却产生自它的功能，即传统绳索捆绑包裹的功能。事实上，由于此橡胶绑带原本是 H 形的，在撑开成 X 形之后，这一改变后的造型正是捆绑在方形盒子上的传统绑线的造型。

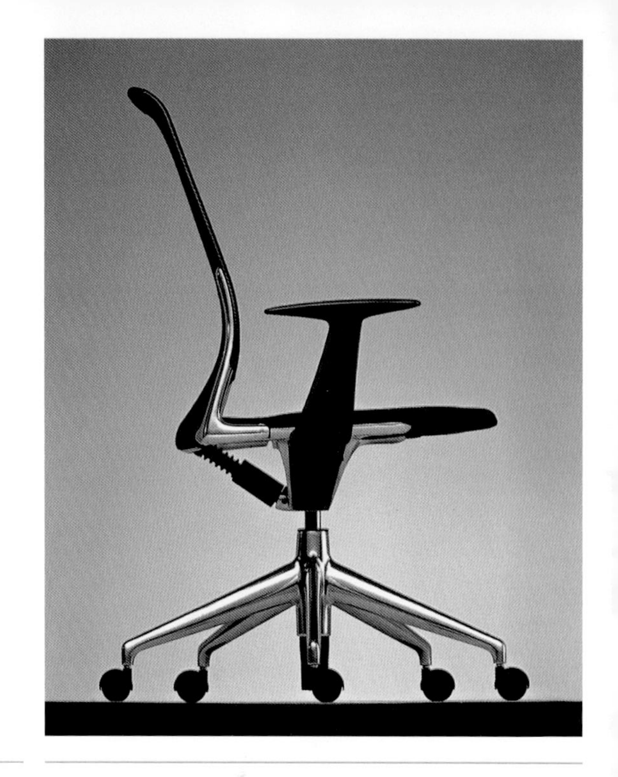

梅达椅（1996）

阿尔贝托·梅达
（1945— ）
维特拉公司，
1996 年至今

这件作品诞生自一个完美的伙伴关系——一方是世界上最伟大的设计师之一，另一方是维特拉公司，后者是世界上最具创造力的制造商之一。这一合作关系从未令人失望。正如人们期待的那样，这件阿尔贝托·梅达于 1996 年设计的梅达椅造型精巧且优雅，易于使用并且极其舒适。它没有过多的部件，尽其所能地隐藏了机械系统与调节杆。座椅两侧的联动装置在靠背调低的同时还能调整椅面的姿态。这一机制由连接椅面下方支持点与椅背之间的弹簧控制。而座椅的高度可以使用右侧扶手下方的按钮调节，而另一侧的控制杆可以固定其高度。此椅拥有多种版本，包括梅达、梅达 2 型以及梅达 2 型特大款，所有这些款式都配有铸铝制成且经过抛光的五腿底座，另外还有一款会议款式。这款梅达椅并没有明显的机械感或高科技的感觉，然而却极其美观，既没有咄咄逼人，又没有过于阳刚，如今它依然是最为优秀的办公座椅之一。

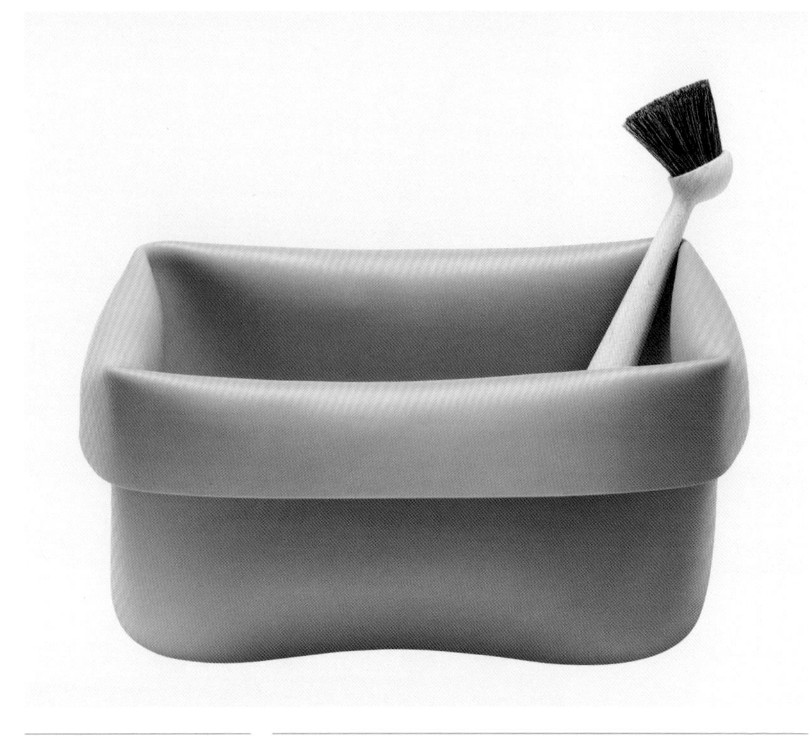

清洗盒（1996）

奥勒·延森（1958— ）
哥本哈根诺曼公司，
2002 年至今

奥勒·延森（Ole Jensen）设计这款橡胶制成的清洗盒（Washing-Up Bowl）的初衷是为了保护脆弱的玻璃杯或瓷杯，让它们不至于被坚硬的不锈钢水槽损坏。橡胶的灵活多变让这款产品能够盛纳各种大小、造型不一的物品，如今有人将它用作脚盆、冰桶、冰酒器，甚至用它来清洗纽约现代艺术博物馆的桌子。延森在制作这件作品的原型时是在陶轮上完成的，故而它不论从生产方式还是风格的角度看，都带有一些手工制作的特质。随后的量产型清洗盒柔软、耐用，附带一把使用中国猪鬃毛与木材制成的刷子。1996 年，它首次在展览中问世，随后在设计师的工作室中放置了多年。2002 年，哥本哈根诺曼（Normann Copenhagen）公司决定开始生产这款产品，如今它使用“山都平”材料与人造橡胶制成。该公司也生产野猪鬃毛制成的木刷，并且销往约 40 个国家，为它们带去传统丹麦家用品的质感。虽然这款清洗盒在同类产品中价格极高，然而延森对它的多功能性十分满意，因为每个清洗盒都融入了使用者的性格。

日内瓦玻璃酒瓶（1996）

埃托雷 · 索特萨斯
（1917—2007）
阿莱西公司，1996 年至 2001 年，2003 年至今

这款日内瓦（Ginevra）水晶玻璃酒瓶造型简洁，极富魅力和美感，从中人们能体会到饮酒艺术的奢华感。不过它的另一个知名之处在于它是埃托雷 · 索特萨斯为阿莱西设计的一整套餐具中的最后一件，这套系列餐具的设计历经了 40 余年，它体现了该设计师时而激进却总是极富影响力的理念。阿莱西公司最初于 1996 年推出了这套日内瓦玻璃酒瓶及酒杯，并且于 2003 年重新设计并推出了它们。此玻璃酒瓶优雅纤细，被打造为一款美丽且纯净的器皿，它是设计师一直在寻找的“优美餐桌”设计理念中的一环。索特萨斯一直在他的设计中遵循这个概念，而“优美餐桌”这一理念并不仅是一个简单的美学考量，它更多地涉及分享这一惯常行为，以及愿意对进餐这一场合体现出尊重与用心的心境。在“优美餐桌”上，所有东西都洁净且美妙，并且所有餐具都细心地被放置在正确的位置，索特萨斯坚信，这样的餐桌能唤起人们的参与感，甚至交流的意愿，而这款最后加入的日内瓦玻璃酒瓶便恰好起到了这样的作用。

水色吊灯（1996）

米凯莱·德卢基
（1951— ）
阿尔贝托·纳松
（1972— ）
私人制品公司，
1996 年至今

1990 年，随着私人制品（Produzione Privata）公司的成立，米凯莱·德卢基又在他丰富的作品总集中增添了一件物品。令人费解的是，这位设计了第一椅，并且其客户都是诸如德意志银行以及奥利韦蒂公司这样的跨国企业的设计师，竟然设计出一系列仅使用传统工艺制成的产品。而这款水色（Acquatinta）吊灯是私人制品公司的玻璃工坊中最纯粹的一件产品。德卢基对重振古老技艺或者赋予它们更为现代的意象并不感兴趣。但他不断实验着全新的技术，并且用他的话说，使用“双手与大脑”，每次都能创造出独一无二的作品。他与阿尔贝托·纳松合作设计的这款水色吊灯的革命性不仅体现在它改变了传统的灯具造型，还在于它具有反讽意味地使用了透明材料制成灯罩。随着时间的推移，多种不同版本依次问世，包括使用喷砂玻璃、半透明玻璃、蚀刻玻璃以及镜面玻璃制成的版本。如今，这款水色吊灯以及它的木质模具都是巴黎蓬皮杜中心的永久设计藏品，这也证明了一款超越时间的作品也可以使用最为简单的方式制成。

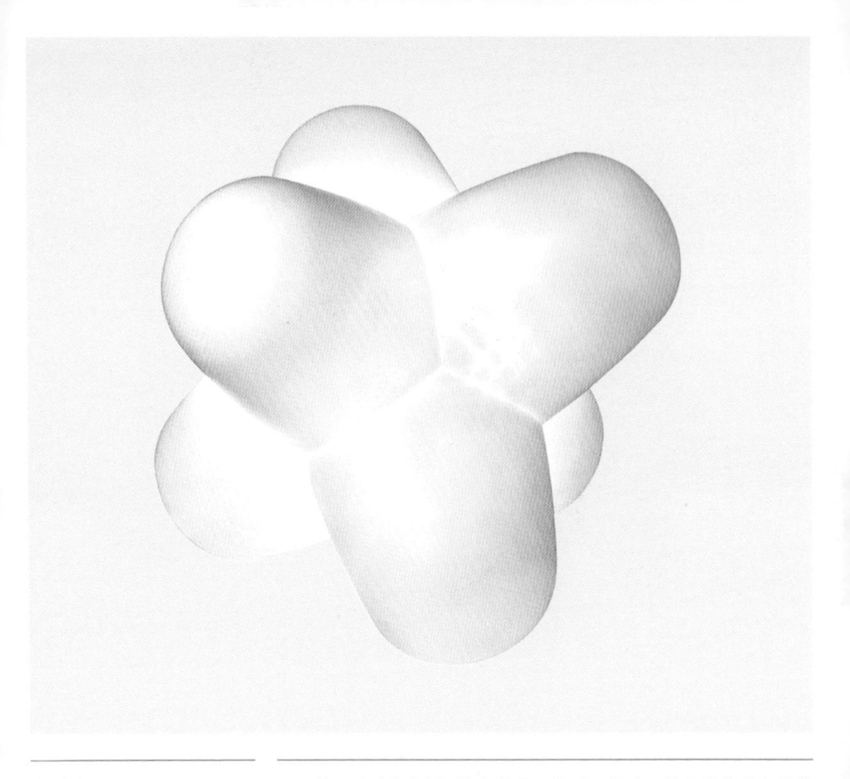

杰克灯（1996）

汤姆·狄克逊
（1959— ）
欧洲家居公司，
1996 年至今

前卫设计师汤姆·狄克逊是一位手工匠人，他的关注点在于传统及现代材料与造型的全新应用。他于 20 世纪 90 年代创办了欧洲家居（Eurolounge）公司，以制造更为平价的设计产品。该公司推出的第一款产品便是这件杰克灯（Jack Light），之所以取这个名字，是由于它与一种儿童玩具十分类似。此灯有红、蓝、白三色可选，它满足了狄克逊的愿望，即制造一款既以工业方式制成，又具有多种功能的灯具。这款杰克灯会散发出柔和的光线，并且能叠成一摞，而当它放置在地板上时，又能被当作坐凳或桌脚使用。所有这些可能性都源自他对塑料制造工艺的深入研究。狄克逊发现，如果在生产中使用旋转成型技术，那么一大批产品都能以更低的成本制成，并且不会降低品质。这款杰克灯定义了狄克逊的职业生涯，并且还为他赢得了英国的千禧年奖（Millennium Mark）。狄克逊与许多高端意大利家具、灯具以及玻璃制品公司都有合作，如卡佩利尼以及莫罗索（Moroso）公司，并且因在英国设计协会的工作而被授予大英帝国官佐勋章，1998年，他被任命为哈比塔特公司国际设计总监。

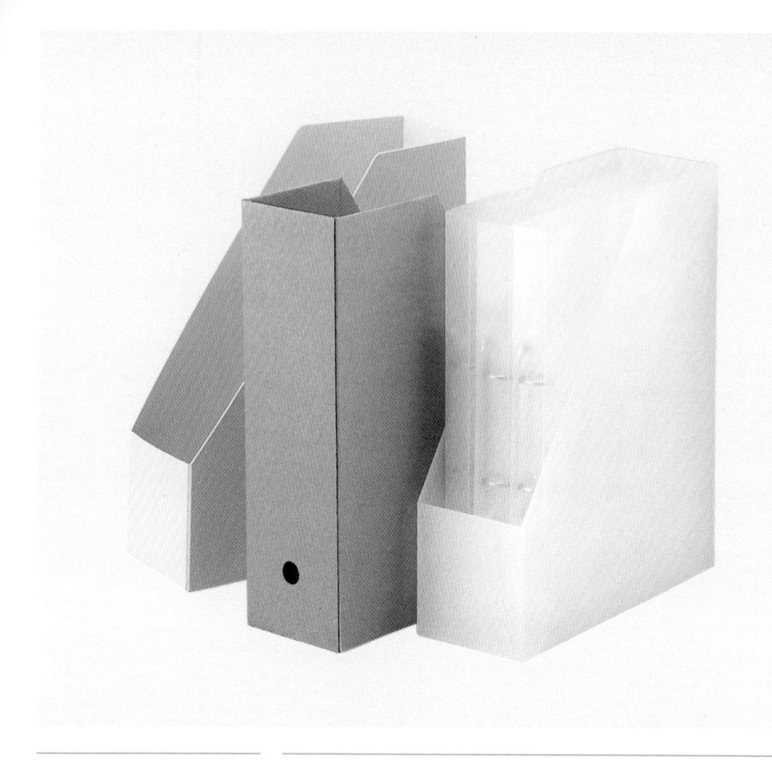

聚丙烯立式文件盒

（1996）

无印良品设计团队

无印良品，1996 年至今

提到无印良品，人们总会想到简洁、基本的产品与纯粹的设计。这款聚丙烯立式文件盒便是一件直白的实用产品，事实上，它可以说是一件“没有设计”的产品，摒弃了精妙的细节，并使用半透明的聚丙烯材料制成。如今，它是无印良品出品的一整套办公室用品中的主要产品，该系列还包括各种储物盒与容器。如同该系列的其他产品一样，该文件盒的造型简约、材料轻质且半透明，并且展现出了最佳的朴素感。无印良品在这件产品中注入了其作为标志性生产商的理念。在各个意义上，这款文件盒都是一件日常用品。它的结构符合工业产品的生产工艺，故而可以轻松地大量生产，从而降低了价格。无印良品在 1996 年首次开始生产该产品时，聚丙烯材料正处于其巅峰时期，半透明亚光表面的聚丙烯塑料遍布世界各地。无印良品并没有兴趣发明一件全新的物品，相反地，他们使用这种轻质且优雅的材料生产出了一系列实用的必需物品，初衷就是满足大部分消费者的需求。这款文件盒并没有前卫的造型，然而它以实用的本质打动了我们。

花结椅（1996）
马塞尔 · 万德斯
（1963— ）
德罗克设计公司，卡佩利尼公司，1996 年至今

这款花结椅（Knotted Chair）能唤起人们一系列复杂的反应。人们可能会错误地理解它的材料与制造工艺，而就座者经常怀疑此椅是否可以支撑住自己的身体。一款透明又轻质的设计时常会唤起人们的警惕。此椅包括纤细的四腿在内，都使用细密的绳结编织而成，事实上这些绳索都缠绕有一条碳芯。随后，这一经由手工精心制成的造型会被浸入树脂中，再吊在架子上使其变硬，它的最终外形取决于重力。这款花结椅是一件极为独特的设计作品，它将现代材料与令人印象深刻的理念（即“一个冻结在空间中且带腿的吊床”）融入了高强度的手工工艺之中。在极具影响力的荷兰德罗克设计公司里，马塞尔 · 万德斯（Marcel Wanders）是一位重要人物。他使用类似的语汇，不断将自己设计的作品系列以及为莫伊（Moooi）、卡佩利尼以及其他一大批被其独特的设计风格而吸引的国际知名生产商设计的作品联系在一起，他称：“为了让更广泛的人群产生兴趣，我想要赋予我的作品视觉、听觉与动觉的信息。”

方块灯（1996）

哈里·科斯基宁
（1970— ）
斯德哥尔摩设计工作室，
1998 年至今

哈里·科斯基宁（Harri Koskinen）如今是伊塔拉与哈克曼（Hackman）公司的设计总监，不过他在设计出其最有名的设计作品之时，还是赫尔辛基艺术设计大学的一名学生。这款方块灯（Block Lamp）源自一次技巧练习，科斯基宁当时正在探究浇铸玻璃物件的可能性。而在这件最终的成品中，包裹在内的灯泡看似漂浮在空中。其两块手工浇铸的玻璃中央围合而成的灯泡造型使用喷砂工艺制成，故而留下了亚光的表面。而配套的 25 瓦特灯泡光线柔和且弥散。许多家公司都将此灯视为芬兰玻璃制品传统的延续，而此传统由蒂莫·萨尔帕内瓦以及塔皮奥·维尔卡拉创立，他们都设计过拥有冰块质感的玻璃作品。不过科斯基宁并非刻意赋予了这款灯具类似冰块的感觉。这件作品让他迅速获得了赞誉，并且由斯德哥尔摩设计工作室（Design House Stockholm）于 1998 年开始生产它。此灯继承了芬兰的设计传统，给人以自然环境的感觉，并且它既是一件实用物品，又是一件艺术品。

神奇弹性塑料椅（1997）

罗恩 · 阿拉德
（1951— ）
卡尔泰尔公司，
1997 年至今

这款神奇弹性塑料椅（Fantastic Plastic Elastic Chair）是一款采用了革命性生产工艺的轻质可堆叠座椅。它由罗恩 · 阿拉德为卡尔泰尔公司设计，本质上，它是一款在工业层面上制造的座椅，通过去除多余的材料与工序达到简化生产过程的目的，最终造就了这件柔软、婀娜且令人着迷的产品。这件半透明的轻质座椅有白色、灰色、大红色、黄色以及蓝色可选，并且既适用于室内，也适用于室外。它采用压制铝管（双管）制成，为了之后可以交错布置椅腿，管材中间剖开一定长度，随后在压制铝管框架之间插入一层半透明的注塑聚丙烯板。接下来，金属与塑料将作为一件物件被同时弯曲，这一独特的工序能自动将塑料板与座椅黏合，并构成椅面与椅背，不需任何黏合剂。此椅的压制铝管和注塑板材几乎是平展的，减少了制造所需的材料和工具，降低了成本。这种简化的设计体现在它一目了然且柔软可变的结构之中，而一旦使用者就座，身体的重量便会让座位锁定，从而以最少的材料创造出了一个坚硬稳固的结构。

海龟集线盒（1997）
扬·胡克斯特拉
（1964— ）
FLEX/ 创意实验室
克莱弗生产线
1997 年至今

随着我们拥有越来越多的电器，复杂的电线整理问题也越来越突出，而这款获得多项奖项的海龟集线盒（Cable Turtle）便能帮助我们处理这一问题。它由荷兰设计师扬·胡克斯特拉（Jan Hoekstra）设计，由两片聚丙烯半球形外壳与中心处的连接件构成。外壳翻开后，电线能如同悠悠球般被缠绕在连接件上。当电线缠绕到一定长度后，使用者便可以翻下有弹性的外壳，并且将电线调整至分布于两侧的唇形开口处，这样电线就能顺畅地被引出它柔软的甜甜圈形壳体。此产品拥有两种尺寸，小款可以收纳约 1.8m 长的电线，而大款则能收纳 5m 长的电线。并且它能容纳最高 1000 瓦特电器的负荷。此产品极富手感的造型活泼有趣且使人着迷，完全超越了传统保守的办公室设计。它采用回收塑料制成，并且有 9 种鲜艳的色彩可供选择，这件简洁、直观的设计被认为是当代设计的经典作品，它所获得的最为著名的奖项为德国优秀设计奖（Good Design Award）。

餐盘专家沥水架（1997）
马克·纽森（1962— ）
马吉斯公司，
1998 年至今

马克·纽森为马吉斯公司设计的这款餐盘专家沥水架（Dish Doctor Drainer）是其设计作品中的典范之作。在国际上，纽森以其时髦、新潮且技艺精妙的设计概念而知名，他设计过种类繁多的作品，从概念汽车到门挡，以及这件沥水架。这款自带储水槽的塑料沥水架非常适合装有小型水槽与不带滴干板的水槽的家庭使用。为了让使用者更方便地将收集到的水倒掉，它总体被分为两个部分。此沥水架鲜艳的色彩以及古怪的造型都让它更加像是一款玩具，而不是一件低调的厨房用具。它柔软的竖桩的高度和排布方式都经过精心设计，以确保可以紧固任何尺寸和种类的餐具。此外，它上下紧密结合的设计节约了空间，同时又将餐具一件件分开。这款餐盘专家沥水架是对低调的家用物件的一次激进的再创造，它是一款独特且有趣的产品，仅凭此物件本身，它就是一个值得拥有的物品。作为同时代中最为杰出的工业产品创新者之一，纽森是一位极其另类的设计师，经他设计的作品都变成了备受推崇的商品。

邦博凳（1997）

斯特凡诺 · 乔万诺尼
（1954— ）
马吉斯公司，
1997 年至今

在所有类型的家具中，唯独座椅可以象征一个文化中最具标志性的元素。米兰设计师斯特凡诺 · 乔万诺尼在新千年即将到来的 1997 年推出了这款邦博凳（Bombo Stool），它随即便成了那个重要时代中的标志性产品。当人们都在望向未来时，不免会对即将成为过去的物品流露出感伤之情。而这款邦博凳的成功之处在于它结合了当代技术与怀旧风格。它以其可调节的高度与 15 种丰富的色彩，在时髦的酒吧、餐厅与美容美发厅中大展身手，为人所知。此坐凳曲线优美的造型取自标准红酒杯。它碗状的凳面与逐渐收窄的支架之间保持着平衡，并且在最下方向外伸展成为一个宽阔的底座。它的魅力源自于其注塑 ABS 塑料以及镀铬钢材装饰面上制造出的装饰艺术风格的细节，以及其采用的德国气动伸缩机制这一现代技术。这款邦博凳还衍生出了一系列家具，包括邦博椅、邦博桌以及 AL 邦博，AL 邦博是原版邦博凳的抛光铝质版本。

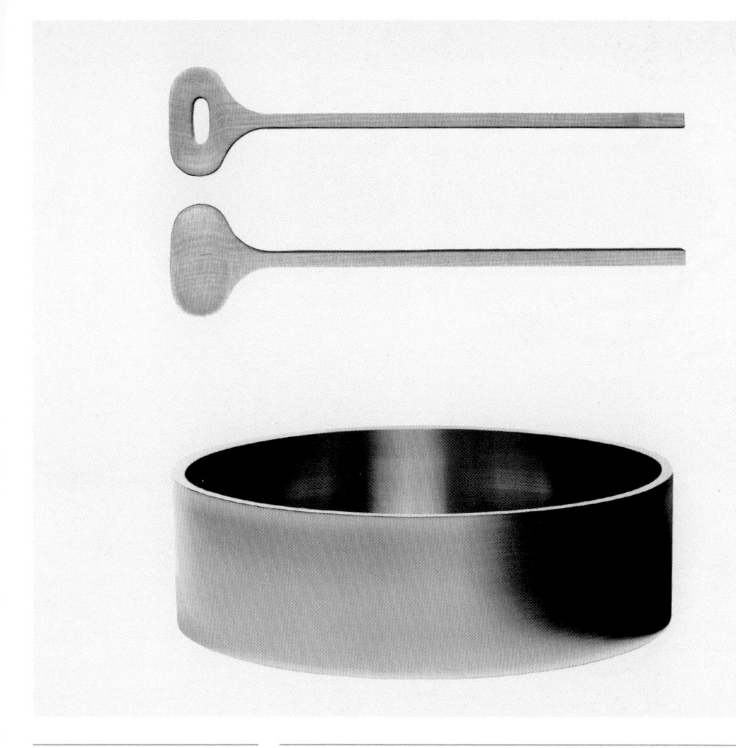

色拉碗与色拉叉（1997）

卡丽娜·塞特·安德松
（1965— ）
哈克曼公司，
1997年至今

北欧设计长期以来都着重于调合冰冷的环境与以人为本的温暖物体，不论是令人愉悦的织物、美好的灯具或是包裹身体的舒适家具。活跃于斯德哥尔摩的设计师卡丽娜·塞特·安德松（Carina Seth Andersson）在这套为芬兰居家用品公司哈克曼而设计的碗与餐桌用具中继承了这种传统。不过她并没有诉诸“传统”北欧设计中我们能预料到的种种语汇，相反地，她创造出了一个更硬、更冰冷的物体。为了既能盛放冷食，又能盛放热食，她为此碗选择的材料为双层不锈钢，两层钢材之间的空气能保持色拉的冷度或意大利面的热度，同时又可以提供舒适的手感，使其不受盛放食物的温度的影响。亚光拉丝表面赋予了它出众且阔气的外观。这套餐具还附带有两件曲线优美、端部为长方形的金黄色白桦木色拉叉，其一刻成一个浅勺，另一把则挖有一个椭圆形的孔洞。白桦木质的色拉叉与不锈钢碗形成了多种鲜明的对比，比如金属与木材，冷与热以及厚与薄。

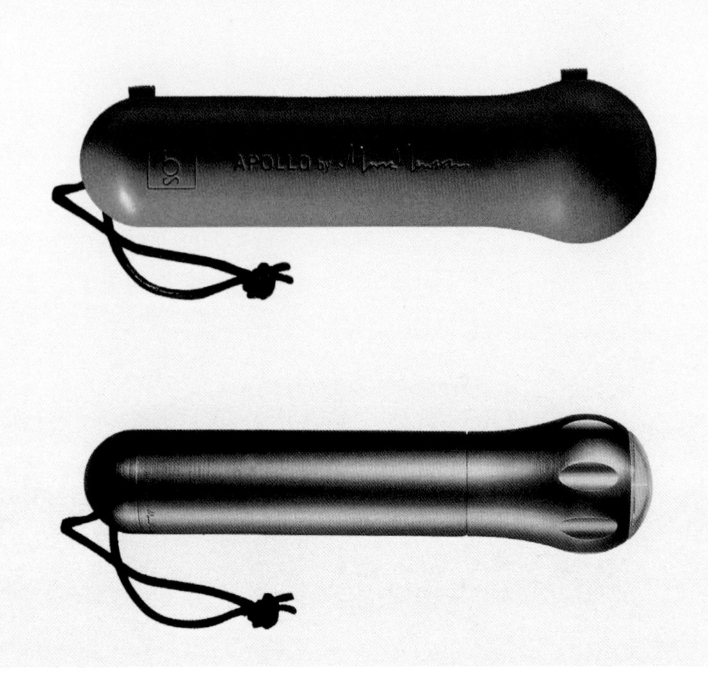

阿波罗手电筒（1997）

马克·纽森（1962— ）
弗洛斯公司，
2000 年至今

精确的制造工艺与充满活力的曲线造型相结合，便是马克·纽森令人印象深刻的作品特点。即使在一个毫不起眼的手电筒上，这一组合也十分明显。这款阿波罗手电筒由纽森为著名的意大利生产商弗洛斯公司而设计，该公司自其 1962 年成立以来，一直与诸如卡斯蒂廖尼兄弟等独具创造力的设计师合作。而在 20 世纪 90 年代初，正是另一位弗洛斯的合作设计师菲利普·斯塔克向该公司推荐了纽森。1993 年，弗洛斯公司推出了纽森设计的海丽丝灯，并且于 7 年后决定生产这款阿波罗手电筒。纽森在意大利的经历见证了他将自己的才华与欧洲的设计和制造传统相结合的过程，而后者正是他所赞赏的。这款手电筒造型阔气，使用铣削铝材制成，它是一次对酷炫的未来主义的实践，代表着设计师对太空时代典型标志的热爱，这从它的名字中就能看出。[译注：此处指的是美国国家航空航天局于上世纪 60 至 70 年代开展的阿波罗载人航天计划。] 通过灯罩处的旋转开关机制，造型得到了简化，省去了手电筒的按钮，后者显然是这款阿波罗手电筒的灵感来源。如同其前身一样，这款未来主义的版本在尾端也配有一枚备用灯泡。

汤姆·瓦克椅（1997）

罗恩·阿拉德
（1951— ）
维特拉公司，
1999 年至今

在米兰市中心的纪念地点，《多莫斯》（*Domus*）杂志曾邀请阿拉德创作了一件由 67 把座椅叠合而成的高塔，每把座椅都带有一段卷曲的材料，合在一起组成了一系列连续的椅面与椅背。座椅上还带有波纹，既表明了面的关系，又加强了整个结构。而这款汤姆·瓦克椅（Tom Vac Chair）则是阿拉德的设计中拥有改版最多的作品之一，这或许是由于其简洁的造型。与其他座椅不同，它已经成功地使用多种不同材料制成过。在多莫斯高塔中，所有的座椅都使用真空成型铝材制成，这也是他们的名字来源之一。而另一处来源则是阿拉德的摄影师友人汤姆·瓦克（Tom Vack）。如今，维特拉公司使用聚丙烯材料制造该椅，并配有多种椅腿。其中一款配有木质摇椅腿的版本是有意向 1950 年伊姆斯夫妇推出的 DAR 椅摇椅版的致敬。而配有不锈钢腿的版本则可以堆叠。甚至还有一款座椅使用全透明的丙烯酸树脂制成，而使用碳纤维制成的限量版则赋予了此椅全新的特色。

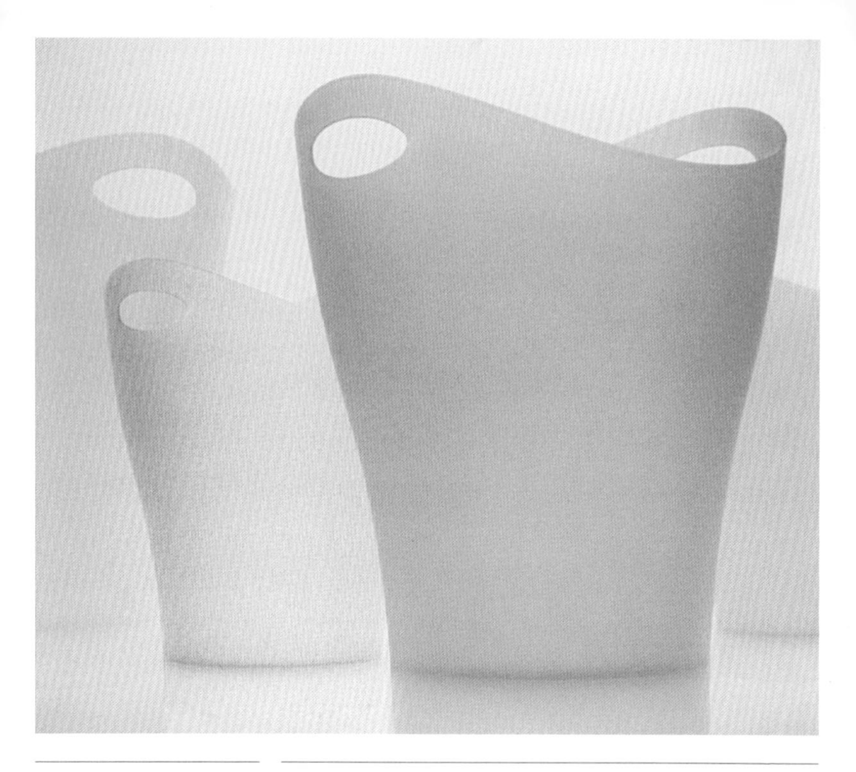

加尔比诺废纸篓（1997）

卡里姆·拉希德
（1960— ）
昂布拉公司，
1997 年至今

这款加尔比诺（Garbino）废纸篓造型优美，并且拥有多种半透明的淡雅色彩，价格低廉，自 1997 年昂布拉（Umbra）公司发售以来，它的销量已经超过了 200 万件。这件作品完美体现了设计者自己声称的感官极简主义，以及他对面向大众的设计充满激情的阐释。不过，在其成功的背后，还暗含着一项成就，即在居家用品都选择低收益、高产量的生产方式的大经济背景下，它依然获得了成功。这款加尔比诺废纸篓设计使得工厂机器在注塑以及统一冷却工艺中都可以源源不断地提供合成树脂，并且其高效的对称模具经过简化，极大地降低了材料的浪费率。而它逐渐收窄的侧壁让它可以轻易大量堆叠，降低了运输以及销售时的存放成本，同时其内壁底端的微小凸起可以在堆叠时防止产品粘连，从而在运输时便节省了为每个废纸篓都套上内衬膜的花销。日常使用时产生的划痕在其半透明的亚光外表面上不易察觉，并且无边框的内凹底座极易清洗。而起伏有致的边缘、切割出的把手以及婀娜的造型让此设计可以注册专利，并且可以因此起诉任何仿制品。

等待椅（1997）

马修·希尔顿
（1957— ）
真品公司，1999 年至今

这款完全可回收的塑料椅由英国天才设计师马修·希尔顿（Matthew Hilton）设计，这也是他职业生涯中的转折点，标志着他从高价低产量的家具设计中走出，进入了平价量产家具的天地。此椅使用单片注塑聚丙烯塑料制成，包括椅面与椅背处的加固条，它们为座椅提供的稳定性，证明了就算是本性柔软且轻质的材料也可以坚固无比。椅的设计与制造历经两年才完成，包括设计师自己进行的低科技设计部分以及他的生产商为其提供的复杂设备的准备工作。虽然在其发售的 1999 年，市场上已经充斥着便宜的塑料座椅，然而这款可堆叠的等待椅（Wait Chair）迅速成了一款经典设计。希尔顿与真品公司睿智地将价格设定为略高于设计粗糙的标准产品，但却比其他全塑料且“有设计”的座椅都要低的价位。对前者而言，此椅以其优秀的设计胜出，而同时通过有意地规避时髦前卫的造型，达到不与后者形成竞争关系的目的。最终便催生了这款低调、优美、舒适且平价的座椅，它可堆叠，既适用于室内又适用于室外，并且有多种颜色可供选择。

达尔斯特伦 98 锅具

（1998）

比约恩 · 达尔斯特伦

（1957— ）

哈克曼公司，

1998 年至今

这款达尔斯特伦 98 锅具（Dahlström 98）可谓是如今市场上最优良且最昂贵的系列烹饪锅具。芬兰制造商哈克曼公司邀请瑞典设计师比约恩 · 达尔斯特伦（Björn Dahlström）设计一套独创的系列锅具，必须既耐用又美观。而达尔斯特伦获知的部分信息包括他可以使用哈克曼公司研发的一种生产工艺，此工艺可以将一块厚铝板焊接在两块较薄的不锈钢板之间，随后作为一整块材料压制成型。钢材的强韧以此结合了铝材的特性，共同造就了这种以均匀导热而著称的高性能材料。达尔斯特伦的任务是创造出一套专业品质的锅具，既可用于烤箱，也能作为餐具使用，并且能受到家用市场消费者的青睐。以这款造型简约的炖锅为例，其低调、亚光的拉丝不锈钢表面能让食物以最好的状态得以呈现。与代表着机器制造的闪亮镜面相比，达尔斯特伦 98 锅具的亚光表面更平易近人，且有居家感。而达尔斯特伦在其厚实中空的把柄上运用了餐具制造业中的典型工艺。这套优雅的餐具完全超越了最初的设计需求，并且最终呈现出的效果极其优美。

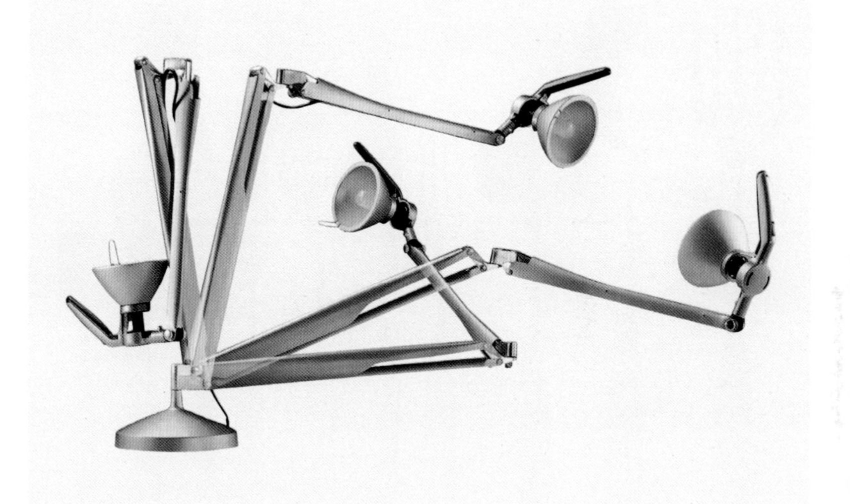

福尔泰布拉奇奥灯

(1998)

阿尔贝托 · 梅达

(1945—)

保罗 · 里扎托

(1941—)

卢切普朗公司,

1998 年至今

1998 年,当福尔泰布拉奇奥灯(Fortebraccio Lamp)首次问世之时,它很快便被认定是灯具设计界中的一件杰作,这是因为它是有史以来最为灵活且多用的室内照明设备。这款由阿尔贝托 · 梅达与保罗 · 里扎托共同设计的灯被大众视为一件实用工具。其设计理念是为了让灯光不受电线的制约,故而其灯罩、灯臂以及配件都出于可进行单独装配的目的而设计,而同时所有电子组件都预先配置在灯罩中。这便让使用者可以将不同的光源安装在同一个灯臂上,从而催生了可以轻易组装的多种灯具样式:如双臂台灯或落地灯、单臂灯、单头射灯或落地灯等。此灯的名字取自非凡的诺曼骑士阿尔塔维拉的威廉(William of Altavilla),他以福尔泰布拉奇奥的名称为人所知,并且以其大鼻子而出名。如同这位骑士一样,福尔泰布拉奇奥灯最为出众的特点之一便是它的“鼻子”,即灯柄,后者可以将光线导向任意方向。这款灯具完美契合了卢切普朗公司的理念,即致力于“长期为复杂的问题寻找简单的解决方案”。

奇泰里奥 98 餐具（1998）

安东尼奥 · 奇泰里奥
（1950— ）
格伦 · 奥利弗 · 勒夫
（1959— ）
伊塔拉公司，
1998 年至今

这套伊塔拉公司推出的奇泰里奥 98 餐具从厨刀到茶匙都体现出了同一个特点，即完美的比例平衡。它们的末端宽阔，而中段又十分纤细，它在使用时给人以重量感，而视觉上又十分轻盈。它由安东尼奥 · 奇泰里奥与格伦 · 奥利弗 · 勒夫共同设计，自发售以来，它一直都是伊塔拉公司的畅销产品。事实上，这款餐具是如此流行，以至于它迅速成为 20 世纪 90 年代的标志。奇泰里奥 98 餐具是对一款经典餐具的一次升级，其原型是纤细的钢质法国咖啡馆餐具，把柄上镶有木材或塑料，以增加其重量。这两位设计师考察了重把柄在实际操作中的优点（它能极大地增加使用的舒适性），并且将其转化为一件仅由钢材制成的产品。为了加强设计的柔和感，奇泰里奥与勒夫选用了钢材亚光拉丝工艺。如今，两位设计师扩展了这套餐具，其数量远远大于最初版本，而后者只是一套小型的餐具。虽然奇泰里奥与勒夫设计过许多物品，从展馆到整套厨房组合件，但是正是这套餐具才让他们的名字留在了现代设计的历史中。

光球灯（1998）

贾斯珀·莫里森

（1959— ）

弗洛斯公司，

1998 年至今

自从 100 多年前第一盏球形吊灯被点亮后，设计师已经穷尽了这种设计原型的所有可能性，然而贾斯珀·莫里森通过这套光球系列，以一种令人兴奋的手法再次让人关注到了球形吊灯。自 1998 年发售以来，此系列已经获得了巨大的商业成功。为了制造出光球灯特有的柔光效果，需要将一块透明的玻璃芯浸润到融化的白色蛋白石玻璃中，这一步骤须在回热工艺中进行，随后玻璃芯将被手工吹制为一个略扁的美妙球体。它完全平滑的表面上会散发出均匀且弥散的光线，即使从远处看，都不存在最为微小的反光，之所以会存在这种“幻景”，是由于其最外层的蛋白石玻璃薄膜最后经历的酸液处理，故而产生了高度亚光的表面。此灯没有选择工业感极强的正球体，而选择了更为自然的外形，使用不易察觉的方式隐藏起了真正的光源。此系列灯具体现出了莫里森长期以来的设计特点，即对过去的欣赏、对造型的热切研究，以及从某种不曾被发现的切入点发掘出之前不为人所知的优雅感。

光学玻璃杯（1998）

阿诺特·菲瑟
（1962— ）
德罗克设计公司，
2004 年至今

这款光学玻璃杯（Optic Glass）源自德罗克设计公司向设计师阿诺特·菲瑟（Arnout Visser）提出的设计需求："必然的装饰"。对此，菲瑟并没有选择外加的装饰，反而决定寻找实体本身蕴含着的装饰的可能性。当他在考察相机镜头时，他发现最大的镜头内部注满了液体。这不禁让他想到，如果喝水的容器也可以做成类似的造型，那么或许饮料本身也能创造出奇妙的效果。他开始使用一款特殊定制的长玻璃杯进行实验，它侧壁光滑，且使用抗热的硼硅酸盐玻璃制成，而在生产中，该玻璃杯被替换为更为粗矮且商店有卖的硼硅酸盐玻璃杯。菲瑟在加热玻璃杯后向其喷气，在表面上创造出凹凸不一的坑洼。最终的成品是工业设计与手工制造的罕见融合体。一旦装满液体后，光线便会在其起伏的表面反射与折射。这款光学玻璃杯还有一些菲瑟没有意料到的特点。它的凸起可以在堆叠时防止杯子卡住，同时还为抓握提供了舒适的着力点。随后，菲瑟还为德罗克设计公司设计了许多产品，并且以其简洁优雅的玻璃设计作品而为人所知。

宇普西龙椅（1998）

马里奥·贝利尼
（1935— ）
维特拉公司，
1998 年至今

这款宇普西龙椅（Ypsilon Chair）是它所在时代的标志，它结合了当时最先进的材料与办公室生活最为激进的新概念。它是专为商业精英们设计的座椅，并且还有与之匹配的高调造型与高昂的价格。它由马里奥·贝利尼与其子克劳迪奥（Claudio，1963— ）共同设计，它得名于其椅背处的“Y”形支架。这款宇普西龙椅最主要的特点是即使其椅背与头枕处于完全后倾的姿态，它们依然可以支撑起头部与肩膀，让使用者可以看到电脑屏幕。这把座椅就如同将就座者包裹在一副外骨骼中，并且它既拟人又如同机器人一般。而腰部的部件中还装填有一种特殊的胶水，它会“记住”就座者背部的曲线。绷紧的半透明椅背部分受到了出租车上为了保持坐垫空气流通而使用的木珠垫的启发。维特拉公司的董事长罗尔夫·费尔鲍姆将它比作马塞尔·布罗伊尔于 1926 年所作的那幅著名的展望未来座椅的画作中的座椅，在其中，人们都坐在空气之上。许多批评家都赞同这一观点，而它也赢得了众多著名奖项，包括 2002 年德国红点设计奖中的最佳设计奖。

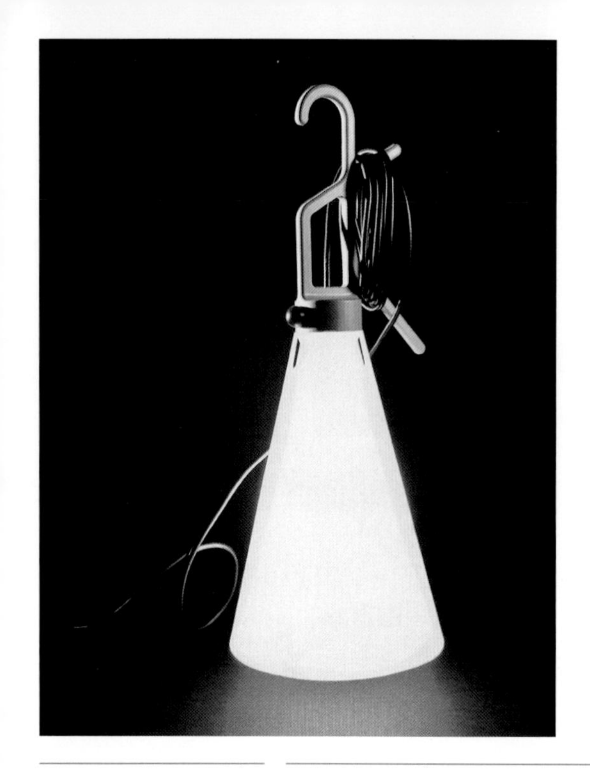

劳动节灯（1998）

康斯坦丁 · 格尔契奇
（1965— ）
弗洛斯公司，
2000 年至今

劳动节，又名国际劳工节，是每年工人阶级举行庆祝的节日。而德国设计师康斯坦丁 · 格尔契奇设计的这款同名灯具的造型如同一件安全灯或工具灯，更笼统地说即是作业灯。不过在仔细审视下，人们便会发现它比一般纯粹的作业灯具有更为丰富的细节。格尔契奇称，在形式上具有特征并不是一个设计作品真正追求的目的。然而，他的这款简约实用的作品绝对令人印象深刻。这款劳动节灯并不是为固定放在某处而设计的。它的把手意味着使用者可以采用各种方式使用它：如悬挂在钩子上，用手提着或者直接放在一个平面上，以散发出弥散的光芒。其把手有 4 种颜色可选，橙色、蓝色、黑色以及绿色。它的外壳为逐渐收窄的漫射塑料，其材料为注塑乳色聚丙烯。灯具本身装有两种不同的灯泡，把手上有一个按钮可以切换模式。当你有意地开始观察格尔契奇那些看似平淡无奇的作品时，其中暗含着的巧妙的优雅感便会慢慢浮现。

空气椅（1999）

贾斯珀·莫里森
（1959— ）
马吉斯公司，
2000 年至今

贾斯珀·莫里森在为意大利的马吉斯公司设计了一系列成功的小型塑料产品之后，公司向他展示了气体辅助注塑技术，他将其运用到了这件空气椅（Air-Chair）的设计之中。这项技术是在生产时向融化的塑料中按照模具可承受的最大气压注入气体，这样原本较厚的部位中便会留下空洞。在这件产品中，使用这项技术意味着座椅的“框架”实际上都是一系列塑料管，故而空气椅几乎不须使用玻璃纤维增强聚丙烯，因此得以减轻了重量。这还意味着一把完全成型且几乎没有接缝的座椅可以在几分钟内生产出来。生产的高效性带来的结果便是原版空气椅的售价只有不到 50 英镑，这对一件设计精良、做工上乘的意大利“设计”家具而言是一个极其便宜的价位。它是一款无比成功且简约的日常椅，这类设计正是莫里森最为擅长的。这款拥有多种素雅色彩的室内 / 室外、家用 / 办公用椅立即取得了注定会有的成功，这也催生了一整套的“空气”系列家具，包括餐桌、矮桌、电视桌，以及最近推出的折叠椅。

壁挂式CD播放器（1999）

深泽直人（1956— ）

无印良品，2001 年至今

无印良品，近年来最为成功的公司之一，似乎并没有遵循一般生产商的老路发展。这其中或许有各种原因，不过最为重要的因素是，无印良品根本不是一家生产商，而是一家经销公司。该公司以及其最为关键的人物金井政明预见到了深泽直人与日本 IDEO 公司当时正在进行的实验的潜力，并且鼓励深泽直人，将他设计的造型简约的壁挂式 CD 播放器投入生产。这是一款复杂的产品，因为它必须小心地兼顾艺术上的诙谐感以及真正的创新。此播放器基于索尼 Walkman（随身听）CD 模块，并且将控制按钮尽可能地简化。其开机 / 关机按钮是一根可以拉动的电线，这是一个极具创造力的设计，并且对壁挂物体而言是一种可以完美操控的交互方式。它没有机盖，甚至没有数码显示屏，而这两件物件都是依照设计需要而添加的，并非出自产品本身的基本需求。如今，深泽直人还帮助无印良品公司把关产品目录，并且依然在设计与市场需求不太相关的设计作品。他的设计标准深植于人类的生活状态，故而其作品经常会给人一种已然和它们共同相处过很久的感觉。

随机灯（1999—2002）
贝特扬·波特
（1975— ）
莫伊公司，2002 年至今

这款随机灯（Random Light）体现了一款优秀的委托设计应有的样子，其造型简约，但实现的过程极其复杂，前后共花费了 3 年时间研发。它的名字随机，本质也随机，据其设计者贝特扬·波特（Bertjan Pot）称，此灯“自然而然就诞生了”。设计中涉及的诸如树脂、玻璃纤维以及气球等材料在波特的工作室中随处可见。它是一件使用高科技材料（玻璃纤维、环氧树脂、镀铬钢材与塑料）制成的经典手工设计作品。玻璃纤维首先会被浸润在树脂中，随后缠绕在气球上，之后气球可以通过顶端的洞口移除，该洞口也是放入灯泡的部位。马塞尔·万德斯将此灯推荐给了备受尊敬的荷兰制造商莫伊公司，后者在最初两年内生产了约 2000 件该产品。得益于此灯的三种尺寸，即 50cm、85cm 以及 105cm，故而能被悬挂在不同的高度，它的光影效果令人印象深刻。波特第一次进入设计爱好者的视野，是作为猴子男孩（Monkey Boys）的一员，这是他与丹尼尔·怀特（Daniel White）于 1999 年共同创建的设计公司。自 2003 年以来他独立进行创作。

软垫矮椅（1999）

贾斯珀·莫里森
（1959— ）
卡佩利尼公司，
1999 年至今

这款软垫矮椅（Low Pad Chair）是一款将优雅、简洁与尖端科技相结合的产品。其简约的造型与婀娜的线条赋予了它轻质感，这种气质也得益于上世纪中叶的现代主义设计理念。其使用模具制成的软垫微微突出于椅面与椅背，为就座者带来舒适与支撑感，这又赋予了它一些微妙的当代感。设计师贾斯珀·莫里森曾公开称波尔·凯霍尔姆设计的 PK22 椅（1956）是其灵感来源。这款软垫矮椅的最初构思是尽量使用如同凯霍尔姆的经典设计那样小的体量和较少的材料来设计一款舒适的座椅。莫里森以其对新材料科技的兴趣而著称，卡佩利尼公司也十分乐意支持这项实验，他们为莫里森找到了一家生产汽车座椅的公司，后者拥有专业人员以及相关技术，可以进行皮革压制作业。莫里森对椅背的形状进行了多种实验，最终选中了一种胶合板嵌板，使用不同密度的聚氨酯泡沫模压成指定造型，再按需切割，随后使用皮革或其他饰面缝合。而生产商的饰面工艺与莫里森的设计配合得天衣无缝，最终创造出了这款造型与饰面完美结合的产品。

“关联”系列玻璃器皿（1999）

康斯坦丁·格尔契奇
（1965— ）
伊塔拉公司，
1999 年至今

在 20 世纪的最后 10 年，玻璃器皿生产领域几乎没有出现过真正的革新产品。不过在 1999 年，芬兰制造商伊塔拉公司邀请慕尼黑设计师康斯坦丁·格尔契奇设计一款全新的玻璃器皿。他们的这一合作关系创造出了一件在商业与艺术上都大获成功的作品。这款“关联”（relations）系列玻璃器皿比例极其优美，并且都是逐渐收窄的玻璃“杯”。在设计中，除去玻璃器皿的轮廓，每件器皿的厚度的精确拿捏也极为重要。此系列器皿由三种不同的玻璃“杯”组成，即卡拉夫瓶、大托盘以及浅盘。共有两种色彩可选，分别是亮白色与烟灰色。格尔契奇更偏爱机器压制玻璃器皿，并且选择重新设计经典的锥形玻璃杯造型，在内壁上增加了一道“阶梯”。如此一来，玻璃“杯”便可以堆叠在一起，同时这道较厚的内壁也保证了外壁的光滑。这套玻璃器皿使用了两段式模具，故而完全可以进行大规模生产。格尔契奇是这样一位设计师，他可以将设计作品剥离至仅剩其最核心的部分，从而突出了纯粹感与优雅感。

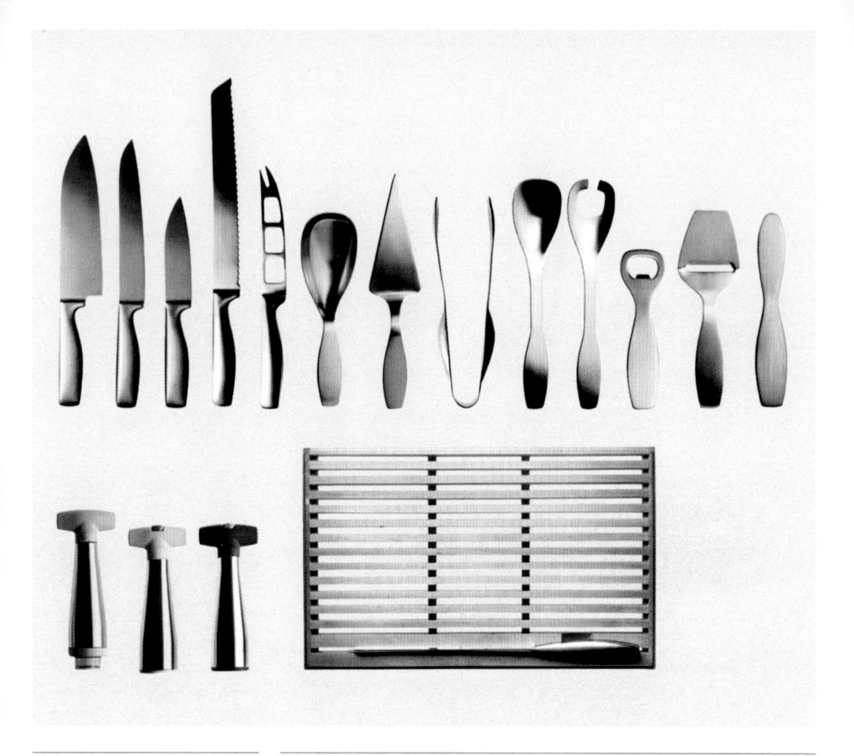

奇泰里奥 2000 系列工具（2000）

安东尼奥 · 奇泰里奥
（1950— ）
格伦 · 奥利弗 · 勒夫
（1959— ）
伊塔拉公司，2000 年至今

在过去 20 年，安东尼奥 · 奇泰里奥的作品已经重塑并且重新定义了设计界。而这套奇泰里奥 2000 系列工具体现出了奇泰里奥经典的实用性与奢华感并存的特色。这套工具专为伊塔拉公司设计，其前身为奇泰里奥 98 系列，后者同样由他与格伦 · 奥利弗 · 勒夫合作设计。它与公司之前推出的扁平餐具形成了互补，补齐了厨房烹饪工具这一领域。这套餐具与工具包括一把公勺、一把蛋糕刀、多件沙拉夹、一个开瓶器以及其他各式工具。它从其他工具套装中脱颖而出有多种原因，其中最明显的便是每件产品独特的造型。所有工具都使用亚光拉丝 18–10 不锈钢制成，每件造型都十分丰满，并且能舒适地抓握。其中空的把柄具有完美的配重，体现了设计师致力于达到造型、材料与功能的完美和谐。如今，这套工具依然在售卖，并且出现在许多美国与欧洲的博物馆的藏品中，包括纽约现代艺术博物馆以及芝加哥建筑设计博物馆。

LEM 吧台凳（2000）

安积伸（1965— ）
拉帕尔马公司，
2000 年至今

生产商拉帕尔马（Lapalma）公司提出了一款简洁低调的可调节吧台凳的设计需求，安积伸很快便从人体功效学的设计方式出发开始深入研究，而人体功效学也是安积伸在设计中一贯考虑的方面。安积伸开始探索吧台凳与它的“近亲”座椅之间究竟有什么需求上的不同点。很快，他便发现其舒适度与使用时的便利性很大程度上取决于凳面与脚踏之间的关系。于是在这款 LEM 吧台凳上，一道连续的镀铬亚光金属圈在环绕凳面一圈之后，继续向下延伸，成了脚踏，这一独特的造型将凳面与脚踏合为一体。这一简约且优雅的结合取决于一项高难度的制造工艺。在此，细长的方管必须在不产生皱起的前提下，被弯曲成拥有一系列复杂曲线的封闭环。对此的解决方案最终取决于一项不久前由一家高级轿车制造商研发的新科技。凳面与脚踏随后一起被安装在可旋转且可调节的气动支架上。胶合板制成的凳面与更具工业特质的框架与底座相结合，造就了这把极其舒适的 LEM 吧台凳。

固定带（2000）

NL 建筑师

德罗克设计公司，

2004 年至今

NL 建筑师（NL Architects）受德罗克设计公司委托，为意大利鸳鸯（Mandarina Duck）的巴黎门店设计一款产品展示系统。受到自行车后座上用以固定物品的绑带的启发，荷兰设计师们决定重新设计这种橡胶绑带，这便是这款“固定带”（Strap）的由来。设计师发现，这些自行车绑带由各种公司制造，最终，他们终于找到了一家公司，可以只提供橡胶绑带，而不附带用以和自行车框架连接的金属部件。在此之前，这种毫不起眼的橡胶带从未被使用在墙上。NL 建筑师将绑带设计为一条使用合成乳胶制成的柔软且可拉伸的双重条带，它极具弹性，可以用以展示各类物品。作为一款产品，这款固定带再设计的核心在于其用以固定在墙上的两颗螺钉。它有 4 种色彩可选，这是德罗克设计公司为了搭配意大利鸳鸯的门店而特意选择的。其制造过程选用了压铸工艺，合成乳胶液会被压合在两块钢模之间。这款产品有趣的地方在于它使用了极少的材料与物化的视觉相结合。

弹簧椅（2000）

罗南 · 布鲁莱克
（1971— ）
埃尔万 · 布鲁莱克
（1976— ）
卡佩利尼公司，
2000 年至今

自 20 世纪 90 年代中期起，一代年轻且极具影响力的法国设计师开始崭露头角，罗南（Ronan）与埃尔万 · 布鲁莱克（Erwan Bouroullec）兄弟便是其中最为成功的人物。他们迄今为止最为知名的作品是与意大利的卡佩利尼公司合作的成果，而这款于 2001 年获得著名的黄金罗盘奖的弹簧椅（Spring Chair）是他们为该公司设计的第一款产品。虽然它的造型并非特别新颖，然而它却是一件优雅精妙的设计作品。弹簧椅由一系列极薄的模造软垫连接而成，并且选用极细的金属支架作为椅腿。其头部靠枕可调节，而腿托的部位则安装有一个弹簧，可以根据就座者的腿部姿态而自动调整。此椅由一层木质壳体以及聚氨酯制成，并且使用了高回弹性的泡沫、羊毛与不锈钢材料。它共有 4 种版本，分别是扶手椅、带腿托扶手椅、带头枕扶手椅以及带腿托与头枕的扶手椅。埃尔万将他们兄弟俩的风格形容为“有意的简约，并带有些许幽默”。而相似的风格在他们的同代人中十分普遍，这正是他们那个年代的设计风格。

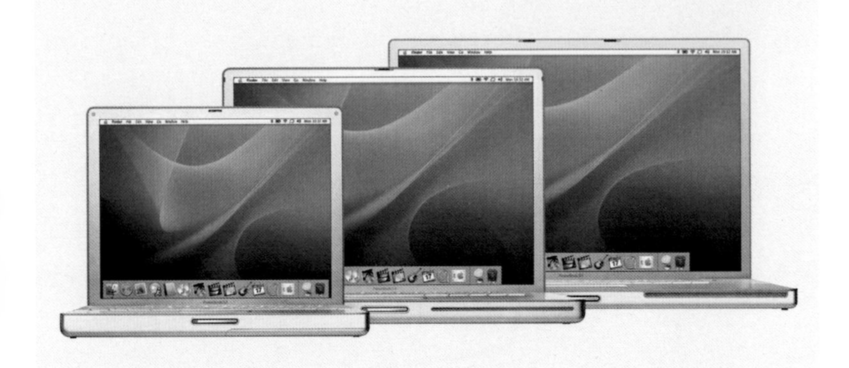

PowerBook G4 电脑

(2001)

乔纳森·艾夫

(1967—)

苹果设计团队

苹果电脑公司，

2001 年至今

这款造型入时的银色 PowerBook G4 笔记本电脑拥有极为精妙的细部特征、令人舒适的圆弧以及金属键盘，在乔纳森·艾夫(Jonathan Ive)设计的所有作品中，他将这款电脑(以及 iPod)视为他最为得意的作品之一。最初它的外壳选用钛合金制成，不过随后换为更加防划的铝合金，其造型与选材毫无疑问彰显着这是一款为真正的电脑使用者设计的货真价实的产品。与苹果公司先前的产品相比，此电脑采用低调素雅的方式，稳重地选择了单色以及极简主义审美。这款 PowerBook 电脑吸取了苹果公司十数年间发展而来的革命性的笔记本电脑设计理念，包括 20 世纪 90 年代早期的黑白机，以及 PowerBook Duo 与 G3，后者拥有更为“阴柔”的蛤壳翻盖造型。而这款 PowerBook G4 稳重地选择了冷酷的“阳刚”风格，包括其合理的工艺技术以及优雅的细部特征。最初该电脑只有 12 英寸与 17 英寸的版本可选，一年后还推出了 15 英寸的款式。该产品以其对传统的改良与对细节的执着追求，向使用者散发着自信的光芒，同时也向他人彰显着使用者的自信，因他们共同拥有着恰到好处的成熟感。

iPod 音乐播放器（2001）

乔纳森 · 艾夫
（1967— ）
苹果设计团队
苹果电脑公司，
2001 年至今

这款 iPod 音乐播放器与苹果 iTunes 软件一起，彰显了一家不断进步的公司所具备的合作整合思维。它的卓越技术像首饰一般可以穿戴。这款 iPod 音乐播放器以其高达 10000 首歌的容量与轻质如口袋般大小的设计，彻底改变了人们下载与收听音乐的方式。其最重要的革新之处在于尺寸的减小，第二重要的便是容量的增加，以及随之加入的多种模式，包括记录语音笔记、游戏以及检索电话号码。它的触摸式转盘让使用者可以轻易地迅速浏览整个音乐列表，而“随机播放”模式则为使用者提供了最为私人的点唱机体验。这款 iPod 简洁的设计与 iMac G4、eMac 和 iBook 电脑一起，共同体现出了因无尽的科技进步而造成的肉体以及精神上的忧虑。在时代转变的过程中而产生的犹豫之情被源自 20 世纪 60 年代未来主义审美的怀旧且令人安心的“配色”有效地中和了。所以这款 iPod 音乐播放器的造型、“配色”以及平整的圆形交互界面都与另一款开创性的音乐播放设备极其神似，也就不奇怪了。后者便是迪特尔 · 拉姆斯为博朗公司设计的 1958 T3 便携收音机。

赛格威 HT 型平衡车

（2001）

赛格威设计团队

赛格威公司，

2002 年至今

这款赛格威（Segway）HT 型平衡车是第一款能自我平衡的单人使用电动交通工具。美国 DEKA 研发公司董事长、赛格威公司创始人迪安·卡门（1951— ）早先曾设计过一款名为 iBOT 的产品，这是一种可以攀爬楼梯的轮椅。而这款赛格威 HT 型平衡车便起源于卡门为这款早期产品而研发的平衡技术。此车没有刹车系统，最高设计时速为 19km。骑行者 / 驾驶者可以操纵方向，而转动扶手上的旋钮或改变身体的重心都可以将它停下。此车带有一台内置电脑以及 5 个陀螺仪，其底部还装有一个圆盘，可以在保持自身朝向的同时让轴心朝向不同的方位。整个设备重 30kg，可以轻易适应各种地形，包括一般路面、草地以及碎石路。其极高的售价（3000 ~ 5000 美元）可能阻碍了它的普及程度。此产品为我们提供了一种运载人类的独特方式，或许我们需要给大众更多时间，来适应这款伟大的设计。

油灯（2001）
埃里克 · 马格努森
（1940— ）
斯泰尔顿公司，
2001 年至今

埃里克 · 马格努森为斯泰尔顿公司设计的这款使用不锈钢与硼硅酸玻璃制成的油灯（Oil Lamp）是一款现代的台灯，它不仅体现了丹麦设计雅致的手工造型的理念，还为关注生态的新兴文化提供了一个节约能源的方案。这款制作精良的小型灯具可以在室内或室外使用，甚至可以作为应急灯具。此灯灌满燃料后可以持续燃烧约 40 小时。其耐用的玻璃纤维灯芯的寿命几乎无限长，而灯具本身也极易加注燃料与清洗。在马格努森为斯泰尔顿公司设计的作品中（包括设计于 1977 年，如今已经成为标志产品的真空瓶），这款油灯极为优秀。事实上，马格努森的作品为使用者提供了一种更柔软、更人性化的现代感，并且理解了设计与工业制造之间的共生关系，这些都继承自其前任，即阿尔内 · 雅各布森的设计遗产。雅各布森于 1967 年为斯泰尔顿公司设计的圆柱系列不锈钢餐具拥有着理性却让人欲罢不能的造型，而这种造型在马格努森设计的这款油灯中也有类似的体现。此灯完美地体现了其设计初衷，即尽可能地节约能量，以及尽可能地减少维护需求。它是可持续发展产品的典范。

一二灯（2001）

詹姆斯 · 欧文
（1958—2013）
阿尔泰米德，
2001 年至今

乍看之下，这款一二灯（One-Two Lamp）可以将柔和的光线投向上方的任何空间，是一款经典的上射灯。此灯选用涂以灰漆的铝材制成，细长的灯杆顶端装有一个曲线优美的蘑菇形灯罩。其整体设计被简化至最低限度，并且选用了有机造型。然而，遵循着欧文的典型风格，这款素雅的设计藏有一个出乎意料的特点。此灯的灯罩下方还嵌有一盏卤素灯泡，其作用与普通的阅读灯并无二致。因此，这款一二落地灯既是一款上射灯，又是一款下射灯。这种上下出光的方式让设计师可以使用一个集中的光源，而同时又不必在使用者头顶布置明亮刺眼的光源。这款灯具继承了实用、雅致且怪异的意大利设计创新传统。它的设计者詹姆斯 · 欧文（James Irvine）曾在伦敦的金斯顿大学与皇家艺术学院学习。1984 年，他移居米兰开设自己的工作室。欧文属于英国设计师派，此派别还包括贾斯珀 · 莫里森以及迈克尔 · 扬（Michael Young），他们最为著名的特点是将设计作品独到的使用方式与精致的极简主义风格相结合。

乔因办公家具系统
(2001)
罗南·布鲁莱克
(1971—)
埃尔万·布鲁莱克
(1976—)
维特拉公司,
2002 年至今

2001 年 1 月，当两位年轻的法国设计师罗南与埃尔万·布鲁莱克为维特拉公司着手设计一套全新的办公家具系统时，他们决定围绕一张巨大的桌子开始整个项目的设计。它应当拥有巨大的尺度，构成一个宽敞的工作空间，大于那种常见的只供单人使用的办公桌。而设计一款拥有灵活的工作空间且能同时供多人使用的办公桌的这一想法源自一个非常朴实的源头，即对大家庭餐桌的记忆。这款乔因（Joyn）办公家具系统是一款极具独创性的办公家具，它拥有各种组成大桌面的部件，并且彼此可以拼合在一根支撑大梁之上，后者由两根支架支撑。这一机制还与一个别出心裁的“扣合”机制搭配使用，故而无需任何螺钉。电线与数据线被统一集合进中央的大容量管道中，就如同升起的地板一样。各种线路都可以直接插入管道中，连接起所有的桌面办公设备。这款家具有多种使用方式，从个人、团队到会议用途皆可。还有其他一些被称为“微型建筑”的选配物件，如隔离屏或文件夹板等，可以创造出私人的或有特殊需求的办公空间。

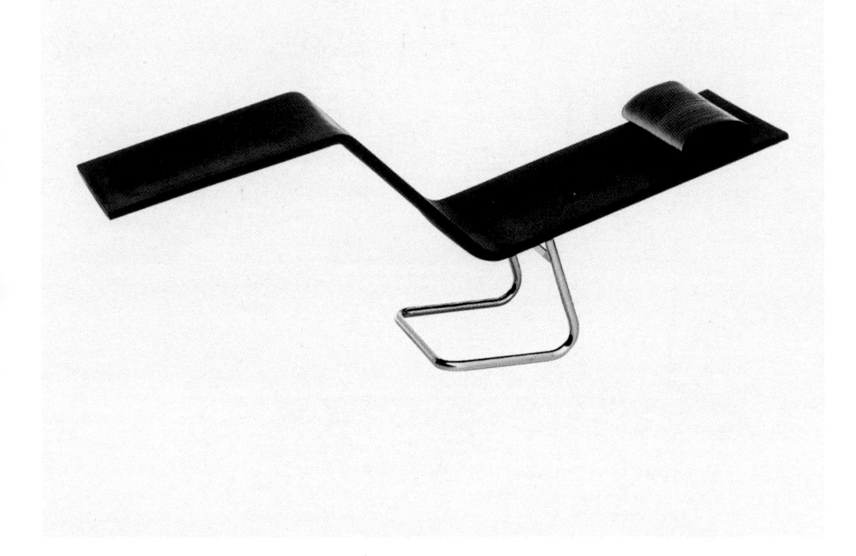

MVS 休闲躺椅（2002）

马尔滕 · 范塞韦伦
（1956—2005）
维特拉公司，
2002 年至今

1994 年，马尔滕 · 范塞韦伦第一次绘制出了 CHL95 休闲躺椅的草图，那时他依然在他自己的工作室中生产座椅的每个部件。随后他与维特拉公司共同合作研发了 CHL98 椅（维特拉在 2002 年发售时改称 MVS 椅），以此，范塞韦伦创造出了一款全新的休闲躺椅。虽然其造型绝大部分取自于 CHL95 椅，然而其材料组合与饰面却是全新的。其表面材料选用聚氨酯，再由周围一圈钢架边框张紧，创造出了柔韧感，也让它的色彩更为丰富。聚氨酯材料是范塞韦伦的意外发现。他找到了这种在使用时不需要任何人造材料覆面，且不须涂抹任何表层颜料的材料。这款 MVS 休闲躺椅在其造型上展现出了令人过目不忘的原创性。它完全抛弃了通常椅子对四条椅腿的需求。使用者只须稍稍移动一下重心，便能从后仰转变为完全平躺的姿态。所有对它不稳定的猜测都是错误的，座椅极其舒适，且在就座时不须有任何顾虑。范塞韦伦对诗意般的造型毫不妥协的追求令这款 MVS 休闲躺椅以及他本人脱颖而出，这款座椅结合了工业制造、朴素的材料以及雕塑般的美感，体现出了设计师独有的设计语汇。

KYOTOP 系列刀具

（2002）

京瓷公司设计团队

京瓷公司，2002 年至今

这款 KYOTOP 系列刀具展现出的视觉冲击令人震感。它们的黑色刀刃与黑色的木质刀柄都体现出了设计团队毫不妥协地兼顾日本传统的极简主义与高科技创新的决心。作为一款高品质的厨房用具，KYOTOP 系列刀具诞生自注重发明与创新的坚实传统。京瓷公司创立于 1959 年，最初专门研究氧化锆陶瓷的潜能。与京瓷公司生产的其他刀具一样，KYOTOP 系列刀具的刀刃也选用了这种陶瓷材料制成，而后者的刀刃在碳模中施以高压，赋予了刀刃独特的黑色质地。陶瓷刀刃不会生锈，并且与同等的钢材相比，其锋利程度能保持更长时间。氧化锆陶瓷刀刃的硬度被认为与金刚石不相上下，虽然在实际使用时，它比较容易崩刃，不过其总体上的高性能与刀具本身的轻量感都弥补了这一缺陷。从一开始，这套刀具就是一款独具风格、成绩斐然的产品，它一直巩固着京瓷公司在专业与家用厨具市场中的领先地位。如今，这套刀具还有白瓷版本可选，这帮助它进一步打入了家用厨具市场。

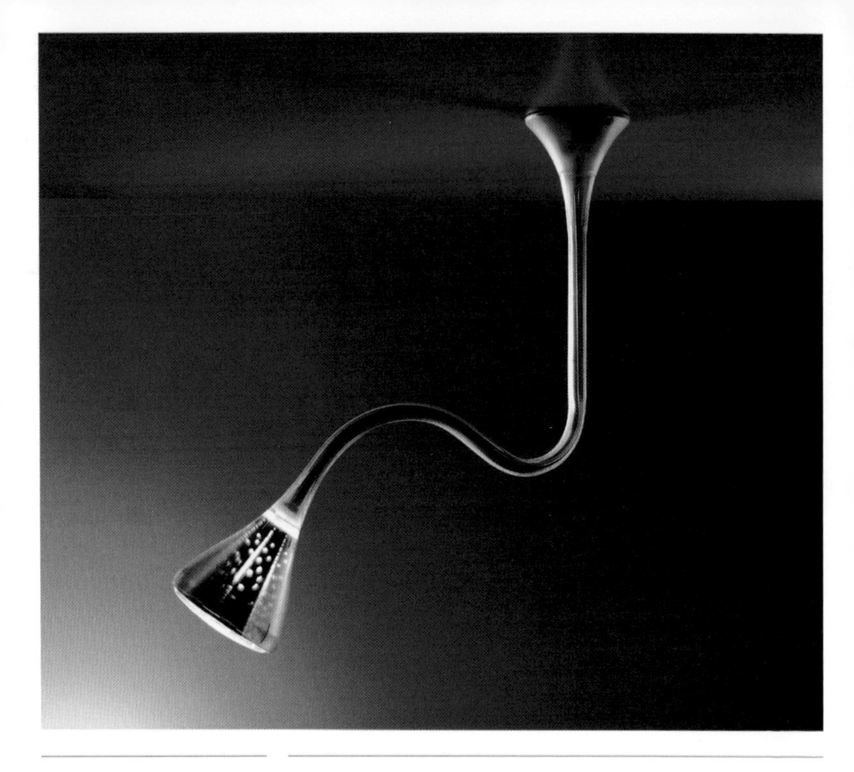

管状吊灯（2002）

赫尔佐格和德梅隆
阿尔泰米德公司，
2002 年至今

大多数吊灯都是垂直吊着，并且向下照射光线。然而这款管状吊灯（Pipe Sospensione Lamp）却一反传统，它拥有一根极其柔韧的可调节钢管，一端接有一个配有聚碳酸酯透镜的多棱锥形灯罩，可以射出极其强烈的光束。其铝制灯罩外部还套有一个透明的硅氧树脂护套，而灯罩本身则刺有小孔，故而灯罩的侧方也会透出无数的光点，以此装饰了它原本实用主义的外观。这款平价的灯具是人们梦寐以求的射灯，它在达成主要功能的同时还展现出了令人惊异的飘渺感与轻盈感。雅克·赫尔佐格（Jacques Herzog）与皮埃尔·德梅隆（Pierre de Meuron）这两位当今国际上最著名的建筑师是这款吊灯的设计师，并首次在位于瑞士圣加仑的赫尔韦蒂亚帕特里亚（Helvetica Patria）办公楼项目中（1999—2004）使用了这款管状吊灯。这对合作伙伴的工作方式便是一直追寻卓越与创新，这促成了他们与世界领先的创新灯具设计公司阿尔泰米德的合作。这款管状吊灯的影响力与成功立即确立了其领先的地位。它因其灵活、纤细与优雅的造型于 2004 年被授予著名的黄金罗盘奖。

PAL 收音机（2002）

亨利 · 克洛斯
（1929—2002）
汤姆 · 德维斯托
（1947— ）
蒂沃利音响，
2002 年至今

这款 PAL（即 Portable Audio Laboratory，便携式音响实验室）收音机是一款小巧的便携式可充电 AM/FM 型收音机。这是工程师亨利 · 克洛斯（Henry Kloss）在去世前进行的最后一个项目。它基于 1 型收音机（Model One Radio）研发，后者是蒂沃利音响（Tivoli Audio）公司推出的另一款备受赞誉的产品。该公司正是由克洛斯的长期合作伙伴汤姆 · 德维斯托（Tom DeVesto）创办的。此收音机选用特殊的防水塑料制成，且能发出极其优良的声音，这对一款仅有 15.88cm 高、9.37cm 宽与 9.86cm 深的产品而言是十分了不起的特性。它还能与任何一部音频输出设备或音乐播放器连接，使用辅助输入线或无线连接皆可。为了保证音频播放的时长，这款收音机配有一个环境友好型的镍氢电池组，其电量 3 小时即可完全充满，并且能保证 16 小时的连续播放。这款 PAL 收音机（如今为 iPAL）精明地将自己定位成 iPod 的完美配件。不过其成功还在于使用者可以使用其独创的 AM/FM 调频器，迅速且准确地寻找电台。这款收音机造型低调，性能极佳，它是克洛斯漫长的职业生涯中的最后一款杰作。

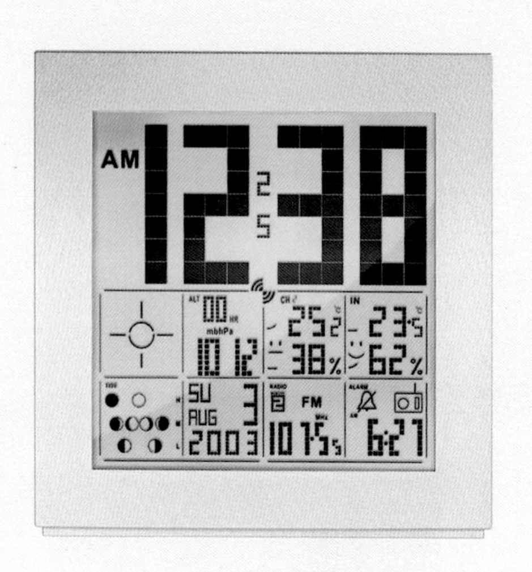

天气时钟（2003）

菲利普·斯塔克
（1949— ）
俄勒冈科技，
2003 年至今

菲利普·斯塔克设计的这款天气时钟（Time and Weather Clock）共有 3 种尺寸，它以其精心设计的结构与信息和功能的整合与互动，令其他满是按键的高科技小型电器相形见绌。它的一系列读数常显的显示屏每块都有差别，以此，一份各种信息的简报便展现在眼前：天气 / 室内外温度，以任意 5 国语言显示的日期，湿度的数值，从体感舒适度出发而显示的湿润 / 中等 / 干燥的文字，分为高 / 中 / 低三等的潮位以及月球的 8 种月相。此天气时钟依照背后暗藏的科技，根据其自身的地理位置来读取这些信息，并且还能随着位置的改变而调整读数。虽然它没有拨盘与按钮，但是所有的调整都可以通过点按背后的一系列柔软的方格状塑料片来完成。这款时钟的销量惊人。斯塔克设计的这款不一般的小盒子以其出众的配色以及极具风格的图标设计，体现出了设计师长期以来的独到之处，那就是将被忽视的日常物体与信息转化为大众都喜爱的商品的能力。

一号椅（2003）

康斯坦丁·格尔契奇
（1965— ）
马吉斯公司，
2004 年至今

这款一号椅（Chair_One）由意大利生产商马吉斯公司制造，该公司以生产新奇的塑料制品著称。一号椅的设计者康斯坦丁·格尔契奇虽是一位德国人，却曾在英国学习设计。从多种角度出发，它都是一款融合了三个不同国度特征的混合体，它给人冰冷坚固的第一印象，却为使用者提供了无比舒适的就座体验。该设计之所以重要，是由于它是世界上第一款使用铸铝制成壳体的座椅，自此，铸铝便成了家具制造工业的基础材料。而与一号椅极为相似的座椅其实是维多利亚时期的铸铁花园椅。除去在材料与重量上的差别，他们之间最大的不同在于这把座椅的造型展现出明显的信息时代的质感。它纤细的直线条结构给人一种科幻电影的观感，同时遵循了人体功效学，可以完美贴合人体曲线。它属于一套名为“一号家庭”（Family_One）的系列家具，其中还包括该椅的四腿款以及各种桌子和吧台凳。而图中的这款座椅是专为公共区域设计的座椅，它的铸铝外壳没有多少变化，然而却被安装在一个锥形的模造混凝土底座上。

“早午餐”系列厨房用具（2003）

贾斯珀·莫里森
（1959— ）
好运达公司，
2004 年至今

长期以来，每次伴随着新潮流或者时尚创新，厨房电器都会迎来一次改朝换代。各家生产商为了使自己的产品脱颖而出，并且延长它们相对短的产品寿命，都极其依赖市场销售与产品风格。而贾斯珀·莫里森为德国高端家用电器生产商好运达（Rowenta）设计的这款“早午餐”（Brunch）系列厨房用具却迥然不同。此产品拥有动人的曲线与微妙的姿态，表面与结构融合，成了散发魅力的基础。抛光不锈钢材质的无线自动烧水壶的加热器被巧妙地隐藏起来，而使用时的手感与它的造型同样雅致。隐藏的概念还被运用在了咖啡机上，设计师将储物空间进行整合，收纳滤纸、滤斗以及咖啡勺。而烤面包机的操作指南被印在正上方，而不是常见的侧面。任何试图将这些线条简洁的产品贴上风格标签的行为都是错误的，不论这些标签是极简主义、现代主义还是功能主义。虽然也有人曾尝试生产过类似的商品，然而却无法匹敌此产品的温暖、低调以及超越时代的风格。这套家用电器无疑是精心设计的产品，然而它首先是一款烧水壶、咖啡机以及烤面包机，这才是它经久不衰的成功之处。

iMac G5 电脑（2004）

苹果设计团队

苹果电脑公司，

2004 年至今

电脑应当是什么样子？苹果公司在向市场推销这款 iMac G5 电脑时宣称，电脑即显示屏。这款电脑的造型为一个仅有不到 5cm 厚的半透明白色塑料盒，其上装有一块 17 英寸或 20 英寸的 LCD 显示屏，并配置了 2.0GHz 主频的 G5 处理器。经阳极氧化处理的铝制底座直接使用螺丝固定在外壳上，使整个电脑略微向前倾斜。此电脑运用了新出现的无线技术，故而电源线是唯一的电线，诸如键盘、鼠标、互联网以及手机等其他外接设备都能通过高速无线模块连接。而将 iMac 的设计与 iPod 相关联这一理念是苹果营销部门想出的绝妙方案。如此一来，他们赋予了这台电脑显著的特点，并且还可以赢得那些喜爱 iPod 音乐播放器，却仍在使用 PC 的人群的青睐。不过除去上述因素，此设计最出众之处在于，在这款设计中，电脑（包括其他配件）的概念首次被整合到一个统一的系统之中，并且运用优美的设计，将它包裹在一个优雅、半透明且仅有一块屏幕的薄盒子中。

“月球”卫浴系列

（2004）

巴伯－奥斯格比事务所

真品公司，2004年至今

自20世纪90年代中期始，爱德华·巴伯（Edward Barber，1969— ）与杰伊·奥斯格比（Jay Osgerby，1969— ）便开始生产一系列美观且理性的家具，使用的材料主要是胶合板。虽然这款由德国制造商真品公司于2004年推出的“月球”（Lunar）卫浴系列还多少带有这对设计师搭档的特征，但是它也是一个全新的开始，因为设计师对这款产品的定位已经跳出了先前的高端市场。当巴伯－奥斯格比事务所着手研究卫浴配件时，他们注意到市场上竟然没有完整的套件。而这款使用ABS塑料制成的“月球”卫浴系列包含刷牙杯、肥皂盒、盛放棉签的带盖容器、垃圾桶以及马桶刷。每件产品的外观都极为简约且朴素。然而，其内部却带有一抹出人意料的亮色，除了让它们看起来更为活泼，这些色彩还能让灰尘或污渍不那么显眼。此系列产品白色的外壳可以选配红、淡蓝、深蓝、灰、橙、绿或米色的盖子。它具备了一款优秀设计应有的特点：实用、细节以及独创性。不论从色彩还是物件本身出发，此系列产品的种类必定会不断地增加。

iPhone 手机（2007）

苹果设计团队

苹果公司，2007 年至今

2007 年 iPhone 手机的问世是该公司多年挖掘触屏科技价值的成果。苹果公司的联合创始人以及当时该公司的首席执行官史蒂夫·乔布斯（Steve Jobs，1955—2011）发现，手机技术受到了键盘的控制与制约，当一系列应用或功能转移到手机上时，它们的用户体验都极其不佳。iPhone 是一款时髦且简约的物件，它的侧面只设置了 3 个按键，而正面仅有 1 个按键，其作用是帮助使用者回到高分辨率触屏的菜单。从各个方面出发，这款手机都是一款更加智能的产品，在使用者转动手机时，其自带的感应器能自动从竖屏转为横屏。其屏幕的亮度可以根据周围环境亮度自动调节，而使用者将手机贴在耳朵上时，距离感应器还能自动关闭屏幕，这可以杜绝所有对屏幕的误触。这款易于使用的产品既是一部电话，也是一个 iPod，还是一台互联网交互工具，它迫使苹果公司的竞争对手不得不重新开始思考，一部电话究竟应该拥有何种功能。

凯尔文 LED 灯（2009）

安东尼奥 · 奇泰里奥
（1950— ）
弗洛斯公司，
2009 年至今

安东尼奥 · 奇泰里奥设计的这款优雅的凯尔文（Kelvin）LED 灯结合了美感与高性能，体现了其节能性与技术上的创新。其特别研发的漫射屏后装有 30 盏超长寿命的 LED 灯泡，它们散发出柔和的灯光，与其他刺眼、冰冷的 LED 灯完全不同。它的灯头可以全方位转动，而其铝合金材质的纤细灯杆连有电线，这意味着它几乎可以照射到其周围的所有区域。它的开关为一块感应器，设置在灯头的背面，其技术让使用者通过轻触便能控制台灯，并且不似使用卤素灯泡的传统台灯，此灯上的 LED 灯泡在长时间工作后依然不会升温，可以安全地触碰。此灯有白色、深灰色与黑色可选，弗洛斯公司还生产了多种版本，包括壁挂式以及可以夹在书桌边上的带夹子款式。弗洛斯公司于 1962 年在意大利梅拉诺镇成立，专门生产现代灯具，该公司自成立起便不断研发全新的灯具理念，并且与众多国际知名设计师合作。凯尔文 LED 灯的美感与创新已然确保了它在类似产品中的“经典”地位。

戴森无叶风扇（2009）

詹姆斯·戴森
（1947— ）
戴森公司，2009 年至今

詹姆斯·戴森（James Dyson）在 20 世纪 90 年代初一举颠覆了吸尘器市场并因此声名鹊起，随后他又将注意力转向了台式电风扇，并且于 2009 年推出了这款极具独创性的无叶风扇。不似传统风扇使用风叶来产生气流，这款戴森无叶风扇从它巨大的中空圆环中持续送风，这种送风方式能让使用者感受到连续的气流，故而避免了传统风扇产生的气流拍打感。该产品背后的技术十分复杂，不过本质上，此风扇使用一个叶轮将空气从底座上的格栅中吸入，再从设置在圆环内部的缝隙中吹出。在此过程中，周围的空气会被吸入这股气流，这一过程被称为引流 / 夹带过程，可以令风扇每秒送出 405 升空气。不似传统风扇只有两三个固定的设置可供选择，这款无叶风扇能以多种角度倾斜，并且可以自由转动，而使用者还可以使用一个旋钮式开关调节其风速。2010 年，戴森还推出了一款落地版本。这款无叶风扇完全重新阐释了电风扇的造型与功能，并且为未来的设备设立了标准。

产品索引

粗体页码为主条目

设计师索引

粗体页码为主条目

作者索引

图片版权

Acco Brands, Inc., Lincolnshire, Illinois 29; Adelta 28, 284, 315, 360; Aga Foodservice 56; ag möbelfabrik horgenglarus (photos by Hans Schönwetter, Glarus) 74, 211; Airstream 125; Alberto Meda 453 (photo by Hans Hansen); Alcoa/Daytona Reliable Tool Company 280; Alessi 68, 136, 155, 243, 339, 344, 375, 378, 388, 396, 398, 400, 425, 428, 449; Alex Moulton Bicycle 272; Alias 282; Alivar 222; aMDL (photo by Luca Tamburini) 394; Anglepoise ® 120; Anna Castelli Ferrieri 330; Antonio Citterio & Partners 431, 441; Apple 486, 487, 499, 501; Archives Jean Prouv é (photos by P. Joly, V. Cardot) 91, 117, 168; Archivio del Moderno, Mendriso 192, 255, 296; Archivio Fondo J. Vodoz and B. Danese 240, 312 (photo by Davide Clari), 335; Artek 103, 106, 122, 123, 210; Artemide (photos by Miro Zagnoli) 326, 389, 446, 490; Artifort 313; Arzberg 101; Asnago-Vender Archive 128; Authentics 397, 469, 500; Azucena 249; Azumi, Shin & Tomoko 483; Balma, Capoduri & Co. 253; Bauhaus Archiv Berlin 58 (photo by Louis Held), 59 (photo by Gunter Lepkowski), 63, 71 (photo by Lucia Moholy), 72 (photo by Erich Consem ü ller); B & B Italia, Gaetano Pesce 333; Bertjan Pot 479; Bialetti 113; Bisley 190; Björn Dahlström 470; B-Line 340; Bodum 365; Bonacina 178; Bormioli 9; Brabantia 195; Branex Design 323; Breitling 197; Brionvega 298; Brompton 368; Brown Mfg. Company 66; Burgon & Ball 6; Cappellini 319, 338, 404, 408, 417, 459, 480; Caran D' ache 177; Carl F. 225; Carl Hansen & Son 175; Carlo Bartoli 364; Cartier 49; Cassina (photo by C De Bernardi) 83, 89, 111 (photo by Oliviero Venturi), 236, 371 (photo by Aldo Ballo), 374 (photo by Aldo Ballo), 409; Castelli/Haworth 304, 336; Catherine Bujold 347; Centraal Museum, Utrecht 57; Chemex Corp 142; Cini&Nils 351; Cinquieme Pouvoir 205; Citterio 16; ClassiCon 39, 70 (photo by Peter Adams), 79; Cleverline 462; © Club Chesterfield Ltd 42; Collection of Richard A. Cook 41; The Dairy Council 139; Danese 290 (photos by Miro Zagnoli); David Mellor 207, 303; Design Forum Finland 200 (photo by Rauno Träskelin); Design House Stockholm 460; Dillon Morral 356; Dixon Crucible Company 45; Don Bull 22, 86; Driade 391; Droog Design 440; Droog Design, Arnout Visser 474; Droog Design/ NL Architects 484; Dualit 156; Dyson 503; Ecart International 61 (photo by Philippe Costes), 96; Emeco 149; Emilio Ambasz 366; Enzo Mari e Associati 279; Erik Jørgensen 264, 269; Estate of Raghubir Singh 25; Eternit AG 216; Evaco (photo by Shelly Hodes) 55; H. Fereday & Son (photo by I. Carmichael) 100; Fiam 411; Fila/Design Group Italia/ Agenzia T.B.W.A. 369; Fisher Space Pen Company 306; Flos 252, 260, 263, 274, 281, 346, 414, 435, 502; Folmer Christensen 160; Fontana Arte 107 (photo by Amendolagine & Barracchia), 116 (photos by Gianmarco Bassi & Carlo Mozio), 386 (photo by Amendolagine & Barracchia); Franco Albini 247; Frank O. Gehry & Ass. 352; Franz G ü de GmbH 450; Franz Schneider Brakel (FSB) 209; Fritz Hansen 201, 221, 238 (photo by Aage Str ü wing), 245, 289, 302; furnitureindex.dk 109; Gae Aulenti 384; Galerie Patrick Seguin 154, 188, 208 (photos by Marc Domage); © Garrods of Barking Ltd 10; Gebr ü der Thonet Vienna 18, 36; Georg Jensen 38, 52, 75, 237; George Nakashima Woodworker 261 (photo by Sally Hunter); Giancarlo Mattioli 288 (photo by Raffaello Scatasta); Giotto Stoppino 341; GUBI 99; © Habitat 30, 51; Hackman 465; Hangzhou Zhang Xiaoquan Group (photo by Hua Qianlin) 4; Heller Designs 294 (photo by Mario Carrieri); Herman Miller 148 (photo by Phil Schaafsma), 157 (photo by Phil Schaafsma), 158 (photo by Charles Eames), 159, 169, 170, 176, 191 (photo by Charles Eames), 232, 234 (photo by Earl Woods), 251 (photo by Earl Wood), 275 (photo by Nick Merrick, Hedrich Blessing), 445 (photo by Nick Merrick, Hedrick-Blessing); HfG-Archiv Ulm 254 (photo by Wolfgang Siol); Homer Laughlin China Company 124; Honeywell 141; House Industries (photo by Carlos Alejandro) 145; Howe 295; Iittala 105, 130, 162, 167, 199, 230, 265, 415, 472, 482; IKEA 376, 442; Indecasa 379; Ingo Maurer 310, 432; Iwachu 5; Jasper Morrison 416, 429 (photo by Santi Caleca), 448 (photo by Miro Zagnoli), 473 (photos by Rmak Fazel), 477 (photos by Walter Gumiero), 498 (photos by Christoph Kicherer); Jeager-Le Coultre 102; Jousse Entreprise 203; Junghans 273; Kartell 301, 307, 461; Knoll 65, 84, 94, 95, 144, 163, 196, 212, 217, 223, 308, 402, 423; Konstantin Grcic Industrial Design 476, 481, 497; Kuramata Design Office (photos by Mitsumasa Fujitsuka) 406, 418, 422; Kyocera Industrial Ceramics Corporation 493; Lamy 311, 426; Läufer AG 452; Le Creuset 69; Leifheit 355; Le Klint 146; Library of Congress 47; Ligne Roset 357; © Lobmeyr 17, 93; Los Angeles Modern Auctions 126; Louis Poulsen 248; Luceplan 399, 401, 420, 471; Luxo 133; Mag Instrument 380; Makio Hasuike 362; Marc Newson 463; Marianne Wegner 165, 172, 173, 180; Maarten Van Severen 436, 444, 492 (photo by Yves Fonck); Masahiro Mori 244; Max Bill 227; Michele De Lucchi 407, 456; Mobles 271; Molteni & C. 410 (photo by Mario Carrieri); Mondaine 403; Mono 256; Mont Blanc 60; Moss 43; Movado Group Inc. 164; Muji 458, 478; Museo Alessi 21 (©Linnean Society of London), 62, 64, 76, 278, 348, 381, 425, 437 (photos by Giuseppe Pino), 455; Museo Casa Mollino 179; Nanna Ditzel 239; The National Trust for Scotland 32; Norstaal 270; Officine Panerai 147; OMK Design 350; Opinel 24; Origin 81; OXO 427; Pallucco Italia (photo by Cesare Chimenti) 33; Parallel Design Partnership 438 (photos by Joshua McHugh); Past Present Future (PPF), Minneapolis (photo by George Caswell) 143; Pentel 342; Peter Ghyczy 322; Philippe Starck 496; Philips Auction House 131; Poggi 235; Poltrona Frau 98; Productos Desportivos (Laken) 48; PSP Peugeot 20; Race Furniture 153, 194; Reial C à tedra Gaud í 31; Richard Schultz Design 283; Robin Day 277; Rolex 77; Rolodex 198; Ron Arad 443; Ronan & Erwan Bouroullec 485, 491; Rosendahl 359; Rosenthal 331, 354, 370; Rotring 206; Sambonet 127; Santa & Cole 276, 292; Sato Shoji 390; Schmidt-LOLA-GmbH 118; Segway 488; Sieger GmbH 46; Soci é t é Bic 181 © Bic Group Library; Solari di Udine 297; Sothebys 78; Stefano Giovannoni 950 (photos by Studio Cordenons Loris); Stelton 314, 363, 372, 489; Stokke 353, 382; Studio Albini 187; Studio Castiglioni 171, 222, 242, 259, 321, 377, 387, 412; Studio Fronzoni 293; Studio Joe Colombo 300, 329; Studio d' Urbino Lomazzi 316; Swann-Morton 134; Swatch 395; Swedese 229 (photo by Gosta Reiland); © Systempack Manufaktur 27; Tag Heuer 332; Talon 44; Tecno 214; Tecnolumen 54; Tendo Mokko 228, 286; Terraillon 343, 349; Thomas Eriksson 433; Thonet, Germany 80, 85, 90, 92; Tivoli Audio 495; TMP 421; Tom Dixon 457; Toshiba 220; Toshiyuki Kita 385 (photo by Mario Carrieri), 405; Tupperware 152; Umbra 468; USM 285; Vacheron Constantin 219; Valenti 327; Venini 104, 174, 694 (photo by Aldo Ballo); Vico Magistretti 305, 334, 373, 419; Victorinox 26; Vitsoe 262 (photo by David Vintiner); Vitra 138, 224, 291, 413, 467; Vitra Design Museum 150 (photo by Andreas Sütterlin), 151 (photos by Bill Sharpe, Charles Eames), 161, 182, 184, 193, 202, 213, 241, 257, 266, 287, 320, 328 (photo by Andreas Sütterlin); Vola 345; Waring 132; Wedgwood 8; WEDO 367; Weston Mill Pottery 309; Wilde+Spieth 204; Wilhelm Wagenfeld Museum 87, 218; Winterthur 7; Wittmann 34, 37, 40; W.T.Kirkman Lanterns 11; W ü sthof 23; www.zena.ch 166; XO 430; Yale 19; Yamakawa Rattan 268; Yoshikin 258, 392 (photo by Tadashi Ono, Hot Lens); Zanotta 119 (photo by Masera), 129, 317 (photo by Fulvio Ventura), 325, 358, 361; Zeroll 121; Zippo 112

已尽一切努力确认本书所有照片的版权所有权。如果您发现任何问题请以书面形式发送给我们，我们将在后续版本中更正。

出版后记

人类通过制造工具、发明各种用具和物品满足自身的各种需求，这一自发的创造行为慢慢变成了有计划的设计，当设计出的产品被大规模生产、销售和消费，设计成为产品不可缺少的部分。产品设计是将人的某种目的或需要转换为一个具体的物理形式或工具的过程，是把一种计划、规划设想、问题解决的方法，通过具体的载体，以美好的形式表达出来的一种创造性活动过程。产品经历时间演变的过程，反映着一个时代的经济、技术和文化。

在新时代，已是制造大国的中国，要实现发展的可持续性，必然要经历由大到强的转变。在新科技革命兴起，人类步入智能制造时代的当下，建设制造强国，具有重大而深远的意义。从制造大国走向制造强国，这条路该怎么走，是我们必须思考的时代课题。而创新驱动是发展的核心。

《设计之书》就像一次产品创意的发现之旅，带领读者体验每件产品诞生背后的故事，设计师和生产厂商如何发现问题、解决问题，找到灵感、付诸现实。我们引进出版《设计之书》，期望给产品设计的专业人员提供灵感来源，提升设计师的专业素养，也希望给渴望美好生活的读者带来阅读的愉悦和实用的参考。

服务热线：133-6631-2326　188-1142-1266

读者信箱：reader@hinabook.com

后浪出版公司

2019 年 8 月

图书在版编目（CIP）数据

设计之书 / 英国费顿出版社编；傅圣迪译．— 长沙：湖南美术出版社，2019.8（2022.12 重印）
ISBN 978-7-5356-8750-0

Ⅰ．①设… Ⅱ．①英… ②傅… Ⅲ．①产品设计－介绍－世界 Ⅳ．① TB472

中国版本图书馆 CIP 数据核字 (2019) 第 082172 号

SHEJI ZHI SHU

设计之书

出版人：黄　啸
译　者：傅圣迪
出版统筹：吴兴元
特约编辑：黄克非
营销推广：ONEBOOK
出版发行：湖南美术出版社　后浪出版公司
（长沙市东二环一段 622 号）
开　本：720 毫米 ×1000 毫米 1/32
印　张：16.25
印　次：2022 年 12 月第 3 次印刷
定　价：138.00 元

编　著：英国费顿出版社
选题策划：后浪出版公司
编辑统筹：蒋天飞
责任编辑：贺澧沙
装帧制造：墨白空间 · 张　萌
印　刷：天津图文方嘉印刷有限公司
（天津市宝坻区宝中道 30 号）
字　数：375 千字
版　次：2019 年 8 月第 1 版
书　号：978-7-5356-8750-0

读者服务：reader@hinabook.com 188-1142-1266
直销服务：buy@hinabook.com 133-6657-3072
投稿服务：onebook@hinabook.com 133-6631-2326
网上订购：https://hinabook.tmall.com/（天猫官方直营店）

后浪出版咨询(北京)有限责任公司　投诉信箱：copyright@hinabook.com　fawu@hinabook.com
本书若有印装质量问题，请与本公司联系调换。电话：010-64072833